テキスト
ランドスケープデザインの歴史

武田史朗＋山崎亮＋長濱伸貴　編著
Shiro TAKEDA　Ryo YAMAZAKI　Nobutaka NAGAHAMA

History of Modern Landscape Architecture

学芸出版社

はじめに

「さて、何から書き始めようか」と考えながらセントラルパークのベンチに座った。この本の最初のページを書くにあたって、ニューヨークのセントラルパークでゆっくり時間を過ごしてみたいと思ったのだ。隣のベンチでは黒人の老女が編み物をしている。目の前をジョギングする人たちが通り過ぎ、背後の茂みからはリスが走り回る音が聞こえる。そこへ白人の男性と小さな女の子が近寄ってきた。父親と娘がセントラルパークへ遊びに来ているのだろう。老女が女の子に声をかけると、すぐに3人の会話が始まった。

セントラルパークがつくられたのは今から約160年前。ランドスケープアーキテクトという職能が生まれたのもほぼ同じ時期だ。設計者のオルムステッドがその第1号を名乗り、以来160年に渡って世界各地で様々な風景がつくられてきた。オルムステッドが都市空間に込めた想いは3つある。「参加」と「芸術」と「環境」だ。人種差別に関する記事を書くジャーナリストだったオルムステッドは、あらゆる人の社会参加を願っていた。人種や性別や年齢に関係なく、ゆっくりと時間を過ごすことのできる公共空間をつくること。この視点はその後、様々な住民参加運動へと展開していく。「参加」の視点である。そして、こうした公共空間は美しい空間でなければならない。「芸術」の視点である。風景絵画のように美しい公共空間をつくること。この視点はその後、モダニズムなど設計における新しい美学の探求へと展開していく。最後は「環境」の視点である。過密化する都市内にきれいな空気を吸うことのできる良好な環境を生み出すこと。また、拡大する都市の成長を緑地で制御すること。これらの視点はその後、国立公園運動やナショナルトラストなどの環境保全運動へと引き継がれていく。

重心をどこに置くにせよ、現在ではこの3つの視点はランドスケープデザインにとって欠かせないものとなっている。オルムステッドが蒔いた種は着実に育っているといえよう。

この本は、その種が具体的にどう育ってきたのかをまとめたものである。ランドスケープデザインが、建築やアートや科学とどのように関わり、どう変化してきたのか。特にこれまであまり国内で紹介されてこなかったヨーロッパではどんな試みがなされてきたのか。これからランドスケープデザインや環境デザインを学ぼうとしている人にはぜひとも知っておいてもらいたい内容だが、すでに実務に携わっている人にとっても本書が「この分野が160年間どんなことに取り組んできたのか」を見直すきっかけになれば幸いである。また、建築、土木、都市計画などハード面の設計に携わる人たちはもちろん、まちづくり、コミュニティデザイン、環境保全活動などのソフト面にかかわる人たちにも本書の内容を知ってもらい、風景をめぐるハードとソフトの新たな協働プロジェクトが生まれることになれば望外の幸せである。

本書は概ね10年毎に章が区切ってある。各章の最初には当時の時代背景がまとめられ、続いてランドスケープデザインのトピックが述べられている。あくまで10年毎を基準にしつつも、関係性を読み取りながら前後の年代の出来事も入れ込むようにした。また、章の間にはコラムが挟まれており、各時代で特筆すべきトピックや日本におけるランドスケープデザインの展開が解説されている。本書における記述は、編者者による文献などの理解や歴史的背景の解釈に拠っている部分が大きい。過不足などについては読者の方々から専門的なご指摘やご批判をいただき、ランドスケープデザインの歴史に関する理解を相互に深めたいと考えている。

この本をつくるにあたっては多くの人に協力してもらった。編者からの依頼で本文やコラムを執筆していただいた方々には、巻末に名前を挙げて感謝したい。なかでも、コラム執筆だけでなく全体を通して内容を確認していただいた宮城俊作さんには特に感謝したい。また、本書の編集を担当してくれた井口夏実さんにも同様の感謝を示したい。

隣のベンチで会話していた女の子が走り出し、白人の父親は黒人の老女に軽く挨拶すると女の子を追いかけて去っていった。老女はしばらく彼らを目で追った後、ゆっくりと視線を落として再び編み物を始めた。人種も性別も年齢も関係なく、誰もが気持ちのいい時間を過ごすことのできる美しい公共空間。木々の葉が黄色に色づき始めたセントラルパークで、160年を経た今もなお人々に必要とされている公共空間が存在することに改めて感心した。ニューヨークは秋である。

2010年10月
編者一同

もくじ

はじめに 3 ／ モダンランドスケープデザイン史略年表 7

―――― I 1850-1939：民主主義と工業化の時代 13

第1章 1850-1899
近代ランドスケープデザインの幕開け 14

- 0 時代背景 14
- 1 イギリスの公園の誕生 16
- 2 都市施設としての公園 18
- 3 都市の骨格としての公園 21
- 4 自然公園運動 22
    - *column* オルムステッドがめざした社会改革 25
    - *column* ピクチャレスク――世界のコントロールという命題を巡って 26

第2章 1900-1919
理想都市の風景 27

- 0 時代背景 27
- 1 コミュニティの都市 29
- 2 美しい都市 35
- 3 ナショナルトラスト 37
    - *column* 田園都市レッチワース誕生前夜――ハワードの夢と実践 39
    - *column* 庭園から共用庭園、そして都市公園へ――イギリスのスクエアーの場合 40

第3章 1920-1929
車社会と抽象芸術 41

- 0 時代背景 41
- 1 パークウェイと郊外開発 42
- 2 キュビスムの庭 45
    - *column* アヴァン・ギャルドの台頭――20世紀のアートシーン 50
    - *column* ミースの空間構成と庭園のモダニズム 51

第4章 1930-1939
モダニズム 52

- 0 時代背景 52
- 1 ランドスケープのモダニズム 52
- 2 自然主義とモダニズムの対話―アメリカ― 54
- 3 国家社会主義とモダニズム―ヨーロッパ― 58
    - *column* 建築・都市計画のモダニズム概観 63

日本 1850-1939
- 概観①：公共空間を対象とする職能集団の誕生 65
- 美しい国土づくりの実践者、本多静六 67
- 関東大震災が生んだ52の小公園 68

II 1940-1979：都市生活と環境の対峙　69

第 5 章 1940-1949
生活空間の機能と造形　70

- 0　時代背景　70
- 1　カリフォルニアの変革—アメリカ—　71
- 2　CIAM 都市計画とコラボレーション—オランダ—　75
- 3　幾何学と自然主義—北欧—　77
- 4　地域主義的モダニズム—中南米—　79
  - *column*　アメリカ・モダンランドスケープの父、トーマス・チャーチ　83
  - *column*　ベルギーのジャン・カニール・クラス　84

第 6 章 1950-1959
モダンデザインの生産　85

- 0　時代背景　85
- 1　モダンランドスケープの展開—アメリカ—　86
- 2　CIAM 都市計画の光と影—オランダ—　92
- 3　グッド・デザインの探求—スイス—　94
  - *column*　拝啓　ヒデオ・ササキ様　97
  - *column*　水平面への寵愛——カルロ・スカルパの庭　98

第 7 章 1960-1969
都市空間への挑戦　99

- 0　時代背景　99
- 1　組織設計事務所の確立—アメリカ—　100
- 2　自然とモダニズム—アメリカ—　104
- 3　コミュニティとモダニズム—アメリカ—　107
- 4　園芸から都市空間へ—フランス—　112
- 5　土木景観のリアリズム—オランダ—　113
  - *column*　ローレンス・ハルプリンの仕事　115
  - *column*　環境分析とプランニング手法の進化　116

第 8 章 1970-1979
ポストモダンと環境への眼差し　117

- 0　時代背景　117
- 1　建築の屋外への展開　120
- 2　体験者のためのデザイン　121
- 3　環境主義のランドスケープ—アメリカ—　122
- 4　自然主義から工学主義へ—ドイツ—　126
- 5　ヴェルサイユの教育と職能の確立—フランス—　128

　　　　　　column　アースワークが生み出す空間体験　129
　　　　　　column　ベトナム・ベテランズ・メモリアル──都市に対峙する寡黙な壁　130

日本 1940-1979
　　　概観②：ランドスケープデザインの確立をめざして　131
　　　「庭は人」である　133
　　　「辺境」日本におけるニュータウン開発　134

──────── III 1980-2009：風景の再構築に向けて　135

第9章 1980-1989
ミニマリズムと現象の美学　136

　　0　時代背景　136
　　1　ラ・ヴィレット公園国際設計競技　138
　　2　ローカルなポストモダニズム　140
　　3　アートとデザインの境界線　142
　　4　アートとしてのランドスケープデザイン　143
　　5　現象の美学　148
　　　　column　ピーター・ウォーカーとミニマリズムの美学　151
　　　　column　1980年代のウォーターフロント開発　152

第10章 1990-1999
ランドスケープアーバニズム　153

　　0　時代背景　153
　　1　ヨーロッパの新しい波　154
　　2　エコロジーとデザイン　158
　　3　ランドスケープアーバニズムへ　162
　　　　column　ペンシルバニア大学ランドスケープアーキテクチャー学科の伝統と進化　167
　　　　column　参加のデザイン　168

第11章 2000-2009
環境、都市、人　169

　　0　時代背景　169
　　1　環境とランドスケープ　170
　　2　都市とランドスケープ　172
　　3　人とランドスケープ　177
　　　　column　「次の自然」のデザインリテラシー　180

日本 1980-2009
　　　概観③：ランドスケープデザインの社会化　182
　　　日本のエコロジカル・ランドスケープ計画　184
　　　市民参加型パークマネジメントの変遷　185

図版出典・参考文献　186
ランドスケープデザイン重要人物事典　191
索引　196

モダンランドスケープデザイン史略年表

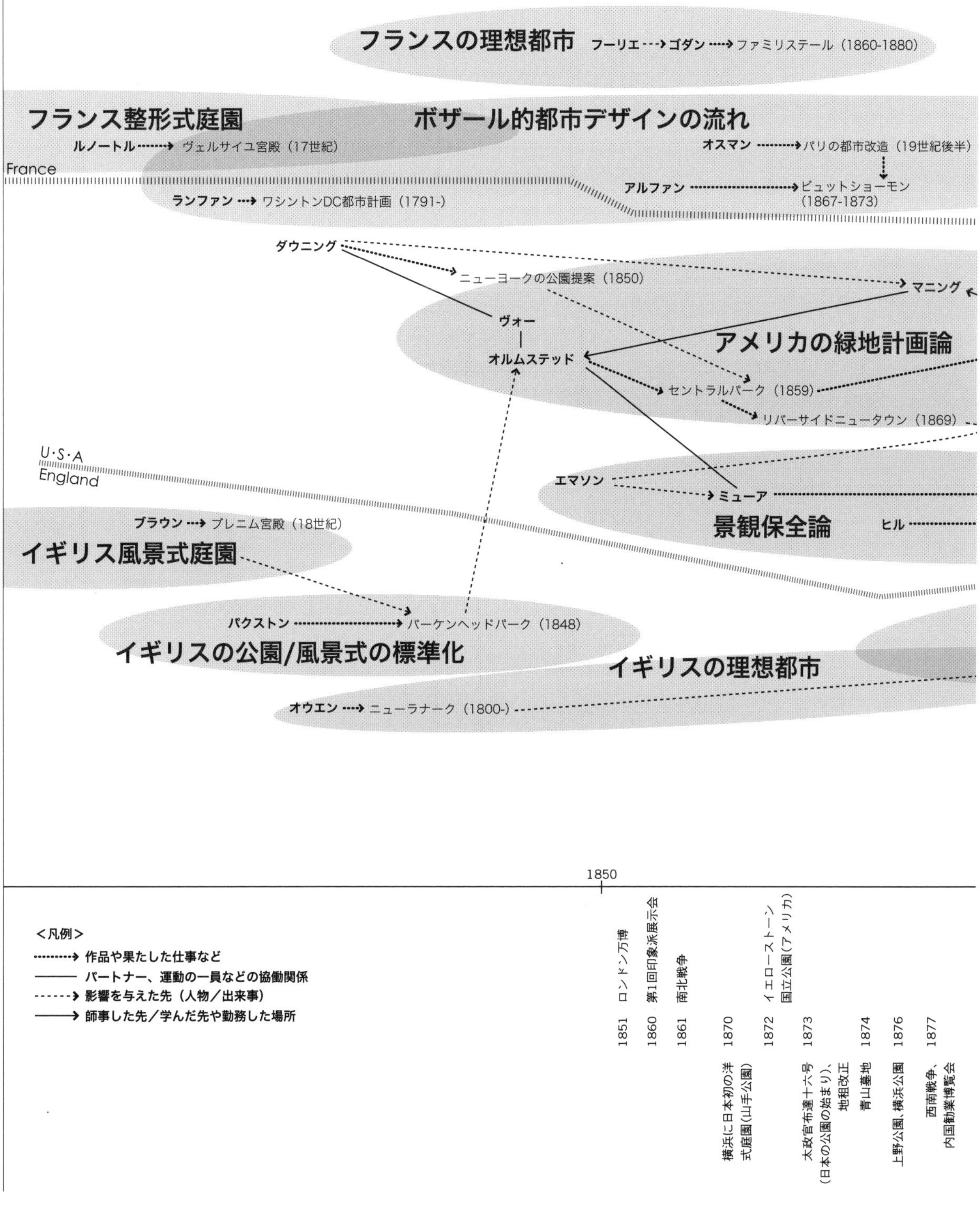

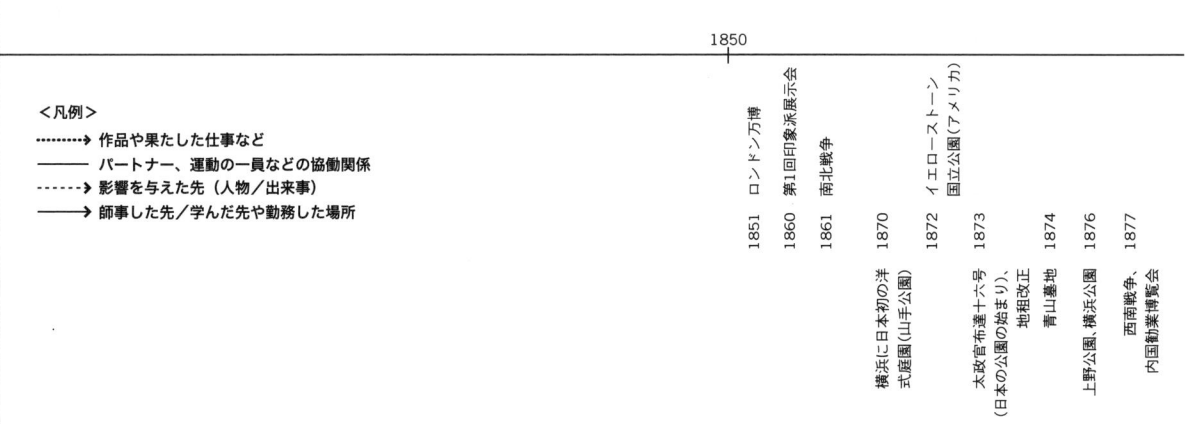

Netherland

Switzerland

農からの近代主義

『20世紀の庭園文化』(1913)

ミッゲ

ムテジウス ────→ ドイツ工作連盟(DWB)

シュミット ────→ ヘレラウ田園都市 (1907) ベーレンス ────→ バウハウス

Germany

トニー・ガルニエ ────→ 工業都市 (1904)

ボザール的都市デザインの流れ

エッフェル塔 (パリ万博、1889) フォレスティエ ────→ グレベル

『大都市とパークシステム』(1905)

アールデコ

France

F・L・ライト ────→ ロビー邸 (1910)

ジェンセン ────→ シカゴの公園群 (1905-)

プレーリースクール

パークシステム セッションズ ────→ バルボア公園 (1910)

エメラルド ネックレス (1878-) コロンビア博覧会 (1893) ────→ オルムステッドジュニア

ワシントンDC再計画 (1901)

モーゼズ ────→ 自動車型パークウェイの展開

グレベル

フェアマウントパークウェイ (1917-1926)

ヨセミテ公園 (1890) ────→ シエラクラブ (1892)

ナショナルトラスト (1895) アメリカ型ニュータウン

U・S・A

ハワード ────→ 『明日の田園都市』(1898) 田園都市論

アンウィン ────→ レッチワース田園都市 (1903)

ポートサンライト (1886)

England

アスプルンド レヴェレンツ ────→ スコーグスシルコゴーデン (1915-1961)

Sweden
Denmark

1900

1878	フェノロサ来日
1882	上野動物園
1886	造家学会設立
1888	第1回アーツ・アンド・クラフツ展／東京市区改正条例
1889	大日本帝国憲法
1890	都市美運動開始
1894	アールヌーヴォー／日清戦争
1896	近代オリンピック開催(アテネ)／河川法
1897	森林法
1899	アメリカランドスケープ協会設立
1900	ハーバード大学ランドスケープアーキテクチュア学科
1903	日比谷公園
1904	フォーヴィスム／日露戦争
1906	新宿御苑
1907	東京市街路樹計画、三越松屋で屋上庭園
1913	キュビスム／未来派／井の頭公園東京に下賜
1914	第1次世界大戦開戦／土木学会設立
1916	ロシア構成主義／ダダ／東大で景園学開講
1917	『デ・ステイル』創刊 (オランダ)

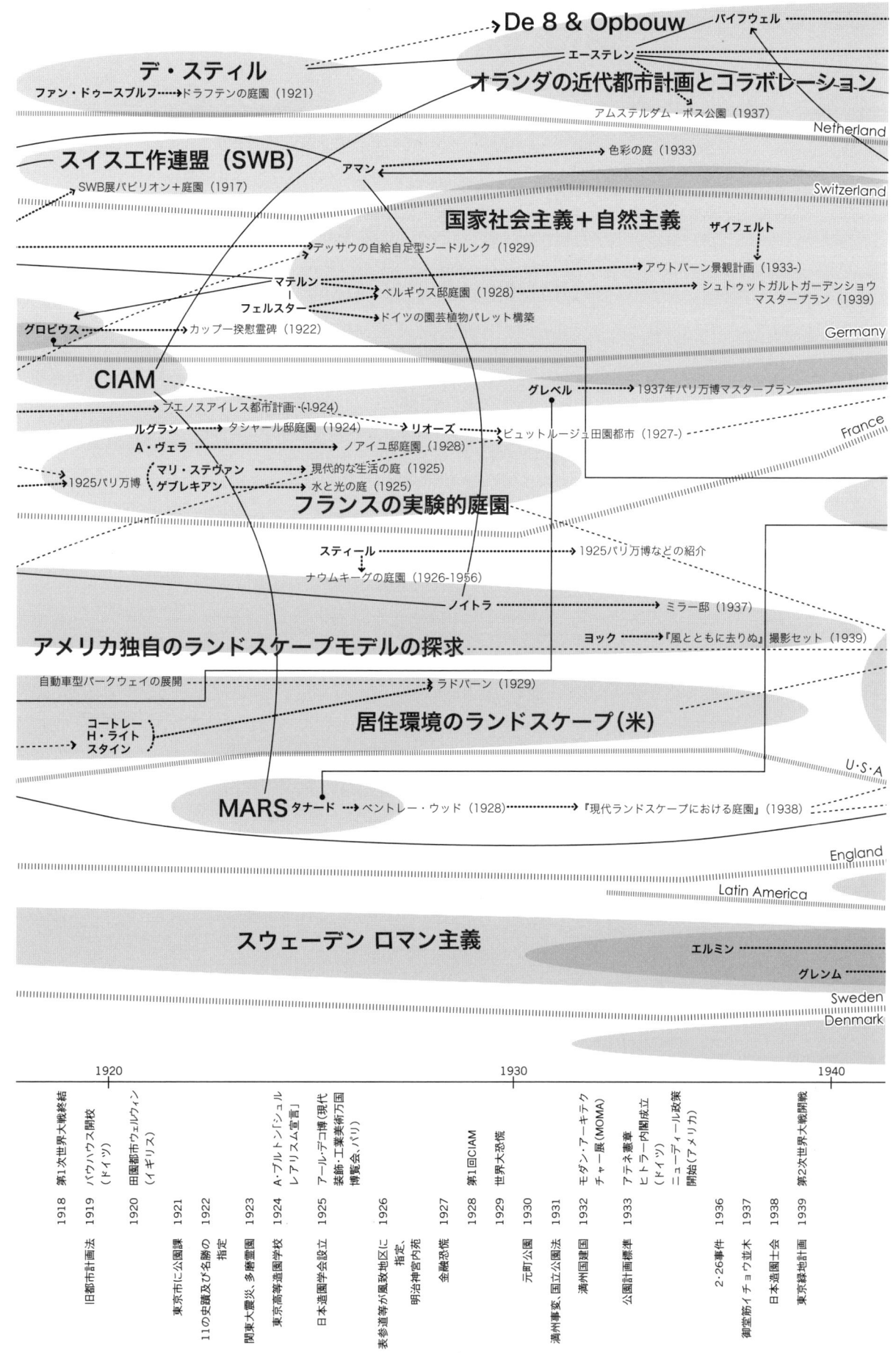

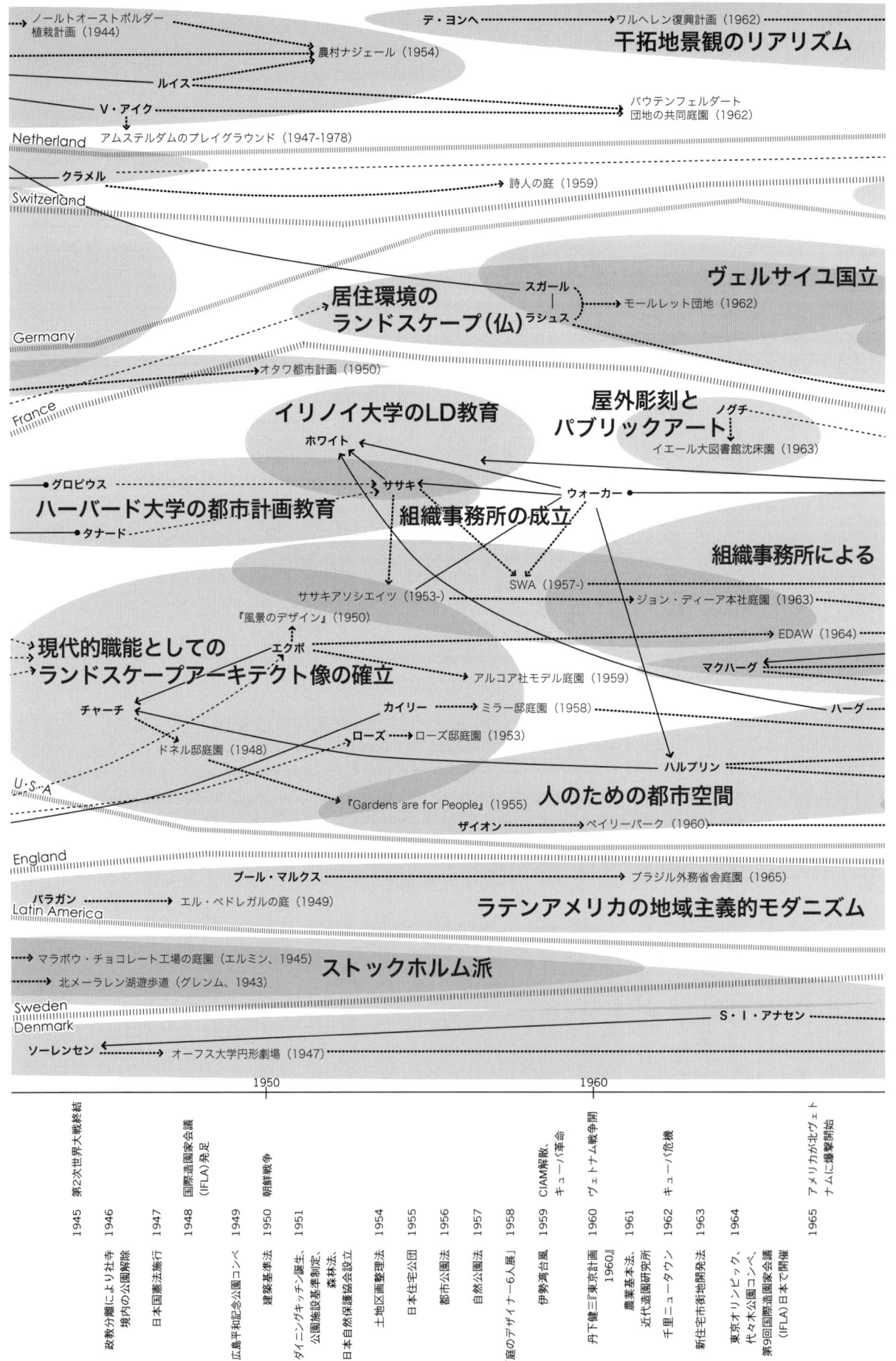

治水と都市デザインの融合

・・・・▶ フォルケラク川の水門 (1970)

サイモンズ

グーゼ (WEST8)

Netherland

・・・・・・▶ キーナスト

『デザインによる専制から自然による専制へ』(1981)

グルツィメク ・・・・▶ ミュンヘンオリンピック公園 (1972)

Switzerland

ドイツの工学的ランドスケープデザイン

Germany

園芸高等学校の新世代

AUA

グルノーブル・ニュータウン拡張計画 (1974)

シモン

コラジョー

プロヴォ

・・・・▶ アンドレ・シトロエン公園設計競技 (1986)

シャティヨンZUP (1967)

クレモン

ヴェルサイユ国立
ランドスケープ高等学校 (1976-)

シュメトフ

ブリュニエ

ギュスタフソン

France

ミニマリズム

・・・・▶ タナーファウンテン (1985)

ウォーカー

スミス

シュワルツ

・・・・▶ ハーレクインプラザ (1983)

ハーグレイブス

サイトプランニングの開始

SWA (1957-) ・・・・▶ ウェアハウザー本社庭園 (1972)

ミッションベイパーク (1966)

EDAW (1964-)

V・ヴォルケンバーグ

ペンシルバニア大学のエコロジカルデザイン

・・・・▶ ウッドランズ (1974)

スパーン

・・・・▶ 『アーバン・エコシステム』(1984)

『デザイン・ウィズ・ネイチャー』(1969)

・・・・▶ ガスワークスパーク (1978)

人のための都市空間

・・・・▶ ブローデルリザーブ (1985)

『RSVPサイクル』(1969)

・・▶ シーランチ (1967)

・・・・▶ フリーウェイパーク (1976)

フリードバーグ

・・・・▶ パーシングパーク (1979)

・・・・▶ IBM本社アトリウム (1983)

U・S・A

England

Latin America

Sweden

Denmark

デンマークの造形主義

・・・・▶ ヘアニン美術館と庭園 (1983)

1970　　　　　1980

- 1968　5月革命（フランス）
- 港北ニュータウンのグリーンマトリックス提唱、学園闘争、新都市計画法
- 1969　アポロ11号月面着陸
- 1970　大阪万国博
- 1972　国連人間環境会議
- 1973　オイルショック
- 1975　ヴェトナム戦争終結
- 1977　第三次全国総合開発計画
- 1979　羽根木プレーパーク（日本のアドベンチャーパーク）
- 1980　世界環境保全戦略、イラン・イラク戦争
- 1981　住宅・都市整備公団
- 1983　東京ディズニーランド
- 1985　プラザ合意
- 1986　チェルノブイリ原発事故（ソビエト連邦）

オランダの分野横断的ランドスケープデザイン (Netherland)

- サイモンズ …… → デルタメトロプール計画 (2000)
- グーゼ (WEST8) …… → イーストスケールト防波堤環境計画 (1992)

スイスのエコロジカルフォルマリズム (Switzerland)

- キーナスト …… → エルンスト・バスラー&パートナーズ社庭園 (1996)
- フォクト → アリアンズ競技場ランドスケープ (2005)

ドイツの工学的ランドスケープデザイン (Germany)

- ラッツ …… → デュースブルクノルト景観公園 (2002)

フランスの体系的教育と多面的アプローチ (France)

- デヴィーニュ …… → トムソン工場ランドスケープ (1992)
- シュメトフ → ラ・ヴィレット公園の竹庭 (1989)
- ブリュニエ → サン・ジェームスホテルの庭園 (1989)
- ギュスタフソン …… → エッソ本社庭園 (1992)

アートとしてのランドスケープ

- スミス …… → ヨークヴィルパーク村 (1994)
- シュワルツ → リオ・ショッピングセンター中庭 (1988) …… → ジェイコブ・ジャビッツ・プラザ (1997)
  - シンシナティ大学、マスタープラン (2000)
- ハーグレイブス …… → キャンドルスティック・ポイント公園 (1993)
- V・ヴォルケンバーグ …… → ジェネラル・ミルズ本社前庭 (1991)
  - クリッシーフィールド (1994)
  - アレゲニー川の遊歩道 (2001)

変化と現象の美学

- コーナー …… → 『Recovering Landscape』 (1999) → ハイライン計画第1期 (2009)
  - フレッシュキルズ再生計画設計競技 (2001)
- ウェストフィラデルフィアプロジェクト (1987)

ランドスケープ・アーバニズム

開発型都市空間のデザイン (U・S・A)

- ササキアソシエイツ …… → 北京オリンピック会場マスタープラン (2008)
- カイリー …… → ファウンテンプレイス (1987)

England

Sweden
Denmark

- S・L・アナセン → ノースンビュの都市庭園 (2005)

年	世界の出来事	日本の出来事
1989	天安門事件 (中国)、ベルリンの壁崩壊 (ドイツ)	
1990		大阪花博、バブル崩壊
1991	湾岸戦争	樹木医制度
1992	地球サミット (ブラジル)	「同時代風景展」、定期借地権
1993		環境基本法
1994		緑の基本計画
1995		阪神・淡路大震災、生物多様性国家戦略
1997	京都議定書	
1998		21世紀の国土のグランドデザイン、NPO法
1999		PFI法
2000		大規模小売店舗立地法
2001	アメリカ同時多発テロ事件 (9.11)	CASBEE
2002		登録ランドスケープアーキテクト制度
2003	イラク戦争	指定管理者制度
2004		全都立公園にパークマネジメントマスタープラン、景観三法
2005		愛・地球博、社会・環境貢献緑地評価システム
2006		バリアフリー新法
2008	リーマンショック	国土形成計画
2009		公園施設長寿命化計画策定補助制度

I
1850-1939
民主主義と工業化の時代

セントラルパーク（ニューヨーク）

1850―1899 近代ランドスケープデザインの幕開け

第1章

19世紀のヨーロッパ諸都市では、近代化による都市環境の悪化が原因となって疫病が流行した。その対応として公園が誕生することになる。イギリスでは、貴族の狩猟地を開放した公園、自治体が整備した公園、共有地を利用した公園などが誕生し、フランスでは都市施設として計画された公園が、ウィーンでは城壁を撤去してつくった公園が、それぞれ誕生した。
一方アメリカでは自治体が整備する公園としてセントラルパークが完成するとともに、都市の緑地計画としてのパークシステムや国立公園などが提案され、そのうちのいくつかが実現することになる。

★1　18世紀イギリスで始まった輪作と囲い込みによる農業生産の飛躍的向上とそれに伴う農村社会の構造変化

★2　18世紀から19世紀にかけてイギリスで起こった工場制機械工業の導入による産業の変革とそれに伴う社会構造の変革

★3　ジョン・ラスキン(1819-1900)：イギリスの美術批評家。産業革命以後の社会に警鐘を鳴らし、美術論、教育論、経済論と様々な角度から産業社会の矛盾を指摘した。晩年はナショナルトラストなど文化財や自然環境の保護運動に携わった

0 時代背景

◎近代化と都市問題

18世紀のイギリスで始まった農業革命★1と産業革命★2は、農地を獲得するための自然破壊と労働者の都市集中による都市問題を引き起こした。

農業革命によって飛躍的に向上した農業生産高は多くの人に食料を与え、人口の増加を助長した。増えた人口が産業革命による技術革新に呼応して、都市部で様々な仕事をつくり出す。一方、人口の増加によって増大した穀物需要を満たすため、地主が耕作地や共有地の囲い込み（エンクロージャー）を始める。土地を失った農業者たちは、都市へ出て工業労働者になることが多かった。近代化は、物理的な距離を克服し、日用品を安く手に入れることを可能とし、社会的な経験を多様化することによって人々を自由にした。また、政治的には、王族や貴族などの法令的特権と伝統的な不平等の重荷から人々を開放した。しかしその結果として、農地開拓のための自然破壊と、農地の囲い込みによる都市部への人口集中と過密問題が顕在化することになる。

特にロンドン都心部の過密問題は深刻で（図1）、労働者の住宅は建て増しや割り込みを繰り返したため、日照や通風は満足に得られず、下水道も完備されておらず、汚物やゴミは裏路地に直接廃棄されていた。こうした不衛生な居住環境がコレラなど伝染病の蔓延につながり、多くの死者を出すこととなる（図2）。

◎近代化への反動

美術批評家であるジョン・ラスキン（1819-1900）★3は、近代化による生活の規格化、労働の機械化などに反対し、規格化されない、ある意味で自由な生活や労働における喜びなどの重要性を指摘した。20世紀のデザインに多大な影響を与えたアーツ・アンド・クラフツ運動の先導者であるウィリアム・モリス

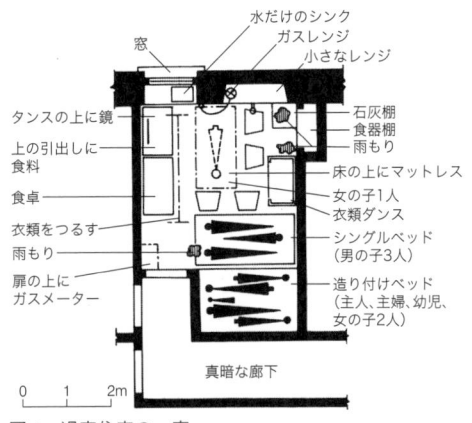

図1　過密住宅の一室
グラスゴーの労働者住宅の一室。暗い廊下の奥にある狭い部屋に9人の家族が寝泊りしている

★4 ウィリアム・モリス（1834-1896）：イギリスの芸術家、文学者、思想家。機械による量産を否定し、中世の手工芸の美しさを理想とした

★5 フランスのアールヌーヴォー、ドイツのユーゲントシュティール、ウィーンの分離派、スコットランドのグラスゴー派などがこうしたものの例として挙げられる

★6 柳宗悦らを中心に1926年に「日本民藝美術館設立趣意書」が発表されたのが始まり。「用の美」を提唱し、使うことに忠実につくられたものに自ずと生ずる美しさを世に紹介し広めようとする活動

★7 ラルフ・ウォルドー・エマソン（1803-1882）：アメリカの思想家、詩人。超絶主義を唱え自然を感じ取ることを主張した。コンコードを拠点に、啓蒙活動を展開した

★8 ヘンリー・デヴィッド・ソロー（1817-1862）：アメリカの作家・思想家・詩人。エマソンの思想に共鳴し、コンコードの森にある小屋で生活しながら超絶主義の思想を深めた

（1834-1896）★4 もまた、ラスキンとともに手仕事の重要性や田園郊外での生活の豊かさを指摘した。こうした指摘のなかには、工業化する当時の都市像とはまったく違った「古き良き」都市像を目指す言説も多く見られた（図3、4）。例えばラスキンは理想的な都市について以下のように語っている。「人々が居住するのに適した都市をつくるということは、我々の住居を治療する行為を意味する。より多くの丈夫で美しい家を建て、都市の内側には清潔で活気のある通りをつくり、外側には田野が開け、壁の周囲には美しい庭園と果樹園のベルト地帯を設け、都市のどこからでも新鮮な空気に満ちた草地に出られ、地平線の見えるところまでは歩いて数分で行くことができるようにするべきである」。ラスキンの言説やアーツ・アンド・クラフツ運動の実践は、フランス、ドイツ、ウィーン、スコットランドなどに広く影響を与え★5、1920年代には日本の民藝運動★6にも影響している。

一方、アメリカではラルフ・ウォルドー・エマソン（1803-1882）★7やヘンリー・デヴィッド・ソロー（1817-1862）★8がロマン主義的な自然保護思想に影響を与えた。

◎都市環境悪化への対応

こうした指摘に対して、実際の都市づくりでもスラム化する都心部に対する対策が進み始める。前述のとおり、頻繁に流行する疫病などによって危険な状態になっていたロンドンの都心部に対して、イギリス政府は1848年に最初の公衆衛生法を制定した（これが後の都市計画法となる）。また、イギリス建築基準法もこの時期にできた。さらに、1898年には煤煙が立ち込める都心部から離れ、健康的な郊外の田園都市で生活することを推奨するエベネザー・ハワード（1850-1928）の『明日の田園都市』（1898）が出版される。この

図2　19世紀末のロンドン
1884年に画家のブルーアが気球から描いたロンドン中心部。密集した市街地のあちこちから煤煙が上がっており、厚い雲で被われた市街地にはあまり太陽光が差し込んでいない

図3　四季（秋）
1893年にアーツ・アンド・クラフツ運動の参加者であるサムナーが描いたポスター

図4　柳の枝
1887年にアーツ・アンド・クラフツ運動の提唱者であるモリスが描いた壁紙

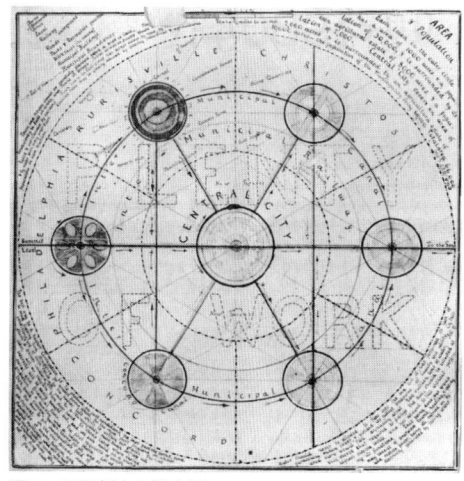

図5　田園都市の概念図
ハワードによる田園都市の概念図。大都市の周囲に衛星的に田園都市が配置されている

★9 ジョルジュ・オスマン（1809-1891）：フランスの政治家。ナポレオン3世の皇帝就任とともに44歳でセーヌ県知事に任命される。知事就任直後に造園家のアルファンを起用し、パリ市の大改造を推し進めた

★10 既存の都市を改造する動きが活発な一方、新しい都市のあり方を模索する動きもあった。次章にみるゴダンのファミリステールは、豊かなオープンスペースと地域コミュニティを大切にした新しい町のあり方を提示したという意味で、ハワードの田園都市にいたる理想都市づくりへ向けての胎動であった

★11 イギリスにおける公園の誕生は石川幹子『都市と緑地』（2001）の3分類に従った

考え方に基づいて、ロンドン北部にレッチワース田園都市の建設が着工されたのは1903年のことである（図5）。

フランスでは、ともに1850年代前半に就任した、大統領のナポレオン3世とセーヌ県知事のジョルジュ・オスマン（1809-1891）★9が、人口が集中するパリの都心部に対して大改造を行い、都市内に多くのオープンスペースをつくり出すことになる★10（図6）。

ドイツでは、人口が集中する大都市の居住環境を改善するため、1865年にバーデン街路整備および建築線等法が公布された。また、1873年に公衆衛生協会が設立されるなど、イギリスやフランスと同じく、「公衆衛生」という概念が重要視されるようになる。

アメリカでは1849年からゴールドラッシュが始まり、カリフォルニアなど合衆国西部の自然破壊が進行した。こうした状況に対して、シエラクラブ（1892）やオーデュボン協会（1900）など、西部の自然を保護するよう働きかける団体が生まれた。

1 イギリスの公園の誕生

都市の生活環境が悪化し、自然が破壊されていくなかで、都市に初めて公園がつくられることになる。ここでは、産業革命の発祥地であるイギリスにおける公園の誕生をみてみよう。それは、誕生にいたるプロセスによって大きく3つのタイプに分けられる。1つは王室庭園を開放する形で誕生した「王室公園」、もう1つは地方自治体が公共事業として整備する「自治体公園」、そして最後は昔からの共有地が公園になる「共有地公園」である★11。

◎王室公園

イギリスにおける初期の公園は、王室が庭園や狩猟場として使っていた場所を公園として市民に開放するという方法で誕生した。前述のとおり、産業革命によってロンドン中心部は劣悪な居住環境となっており、王室が所有していた庭園や狩猟地の広大な自然を開放することによって市民の健康な生活を担保しようとしたのが王室公園の始まりである（図7）。例えばセントジェームスパークはヘンリー5世、リージェンツパーク（ロンドン、1838）はヘンリー8世、リッチモンドパークはチャールズ1世が狩猟地として所有していた土地であった。当時の王室庭園は、ロマン主義風景画におけるピクチャレスクの影響を受けており、風景式庭園が多かった（p.26 コラム参照）。この傾向は、後にアメリカのセントラルパークがつくられる際に風景式庭園の影響を受けることへとつながっている。

これらの18世紀までに公開された王室公園に対して、19世紀のロンドンでは、市街地開発と公園整備をセットにして住宅地の付加価値を高め、地価の上昇による利益で公園を整備するという方式が用いられるようになる。例えば、1838年に公園として市民に開放されたリージェンツパークは、もともと王室が所有する狩猟地であり、当時は荒廃した土地だった。そこで狩猟地の一部に住宅地を開発し、この開発で得た利益を使ってリージェンツパークが整備されている。公園を見渡すことのできるテラス住宅や三日月状の宅地を整備し、

図6 1870年頃のパリ
オスマンによって整然とした町並みにつくり変えられている

図7 狩猟地としてのパーク
こうした狩猟地が開放され、市民のための公園となった

★12 囲い込み法(1845)、首都コモン法(1866)、不動産法(1925)、コモン法(1965)など

★13 ジョン・スチュワート・ミル(1806-1873)：哲学者、経済学者。イギリスの自由主義思想に多大な影響を与えた

その利益で公園を整備して市民に開放したのである。こうして、中心に大規模な風景式庭園をもつ住宅地が誕生する。住宅地開発の利益で公園をつくる手法は、その後自治体が公園を整備する際の参考とされることになる。

◎ 自治体公園

王室の庭園や狩猟場が公園として市民に開放されるようになると、公園が整備されていない地区の市民から公園を要望する声が高まった。そこで、ロンドン市は自治体として初めて公園をつくることにした。こうして生まれたのが、王室公園であるリージェンツパークの開発手法をモデルにしてつくられたビクトリアパーク（ロンドン、1845）である。整備にあたって、市は敷地の半分を住宅地として開発し、その利益でもう半分に公園をつくることを計画した。しかし、ビクトリアパークは低所得者層が多く住むエリアに計画されたため、住宅地は期待どおりに売れず、資金が集まらなかった。最終的に不足分の整備費をロンドン市が出すことによって、ビクトリアパークは1845年に公園として市民に公開された。同じ方法を用いて、1848年にはリヴァプール郊外のバーケンヘッド市が**ジョセフ・パクストン**（1803-1865）に設計を依頼してバーケンヘッドパーク（1848）をつくる（図8）。購入した土地の約半分に公園をつくり、残りの半分を住宅地として販売した。パクストンの設計は当時の公園としては斬新な試みが随所に見られた。例えば、馬車が通る道と歩行者が通る道を完全に分離し、馬車の往来を気にせずのんびりと園路を歩くことができるようにしている（歩車分離）。また、園内に池を掘る際に出る土砂を使って近くに丘をつくることによって、余計な土砂を運び出したり運び込んだりせずに済むように計画しており、デザインも土量を計算して決められている。ちなみに、バーケンヘッドパークがオープンした2年後の1850年、後にセントラルパーク（ニューヨーク、1859開園）を設計することになるアメリカの**フレデリック・ロウ・オルムステッド**（1822-1903）はこの公園を視察し、身分に関係なく市民が誰でも楽しめる緑の空間が存在することに感銘を受けている。そして、民主主義の国アメリカにこそ、人種や身分に関係なく誰もが楽しめる公共公園（パブリックパーク）が必要だと考えるようになる。

このように、公園誕生のプロセスは、貴族がもっていた庭園や狩猟場を開放するという方法から、自治体が住宅地開発とセットで公園を生み出すという方法へと変化した。行政が公園をつくる時代が始まったのである。

◎ 共有地公園

イギリスにはむかしからコモンと呼ばれる共有地があった。コモンはそもそもその土地の領主がもっているものだったが、土地を使う農民が家畜を放牧したり、燃料用の薪を取ったり、屋根用芝土を採取したりすることが許されている土地だった。また、散歩や運動をするオープンスペースとしても活用されている土地だった。13世紀からコモンの囲い込みが始まり、住民がコモンを使う権利が徐々に制限されるようになっていたが、19世紀になると各種法律によってコモンの囲い込みが制限されるようになった★12。1864年には住民がコモンを利用する権利を守るためにコモン保存協会が設立された。主要メンバーには、哲学者のジョン・スチュワート・ミル（1806-1873）★13などが名を連ねていた。また、コモン保存協会のメンバーである**オクタヴィア・ヒル**（1838-1912）は、後述するとおり美的、歴史的に優れた土地を市民の手で買い取って保存するための組織、ナショナルトラス

図8　バーケンヘッドパーク（リヴァプール郊外、1848）
税金によって自治体がつくった初めての公園。周縁に集合住宅が見える。住宅の販売利益で公園をつくるという当時の手法がうかがえる

トを1895年に設立している。こうした人々が領主と掛け合い、コモンを囲い込むことなく共有地として多くの人が利用できる状態を維持するよう努力した。このように、イギリスには共有地を市民が保存することによって生まれる公園的空間も多く存在した。これが、イギリスで誕生した公園の3番目のタイプである。

2 都市施設としての公園

イギリスにおける公園誕生は前述のとおりの3種類に分けられるが、その他の国では都市施設としての公園が独自に整備されていた。ここではフランスのパリにおける都市の大改造に伴って整備された公園と、ウィーンの城壁を撤去したあとに整備された公園、そしてアメリカのニューヨークに整備されたセントラルパークの例を挙げる。

◎パリの都市改造（フランス）

1853年から1870年にかけて、フランスのパリでは都市の大改造が行なわれた。1853年に当時の大統領だったナポレオン3世はセーヌ県の知事としてジョルジュ・ウジェーヌ・オスマン（1809-1891）を任命。オスマンは、ナポレオン3世の意向を汲んでブローニュの森（図9）やビュットショーモン公園など都市内の大規模なオープンスペースをつくり出した。当時44歳だったオスマンは、かつてジロンド県知事だった時に知った**ジャン＝シャルル・アルファン（1817-1891）** を呼び、これらの実務にあたらせた。37歳のアルファンはオスマンが目指す新しいパリの実現に向けて多くの都市施設を設計している。

ブローニュの森はナポレオン3世が国からパリ市に委譲した国有地で、パリ市中心部から5km離れた東部に位置する。パリ市に対して恒久的な公園として整備するよう条件づけしたうえで、敷地を国から市へと委譲したのである。もともとは貴族の狩猟場であり、馬で走りぬける直線の園路と円形広場による空間構成だったが、狩猟場として使われなくなって以来、決闘と自殺の名所と呼ばれるほど荒廃した森になっていた。1858年、アルファンは荒れたブローニュの森を市民のための公園として再整備する。森は自然風景式の公園へと生まれ変わり、曲線の園路に沿って、動物園、スケート場、キオスク、記念碑、ベンチなどが適切に設けられた。また、森の西部には競馬場が設置され、公園の維持管理費を捻出するほどの売り上げをもたらした。

パリ市北東部にあるビュットショーモン公

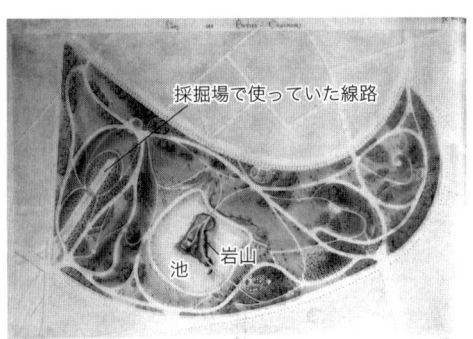

図10 ビュットショーモン公園（パリ、1867-1873頃）
石灰石採掘場跡地、ごみ投棄場、公開絞首刑場など印象が悪かった場所を公園として整備した。コンクリート製の擬岩や擬木、展望台、グロット（ほら穴）、採掘場で使っていた線路をそのまま利用している

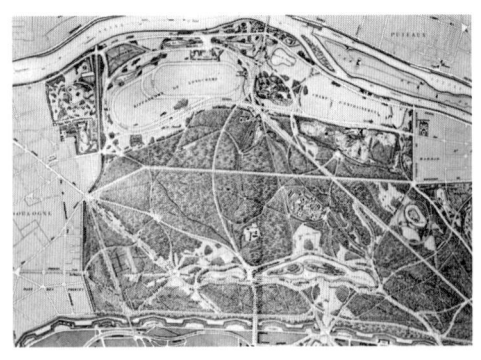

図9 ブローニュの森の改修（パリ、1858）
円形広場を備えた狩猟場だったブローニュの森をイギリスのピクチャレスク様式に改修。左図は改修前の狩猟場、右図は改修後の公園。改修後には図面左上に競馬場が見える

★14 カミロ・ジッテ（1843-1903）：オーストリアの建築家、画家、都市計画家。効率性を重視し技術主義に偏した都市計画に異議を唱え、文化や芸術の場としての都市空間を意識。芸術都市復権の意義を唱えた

★15 パトリック・ゲデス（1854-1932）：イギリスの生物学者、植物学者、教育学者。都市計画に「地域」という概念を導入し、「地域調査」運動を展開した

園（パリ、1867-1873頃）は、もともと石灰石の採石場だった場所がゴミ捨て場になり、一時期は公開絞首刑場にもなっていたところにつくられた公園である（図10）。採石場の切り立った壁面や荒々しい風景をそのまま活かし、敷地中央に大きな池を掘って、そのなかに削り残されていた高さ45mの岩山を残し、つり橋を渡したり洞窟を掘ったりすることによって、パリ市内に険しい山岳地帯の風景をつくり出した（図11）。

ナポレオン3世、オスマン、アルファンによって行なわれたパリの大改造は、その後の都市におけるオープンスペース創出の手本となった。以後、ウィーンの城壁撤去に基づくリンクシュトラーセの整備（1858年着工）、ブリュッセルの都心改造（1860年着工）、バルセロナの拡張計画（1870年着工）、ストックホルム改造計画（1866年着工）などが続いた。

◎リンクシュトラーセ──ウィーン

城郭都市だったウィーンは、1857年に皇帝フランツ・ヨーゼフⅠ世の命令によって都市を囲む城壁を撤去した。城壁跡地に計画されたリンクシュトラーセ（環状道路）の建設にあたっては、地元の建築家であるカミロ・ジッテ（1843-1903）★14の理論が採用された。ジッテの理論は1889年に出版された『広場の造形』に著されている。彼は、都市空間が連続していることを重視し、建物は広場や通路と関係づいている時のみ意味をもつとした。都市のオープンスペースに重要なことは、連続性、空間の閉鎖性、シーンの展開、非対称性、不規則性、意味のある広場同士の連結であるというジッテの理論に基づいて整備されたリンクシュトラーセは、現在でも環状交通と連携した都市のオープンスペースとして機能している。ジッテの考え方はパトリック・ゲデス（1854-1932）★15やレイモンド・アンウィン（1863-1940）が賞賛したこともあって大きな影響力をもった。

◎セントラルパーク（アメリカ）

19世紀中頃のマンハッタン南部は居住密度の高い市街地であり、衛生面の問題から10年間に2度もコレラが大流行していた。また、人口予測によるとさらに人口が増え続けることが明確だったため、有識者の間からは市街地の北部に広大な公園をつくるべきだという意見が出始めていた。なかでも詩人のウィリアム・カレン・ブライトや造園家のアンドリュー・ジャクソン・ダウニング（1815-1852）の提案は具体的だった。ダウニングは雑誌『Gardeners』にマンハッタン半島の中央部に広大な公園をつくることを提案しており、その位置はほぼ現在のセントラルパークの位置と同じであった（図12）。市議会は検討委員会をつくり、測量技師のエグバート・ヴィールを技師長に任命した。ヴィールのもとで労務管理を行なう監督官になったのが、のちのセントラルパークを設計することになるオルムステッドである。

オルムステッドはイエール大学を卒業した農業土木技師であり、スタテン島で実験的な農業を営んでいた。また、雑誌『Putnum』を

図11　ビュットショーモン公園
左は採掘時に残された岩山。壁面をコンクリートで固めている。右はコンクリートでつくった擬木の手すり

主宰していたが経営的に行き詰っていたところだった。ヴィールのもとで監督官をしていたオルムステッドは、1857年に実施されたセントラルパークの設計競技に参加することになる。前述のダウニングがハドソン川の船火事で亡くなったあと、ダウニングの設計に関する仕事を引き継いでいた建築家のカルヴァート・ヴォー（1824-1894）がオルムステッドを誘ってセントラルパークの設計競技に参加したのである。その結果、オルムステッドとヴォーの案が1等となる。オルムステッド35歳、ヴォー33歳のことである。

オルムステッドたちが提案したセントラルパークの大きな特徴は、都市のなかに日常的に利用できる田園風景をつくり出したことである。当時は上流階級しか楽しむことのできなかった風景式庭園のような風景をセントラルパークにつくり出し、誰でも手軽に田園風景のなかでレクリエーションを楽しむことができるようにしたのである。そのために、風景式庭園の様式を採用して都市とは対比的な自然風でやわらかい空間を生み出し、4本の

図12　セントラルパークの鳥瞰写真

図13　セントラルパークの立体交差
歩行者が歩く園路と馬車が走る園路とを立体交差させて両者が出会わないように工夫されている

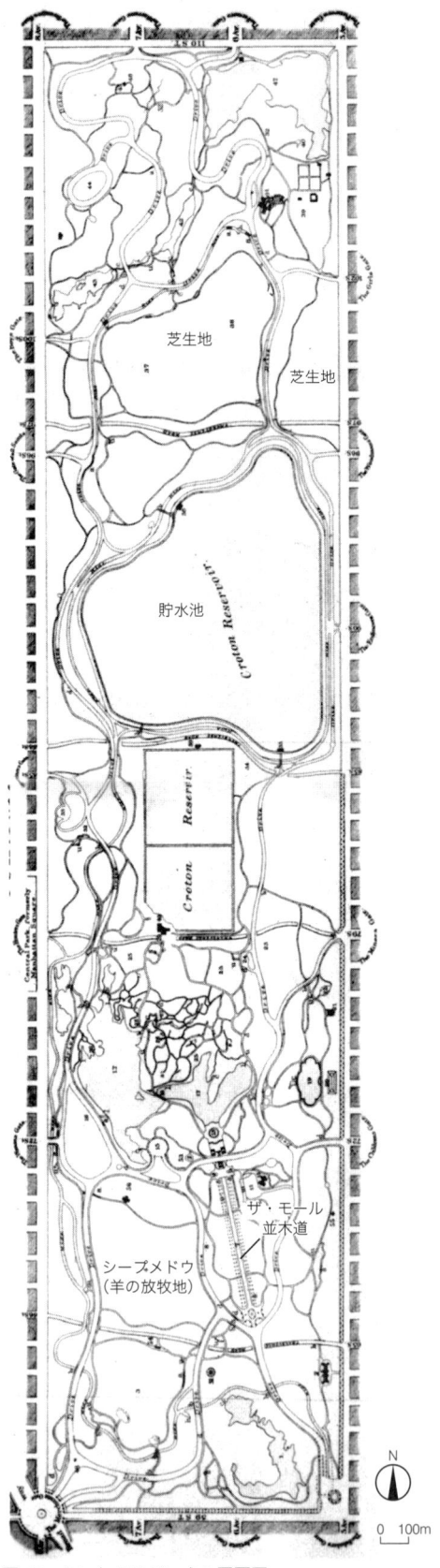

図14　セントラルパークの平面図
公園を東西に貫通する4本の通過道路が園路と立体的に交差している

横断道路を掘割式にして園内から通過交通が見えないようにし、園内における徒歩、乗馬、馬車による交通の平面交差を避けた（図13）。また、社交のためのモール（広幅員の歩行者専用通路）を設け、植栽のために徹底的な土壌改良を施し、既存の地形や露岩を利用した。特に、馬車と歩行者の交通を分離した「歩車分離」の動線計画は画期的であり、後のニュータウン建設などで多く採用されることになった（図14）。

公園の整備費は、公園周辺に受益者エリアを設定して徴収した。公園からの距離に対応して受益地を設けて整備費を徴収するという方法は、イギリスの自治体公園の方法を応用したものであり、アメリカにおける公園整備の手本となった。

セントラルパークの設計をきっかけとして、植物、土壌、交通、建築など様々な要素を取り扱うランドスケープアーキテクチャーという分野が誕生することになった。そしてオルムステッドはランドスケープアーキテクトの第1号を名乗ったと言われている。

3 都市の骨格としての公園

セントラルパーク以後、アメリカでは公園づくりが盛んに行なわれる。また、ヨーロッパでブルバード（ブールバール）と呼ばれる広幅員の緑道がアメリカでもつくられるようになる。オルムステッドはこれをパークウェイと呼び、パークウェイと公園とをつなぎ合わせることによって安全で美しい都市をつくり出そうとした。この時期、アメリカでは都市レベルで公園をネットワーク化し、都市の骨格をランドスケープデザインの視点から計画する、「パークシステム」と呼ばれる方法が多く用いられるようになる。なかでも有名な事例は、ボストンの「エメラルド・ネックレス」と呼ばれるパークシステムである（図15）。このパークシステムの考え方は、後述するようにフランスなどのヨーロッパ諸国における都市計画と造園の思潮にも影響を与えた。

◎ボストンのパークシステム

ボストン市のパークシステムを最初に考えたのはホレース・クリーブランド（1814-1900）だった。彼はボストンにセントラルパークは不要であるという考え方をもち、むしろ周辺の自然環境や農場を活かして都市を美しくしていくシステムをつくり出すべきだと考えていた。この意思をついでボストンのパークシステムを検討したのは、クリーブランドと協働していたロバート・モリス・コープランド（1830-1874）であり、オルムステッドであった。最終的にボストンのパークシステムを検討することになったオルムステッドは、田園

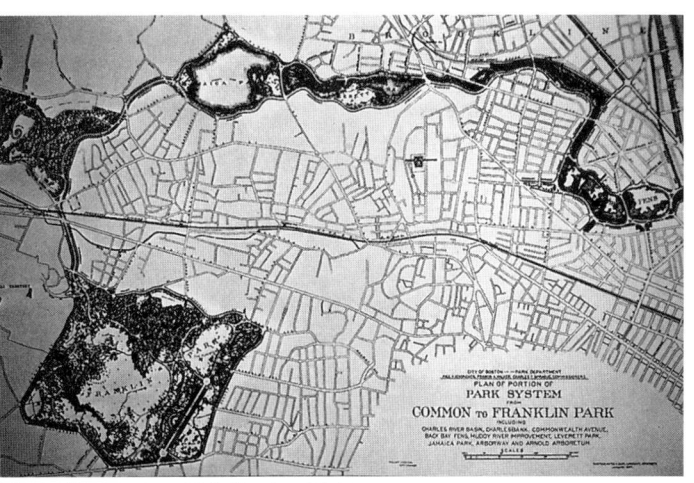

図15 ボストンのエメラルド・ネックレス
ボストンの街の外周に緑地帯をつなげた「エメラルド・ネックレス」をつくり出そうというパークシステムの構想。公園、広場、河川、緑道などを緑地でつなげた計画となっている

公園、樹木園、遊水地型湿地、リバーフロント公園、海浜公園、児童公園などをパークウェイでつなげ、壮大なパークシステム「エメラルド・ネックレス」を構築した。その手法は以下のとおりである。まず、第3セクターをつくって湿地帯などの安い土地を購入し、公園や水辺や並木道を整備することによって良好な居住環境を整備する。その結果、地域の地価が上昇することになるが、地価の上昇分を土地増価税として次の公共投資に活用するということを繰り返し、水と緑のネットワークを形成したのである。

こうしたパークシステムの考え方は、その後ミネアポリス、カンザスシティ、インディアナポリスと全米の各都市において適用され、都市の骨格をつくる緑のあり方を提示することとなる。特にミネアポリスのパークシステムは、ボストンのパークシステムに関わったクリーブランドが検討しており、地域の自然と地形を尊重した「その土地らしい都市づくり」の方法として提案された。具体的には、緑の骨格が都市に品格を与えること、緑が防火帯としても機能すること、河川や湖沼をパークシステムの一環として保全すること、公園緑地が都市生活の公衆衛生に寄与すること、そして公園緑地の整備が地域全体の地価を上げることなどが主張されている。なお、こうした理念に基づいて1900年にミネアポリスのパークシステムのマスタープランを策定したのは、後に科学的知見に基づいたランドスケープのプランニングを提唱した**ウォーレン・マニング**（1860-1938）である。

4 自然公園運動

自然公園運動は、農業革命と産業革命によって破壊され続ける自然を守るための運動として発生した一連の環境保護・保全運動である。この運動について、以下では思想的な背景、国立公園制度の確立、保全と保護の対立といった諸側面を追うことにする。

◎自然保護の思想

産業革命直後は、加速する経済規模の拡大や人口増加、都市域の拡大と産業の工業化など、人為による影響が顕著になりつつある時代だった。この時代において支配的だった啓蒙主義的な思想は人間中心的な側面をもっており、自然は人間によって秩序づけられ、征服、管理されるべきものであると考える傾向があった。その結果、森林は伐採され、野生動物は大量に殺戮され、多くの種が絶滅していった。

人間と自然との一体性を説く自然観は、歴史のなかで繰り返し出現する。この傾向は、産業革命以降の19世紀までの間にも出現している。それは、啓蒙主義や産業革命への反動として、ロマン主義の思潮という形で現れた。すでに都市化された地域に住む人たちが、失われつつある「自然」を回復しようとする動きとして姿を現したのである。アメリカにおいては、エマソンやソローの超越主義者の思想がそれであった。

ラルフ・ウォルドー・エマソンは、1836年に「自然」という論考を発表し、自然は人間の想像力の源であり、人間の精神を反映したものであると論じた。この考え方は、人間の精神と自然との間の密接な関わり合いを主張しており、当時の若い世代に大きな影響を与えた。エマソンの影響を受けたヘンリー・デヴィッド・ソローは、エマソンが所有していたウォールデン池のほとりの森に小屋を建てて2年間2ヶ月と2日間生活し、その時の生活記録や自然描写、思索の内容を『ウォールデン：森の生活』（1854）として出版した。自然のなかに身をおいて、直感によって自然のなかに浸透している大霊と直接交流し、人間の精神を見つめようとしたのである。自然を功利的な視点から価値付けるのではなく、それ自身価値あるものとして保護しようとする概念は、その後の自然主義者たちに受け継がれていくことになる。1930年代に見るフランク・ロイド・ライト（1867-1959）もこの思想の影響を強く受けていた建築家である。ま

★16 人間の利益のためではなく、生命の固有価値のために、環境を保護すべきだとする思想。ノルウェーの哲学者アルネ・ネスが提唱した

★17 ナザニエル・ラングフォード、コルネリウス・ヘッジズであった

★18 ギフォード・ピンショー（1865-1946）：アメリカ森林局初代長官、ペンシルベニア州知事

★19 ジョン・ミューア（1838-1914）：アメリカの環境保護者。エマソンやソローの影響を受け、環境保護運動を展開する。いくつもの国立公園を設立し、「国立公園の父」と呼ばれている

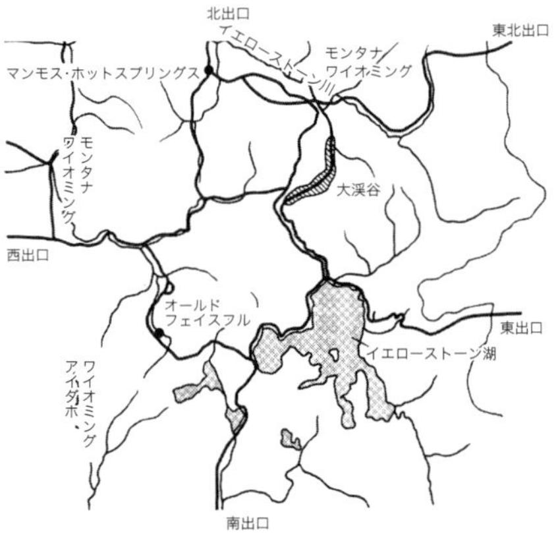

た、自然との交流のなかに人間の精神的な高まりを重視する考え方は、後のディープ・エコロジーの思想★16 にも継承されている。

◎ 国立公園の設立

1861年、モンタナ州で金が発見される。各地から続々と山師が集まってきたが、その一部はワイオミング州からイエローストーン川に沿ってモンタナ州に入るコースをとった。イエローストーン地域の珍しい景観は以前から猟師たちの伝えるところであったが、ゴールド・ラッシュによって改めて多くの人の目に触れることになり、神秘的な山岳地帯として話題を呼ぶようになった。1870年にはヘンリー・ウォッシュバーンとグスタフ・ドアンをリーダーとする探検隊がイエローストーンを調査し、その隊員たち★17 の提案によってその場所を国立公園にする動きが高まった。地理学者のフェルディナンド・ハイデン、画家のトーマス・モラン、写真家のウィリアム・ジャクソンらの応援によってこの運動は高まりを見せ、グラント大統領はイエローストーン国立公園（1872）を設立することになる（図16）。こうした動きは、アメリカの東部に住む人たちを、当時完成したばかりの鉄道に乗せて西部を旅行する鉄道会社のキャンペーンとも連動していた。

また、セントラルパークの設計者であるオルムステッドは、アメリカとカナダの国境付近にあるナイアガラの滝周辺の土地が観光業者に買い占められ、派手な看板が立ち並んでいたことを憂慮し、政府が土地を買い上げて誰もが自由に楽しめる国際的な公園（カナダとアメリカの両国にまたがる公園）とするよう提案している。

◎ 保全と保存の対立

19世紀後半から20世紀前半にかけて自然保護の動きは強まっていった。森林管理という視点から自然保護に最初に取り組んだのは、ギフォード・ピンショー（1865-1946）★18 であった。彼は、1900年頃から農務省の森林局長として公有地の森林管理において重要な役割を担った。彼のいう自然保護は、「最大多数の最長期間の最大幸福」というヒュームの言葉に象徴されるような功利主義的観点からの「保全」であり、人間にとって適切な管理を行なうために自然に手を加えることは問題ないとする立場だった。

これに対して、当時「保存」の視点から自然保護運動を実践していたのが、エマソンやソローから強く影響を受けたジョン・ミューア（1838-1914）★19 だった。ミューアは、1868年にシエラネバダ山脈のヨセミテ渓谷の自然に魅せられて以来、この地域の自然を保存するために活動し、1890年にヨセミテ国立公園（図17）が設置されるきっかけをつくり出した人物である。また、環境保護団体である「シエラクラブ」を創設し、死ぬまで会長を務めた。彼ら「保存」派は人間の手を加えない

図 16　イエローストーン国立公園

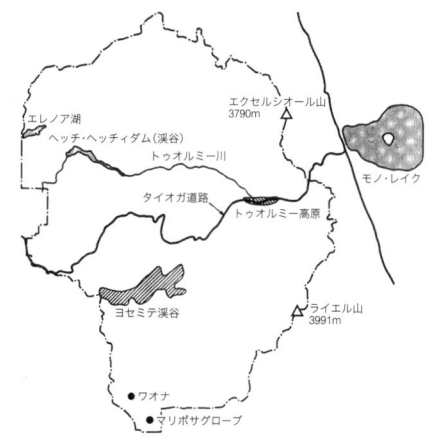

図 17　ヨセミテ国立公園

★20 アルド・レオポルド：アメリカの審林官、野生生物生態学者、環境倫理学者。環境倫理学の父と呼ばれている

状態こそが自然であるという立場であり、人間の都合によって自然を破壊することに反対していた。

ヨセミテの国立公園が設置される際は、「保全」派も「保存」派も同じ方向に向かっていたが、この2つの考え方が対立することもある。ヘッチ・ヘッチィ渓谷の事例はその意味で象徴的である。飲料水の不足に悩むサンフランシスコ市では、長い間貯水ダムの建設を計画していた。市はヨセミテ渓谷の北にあるヘッチ・ヘッチィ渓谷が最適であると指摘していたものの、ヨセミテ国立公園が制定されたためダム建設は立ち消えしていた。ところが、1906年の大地震で市の水不足は深刻なものとなり、ヘッチ・ヘッチィにダムをつくるべきとの声が再び強くなった。1908年、連邦政府がダム建設を許可したため、「保全」派のピンショーと「保存」派のミューアが論争を始めた。ピンショーは適切な管理をしつつ自然を賢明に利用していくという「保全」の基本原則に則って建設を認める対応をとった。一方、ミューアは原生自然に対して人の手を入れること自体に反対を唱えた。1913年には、ダムの建設が認められることで論争は終結している（図18、19）。

ピンショーを代表とする「保全」派の論理は、生態学を基礎とした科学的管理を可能にすることで基礎付けられていた。一方、ミューアの「保存」派の論理は、ロマン主義的感性に訴えかける以上の基礎付けが希薄だった。もっとも、当時の森林に関する科学的管理には問題がないわけではなかった。そのあたりから、自然保護運動は原生自然の保護へと展開し、全体論的な観点に立つ新しい倫理に至ったアルド・レオポルド[20]のような論者を生み出すことになる。

なお、イギリスにおいても同時代に共有地の保全をめぐってナショナルトラストなどの活動が発展することになるが、そのことについては次章にて詳しく述べることとする。

図18 ヘッチ・ヘッチィ峡谷（湖底に沈む前）

図19 ヘッチ・ヘッチィ峡谷（ダム湖になった渓谷）

column
オルムステッドがめざした社会改革

★1　例えば、「造園」は"landscape architecture"の翻訳語にあたるが、「作庭」という類義語の併存するわが国における「造園」「ランドスケープアーキテクチャー」の実状は"landscape architecture"の概念に照らし合わせて妥当と言えようか？

★2　1865年、奴隷制を公式に廃止する修正第13条がアメリカ合衆国憲法に追加される。しかし、黒人に対する法制度上の差別がおおむね撤廃されるのは公民権法が制定された1964年である。本田創造『アメリカ黒人の歴史 新版』岩波新書、1991、pp.126-144、214-220

★3　Charles E. Beveridge and Paul Rocheleau, *Frederick Law Olmsted - Designing The American Landscape*, New York, Rizzoli, 1995, p.21

★4　オルムステッドが彼の妻メアリー・パーキンス・オルムステッドへ送った手紙から。前掲★3、p.27より重引

★5　前掲★3、p.27
★6　前掲★3、p.27
★7　前掲★3、pp.21,27
★8　Richard Hofstadter, *The Age Of Reform-From Bryan To F.D.R.*, New York, Alfred A. Knopf, 1955.（R.ホーフスタッター『アメリカ現代史―改革の時代』清水知久他訳、みすず書房、1967、p.157）

★9　Amartya Sen, *Basic Education and Human Security*, Kolkata, 2002.（アマルティア・セン『人間の安全保障―改革の時代』東郷えりか訳、集英社新書、2006、第2章）

無法の社会に生きて

2010年現在、私たち日本人の目の前には次に示す状況が厳然とある。持続可能な経済構造への転換の必要を認めているようで、それぞれの既得権益を手放すのが惜しかったり不安であったりと従前の経済構造からの脱却という課題の根本解決は図ろうとしない企業、行政機関、政党、そして選挙権者である市民。こうした課題の解決がめざせない理由の1つにも数えられる、主として明治、大正期に翻訳語を介して異文化からの導入が試みられた近代諸概念の未理解と誤用による国民の思考の混乱（言葉を適切に扱わなければものごとのすじみちを立てて深く考えること、すなわち思考も成らない）★1。理性的対話の成立しにくい、なにか行動を始めようにもどこから手をつけて良いものか分からず、事態の好転は非常に困難かすでに不可能なところまで進んでいるとさえ思わせる、そのような社会状況下に私たちは生きている。好むと好まざるとにかかわらず、結果から見れば私たち自身がそうした状況を容認し受容しているとも言える。

だが、フレデリック・ロー・オルムステッドが生きたアメリカ社会の状況はもっと酷かった。黒人奴隷の所有を認める法制度は1865年まで保持されていた★2。そればかりではない。彼が『*New York Daily Times*（現 *The New York Times*）』紙の記者としてアメリカ南部の奴隷所有に関する取材旅行を行った際、奴隷労働と自由労働の理についての議論のうえで奴隷所有者に屈したことがあった。奴隷所有者は北部の労働者や農民の乱暴さ、無法さ、高潔な気持ちの欠如を指摘し、それは自由労働社会を肯定するオルムステッドでさえ認めざるを得ないものであったからだという★3。

奴隷として差別されている訳ではない、白人や他の移民の「乱暴さ」や「無法さ」とはどのようなものであったろう。例えば、オルムステッドは1863年から1865年までカリフォルニアの金鉱山で管理者として働いた。そこで彼がみた労働者の生態とはこうだ。墓地に眠る人々の30人に1人しか自然死してはおらず、他は「脳に鉛の弾がある★4」。町には教会が1つも無く、その代わりに日曜日にはメインストリートで競馬が催され、イタリア人は1日やかましく賭けに興じ、中国人の娼婦は自分を見せびらかすように振る舞った。「夜のミサの代わりは闘犬で、町の誰もが強い関心を寄せた★5」。

社会改革をめざしたランドスケープアーキテクチャー創案

オルムステッドは、奴隷制廃止運動の高まりや、農業、商業から工業への経済基盤転換といった当時の社会の大きな変動を背景に、農場経営者やジャーナリストとしての経験を重ねてきていた。それは、きわめて広い視野に基づく彼なりの社会活動の結果であったと解釈ができる。これらの経験と各所での見聞から、彼は文明と呼ばれるものの確かなしるしが家庭の落ち着きや家族の結びつき、すなわち「domesticity（家庭性）★6」であると気づき、その延長上にある近隣に生きる人々が互いに親しくし支え合うコミュニティの大切さともども、彼がもつ文明の概念の中心に置くようになった。

オルムステッドはまた、被差別者や貧困者にも良い趣味（taste）や紳士の精神的倫理的資質を身につけるための教育機会が与えられるべきで、それがアメリカ国民の教養化（civilizingを廣瀬意訳）の基礎となると考えていた。この考えは南部への旅以来、「学校教育の充実の他に人々を惹きつける魅力をもつ公共文化施設、行事（parks、gardens、music、dancing schools、reunions＝集会）が必要★7」との確信に発展する。このようにアメリカ社会の全般的改善と教養化をめざして、彼は家庭性の進展、コミュニティ形成、そして趣味の向上を促すことの用に供する公園、都市の樹林地や河川、墓苑、学校、住宅地、市庁舎や病院などの環境をデザインするようになっていった。

1850年代、ニューヨーク市民にセントラルパーク実現が求められた背景には都市の成長があった。そして、1860年から半世紀後の1910年にかけてアメリカ各地で急速な都市化が進んだ。この間、農村の人口増が約2倍にとどまったのに対して都市の人口はほぼ7倍に達し、特に人口10万人を超す都市の人口増加率が著しく高かった★8。こうした社会状況の変化を予見しながら、オルムステッドは人間の福祉と安全保障★9を満たす公共概念を探索し、ランドスケープアーキテクチャーの行使が有効と考えられる様々な問題を見つけ出しては優れた解を次々に導いた。自らが生きた社会の改革に対する使命感と多様な行動の経験があって種々の理論や技術を知りえ、環境形成によるそれら理論と技術の総合の手法を開発しえた彼は、私たち日本人にとっても学ぶところの大きい先達であるはずだ。

（廣瀬俊介／風土形成事務所・東北芸術工科大学）

column
ピクチャレスク——世界のコントロールという命題を巡って

今を生きる私たちは、理想の心地よい風景を求め、造り出すことに余念がないが、同時に我々の手を超えた無垢の自然をも欲している。1872年、アメリカに国立公園が誕生した。広大な野生の王国は今や保護されなければ維持できないと判断されたからだ（それを破壊するのは我々自身だが）。そして「保護された野生」にひれ伏すために出かけたはずが、実は快適なキャビンからゆったりと「絵のように」眺めるのである。

今なお私たちを拘束する、風景に対するこのねじれた感情は、18世紀から19世紀にイギリスを中心に生まれたピクチャレスクという思想にその一端がうかがえる。産業革命の後、テクノロジーは飛躍的に発達し、その力を背景に強大な国家が誕生した、そんな頃である。

ストアヘッド庭園（ヘンリー・ホーア2世、18世紀）

揺れ動く風景観

圧倒的な非対称の関係は植民地を生み出し、南方の国々からは様々な目新しい風景が紹介される。グランドツアー[*1]と称した見聞の旅が知識人に流行し、ニコラ・プッサン、クロード・ロランなどの風景画家が数多く出現した。人物画の背景に風景が描かれ始めたのがルネサンスの頃だが、ここにいたって風景そのものが鑑賞の対象となったのである。ピクチャレスクとは文字通り「絵のような」という意味である。「絵」とはもちろん「風景画」のことだが、その時代はまさしく人間と風景との関係が大きくうねり、揺れ動いた時代でもあった。様々な矛盾もはらみ、造園家だけでなく、他の芸術家、果ては政治家まで巻き込んで、多くの人が風景との新しい関係を模索してきたのである。そしてそれは庭園のモデルともなっていった。

風景に彼らが求めたもの、それは美・ピクチャレスク、サブライム（崇高）[*2]、と3つの概念に分類できた。「絵のような」と言ってもそう単純ではなかったのである。思想の根底にあるのは古代から連綿と地下水脈のように続くアルカディア（田園郷）[*3]幻想であり、そして「風景の所有」という新しい考えである。危険に満ちた畏れの対象から「外の世界」は今やコントロール可能な領域となり、風景は楽しみの対象となり、所有して理想の風景を造ることすら可能になったのである。彼らは風景に、一体何を求めたのだろうか。

理想の風景

ランスロット・ブラウン[*4]の庭はまさに時代が産んだ。それは穏やかで優しく、まさにアルカディアであった。急増した都市住民が改めて発見した「理想化された、かつて彼らのいた場所」ともいえる。対して賞賛されるべき風景とはもっと複雑で多様であり、ツイストが効いたものである、というのがウヴェデール・プライスらの主旨である。アルカディア的風景は「美」ではあるが、ピクチャレスクではない、というのが言い分であった。彼はこう語っている。ピクチャレスクとは「絵に描かれることの可能なある種の質」である、と。風景を高級な芸術と見なし、教養として様々なアレゴリーが散りばめられる。遠く東洋の事物をフォリーとし、わざと朽ちた廃墟を模す、多分にインテリ趣味としての展開をした。見方を学習しなければ、ピクチャレスクは理解し難いと言いたげである。が、どちらも土台は田園幻想にあり、そして幻想は常に定型化に向かうのが常である。事はこれに終わらず更に新しい概念が提示された。サブライムである。詩人のウィリアム・ワーズワースらは、「自然は至高の存在である」とし、「自分の小ささに喜びさえ味わう」ことを求めて旅に出始めた。我々はここまで強大な存在となったが、それでもなお（それが故に）、自然という圧倒的な存在に対して畏怖の念を持たなければならないという。神なき時代に、神に代わるものを求めたのかもしれない。当時流行が始まったアルピニズムはまさしくこの流れにあるだろう。

現在の課題として

これら3つの概念は、まさに時代が新しい世界認識と格闘した証として生み出されたが、実は現代においてもまったく変わらずに（絡み合いつつ）存在している。セントラルパークを始め、アルカディア幻想は繰り返し公園の風景として立ち現れ続けている。賞賛されるべき風景はテレビや雑誌を通じてあらかじめ与えられ、風景をこう見なさいという定型化は観光地において顕著である。そして私たちが風景に行使する力は更に圧倒的となり、それはもはや地球規模でさえある。技術の風景にサブライムを視る視点も出現してきた。マイケル・ハイザー、ロバート・スミッソンらをはじめとするアーティストたちも世界のコントロールという命題を巡って、これらの思想を今なお問い続けている。ピクチャレスクを巡る問いは、まさしく今この時代のテーマでもある。

長谷川浩己（オンサイト計画設計事務所）

[*1] 18世紀に主にイギリスを中心に流行した国外への旅行。金銭的に余裕のある貴族の子弟が出かける場合が多く、もちろんそれを可能にしたのが国家レベルの安定と、交通網の発達である。主たる訪問先はフランスや、特にイタリアが多く、見慣れぬ風景を発見し、様々な古典芸術に触れる機会となった。プッサンらの絵や版画などもこのツアーを通して多くがイギリスに持ち帰られた

[*2] もともとはバークによってサブライムと美、2つの言葉が定義されていた。プライスがそこには括りきれない概念としてピクチャレスクを提唱したのである。サブライムの感覚とは当初、恐ろしいもの、闇、孤独、広漠などを示していたが、後の急激な工業化や土地の改変などを通じて、野生の自然、天体の動き、強大な力、など様々に読み替えられながら風景と人間の関係を結ぶ重要な概念の1つとなっている

[*3] ギリシャのプロポネソス半島に位置する山岳地帯だが、後に牧歌的理想郷として様々な芸術的霊感の源となる。そこには古代ローマの詩人、ヴェルギリウスの存在が大きく関わっている。彼が書いた「牧歌」などはアルカディアを背景に書かれているが、その舞台はイタリアの風景や人物が折り込まれている

[*4] ピクチャレスクの創成は17世紀辺りから自然の形態そのものの称揚というかたちで現れてきたが、ランスロット・ブラウンは職業としての造園家という地位を、分かりやすいプレゼンテーションと優しく穏やかな作庭で確立した初めての人とも言える。彼の跡を継ぐかたちとなったのがハンフリー・レプトンである

1900—1919

理想都市の風景
第2章

19世紀から続く都市環境の悪化に対して、理想的な新しい都市を建設しようとする試みが各地で起きる。19世紀のイギリスやフランスで生まれた理想都市運動を引き継ぐ形で田園都市や工業都市が誕生するとともに、アメリカ型の郊外住宅地が出現するようになる。ドイツでは自給自足型の都市が提案され、現代的にも示唆に富む都市のビジョンが示されている。
一方、既存の都市を美しいものにつくりかえようとする都市美運動が万博後のアメリカで高まる。また、イギリスでは今ある良好な自然環境などを保全するための組織、ナショナルトラストが誕生する。

★1 　トニー・ガルニエ（1869-1948）：フランスの都市計画家・建築家。「工業都市」を提示したことで知られる

0 時代背景

◎都市環境の改善

前世紀末からの課題として、都市環境の悪化などが引き続き深刻化していた。特に居住環境の悪化は深刻であり、良好な居住環境を実現するため、1894年にイギリスで建築基準法が制定されることになる。20世紀初頭には、ドイツのザクセン一般建築法と、フランス建築法があいついで制定された。また、工場と住居が混在していることによる弊害も顕著だったため、ゾーニングによって都市内の土地利用を区分けするという考え方が主流になった。1904年、フランスではトニー・ガルニエ★1（1869-1948）が「工業都市」案を発表し、住居と工場の場所を分けつつ、全体としては1つの都市として考える新しい都市像が示された（図1）。1916年にはアメリカのニューヨーク市のゾーニング条例が制定され、土地利用によって立地が規制されるようになった。

◎理想都市の追求

既存の都市環境を改善するだけでなく、新たな土地に理想的な都市をつくり出すことを標榜する動きも始まった。代表的な動きはイギリスにおける田園都市運動である。1898年にエベネザー・ハワード（1850-1928）が『明日の田園都市』（1898）を刊行し、翌1899年には田園都市協会が設立され、具体的に田園都市の建設に向けた検討が始まった。1903年には世界初の田園都市であるレッチワースの建設が着工し、1906年にハムステッド田園郊外の開発に関する法律が制定された。

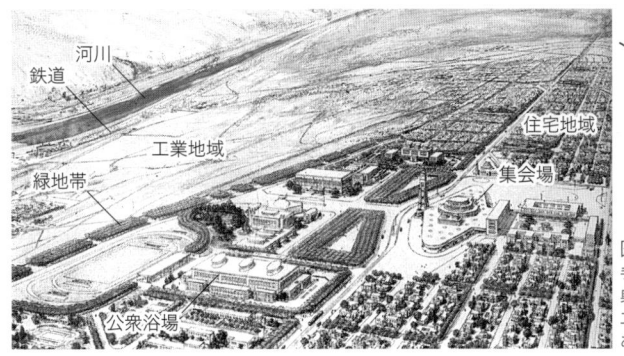
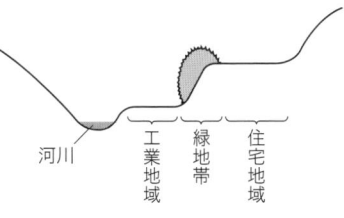

図1 ガルニエの工業都市案（1904）
手前が高台になっていて、そこに住宅地域がひろがる。奥が低地であり、河川に近く、工業地域となっている。工業地域には鉄道が入り込んでいる。上流にはダムがあって、工業地域に電力を供給している

★2 ヘルマン・ムテジウス（1861-1927）：ドイツの建築家。ドイツ工作連盟の中心人物。ドイツにおけるアーツ・アンド・クラフツ運動の紹介者としても知られる

★3 ペーター・ベーレンス（1868-1940）：ドイツの建築家、デザイナー。ミュンヘン分離派や、ドイツ工作連盟に参加。モダニズム建築の発展に多大な影響を与えた

★4 ワルター・グロピウス（1883-1969）：ドイツの建築家。バウハウスの創立者であり、1919年から1928年まで初代校長を務めた。彼の指導したランドスケープデザインについては、4章（p.60）を参照

★5 ブルーノ・タウト（1880-1938）：ドイツの建築家、都市計画家。ドイツで前衛的な作品を発表し、国際的に高い評価を受ける。桂離宮や伊勢神宮など、日本独特の美を再発見して世界に紹介

★6 アンリ・ヴァン・デ・ヴェルデ（1863-1957）：ベルギーの建築家。アール・ヌーヴォーからモダンデザインへの展開を促した

このように田園都市運動はイギリス国内に広がり、都市でも農村でもない新しいタイプの田園都市における生活が喧伝された。さらにこの運動はイギリス国内だけでなく世界に伝播し、1902年にはドイツ田園都市協会が設立され、日本では1907年に内務省がハワードの著書を翻訳した『田園都市』が出版された。

19世紀中頃に、イギリスの社会改革家ロバート・オウエン（1771-1858）やフランスの思想家シャルル・フーリエ（1772-1837）などが理想都市を掲げて社会主義運動を展開したことがある。彼らは、環境が悪化した都市部での生活ではなく、郊外に新たな理想都市をつくり、競争ではなく協同による豊かな生活を実現させようと試みた。こうした試みのほとんどは長続きしなかったものの、理想的な都市を新たにつくり出すという考え方は20世紀の多くの計画者やデザイナーに影響を与えた。その1人がレイモンド・アンウィン（1863-1940）である。オウエンやフーリエの理想都市計画の影響を受けたアンウィンは、理想都市計画と田園都市運動の考え方をうまく融合させ、ハワードが提唱した田園都市レッチワースを具体的に計画することになる。さらにハムステッド田園郊外やウェルウィン田園都市の計画にも携わり、田園都市の理想を具体的につくりあげることに寄与した。

◎ 工業化するモダンデザイン

前世紀末に近代化への反動として手工芸的な芸術の価値を見直す動きとして現れたアールヌーヴォーやアーツ・アンド・クラフツの流れは、20世紀初頭のドイツにおいて、工業化を取り入れた近代的デザインの誕生という、よりポジティブな形であらわれた。

ドイツの建築家で国家公務員だったヘルマン・ムテジウス★2（1861-1927）は、1906年にドレスデンで行われた第3回ドイツ工芸展をきっかけに仲間を集め、1907年にドイツ工作連盟を設立した。メンバーには、建築家、芸術家、製造業者、ジャーナリスト、政治家などがいた。建築家としては、ペーター・ベーレンス★3（1868-1940）、ワルター・グロピウス★4（1883-1969）、ブルーノ・タウト★5（1880-1938）などが名を連ねていた。ドイツ工作連盟は、優れたデザインの工業製品を生み出す社会をつくることを目的とし、機械が粗悪な装飾を貼り付ける産業革命直後の工業製品のあり方を批判した（図2〜4）。ただし、アーツ・アンド・クラフツ運動などとの違いは、機械化にふさわしい工業製品のデザインがあるはずだと信じ、積極的に工業的なデザインのあり方を模索した点である。アンリ・ヴァン・デ・ヴェルデ★6（1863-1957）のようにデザインの工業化や規格化に反発するメンバーもいたが、ムテジウスは方針を変えなかった。1912年にメンバーとなったグロピウスは、ムテジウスによるデザインの規格化とヴェルデによる芸術性重視の態度を統合化し、7年後の1919年にバウハウスを立ち上げることになる。なお、ドイツ工作連盟の影響は他のドイツ語圏にも波及し、スイスでもスイス工作連盟が結成され、スイスの建築やデザイン、ランドスケープのモダニズムに影響を与える。

図2 音楽室用椅子（ムテジウス、1907）　図3 卓上扇風機（ベーレンス、1908）

図4 AEGタービン工場（ベーレンス、ベルリン、1910）

ドイツ工作連盟と理想都市の関係については、労働者の劣悪な住環境を改善するために提案された「ヘレラウ田園都市」が注目に値する。1907年にカール・シュミットによって創設されたドイツ最初の田園都市、ヘレラウ田園都市は、仕事場と住宅が調和した理想都市を郊外につくり出そうという試みであった。豊かな田園環境のなかに建ち並ぶ長屋風の住宅群は、ムテジウスなどがデザインしたドイツ初の規格化住宅である（図5）。

1 コミュニティの都市

19～20世紀初頭の理想的な都市は、都市に住まう人々のコミュニティのあり方によっていくつかの種類に分けることができる。1つ目は人々が共同で生活する理想社会を追う理想都市運動であり、2つ目は職場と住居をセットにして郊外に新しい都市をつくり出す田園都市や工業都市であり、3つ目は公園やパークウェイを豊かに配した郊外住宅地であった。さらに、この3種類を組み合わせた新しいタイプの理想都市も登場することになる。

◎**理想都市運動**

理想都市運動における都市は、そのコミュニティの住まい方と働き方がセットで考えられていた。**ロバート・オウエン**が考案したイギリスの理想工業村は、正方形の居住区に1200人の労働者を住まわせ、その周囲に1人0.4ha（1エーカー）の土地を与えて自給自足の共同生活を営ませようという計画だった。周囲には480ha（1200エーカー）の農地が広がる村である。居住区の中心には広場があり、そこには子ども用の宿舎や共同調理所、学校などの共同施設が配置されていた。また、居住区の外側には工場や仕事場が配置されていた（図6）。オウエンの理想工業村はいくつかが実現し、そのうちの1つであるニューラナーク（スコットランド、サウス・ラナークシャー、1786、図7）は現在も存在している。

フランスのシャルル・フーリエが考案した「ファランステール」（図8）は、1620人が住む理想村の概念である。共同生活を送るための施設と豊かなオープンスペースが随所に配置された、理想的な都市のモデルであった。フーリエはファランステールを実現させるために多くの工場主と交渉したが、その多くは資金不足により失敗に終わった。そんななか、フランスのギースでジャン＝バティスト・ゴ

図5　ヘレラウ田園都市（ドレスデン、1907）

図6　オウエンの理想都市モデル（ラナーク、1816）
村のまわりには広大な農地が広がる

図7　現在のニューラナーク

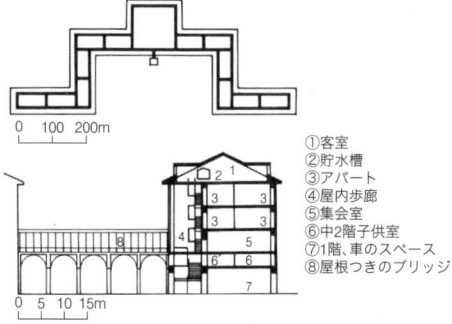

①客室
②貯水槽
③アパート
④屋内歩廊
⑤集会室
⑥中2階子供室
⑦1階、車のスペース
⑧屋根つきのブリッジ

図8　フーリエが考案した理想村ファランステール

★7 スイスの建築家、ル・コルビュジエが持論の「ドミノ・システム」に基づいて設計した集合住宅。最も有名なマルセイユのユニテ・ダビタシオンは18階337戸の住宅からなる垂直の都市として計画され、店舗、保育園、プールなどが併設されている

ダンが計画したファランステールだけは成功した。この計画は「ファミリステール」と呼ばれ、1860年から1880年までに保育所、幼稚園、学校、劇場、公衆浴場、共同洗濯所などが建設された。施設がほぼ完成した1880年にゴダンは協同組合を設立し、工場とファミリステールの管理をそこに住む労働者たち自身に任せた。理想的な共同体を形成し、共同生活をサポートする都市空間を整備し、最終的には共同体自身が都市を管理するという、理想的な都市形成のプロセスである。なお、こうしたファランステールの建築形式は、ル・コルビュジエによる「ユニテ・ダビタシオン」★7にも影響を与えたといわれている。

こうした提案はいずれも劣悪な労働・居住環境におかれていた工場労働者の生活を少しでも向上させようという考え方に基づいたものであったため、ヨーロッパの工場主たちはオウエンやフーリエの考えを援用した大規模な社宅をつくるようになった。1852年に織物工場の労働者2000人のためにつくられたサルテア（45ha、ブラッドフォード、1853）や、1886年に石鹸会社の労働者のためにつくられたポートサンライト（220ha、ウィラル半島、1888）など、かなり大規模な工業村が建設された。1905年にココア製造業者が建設したアースウィックの設計には、**レイモンド・アンウィン**らが携わっており、のちの田園都市につながる居住形態が模索されている。

◎ 田園都市と工業都市

理想都市運動は、理想的な共同生活を掲げ

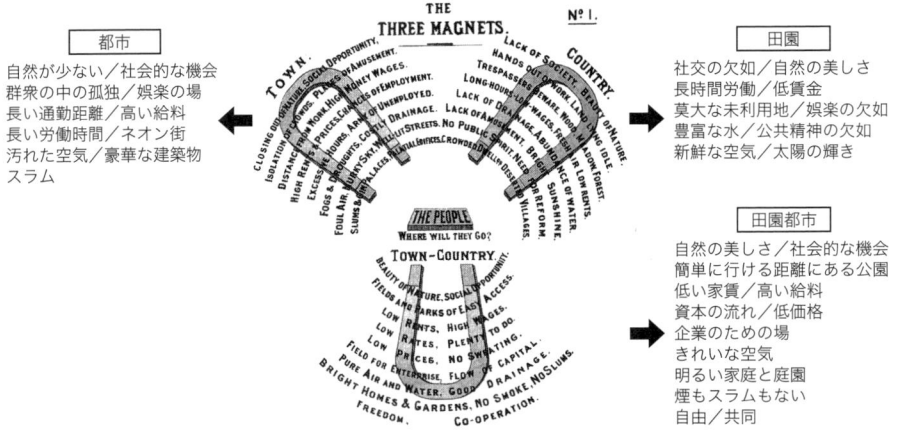

図9 ハワードの描いた田園都市の概念図
3つの磁石。都市（TOWN）と田園（COUNTRY）と田園都市（TOWN-COUNTRY）。「人々はどこへ行くのか？」と問いかけている

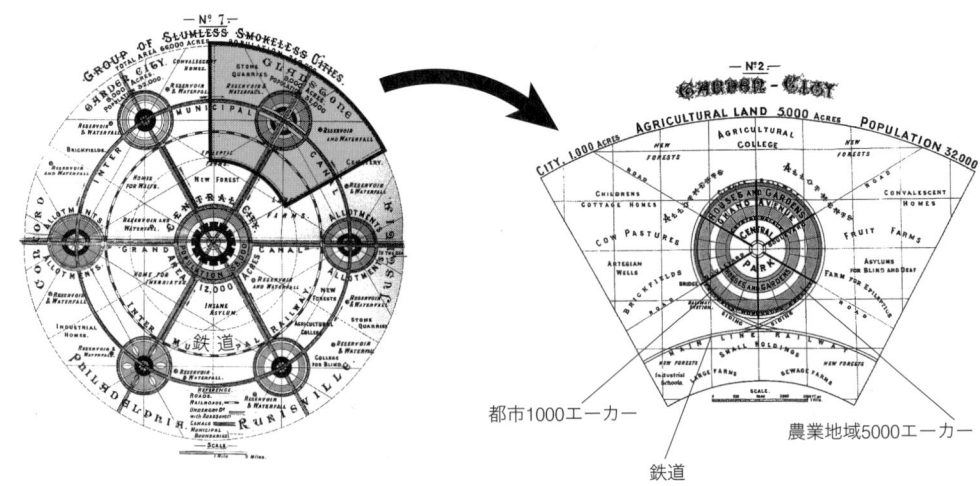

図10 ハワードの描いた田園都市のダイアグラム
中心都市の周囲に田園都市が位置する。田園都市は周囲に農場をもち、一定の距離を保って配置される。合計6000エーカーに3万2000人が暮らす

たうえで都市のあり方を示した。一方、田園都市や工業都市は産業革命によってスラム化した都市へのアンチテーゼとして、田園の良さ（きれいな空気や新鮮な食べものなど）と都市の良さ（豊富な仕事と人々の賑わいなど）を組み合わせた新しい都市として提案された（図9、10）。田園でありながら都市性を担保するという考え方であるため、ここでは共同生活は前提とされていない。

エベネザー・ハワードが提唱した田園都市の理論は、中心に広場をおき、その周辺に雨天でも市場を開くことができる水晶宮を配置し、さらにその周辺に住宅、工場、鉄道、農地と広がっていく郊外の都市である（図11）。人口は3万人程度とし、土地はすべて公社のもち物とするなど、土地の個人所有を認めないコミュニティのあり方を提示している。中心部での生活で出た排泄物は下水道を通して周辺部の農地へ送られ、堆肥として新たな野菜を育てるために使われ、育った野菜はまた中心部の市場で売られるという循環型の都市を目指していた。また、市街地と農地の間に位置する工場で生産された製品は、近くを通る鉄道によってロンドンや他の田園都市へと輸送されることとなっており、工業や農業によって生計を立てる自立した郊外都市がイメージされていた。

1903年に完成したレッチワース田園都市（図12）の設計者は、理想都市運動にも関わっていたレイモンド・アンウィンとベリー・パーカーであり、1907年に設計されたハムステッド田園郊外も同じ2人が担当している。レッチワース田園都市の管理運営は**トーマス・アダムス**（1871-1940）が担当しており、都市の管理人がいることで良好なタウンマネジメントが実践されていたと考えられる（図13）。

一方、同時期にトニー・ガルニエによって

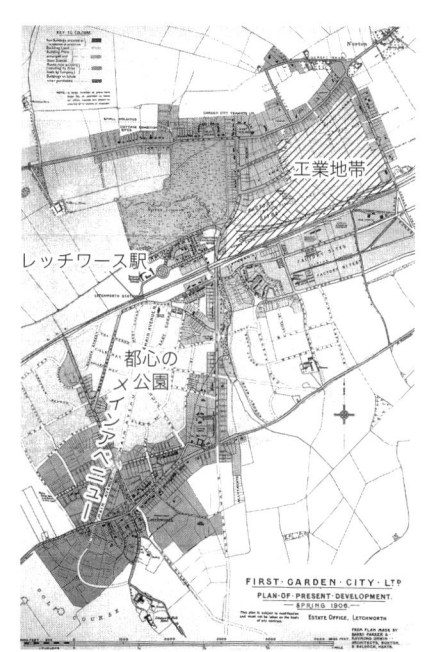

図12 1906年のレッチワース田園都市（ロンドン郊外）
北東部は工場用地、中央部と南部が住宅地。鉄道駅の南に都心の公園が配置され、そこからメインアベニューが伸びる

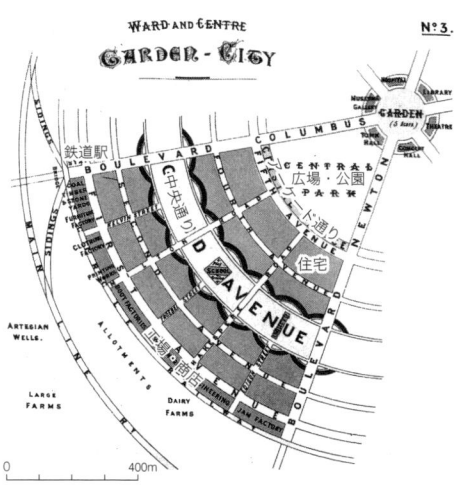

図11 ハワードが提唱した田園都市のダイアグラム
田園都市は中心に広場と公園（CENTRAL PARK）をもち、外側へ向けてアーケードの通り（BOULEVARD）、住宅、中央通り（GRAND AVENUE）、学校、商店、工場、鉄道、道路と続く

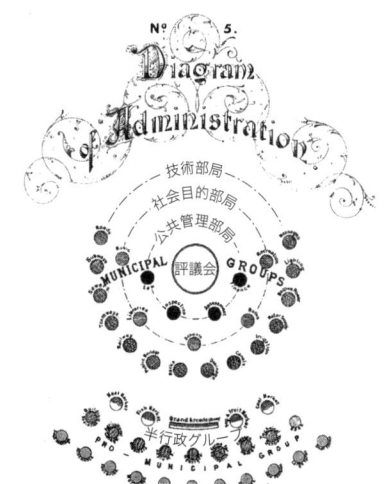

図13 レッチワース田園都市の管理概念図
中央から評議会、公共管理部局（法や財政）、社会目的部局（図書館や学校）、技術部局（道路や公共交通）があり、さらに外側に半行政グループやコーポラティブグループが存在する

★8 ル・コルビュジエが提唱した理想都市。高層ビルを建設してオープンスペースを確保し、街路を整備して自動車道と歩道を分離することによって都市問題の解決を図ろうとした

★9 ウィリアム・ジェニー（1832-1907）：アメリカの建築家。建築物の構造体を鉄鋼の枠組にて構成した最初の建築家であり、アメリカ高層建築の父として知られる

提唱された工業都市（図1）は、住居と工場とを近接させつつ、既成市街地から離れた郊外に新たな都市をつくり出すというもの。テラスや中庭など充実したオープンスペースをもつ工業都市では、居住と労働とが緑地帯と交通によって区切られつつ結びつく都市形態になっているほか、効率的に生産物を輸送するための鉄道配置についても検討されている。工業都市の理念は、ニューヨークほかで採用されたゾーニング思想や、後にル・コルビュジエが提案する「輝く都市」★8 に影響したといわれている。

◎アメリカの郊外住宅地

イギリスの田園都市と同様に、アメリカでも豊かな自然に囲まれた田園地域で生活する郊外住宅地のライフスタイルが提唱された。その先駆けとなったのは、1869年に計画されたリバーサイド（シカゴ郊外）である（図14）。リバーサイドの設計者はランドスケープアーキテクトのフレデリック・ロウ・オルムステッド（第1章およびp.25コラム参照）と建築家のウィリアム・ジェニー★9（1832-1907）であった。この住宅地では、歩車分離や緩やかな地形をもつ広大なオープンスペースなど、オルムステッドがイギリスのバーケンヘッドパークで学び、セントラルパークで実践した手法が用いられている。ただし、この住宅地はシカゴとつなぐための鉄道が中心に通っており、基本的に働く場所ではなく住む場所として計画されている。働くことと住まうことを同居させた都市ではなく、都心部で働き郊外で住まうという機能分化によってできあがった都市（ベッドタウン）である点が、前述の理想都市運動、田園都市、工業都市と違う点である。

リバーサイドニュータウンの成功によって、アメリカではベッドタウン型の郊外住宅地が多くつくられるようになる。特に1920年以降につくられるラドバーンニュータウンなどは、リバーサイドニュータウンで用いられた歩車分離や充実したオープンスペースの配置といった点を継承しており、アメリカ型ニュータウンの典型を示すことになる。

◎自然と芸術の理想都市：グエル公園

スペインのバルセロナでは、自然に囲まれた郊外に理想的な住宅地をつくることが試みられた。グエルの理想郷である。1900年、バルセロナの資産家グエルは、スペインの近代主義建築運動の代表的作家だったアントニ・ガウディ（1852-1926）に郊外住宅地の設計を依頼する。

ガウディは、自然地形を活かした有機的な造形による芸術的な住宅地を設計した。雨水を集めた地下の貯水槽を設置したことや、土地造成の段階で出てきた石や岩を現場の装飾に活用することによって敷地外へもち出さなかったことなど、エコロジカルなデザインと

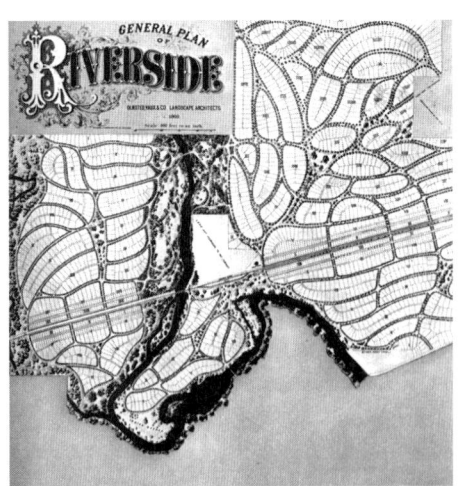

図14 リバーサイドニュータウン計画案（オルムステッド＆ジェニー、シカゴ郊外、1869年計画） 図面中央に鉄道駅が見える

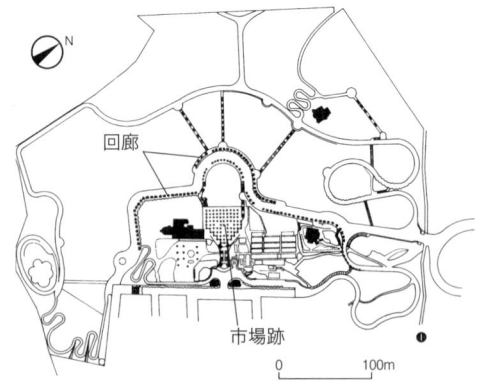

図15 グエル公園の平面図
図面中央下がメインエントランス。階段を上がった先に列柱が並ぶ市場跡が見える。その他、図面上の白い部分が宅地になる予定だった

して現代的に評価すべき事例であるといえる。

ところが、グエルの理想郷は、実際に売り出してみるとほとんど住宅が売れなかった。バルセロナ中心部から遠いわりに分譲敷地が小規模だったことが災いしたといわれている。そこでグエルはその敷地をバルセロナ市に寄付し、公園として活用するよう依頼する。公園へと整備しなおす際の設計者はガウディとすることを条件に、公園整備の費用も合わせて寄付する。かくして、郊外住宅地になる予定だった場所はグエル公園として市民に開放されることになる（図15）。

標高差のある地形であるため、敷地内の同じ高さ同士をつなぐ、石造りの造形的な回廊が住宅地内に張り巡らされていたが、現在ではその回廊が公園内を回遊する園路となっている（図16）。中央市場の大屋根の上に計画された広場は、公園の中心的な場所となった。広場の縁を取り巻く流線型のベンチは有名である（図17）。

図16 グエル公園の回廊（ガウディ、バルセロナ、1900-1914）　土地造成で発生した岩を使った回廊の壁面や柱の装飾

図17 グエル公園のベンチ
中央市場の上部に位置する広場を囲むように配された流線型のベンチ

◎自給自足型都市：ミッゲの理想都市

ドイツでは、イギリスで発展した田園都市の思想を受け継ぎながら、住宅スケールでも田園生活を実現するような都市のあり方が提案された。ミッゲの自給自足型都市である。

レベレヒト・ミッゲ（1881-1935）は、1918年に「自給自足型集合住宅」を提案し、各戸に用意された庭で野菜を育て、住民が自給自足の生活を営むという都市像を示した。ミッゲは、この集合住宅によって食料の値段が不当に高騰してしまう資本主義経済の影響を受けない安定した生活環境を構築しようとしている。彼が著した『20世紀の庭園文化（*Gartenkultur des 20. Jahrhunderts*）』(1913)、『グリーン・マニフェスト（*Das grune Manifest*）』(1919) などの記事にはこの考え方が明確に示されており、当時のドイツで注目を浴びることとなる。

ミッゲが標榜した近代都市の姿は、彼の「Stadt-Land（都市－大地）」という言葉によく表れている。近代的な農業技術を活用することによって、田園地域に住む人だけでなく都市住民をも大地に根ざした生活へと回帰させようとするものである。つまり、ミッゲの「マニフェスト」は都市と田園を対比的なものととらえるのではなく、「大地」を都市や田園の共通の基盤として捉えるものだったといえよう。こうした考え方に基づいて、彼はその土地に根ざした中世の集落的な農業都市を、近代技術によって蘇らせようとしていたと考えられる。

ミッゲの提案は、19世紀以来ドイツで普及を見せていたクラインガルテン（市民農園）の考え方に、当時ヨーロッパで流行していた田園都市の考え方を取り入れたものということができる。しかし田園都市とミッゲのビジョンが大きく異なっていたのは、都市住民が郊外の田園地帯へと移住することを前提とするのではなく、近代技術を利用した効率的な農法を導入することで都市部に農業集落を実現し、引いてはドイツの国土全体を、個々の住民が耕してつくりあげる大きなガーデンと

★10 エルンスト・マイ（1886-1970）：ドイツの建築家、都市計画家。ドイツ・ワイマール時代、フランクフルト・アムマイン市の集合住宅を多く手がけた

★11 国際的な展開をしていた近代建築において、個人や地域などの特殊性をこえて、世界共通の様式へと向かおうとするもの。代表例としては、ミース・ファン・デル・ローエの一連の作品が挙げられる

することを夢見るものであった点である。

ミッゲは造園家としてエルンスト・マイ★10（1886-1970）やブルーノ・タウトなどの建築家と多く協働したが、造形的な様式としてのモダニズムにはほとんど関心を抱いていなかったようである。むしろ、屋外空間と屋内空間の機能を連携させることを重要視しており、「自給自足型集合住宅」では、菜園を中心とするオープンスペースがオープンキッチンなど個々の住宅の生活空間とともに活用できるように設計している。ミッゲが主張したものは、建築におけるモダニズムやインターナショナルスタイル★11のような観念的で美学的な機能主義ではなく、より実利的で、社会的な有益性を重視したもう1つの機能主義であったといえよう。

こうした考え方は、北ドイツのヴォルプスヴェーデのアーティスト村（1926）や、デッサウのジードルンク（1929、図18）において

実現されている。建築家のレオポルド・フィッシャーと協働したデッサウのジードルンクでは、土地の区画に「プロテクティブ・ウォール」とミッゲが呼ぶ界壁を建設し、この界壁が家族構成などの変化に応じた増築の際の手掛かりとなることを想定している（図19）。ミッゲが、屋内空間も屋外空間も同様に、合理的な目的のもとに居住者が自由に変形していく可変的なものととらえていたことがうかがい知れる。またこの計画のなかでは、乾式便所とコンポストによってバイオマスを土壌として再利用するという、住宅地計画としては極めて現代的な試みもなされていた（図20）。またミッゲは、廃棄物の循環的な利用について「ゴミの木（Abfall der Baum）」と呼ぶ模式図で提案している（図21）。

都市に集合住宅による新しい集落をつくりだし、各人が農園を耕すことによって国全体をガーデンにしていこうというミッゲのビジョンには、当時支配的であったナショナル・ロマンティシズムを色濃く感じ取ることができよう。また、その著述における扇動的で、ともすれば選民的に聞こえる言葉使い、あるいはナチズムのスローガンであった「血と土」を連想させる「大地」というキーワードを用いていたことなどは、多分に1932年以降の

図18 ジードルンク（ミッゲ、デッサウ、1929）

図19 プロテクティブ・ウォール
菜園と住宅と壁面との関係を示した図

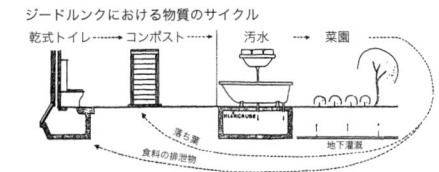

図20 トイレと土壌の関係図
乾式トイレとコンポストによって排泄物を土壌へ戻す仕組み

図21 「ゴミの木」の図
生活から出る廃棄物を活用する方法を示した概念図

★12 ギュスターヴ・エッフェル（1832-1923）：フランスの技師、構造家。パリのエッフェル塔の建設に関わる

★13 ダニエル・バーナム（1846-1912）：アメリカの建築家、都市計画家。シカゴ万博総指揮者であり、ニューヨークのフラットアイアンビルディングや、ワシントンD.C.のユニオン駅など、著名な作品を数多く残している

ミッゲの国家社会主義への転向を予感させるものでもある。しかし、当時のドイツ領土内でより効率的な都市農業を展開しようとしたミッゲの考え方自体は、むしろ領土拡大を前提とした植民地主義に依拠しない、自己完結的な国土の将来像を描くものであったことも事実である。廃棄物の活用を図化した「ゴミの木」の図にも表現されているとおり、彼は農業という営みを近代的に解釈し、住宅敷地という限られた領域で生じる廃棄物や生産物をうまくつなげながら、快適な居住空間を持続的に経営することを目指していた。この点において、ミッゲのマニフェストは流域生態系を含めた持続可能な都市のあり方という極めて現代的な問題を先取りするものであったといえよう。

2 美しい都市

20世紀初頭になると、荒廃した都市部から逃げ出して郊外に理想的な都市をつくるという発想だけでなく、都市部自体を美しいものへと改良しようという動きも生じ始めた。この動きのきっかけは、イギリスやフランスやアメリカで開催された万博であり、なかでもシカゴで行われたコロンビア万博は都市美運動を広げるきっかけとなった。こうした都市美運動と前述のパークシステムとを組み合わせた理想的な都市として、アメリカの新しい首都であるワシントンDCが誕生したのもこの時代である。

◎万博による美しい都市像の提示

19世紀末から20世紀初頭にかけては、万博によって美しい都市像が示され、人々が都市美にあこがれる契機をつくった時代だったといえる。1851年に第1回のロンドン万博が開催され、リヴァプールでバーケンヘッドパークにも関わったジョセフ・パクストン（1803-1865）設計によるクリスタルパレス（図22）が市民の目に触れた。それまでの組石造の建築物とは違い、建築内部にいても外部にいるほど太陽光が入り込む新しいタイプのガラスの建築を人々が体験することとなった。こうした建築物を可能としたのは、温室栽培のシステムと鉄道部材の規格化システムである（実際、クリスタルパレスの構造設計は鉄道会社の技師が担当した）。万博終了後、クリスタルパレスは会場であるハイドパークで解体され、部材ごとに運ばれてシデナムに再建された。ただし、1936年に焼失したため建物は現存しない。

1889年のパリ万博では、ギュスターヴ・エッフェル★12（1832-1923）が設計したエッフェル塔が建つ（図23）。錬鉄製の奇抜な塔の形態には賛否両論あったものの、人々が都市の美しさについて考える契機となったことは確かである。

◎都市美運動

1893年にシカゴで開催されたコロンビア博覧会は、アメリカ国内外に都市美運動を広める契機となった万博である（図24）。万博会場の敷地選定および敷地の全体計画に関わったのはオルムステッドであり、建築計画に携わったのはダニエル・バーナム★13（1846-

図22 クリスタルパレス（パクストン、ロンドン、1851）

図23 パリ万博で建てられたエッフェル塔（エッフェル、パリ、1889）

★14 トーマス・ジェファーソン（1743-1826）：第3代アメリカ合衆国大統領（1801-1809）。アメリカ合衆国建国の父の1人とされている

★15 ピエール・ランファン（1754-1825）：フランスに生まれ、アメリカで活躍した建築家、都市計画家。アメリカ合衆国の連邦都市建設計画のコンペに当選し基本計画案を作成した

1912）である。コロンビア博覧会では、新古典主義の白い建築物群が会場を埋め尽くし、豊かな水面と緑と白い建築物がつくり出す美しい風景を、会場に集まった延べ2750万人のアメリカ人が目にした（この万博の日本館「鳳凰殿」は、当時26歳だった建築家フランク・ロイド・ライトに大きな影響を与えている）。こうした「白い都市」の風景は、産業革命によって人口が集中し、無秩序に過密していた既存の都市を美しいものへとつくり変えようという運動へと結びつき、全米で都市美運動が展開されるようになった。

しかし、その10年後には未曾有の不景気が全米に広がることとなり、大規模な再開発が必要な都市美運動は衰退することになる。その後、都市美運動の使命は、ジャーナリストであるチャールズ・ロビンソンが提唱したシビックアート運動（身近な街路や水辺や公園を改良する運動）へと受け継がれ、多くの市民の支持を受けながら全国へと広がった。

◎ワシントンDCにおける都市美の実現

都市美運動は合計20年ほどの寿命しかなかったものの、その間に影響を受けた都市は多岐に渡る。バーナム自身が都市再生のマスタープランを描いたクリーブランド、サンフランシスコ、シカゴをはじめ、ニューヨークやリッチモンドなど全米の主要都市へ都市美運動が広がった。なかでも首都であるワシントンDCは、都市美運動とパークシステムを組み合わせた理想的な都市として計画されることとなった（図25）。

18世紀末から議論されていた新首都ワシントンDCの都市計画については、トーマス・ジェファーソン★14（1743-1826）やピエール・ランファン★15（1754-1825）による計画が頓挫し、長い間進まない計画となっていた。そこで、1901年にジェームズ・マクミランを委員長とする委員会が発足し、委員としてバーナムやオルムステッドジュニア（1870-）などシカゴ万博の関係者が参加した。この会議では、ランファンの計画をもとに公共建築の配置、モールと鉄道の関係整理、公園用地の確保、パークウェイによる公園のネットワーク化などが検討され、現在見るような美しい首都が実現することになった。

図24 コロンビア博覧会（シカゴ、1893）
都市美運動のきっかけとなった新古典主義の白い建築物群

図25 1901年、マクミラン計画によるワシントンDCの鳥瞰図

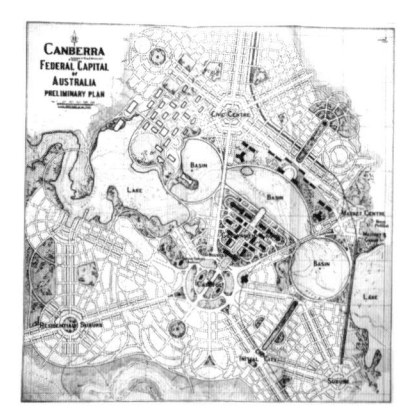

図26 オーストラリアの首都キャンベラの計画案（グリフィン、1911）

このように美しい首都をランドスケープデザインの視点から計画するという潮流は、オーストラリアに新しい首都キャンベラをつくる際にも採用された。1911年に行なわれた設計競技で当選した計画案は、ランドスケープアーキテクトの**ウォルター・グリフィン**（1876-1937）の案であり、自然地形を読み取り、幾何学的な街路や水と緑によって都市の骨格をつくり出すという都市美の考え方を踏襲したものだった（図26）。

◎フランスの広域緑地計画

一方フランスでは、オスマンによるパリの大改造の後、ジャン＝クロード＝ニコラ・フォレスティエ（1861-1930）に代表されるように、都市計画レベルにランドスケープデザインの視点をもち込んで都市の緑地計画を提案するランドスケープアーキテクトが登場する。フォレスティエは著書『大都市とパークシステム（Grandes villes et systemes de parcs）』（1906）において、単に都市内のオープンスペースをネットワークさせるだけでなく、今後拡張するであろうパリ市の周辺市街地にも計画的なオープンスペースのネットワーク（パークシステム）が必要であることを提唱した。当時のパリ市は、無秩序に拡大する市街地に対して先手を打つことができず、拡大してしまった後の市街地に公園用地が確保できないことに悩んでいた（図27）。フォレスティエはアメリカのパークシステムを紹介しながら、都市が拡大する前に公園などのオープンスペースネットワークを計画することの重要性を指摘している。しかし、そのビジョンは後の2つの世界大戦の時代をとおして一部が実現されるにとどまった。

このように、拡大する都市に対応した広域緑地計画の必要性は、まさに20世紀初頭の各都市で生じていた課題だった。こうした課題に対して、フォレスティエとその弟子であるテオドール・ルヴォー（1896-1971）は、パリだけでなくバルセロナ（1915）、ブエノスアイレス（1923）、ハバナ（1929、図28）、リスボン（1927）の都市緑地計画に携わった。それらはいずれも完全な実現をみていないものの、この時期にアメリカ以外のランドスケープアーキテクトが手がけた都市スケールの仕事として記憶されるべきものである。こうしたフォレスティエの都市に対するスタンスは、第2次世界大戦後のフランスで都市空間のデザインを志向するランドスケープアーキテクトの遺伝子としても重要な役割を果たすことになる。

3 ナショナルトラスト

郊外に理想的な都市をつくり出すことと、都市部を美しいものへとつくり変えていくことに加えて、すでに存在する良好な景観を保全するという方法が20世紀初頭にイギリスで誕生した。ナショナルトラストが進める景勝地の買い取りや譲り受けという方法である。

◎3人の有識者

ナショナルトラストとは、地域の美しい自然や歴史的な建造物を住民の寄付金などによ

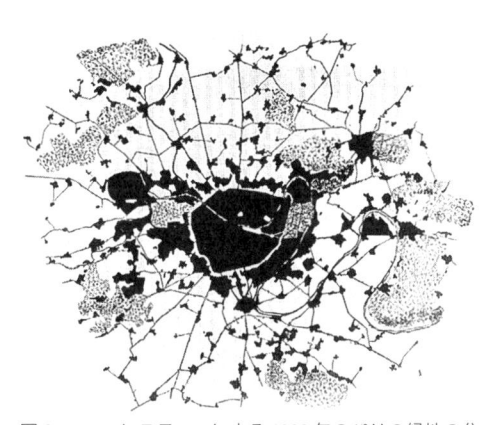

図27　フォレスティエによる1900年のパリの緑地の分析図（1905計画）　黒い部分が市街地で、点描の範囲が大規模な樹林。パリ中心部に緑地が十分に確保されていない一方、周辺には大規模な樹林があることを示している

図28　ハバナの鳥瞰図（フォレスティエ＆ルヴォー、1929計画）

って買い取り、それらを保全、公開することで次世代に残していく活動である。19世紀末のイギリスでは、農業改革と産業革命の進行によって各地が開発され、自然的、歴史的に価値のある土地や建造物などの「資産」が急速にその姿を消した。そこで、1895年に3人の市民（ロバート・ハンター：弁護士、オクタヴィア・ヒル：社会改良運動家、ハードウィック・ローンスリー：牧師）が寄付金を集めてこれらの資産を開発者より先に買い取るための団体を設立した。これがナショナルトラストの起源だといわれている。その後、1907年のナショナルトラスト法制定や1930年代の制度改正などにより、ナショナルトラストの活動範囲は、①保全すべき資産の買取り、②資産贈与の受付け、③資産管理権の取得の3種類に広がった。さらに、このようにして入手した資産はナショナルトラストによって「譲渡不能な資産」であると宣言され、観光や教育のために一般公開されることとなった。現在、ナショナルトラストが管理しているイギリス国内の資産は、土地が25万ha、海岸線が960km、歴史的建造物や庭園が300件にのぼると言われている（2001年現在）。

◎オープンスペース運動

　ナショナルトラストを設立した3人の市民のうちの1人、オクタヴィア・ヒル（1838-1912）は社会改革者として住民の福祉を実現しようとしていた。オクタヴィア・ヒルの祖父は公衆衛生の改革者であるトーマス・サウスウッド・スミス医師であり、姉は慈善団体カール協会を設立したミランダ・ヒルであった。福祉的な思想をもつ家庭に育ったオクタヴィア・ヒルは、公営住宅を含む福祉住宅の発展に力を注いだが、さらに貧富の差に関わらず誰でも利用できるオープンスペースを生み出すこと（オープンスペース運動）に傾注した。その結果、「歴史的名勝地と自然的景勝地のためのナショナルトラスト」（ナショナルトラスト）を設立することになり、多くの自然資産や歴史資産を保全することとなった。晩年になって文化財保護や自然保全活動に傾倒したジョン・ラスキンとも交流があったといわれており、オープンスペース運動やナショナルトラストの取り組みは19世紀末から近代化への反動として進められてきた各種運動の流れに位置づけることができよう。

　自然資産や歴史資産の保全に関する運動は各国へ広がり、1904年にはドイツの郷土保護連盟が、1909年にはスイスの自然保護連盟がそれぞれ立ち上がった。日本では、約60年後の1968年に財団法人日本ナショナルトラストが設立されている。

column
田園都市レッチワース誕生前夜──ハワードの夢と実践

1850年、エベネザー・ハワードはロンドンの中心部、金融街のシティで生まれた。父親は小さな商店を営み、ハワードはごく普通の教育を受けた後15歳でシティの株式仲買人の事務員になり、人生のスタートを切る。

当時のロンドンは産業革命の末期で、石炭燃料から排出される煤煙で汚れた空気と喧噪の中で暮らす人々で満ちあふれ、スラム街を形成し、その不健康な環境は多くの病人を生み出していた。それに反して中流・上流階級の人々は劣悪な既成市街地の環境を離れ田園郊外へと逃れていた。

田園都市思想を提唱しレッチワースガーデンシティー（1903-）を実践したエベネザー・ハワード（1850-1928）の肖像

ハワードのめざしたアメリカ大陸

多感で野心的な青年であったハワードは、21歳の時、友人と2人でアメリカネブラスカ州の草原の国有地64haを入手する。掘立て小屋を建てトウモロコシとジャガイモの生産を始めるが失敗し、シカゴに移り、速記者事務所に務める。

当時のシカゴは、19世紀の半ばからアメリカの内陸交通の要衝として急激に膨張し、人口は1850年の2万9963人から1870年には29万8977人と急増していた。

その時、ハワードが出会った「リバーサイド」はシカゴから西へ約20kmのシセロにあり、「ガーデンシティー」と呼ばれていた。1868年に都市部の居住環境の劣悪化と無秩序なスプロール化の改善を目指したエメリー・E・チャイルズが、シカゴから近距離にあるかつてのインディアン居住地を購入し、ランドスケープアーキテクトのフレデリック・ロウ・オルムステッドと彼のパートナーのカルバート・ヴォーに「田園のベットルームコミュニティ」のデザインを委託していた。

当時のリバーサイドは、土地の特性を生かしてデザインした美しい曲線を描いた道路とオープンスペースやビレッジセンターが完成し、規模の大きな住宅が完成し入居が進んでいる時であった。しかし、その直後の1871年のシカゴ大火と、1873年の経済恐慌が追い打ちをかけ開発会社が倒産し、休止状況の時であった。1875年9月に自治組織が生まれ、まさにオルムステッドのプランの存続が死守された。その栄光と挫折を目の当たりにしたハワードが、その後イギリスに帰国し、実践した田園都市レッチワースの成立過程に多くのリバーサイドの形成過程や自治マネジメントの工夫が重なる。

アーツ・アンド・クラフツと田園都市の出会い

1876年イギリスに帰国しロンドンで国会の公認記録係となったハワードは、社会改革への目を開かれ自学自習を始める。時同じくして、イギリスの産業革命にともなう人口の都市集中と労働環境や居住環境を改革しようとした人々の中心的指導者にウィリアム・モリスがいた。時代が求めた工業化への反発と、地域共同や自然と一体化した生活を大切にする社会主義連盟（1884年設立）の運動の波はアーツ・アンド・クラフトと呼ばれた。この活動に参加した、レイモンド・アンウィンは1901年9月の田園都市協会ボーンヴィル大会に「田園都市に置ける住宅建築について」を発表し、モリスの思想とハワードの提案をかたちに置き換えている。

最初の田園都市レッチワースの誕生

それらの年を挟んで、ハワードは1898年に1つの冊子『明日：真の改革に至る平和的な途』を出版し、その翌年「田園都市協会」を設立し啓蒙活動を開始した。その4年後の1902年にロンドンの北約55kmの丘陵地の安い農地を購入して田園都市レッチワース（計画人口3万2000人）の建設が開始され、翌年「第一田園都市株式会社」が設立され、その空間計画は都市計画家レイモンド・アンウィンと彼のパートナーである建築家バリー・パーカーに託された。

ハワードの目指した、田園都市の基本原理は、「小規模な都市形態」「自己充足力のある都市機能」「開発利益の公共への還元」であり、都市のかたちと機能とマネジメントを未分離のデザイン原理として組み込み、具体的に実践したところに大きな特色がある。その思想は近代都市計画や、ニューアーバニズムの活動に引き継がれ、100年を経た地球社会に生きている。

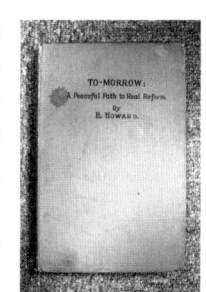

自著『TO-MORROW（明日─新の改革への平和な途）』（1898）

（齊木崇人／神戸芸術工科大学）

column
庭園から共用庭園、そして都市公園へ──イギリスのスクエアーの場合

★1 Newton, Norman, *Design on the Land*, 1971, pp.206-220. 代表的な風景式庭園の設計者は、ウィリアム・ケント(1685-1748)、ランスロット・ブラウン(1716-1783)、ハンフリー・レプトン(1752-1818)

★2 Sutcliffe, Anthony ed., *Metropolis 1890-1940*, London: Mansell Publishing, 1984

★3 坂井文「ロンドン・スクエアーの形成過程に関する歴史的研究」『ランドスケープ研究 66(5)』2003, pp.421-426

★4 Simon, Melanie, *Loudon and the landscape: from country seat to metropolis*, Yale University Press, 1988, p.212. ラウドンの提唱したガーデネスクデザインは各樹木の形態を展示するように配置することが適切なデザインを導くという考え方。前掲★3を参照

★5 坂井文「都市中心部における小規模オープンスペースの確保に関する歴史的研究─ロンドンスクエアー保護法成立の背景」『都市計画論文集 38(3)』2003, pp.613-618

★6 ユルゲン・ハーバーマス『公共性の構造転換』未来社、1973

★7 Brabazon, Reginald, Earl of Meath, *Report to the Parks: Open Spaces Committee of the London County Council: Public Parks of America*, 1890, p.18. ミース卿(1841-1929)はオープンスペースの保護活動を積極的に行い、ロンドン市の公園緑地委員会の委員長として米国視察にも参加している

風景式庭園から

風景式庭園がもてはやされた18世紀の英国、そのクライアントは各地の貴族であった★1。貴族には、貴族院の議員として英国議会の開催中にロンドンに滞在する者も多く、ロンドンでの生活においても、可能なかぎり「自然」が感じられる環境を創造しようとしていた。時代は19世紀初頭、ロンドンの都市化がすすむ世紀が幕を開けた時である★2。住宅の需要が高まるロンドンに、議会開催中に滞在する貴族や、その他の知識階級のための住宅を開発する際に踏襲されたのが、スクエアーを中心としたタウンハウスの計画であった。

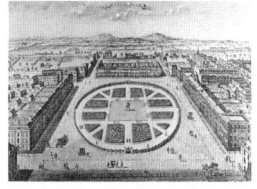

1754年のグロヴナー・スクエアー

ロンドンの共用庭園：スクエアー

スクエアーは、17世紀にイタリアのピアッツァを手本にしてつくられたコヴェント・ガーデンと、続くセント・ジェームス・スクエアーの開発から始まる★3。中央にスクエアーと呼ばれる四角いオープンスペースを計画し、それを取り囲むタウンハウスからの眺望を確保する構成は、ロンドンの中流住宅の開発プロトタイプとなっていく。18世紀になると、スクエアーはタウンハウスの住民によって共同管理される共用庭園となり、錠のある扉と柵が設けられ、庭園として緑や水がデザインされる。この緑の導入が、他の西欧都市に多くみられる全面舗装の広場と、緑豊かな今日の公園に近いイメージの英国のスクエアーとの空間構造の違いを生み出していくこととなる。

現在では都市公園として利用されているスクエアー

1804年に、ベッドフォード家にラッセル・スクエアーのデザインを依頼されたのは、風景式庭園を得意とするハンフリー・レプトン(1752-1818)であった。レプトンは馬蹄型の小道に囲まれた中央の芝生が、通りからは見えないように、植栽をスクエアーの縁に沿って計画している。この閉じられた庭を、都市においてガーデネスクデザインを提唱していたJ. C. ラウドン(1783-1843)が批判している★4。実際に入ることのできない庭でも、視覚的にアクセス可能なオープンスペースが都市には必要である、というラウドンの主張には、その後の都市公園の誕生を予感させられる。

都市公園へ

実際、スクエアーというオープンスペースとそれを取り囲む住宅という構成は、ロンドンの初期の都市公園の空間構成にも影響を与えている。ジェームス・ペネソーン(1801-1871)によって1841年に計画されたロンドン東部のビクトリア公園では、公園の周囲に沿ってタウンハウスが計画され、公園への眺望を確保した良好な住宅を整備すると同時に、公園の整備や管理に関わる費用を捻出することにもなっている。

しかしながら19世紀の後半には、ロンドンのスクエアーの土地に開発の計画が浮上し、スクエアー存続の危機が訪れる★5。この開発に危機感をつのらせた保護運動を契機に、私有地であるスクエアーを重要な都市のオープンスペースとして恒久的に保護する、ロンドンスクエアー保護法が1906年に制定され、一部のスクエアーが公園として一般に公開されることになった。

公共の広がりとその設計者

こうしてみると、スクエアーの変遷は、特定の関係者が利用し自ら維持する閉じられた外部空間である庭園や共用庭園から、不特定の一般の人々が利用し共同で維持する開かれた都市公園という、新たなタイプの外部空間が出現した19世紀までの時代変化を現している。その背景には、身近に利用できるオープンスペースを持つ層の広がりという都市部の階層社会構造の変化や、都市化にともなう都市構造の変化、近代的な政府という組織の出現があった★6。

公共を担う層が広がり、計画される空間の性質が変わり、計画を依頼する人が変化するなかで、計画する人、つまり設計者はどのように変化したのか？ セントラルパークという都市公園の誕生とともに、ランドスケープアーキテクトという職能が確立し始めた米国に対して、英国では、建築家ともランドスケープガーデナーとも呼ばれる人たちが都市公園の設計に関わっていた。1906年のスクエアー保護法設立の立役者であるミース卿はその状況をこう嘆いている。「ロンドン市の公園の計画には、もっとランドスケープガーデニングの知識と技術のある者が携わるべきである★7」。現在の英米のランドスケープアーキテクトをめぐる状況の違いは、この辺りにも理由がありそうだ。

(坂井文／北海道大学)

1920—1929

車社会と抽象芸術
第3章

アメリカでは、本格的な車社会に対応した屋外の生活空間がつくられた。例えば、住宅街では、車の利便性を享受しつつ、安全で豊かな歩行者のための計画がなされた。また、気軽に車で郊外の田園風景を楽しめるパークウェイの建設が進んだ。

一方、ヨーロッパでは、芸術のモダニズムが建築にも波及し、新しい美学が住宅をはじめとする生活空間に実験的に取りこまれた。これらの動向は、ランドスケープデザインのモダニズムが本格的に展開する1930年代の伏線として捉えることができる。

★1　その顕著な例としてロストジェネレーションと呼ばれる小説家たちの存在が挙げられる。アーネスト・ヘミングウェイ（1899-1961）、スコット・フィッツジェラルド（1896-1940）など

0 時代背景

◎狂騒と黄金の時代

第1次世界大戦（1914-1918）後のヨーロッパでは戦災からの再建に力が注がれていた。一方、無傷のアメリカは大量生産と大量消費を背景に、「狂騒の20年代」と言われる繁栄の時代を迎えた。都市部の総人口が農村部のそれを上回り、人々の近代的な生活を支える社会基盤として、道路、電力、電話、上下水道の整備が進められた。特に自動車の普及が著しく、保有世帯が全体の過半数に達し、街は自家用車やタクシー、バスなどで混みあうようになってきた。また、ラジオや映画といったメディアの普及により、世界で起きている出来事を同時に知ることができるようになった。

このようなアメリカからの資本の追風を受け、ヨーロッパでも再建が進み「黄金の20年代」と言われる繁栄期を迎えた。これら狂騒と黄金の時代には、伝統的価値観の束縛からの解放感と、近代技術があらゆることを叶えるという自信が大衆に浸透していった。そして、新しいことを生み出す必然性が、人々の暮らしや仕事そして思考そのものの根幹を占めていった。その反面、既存の価値観への懐疑から、自らの行き場を見失ってしまう不安定な精神性も存在した★1。この時代は、ニューヨーク証券取引所における株価大暴落（1929）によって終止符を打たれ、世界恐慌の時代が到来することとなる。

◎抽象芸術と建築

20世紀初頭の芸術家達は、近代化という大きな流れのなかで、科学技術の進歩がもたらした新しい形や時空間概念に熱狂し、時代の表現を追い求めていた。画家達の根本的な課題は、表現すべき真実とは何かということだった。対象の模倣や再現によってではなく、対象の本質を抽出し主観的に再統合する抽象表現によって、その真実に迫ろうとしていた。抽象をめぐる様々な主義や様式の作品が第1次大戦前のヨーロッパで生み出されていったのである。

この展開の系譜が『キュビスムと抽象芸術展』（ニューヨーク近代美術館、1936）の図録に示されている（図1）。ダイアグラムに示された芸術運動のなかで一際大きいのが「キュビスム（Cubism）」の文字である。キュビスムから構成主義（Constructivism）、絶対主義（Suprematism）、さらに、ピュリスム（Purism）、デ・スティル（De Stijl）、新造形主義（Neo Plasticism）、バウハウス（Bauhaus）へと続く系譜は、近代建築（Modern Architec-

★2 ハンネス・マイヤー (1889-1954)：スイス出身の建築家

★3 ミース・ファン・デル・ローエ (1886-1969)：モダニズムを代表するドイツの建築家

★4 モホリ＝ナジ (1895-1946)：ハンガリー出身の写真家、画家、タイポグラファー。アメリカに亡命し、ニュー・バウハウスを設立した

★5 ワシリー・カンディンスキー (1866-1944)：ロシア出身の画家。抽象絵画の創始者の1人

★6 パウル・クレー (1879-1940)：スイス出身の画家。独自の作風をもつ

★7 ル・コルビュジエ (本名：シャルル＝エドゥアール・ジャンヌレ＝グリ、1887-1965)：モダニズムを代表するスイス出身の建築家

★8 コンスタンチン・メーリニコフ (1890-1974)：ロシア構成主義の建築家

ture) に到達している。これは、芸術運動と密接に関わりながら、抽象芸術における新しい概念や表現を空間化していった近代の建築家達の存在を示している。

バウハウスではむしろ建築家主導のもと、工業デザインなどの大量生産にも合致する機能的なデザインに、抽象芸術の成果が活かされていった。ワイマール共和国の成立後、1919年に工芸・美術の学校の統合で設立されたバウハウスの校長には、ヴァルター・グロピウス (1883-1969) が就任し、ドイツ工作連盟の理念が受け継がれた。その後、デッサウ、ベルリンと移転し、1928年から1930年まではハンネス・マイヤー★2 (1889-1954)、1930年から閉鎖される33年まではミース・ファン・デル・ローエ★3 (1886-1969) と、建築家が校長を務めている。諸芸術からデザインまでの総合的な教育課程には、モホリ＝ナジ★4 (1895-1946)、ワシリー・カンディンスキー★5 (1866-1944)、パウル・クレー★6 (1879-1940) といった芸術家も参画している。

一方、この図にはないもう1つのキュビスム由来の応用芸術として、アール・デコという装飾様式が、1920年代を中心に欧米で流行した。幾何学図形や原色対比による表現を特徴とし、服飾、生活雑貨、家具、建築など身の回りのもの全般におよんだ。手づくりによるアール・ヌーヴォー様式と異なり、大量生産システムに適応し普及した。

この様式が色濃くあらわれたのが、1925年にパリで開催された装飾芸術の万国博覧会である。アメリカ、ドイツを除く21ヶ国からの出展は、建築、家具、装飾、舞台・街路・庭園、教育の5部門におよんだ。フランスをはじめヨーロッパ諸国の前衛芸術を反映する最新デザインの製品が並び、様々な領域のデザインに影響をおよぼした。また、パビリオンのなかには、近代建築史上の重要作品が含まれる。1つはル・コルビュジエ★7 (1887-1965) によるエスプリ・ヌーヴォー・パビリオンである。集合住宅の単位空間をモデル化したパビリオンには、新しい居住像を示す都市計画案が展示された。もう1つは、コンスタンチン・メーリニコフ★8 (1890-1974) によるソビエト・パビリオンである。ロシア構成主義建築のダイナミズムを世界に発信することとなった。特に、庭園部門の監修は、ランドスケープアーキテクトのフォレスティエが行ない、後述する実験的な庭園作品群が展示された。これらの作品はランドスケープのその後の展開に大きな影響を及ぼす。

1 パークウェイと郊外開発

◎新しい住宅街の形

1920年代のアメリカでは過密な都心が嫌われ、郊外居住のニーズが高まっていた。専門家達は、イギリスの田園都市を雛形に、車社会に適合する新しい街を創り出した。その理論的背景として、当時体系化された近隣住区論の存在が挙げられる。歩行可能な住区の範囲内で日常生活を完結させ、地域コミュニティを育成しようとするものであった。

ランドスケープアーキテクトのジョン・ノーレン (1869-1937) は、1925年、オハイオ州シンシナティ市郊外のマリーモントに、ペンシルベニア鉄道に沿って、面積365エーカー (約1.5km²)、人口5000人の街を計画した

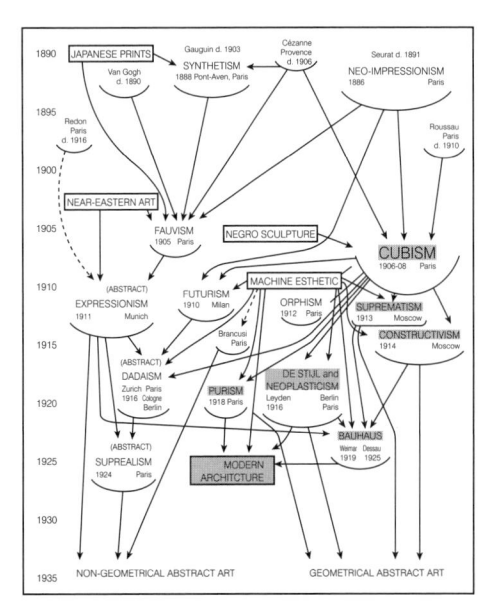

図1 近代美術館館長アルフレッド・バーの示したキュビスムと抽象芸術の系譜図 (1936)

（図2）。安価な賃貸アパートから家族向けの戸建まで様々なタイプの住宅を用意し、小規模店舗や劇場の並ぶ商業地区、学校、レクリエーション施設を設けた。中心の商業地区から周辺の緑地に向かって並木道が放射状に広がるように街路を配置した。ライフラインを地下に埋設し、間を視線軸が抜けるように建物を配置するなど、景観への配慮も見られた。

建築家、都市計画家のヘンリー・ライト（1878-1936）とクラレンス・スタイン（1882-1975）、それにランドスケープアーキテクトのマジョリ・コートレー（1891-1954）のチームは、1924年から1929年にかけて、ニューヨーク市クイーンズ区のサニーサイドに住宅街を創出した（図3）。この計画の特徴は、街区を通常より大きくすることで、歩行者のための空間を確保したことである。2.5階建レンガ造の住棟は前後に庭をともない、スズカケノキや花木の植えられたコートヤードを囲むように配置された。各戸を仕切る生垣は低くおさえられ、1つの街区として空間のまとまりが確保された。この手法は、開放的な緑地をもつ快適な空間を享受しつつ、より密度の高い住宅街を開発することを可能にした。

さらに3人は、1927年から1929年にかけて、ニュージャージー州フェアローン市の緑地帯に囲まれたラドバーンに、住宅、産業、農業といった土地利用を緻密に計画し、職住近接型のコミュニティを創出した。この計画の最大の特徴は、20戸程度の住戸群を複数集めて大街区を形成したことである。図4には、大街区を囲む車道から房状に連なる住戸群が描かれている。また図5は1単位の住戸群を示している。クルドサックという袋小路のまわりに住戸を配置し、各戸への車のアクセシビリティと通過交通の排除を両立させていることがわかる。車道側はサービス空間であり、通用口やキッチンが面している。

一方、各戸の玄関やリビングは反対側の緑地に面している。各戸から庭園や緑地のなかを歩道が延び、住戸群外周の歩道につながっている。図4では、それらの歩道が大街区全体でネットワークを形成していることがわか

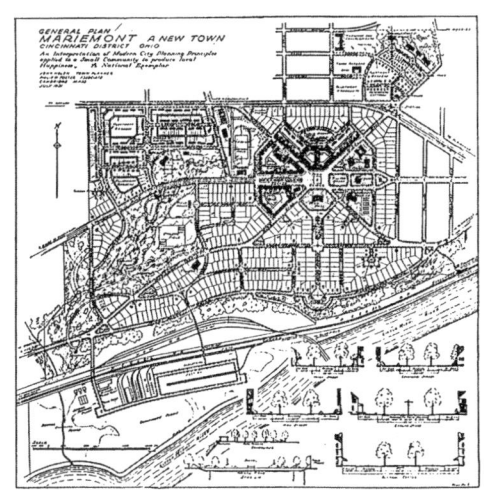

図2 マリーモントの計画平面図（ノーレン、オハイオ州シンシナティ、1925）

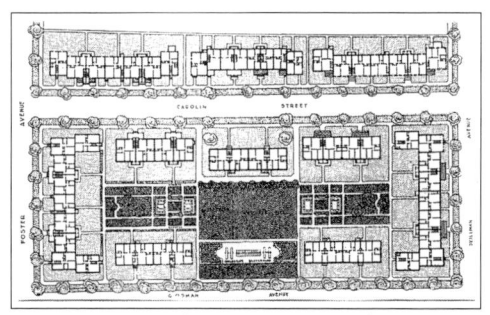

図3 サニーサイドガーデンの計画平面図（ライト＆スタイン＆コートレー、ニューヨーク、1924-1929）

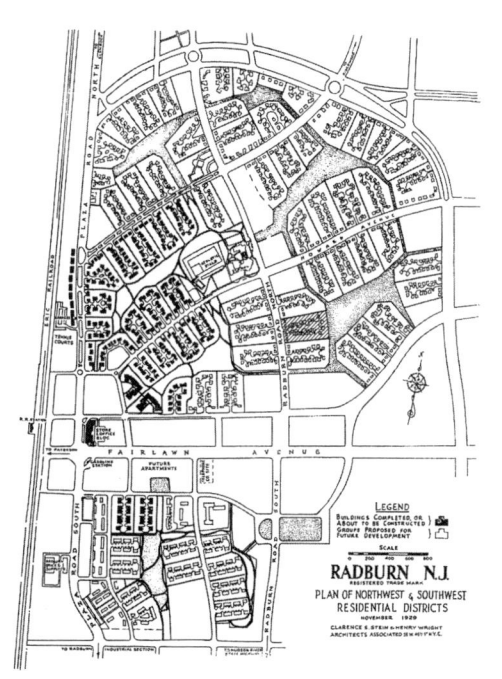

図4 ラドバーンの平面図（ライト＆スタイン＆コートレー、フェアローン、1927-1929）

★9 American Academy for Park & Recreation Administration の HP：http://www.aapra.org/Pugsley/DownerJay.html

る。つまり、サニーサイドと同じように、歩道を通って外出することが可能であった。さらにそれは移動という機能を満足させるためだけではなかった。コートレーにとってランドスケープザインの目的は、芝生や樹木で屋外を飾ることではなく、舗装や木陰によって人々の生活の場を屋外にできるだけ多く創出することであった。現代的な生活機能を満たそうとするコートレーの姿勢は、後述するスティールやタナードのモダニズムに共通するものである。

その後の世界恐慌の影響により、当初計画された産業エリアは実現せず、近隣住区の理想と異なって、ラドバーンは通勤者のベッドタウンとなってしまった。この方式は多大な土地面積と開発費用を必要とするものの、それ以降、郊外における住宅開発のモデルとなった。歩いて暮らせることから、エネルギー消費を抑制できる街づくりのモデルとして注目されたこともあった。

◎アメリカ型パークウェイの発展

パークウェイは19世紀にオルムステッドが考案した郊外の公園と都市を結ぶ歩行者、自転車、馬車のための道だった。しかしアメリカでは自動車の普及に応じて、美しく修景されドライブの楽しめる高速道路へ、その意味を拡大させた。ブロンクス川パークウェイ（ニューヨーク市～ウェストチェスター郡、1923）は、アメリカ初の高速道路として、土木技師のジェイ・ダウナー（1877-1949）や、ランドスケープアーキテクトのギルモア・クラルケ（1892-1982）によって、1906年から計画され1923年に完成した（図6）。ダウナーは完成に際して、パークウェイをドライブする楽しみについて以下のように語ったという★9。「車はブロンクス公園を発ち、ゆるやかなカーブとおだやかな起伏の連続する滑らかな舗装の上を疾走する。ブロンクス川は常に視界に入る、この谷の特徴である森と岩肌の連続や頻繁に現れる小さな湖とともに」。

都市計画家ロバート・モーゼズ（1888-1981）は、混雑する都市から郊外への息抜きの空間として、パークウェイ網を積極的に拡大した。ロングアイランド州立公園局長時代には、パークウェイとともに公園の建設も手がけている。例えばジョンズ・ビーチ公園は、1923年に計画が始まり、1929年に開園した。アー

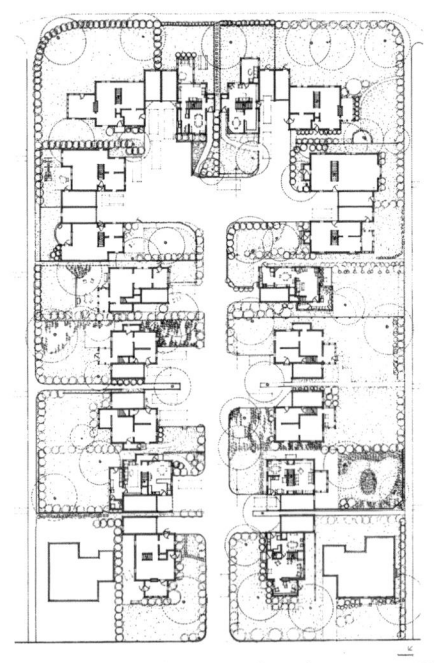

図5 ラドバーンの計画平面図（図4中のハッチング部で示すような住宅の部分のみ）

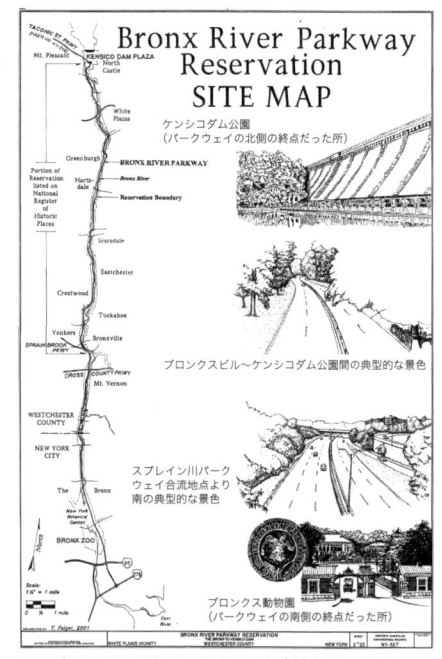

図6 ブロンクス川パークウェイ（ダウナー＆クラルケ、ニューヨーク市～ウェストチェスター郡、1923）特別保留地のサイト・マップ

★10 パブロ・ピカソ（1881-1973）：スペイン出身の画家。フランスにて制作活動を行なった画家、彫刻家。キュビスムの創始者である。作品は10万点を超える

★11 ジョルジュ・ブラック（1882-1963）：フランスの画家。ピカソとともにキュビスムの創始者である。ブラックの描いた絵画に対して「小さなキューブ」との批評がなされたことがキュビスムという名の由来と言われる

ル・デコ様式のシンボリックなウォータータワーがそびえ立つ。もともとは海抜1m以下の湿地だった敷地に海砂を入れ、3m以上かさ上げをして砂浜にした。また、風で砂が飛ぶのを防ぐために表層を植物で覆った。

当初は余暇利用を目的に整備されたパークウェイだが、その後の郊外開発が進むとともに、通勤や物流を担う生活動線へと機能変化していくのである。

2 キュビスムの庭

以上のように、アメリカでは科学技術の進歩、生活様式の変化、都市問題の顕在化に応じて、1920年代には都市計画や地域計画にまで近代ランドスケープデザインの射程が広がっていた。そのなかには、今日のコンパクトシティの原点を垣間見せる実践も含まれていた。しかし、生活の基本単位である住空間の具体的なデザインにおいては、整形式か自然風かという伝統的な庭園様式の選択しかなく、時代の表現といえる空間の形は生み出されずにいた。

一方、1920年代のヨーロッパでは、抽象芸術の成果を空間化していった建築家やデザイナーによって、これまでにない庭園の形が生み出されようとしていた。ここではまず抽象芸術が建築作品に与えた影響を概観し、そのうえで、モダニストたちが創り出した庭園作品を見ていく。

◎抽象芸術と建築

パブロ・ピカソ（1881-1973）★10とジョルジュ・ブラック（1882-1963）★11は、対象の幾何学形への還元や、複数の視点から見た対象の重ね合わせを特徴とするキュビスムの画法を生み出した。1910年代前後に、彼らをはじめとするキュビストたちは、実に多くの実験的な絵画表現を試みた。家を平面、立面、断面で表現するように、彼らには女性の美を表現するために3通りの図像が必要だったのである。

「アルルの女」では、頭部の正面と側面の像が共存する（図7、8）。両像は重なり合う部分もあるが、一方の下に他方が透けて見え、女性を複数の方向から同時に見ているようである。ある瞬間には事物を1視点からしか見ることができないという時空間の通念をくつがえす、異次元の体験が画面上で展開される。別の見方をすれば、女性は正面を向いているし、横を向いているとも言え、両義の解釈が成り立ち得るのである。

1920年代の代表的な建築作品にも、キュビスムの影響と見られる多義性の表現が認められる。グロピウスによるバウハウス校舎（デッサウ、1926、図9）では、ガラスのファサードにコンクリートの躯体が透けて見える。鉄枠とガラスで囲まれた箱、鉄筋コンクリート造の柱、梁で支えられたスラブの積層という2通りの解釈が、この作品の形について成り立つことになる（図10）。これは、RC造を

図7 アルルの女（ピカソ、1911-12）

図8 「アルルの女」の分析図

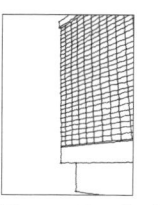

図10 バウハウス校舎の分析図

図9 バウハウス校舎（グロピウス、デッサウ、1926）

★12 キュビスムの近代建築に対する影響を、教義として世の中に定着させたのはジークフリード・ギーディオンの『時間・空間・建築』(1942)である。ギーディオン(1888-1968)はスイス出身の建築史家、評論家

★13 材質の透明性に依存しない多義性を指摘し、ギーディオンの教義を批判的に発展させたのは、コーリン・ロウ、ロバート・スラツキー『透明性：虚と実』(1963)である。彼らの理論は、1970年代の機能主義批判の動向に影響した。
ニューヨーク・ファイブと呼ばれたピーター・アイゼンマン、マイケル・グレイブス、チャールズ・グワスメイ、ジョン・ヘイダック、リチャード・マイヤーら建築家や建築理論家は、キュビスム絵画の複雑さに注目し形態分析を繰り返した。コーリン・ロウ(1920-1999)は英国の建築史家、建築理論家。ロバート・スラツキー(1929-2005)はアメリカの画家、建築理論家

★14 カシミール・マレーヴィチ(1879-1935)：ロシアの画家で、絶対主義の創始者

★15 ヘリット・リートフェルト(1888-1964)：オランダのデザイナー、建築家

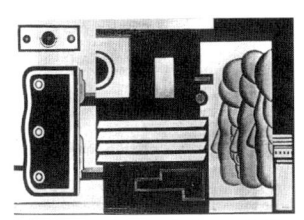

採用し開放感のある屋内空間を創出したこと以外に、キュビスム絵画に刺激されたグロピウスが、建築における多義性の表現を追究した意図の表れでもある★12。

以上の例は、複数の図像の重なりが透けて見える場合であるが、そうでない多義性の表現もある。レジェの3つの顔（図11）では、どの要素も不透明で、輪郭がはっきりと描かれている。にもかかわらず、要素の配置具合や輪郭相互の関係から、要素の形や重なり方が何通りにも解釈できるのである（図12）。コルビュジエのシュタイン邸（ガルシュ、1927、図13、14）では、水平窓と壁面①が第1の層、1階と4階のセットバック②③および側壁の窓の端部④が第2の層、テラスの吹抜け⑤や塔屋の壁面⑥が第3の層、バルコニー⑧と外階段の手すり⑦が第4の層というように、ファサードを4通りに解釈することができる★13。

コルビュジエの場合は、自らもキュビスムに続くピュリスムの画家として、抽象芸術と建築をつなぐ役割を果たしている。彼の描いた静物画（図15）には、おびただしい数の対象物の平面と立面が重なり合い、それらがまるで動き回っているかのように感じる。しかしその重なり方には、複数の要素による輪郭線の共有や、格子状の配置という巧妙な計算がなされ、不思議な秩序とバランスが保たれている。シュタイン邸のプランを1階から4階まで並べてみると（図16）、輪郭線の共有や格子状の配置という、絵画と同様の意図が浮上する。

さらに、オランダのデ・スティル、ドイツのバウハウス、ロシアの絶対主義や構成主義といった芸術運動においては、建築も表現媒体の1つであった。カシミール・マレーヴィチ(1879-1935)★14は、絶対主義の活動の重心を建築の最前線に移し、すべての革新的な建築家の参加を呼びかけている。そしてこれらの運動に共通するのは、幾何学構成のダイナミズムであった。マレーヴィチのミニマルな絵画（図17）には、幾何学図形によるダイナミックなバランスの表現手法が端的に表れている。上下、左右の対称配置を起点に、2正方形の大きさ、位置、角度、色の差異で、正方形が動いているかのような感覚を生み出している。ダイナミズムは3次元表現にも見られる。マレーヴィチの彫刻（図18）は様々なボリュームが集積した建築を彷彿させる。

また、デ・スティルのデザイナーで建築家でもあるヘリット・リートフェルト★15(1888-1964)は、正方形や長方形を非対称に組み合わせた椅子(1923)をつくっている（図19）。さらに、シュレーダー邸（ユトレヒト、1924）では、赤、黄、青の原色と、黒、白、灰色の線や面を非対称に配し、外観と内観の両方でダイナミズムを表現している（図20、21）。面

図11 3つの顔（レジェ、1926）　図12 3つの顔の分析図

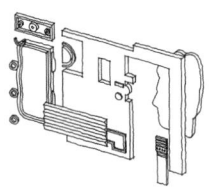

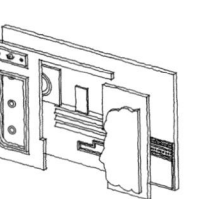

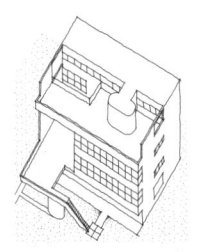

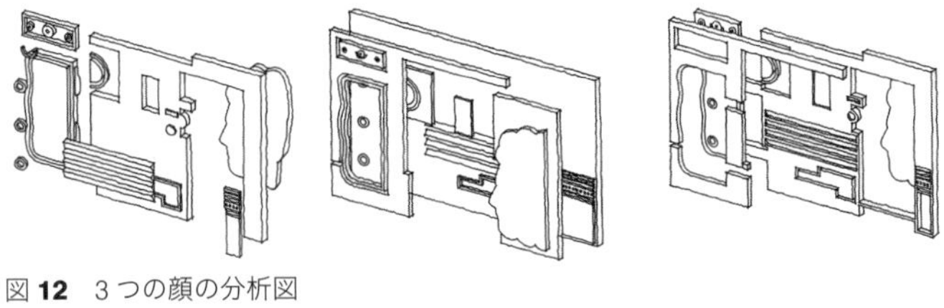

図13 シュタイン邸（ル・コルビュジエ、ガルシュ、1927） 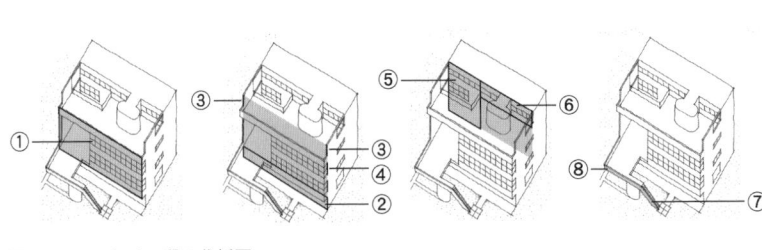　図14 シュタイン邸の分析図

★16 近代建築に対するキュビスムの影響よりも、ポスト・キュビスムの抽象芸術の影響を重視するのは、ヘンリー＝ラッセル・ヒッチコック『Painting toward Architecture（絵画から建築へ）』(1948)である。ヘンリー＝ラッセル・ヒッチコック(1903-1987)はアメリカの建築史家

★17 フランスのモダニズム庭園については、ドロテ・インバートにより詳細な研究がなされている。
Dorothée Imbert (1993) *The Modernist Garden in France*, Yale University Press

★18 ロベール・マリ＝ステヴァン(1886-1945)：フランスの建築家

★19 マルテル兄弟(1896-1966)：フランスの彫刻家

★20 対象の抽象表現であるキュビスムと異なり、表現される形や色で直接感情に訴えかける無対象の絵画である。フランスでは、キュビスムからロベール・ドローネー(1885-1941)に代表されるオルフィスムへと達した。色彩豊かな幾何学図形で画面が分割されたドローネーの絵画（図24）の色や図形が、庭園の床面のパターンとして用いられた

の塗り分けや出隅に飛び出す要素など、細部にまでこだわりが見られる★16。

◎アール・デコの庭園

キュビスム由来のアール・デコが流行する1920年代のフランスでは、モダニスト達によってこれまでにない形の庭園がつくられた★17。しかしそのほとんどは建築家や装飾デザイナーによるものであり、直接ランドスケープアーキテクトに引き継がれることはなかった。しかし、後述するように、1930年代後半に渡米した抽象芸術とともに、アメリカのランドスケープアーキテクトに対しては、多大な影響を与える。

1925年のパリ博覧会会場で、伝統的な整形式意匠を踏襲する庭園が大勢を占めるなか、異様な作品が人々の目をひいた。ロベール・マリ＝ステヴァン(1886-1945)★18とマルテル兄弟(1896-1966)★19による「現代的な生活の庭」（パリ、1925）である（図22）。キュビストの木と名づけられた高さ5mのコンクリート製オブジェが4本、盛土の花壇に屹立し、十字形断面の「樹幹」から矩形の板がジグザグに張り出し「樹冠」を形成していた。矩形へ変換された形態、要素のダイナミックなバランスによる構成、モノトーンによる表現という点で、キュビストの手法による樹木の抽象化と言える。さらに、地下埋設物による土壌厚不足のために本物でなくコンクリートの木が用いられたことは、インフラ整備の進む都市の機械化による規格品の大量生産という近代社会の現実を表現するものである。ただし、庭園に樹木が植えられた様をそのまま再現したことは抽象に逆行しており、枝の動きや生長など樹木本来のダイナミズムも失われている。

アンドレ・ヴェラ(1881-1971)は、ホテル・ノアイユの庭（パリ、1924、図23）で、客室の窓からの俯瞰を意識し、低く刈りそろえられたボックスウッド、砂利、玉石、レンガという素材の対比で、オルフィスム★20（図

図15 たくさんの物による静物画（ジャンヌレ、1923）

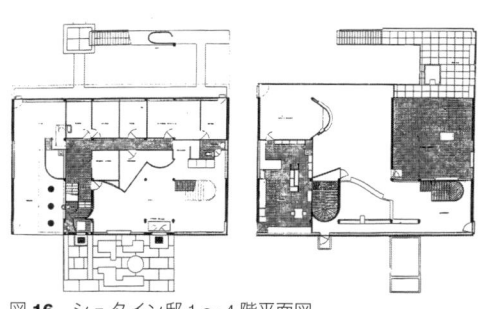

図16 シュタイン邸1～4階平面図

図17 黒い正方形と赤い正方形（マレーヴィチ、1915）

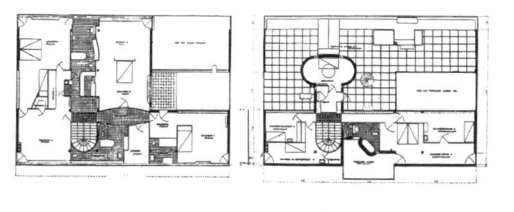

図18 スプレマティスト・アーキテクトニクス（マレーヴィチ、1923）

図19 ベルリン・チェア（リートフェルト、1923）

★21 ガブリエル・ゲヴレキアン（1892-1970）：トルコの建築家

★22 ピエール＝エミール・ルグラン（1889-1929）：フランスの装飾デザイナー

24）を彷彿させる放射状のパタンを床面に描き出した。周囲を縁どるフェンスと鏡以外、垂直に立ち上がる要素はない。床面には素材の厚み分の凹凸しかなく、素材による色とテクスチャの対比や、光に対する応答性の違いが織り成すレリーフの庭である。

オルフィスム絵画との類似性は、ガブリエル・ゲヴレキアン（1892-1970）★21のノアイユ邸庭園（イエール、1928、建築はマリ＝ステヴァン、図25）において、さらに顕著である。緩やかな斜面が、テクスチャや色の違う三角形や四角形で分割される構成である。交互に植えられた2種類の常緑植物でテクスチャの対比が、赤青黄とグレートーンの舗装によって色の対比がなされる。ただし配置は完全な線対称である。ゲヴレキアンは同様の試みを、「水と光の庭」として1925年のパリ博覧会に出展した。

ヴェラやゲヴレキアンの庭園は抽象絵画のレリーフである。いかなる自然の再現によらず、形、色、テクスチャの構成に内在する力によって、鑑賞者の感情に訴えかけようとするものである。静物であるにもかかわらず、常に床面が揺れているかのようである。しかしこのダイナミズムは床面と対峙した時にだけ現れるのであって、3次元空間として実現したものではなかった。

◎ダイナミック・バランスの庭園

このように、多くの実験的な庭園が、近代芸術の造形を3次元的な空間成果へと充分にむすびつけられなかった中で、ピエール＝エミール・ルグラン（1889-1929）★22によるジーン・タシャール邸庭園（パリ郊外、1924）は、抽象絵画の構成に内在する動的な力を3次元化した数少ない例である（図26）。装丁や家具デザインを手がけていたルグランだが、キュビスムに刺激を受けデザインしたブックカバーの幾何学構成を、植栽と地形操作で庭園に応用したものである。抽象絵画を思わせる平面図では、植桝、階段、地形、樹木、生垣が、正方形、長方形、三角形、円といった単純な幾何学図形で描かれている。住宅は外壁だけ描かれ、同様に幾何学要素として扱われている。同じ形の繰り返し、三角形による面の分割、中心を外した円の重なりといった特徴が認められる。部分的に線対称の配置が認められるものの、平面図全体を支配するのは、

図20　シュレーダー邸（ユトレヒト、リートフェルト、1924）

図21　シュレーダー邸の内観（子ども部屋）

図22　「現代的な生活の庭」のキュビストの木（マリ＝ステヴァン＆マルテル兄弟、パリ、1925）

図23　ホテル・ノアイユの庭（ヴェラ、パリ、1924）

図24　同時の窓（ドローネー、1913）

★23　西洋庭園の形式の1つ。長方形の区域を掘り下げ、底面や斜面を植栽で修飾したもの

非対称な図形の構成である。すなわち、マレーヴィチの絵画に見られる線対称由来のダイナミック・バランスである。

　ダイナミズムは3次元でも認められる。玄関から道路側のゲートに至るアプローチは、左右非対称の構成である（図27）。左側ではトチノキが規則的に並び生垣とともに高い壁を成す一方、右側には生垣しかない。また、左右両側に芝生があるが、ジグザグの輪郭をもつ平板の左に対して、右は柔らかく盛り上がっている。視線の先には、彫刻のようなアイストップは存在しない。

　また、平面図上、家側から沈床園★23を見ると、正方形や長方形の植桝、円で描かれた樹木が左右非対称に配置されている。さらにその奥には、わずかな段差の地形が上りながら右奥に消えていく。また、平面図で目玉のように描かれている所は涼みの部屋と呼ばれ、円形の石張ベンチの中心を外して緑陰樹が植えられている。石張の床の上に置かれたスープ皿のようにベンチの立ち上がりも下すぼまりである。このように、相違なる独立性の強い幾何学要素を、線対称や点対称から少しずらして配置することで、ダイナミック・バランスをつくり出しているのである。同じ頃にドイツでも非対称の庭が発表されている。「風変わりな庭」と題された作品は、平面図と2点の透視図によって表現されている（図28）。東屋とベンチに延びる通路に沿って描かれた透視図では、植栽がすべて直方体となっている。これらの立体の配置が、通路の軸線に対して非対称となっている。特に東屋の左右で、立体のプロポーションを縦長と横長にして対比させている。軸線や中心に対する意識が強い配置は、幾何学であることも含めて、伝統的な整形式庭園の延長にあるものといえる。タシャール邸庭園のアプローチの写真は、「失われた軸線」としてフレッチャー・スティール（1885-1971）によりアメリカに紹介され、後世のランドスケープアーキテクトたちに刺激を与えることとなった。

図25　ノアイユ邸庭園（ゲヴレキアン、イエール、1928）

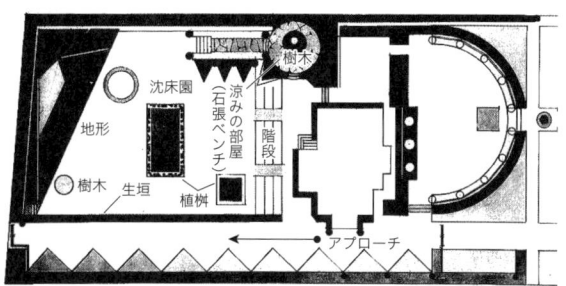

図26　ジーン・タシャール邸庭園平面図（ルグラン、パリ郊外、1924）

図27　ジーン・タシャール邸庭園アプローチ
ガレット・エクボのスケッチ

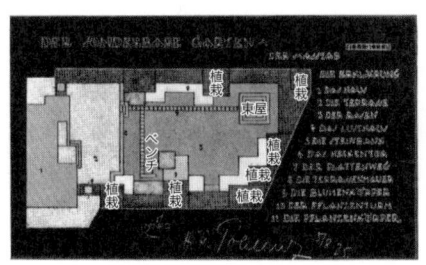

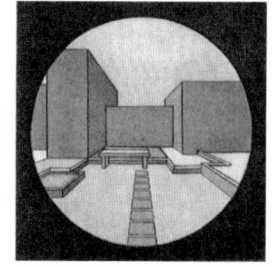

図28　「風変わりな庭」（1925）の平面図と透視図（作家不詳）

column
アヴァン・ギャルドの台頭——20世紀のアートシーン

アヴァン・ギャルドの時代
　ランドスケープデザインにおけるモダニズムの展開には、20世紀初頭の前衛芸術（アヴァン・ギャルド）運動が少なからず影響していた。ヨーロッパにおける芸術の最前線で何が起きたのだろうか。それまで、キリスト教芸術が神を、バロックが王、浪漫主義が自然、古典主義が古代ギリシャ・ローマという理想像を持っていたのに対して、社会の近代化とともにそれらの理想が消失してしまった。自然美より芸術美それ自体が優れているとする観念論のもと、芸術は今まで見たことのない諸形式をとるようになる。表現対象の束縛から解き放たれた自由な精神は、様々な表現を生み出した。

各地で花開く自由な精神の表現
　キュビストたちが、複数の視点から同時に対象を見ているように描いたことは3章で述べたが、イタリア・ルネサンス遠近法の現実から鑑賞者を解放したことも彼らの功績である。ブラックが、ピカソの「アビニヨンの娘たち」（1907）に刺激を受けて描いた風景画「エスタックの家」（1908）には、ふつう建物の輪郭線が収束するはずの消失点が存在しない。

エスタックの家（ブラック、1908）

　キュビスム以降、芸術の既成概念を揺るがす運動が、欧米諸国で同時多発的に展開した。マルセル・デュシャンはキュビスム絵画をすぐに放棄して渡米し、既成品をオブジェとするレディ・メイドの作品にリチャード・マットという署名を入れた小便器の作品「泉」（1917）は美術界に衝撃を与えた。
　一方、第1次大戦中の1916年、詩人トリスタン・ツァラはハンス・アルプとともにチューリヒでダダイスムを宣言した。4年後、パリで彼らはカスタネットやカウベルの伴奏で新聞記事を無作為に読み上げ、観衆からの罵声も織り込んだパフォーマンスを行う。大戦後ドイツでは、クルト・シュヴィッタースが自分の作品や刊行物を「メルツ」という無意味な言葉で呼び、自宅の内装を劇的に改造するメルツバウを進めていた。
　当初ダダイストと行動を共にした詩人アンドレ・ブルトンは、ツァラのもとから離れ、1924年にシュルレアリスト宣言を行なった。理論的な思考でなく偶然の産物の創造性を主張し、一切の前提や先入観を排して文章を書く自動記述（オートマティスム）を行なった。翌年には、ジョアン・ミロ、パウル・クレー、マン・レイ、ハンス・アルプらによる超現実を描いた作品群がパリの画廊に並んだ。
　イタリア未来派のマニフェストはキュビスムが世に広まる前に出されたもので、近代社会のダイナミズムを無邪気かつ真剣に礼賛した。「疾走する馬の脚は4本ではなく20本」とするマニフェストに沿って、ジャコモ・バッラは「革ひもにつながれた犬のダイナミズム」（1912）で、犬と飼主の足の動きを表現した。ルイージ・ルッソロは1913年に騒音芸術に関する論文を著し、実演機械「イントナルモーリ」を製作している。アントニオ・サンテリアはダイナミックな建築のドローイングで「新都市」（1914）を表現した。
　同様の勢いは革命前のロシアにもあった。マレーヴィチの絶対主義と並んで構成主義が起こり、革命後もプロパガンダとしての側面をもちながら展開していった。ウラジーミル・タトリンは、高さ400mの螺旋形の鉄塔「第三インターナショナル記念塔」（1919）の模型で、エル・リシツキーはフォトモンタージュやグラフィックデザインで、ソビエトの芸術運動を宣伝した。
　3章でも触れたが、空間や製品のデザインとして今日もその成果が引き継がれている芸術運動が、デ・スティルとバウハウスである。デ・スティルの創始者ドースブルフは、厳格な幾何学を主張する新造形主義のピエト・モンドリアンと袂をわかった。リートフェルトの「赤と青のいす」（1917）では、おさまり具合による部材の独立性とともに、面の色分けによる徹底した要素主義が見てとれる。
　バウハウスには3章で述べた建築家とともに、クレー、モホリ＝ナジ、ドースブルフ、モンドリアン、ヨハネス・イッテン、ワシリー・カンディンスキー、オスカー・シュレンマーといった芸術家が教育者として参画している。カンディンスキーは、コンポジション・シリーズの抽象絵画で、様々な形や色の幾何学形を構成し、鑑賞者の心のなかに直接感情を起こそうとした。さらに彼は著作『点・線・面』において、図形要素の視覚的な働きを理論として示した。この成果は、同時代のゲシュタルト心理学における研究も相まって、ダイナミック・バランスをはじめとするモダンデザインの美的根拠となっていった。前衛芸術での様々な表現が、時代の美学として、ランドスケープデザインにおける要素の形や構成に応用されていったのである。

（村上修一／滋賀県立大学）

column
ミースの空間構成と庭園のモダニズム

抽象芸術とモダニズム建築

　20世紀初頭のヨーロッパにおける抽象芸術の成果は1930年代後半にアメリカへ渡り、ランドスケープデザインにおけるモダニズムの展開に少なからず影響を与えた。その展開のなかで直接参照され庭園の新しい形に結びついていったのは、キュビスム絵画とグロピウスやコルビュジエの建築ではなく、デ・スティル絵画とミースの建築であった。それはひとえに1936年に反響の大きかった『キュビスムと抽象芸術展』において、ロシアダンスのリズム（テオ・ファン・ドースブルフ、1918、5章図2）と煉瓦造田園住宅案の平面図（ミース・ファン・デル・ローエ、1924、5章図3）が並置されたためであろう。双方の線の直交配置はよく似ているが、ミースは絵画から想起したことを否定している。アメリカ国のモダニストたちは煉瓦造田園住宅に何を見いだしたのだろうか。

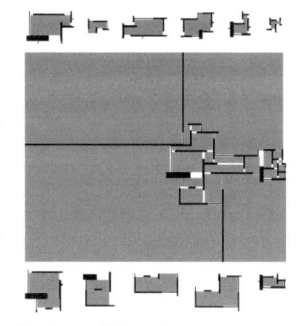

　この案は、ガラスの摩天楼（1921）、コンクリート造田園住宅（1923）、コンクリート造オフィスビル（1923）とともに、新素材やビルディング・タイプのビジョンを示すミースの仮想プロジェクトの1つである。ポツダムのノイバーベルスベルク地区で、陸屋根の壁式・煉瓦組積造（一部2階建て）の住宅を緩斜面に計画している。リビング・スペースと示された中央部分から3方に長い壁が敷地境界まで飛び出し、残り1方には小さな家事スペースがつながる。

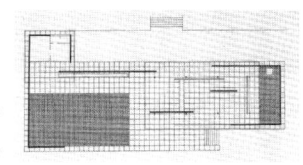

　最大の特徴は壁の直交配置である。窓やドアは外壁のすき間に設けられ、壁のなかに収められていない。内壁は、部屋を個々に区切るのではなく、壁に沿って歩く、壁の入隅や突出部で転回する、といった動きを誘発するように、リビング・スペース全体にわたって配置されている。この特徴的な壁の配置により、2章で述べた多義性はこの空間にも観察される。最上部の図は壁で囲まれる矩形を部屋として平面図から抽出したものであるが、囲みの不完全さから、同じ場所でも複数の解釈が可能であることを示している。2次元での壁の配置にばかり目が行くが、屋根と壁との間にもずれあう関係がみられ、3次元ボリュームとしての部屋の解釈にも多義性があることがわかる。

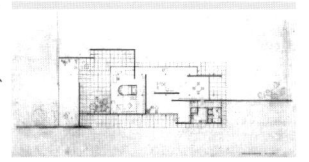

壁で囲まれる部屋のスタディ

ドイツ・パビリオン（ミース、バルセロナ、1929）

Dinks用モデル住宅（ミース、ベルリン、1931）

ミースの空間に触発された庭園のかたち、空間体験

　このような空間構成は、柱が追加されることで、庭園の形に一歩近づくことになった。ドイツ・パビリオン（バルセロナ、1929）や、Dinks用モデル住宅（ベリルン、1931）には、煉瓦造田園住宅と同様の壁の配置がみられる。しかし、これらには前案にない柱があり、壁やその延長とずれながら、格子状に並んでいるのである。したがって、柱と屋根を高木に、壁を生垣にと、それぞれ植物材料に読み変えることで、庭園の形に変換することが可能だったのである。

　このようなミースの空間構成ではどのような体験が可能なのだろうか。ドースブルフのすすめでミースの設計した住宅を訪れたハンス・リヒターは、視覚的な音楽と評した。ミースの空間は、リヒターが実験的な映画『リズム21』（1921）で表現した空間の連続的な変化を体験させてくれるものであった。モダニストたちは、多様な3次元ボリュームを通り抜けていく空間体験の豊かさをミースの空間に見いだし、庭園の形に応用したのである。もちろん、彼らの庭園で体験されるのは、リヒター映画の幾何学図形ではなく、樹木の繊細なテクスチャだったのだが。

リズム21（リヒター、1921）

（村上修一／滋賀県立大学）

1930―1939

モダニズム
第4章

イギリスではタナードによるモダンランドスケープデザインの理論書が出版されるものの、第2次世界大戦に向かうヨーロッパではモダニズムの停滞が余儀なくされる。
一方のアメリカでは、1925年のパリ万博の成果などに感化を受けつつ、新大陸独自の近代的ランドスケープデザインの追求がなされていた。
ドイツ、スイス、フランスといったヨーロッパ諸国でも、ナチス政権の抑圧を受けながらも近代的ランドスケープデザインへ向けた試行は続けられていた。

★1 CIAMは、1928年（第1回）から1959年（第10回）まで、断続的に開催された「近代建築国際会議（Congrès International d'Architecture Moderne）」の略。グロピウスやル・コルビュジエをはじめとする近代建築の創始者たちが集まり、建築を社会的・経済的局面においてとらえ、近代建築の課題や方向性を議論し、その結論を声明として発表した

★2 スティールは、独立以前からヨーロッパの庭園を訪れ、パリ万博の庭園展示のディレクターであったフォレスティエの著作『庭園―平面とスケッチのノート（Grdens: A Note-book of A Plans and Sketches）』(1920)における機能性を重視した庭園観に影響を受けた。また一方ではアンドレ・ヴェラの著作『庭園（Les Jardins）』(1919)を、美しさよりも奇抜さを重視しているとして批判するなど、保守的な側面も明らかにしていた

0 時代背景

第1次世界大戦（1914-1918）と第2次世界大戦（1939-1945）との間におけるヨーロッパでは、ドイツやイタリアでファシズム政権が台頭する。そこでは芸術界に大きな発信力をもってきたダダやシュルレアリスムといった前衛的な芸術運動が共産主義への賛同と反抗とを繰り返すなど、思想媒体としての芸術と政治との関係は緊迫の度合いを高めた。

1933年にはドイツにヒトラー政権が誕生し、多くの前衛芸術は退廃芸術とされる。1919年以来ドイツモダニズムの発信基地であったバウハウスも閉鎖へ追い込まれた。こうした政治的圧迫や経済的困難の結果、芸術の分野を問わず多くのモダニストたちはヨーロッパを離れる。そして彼らは、無傷の戦勝国として1920年代に活況を呈したアメリカをその活動の舞台として選び、アメリカではグロピウスをはじめ多くのモダニストたちが教鞭をとる。

強まる芸術活動への抑圧のなか、ル・コルビュジエを中心とするモダニストの建築家たちが残したもっとも大きな遺産の1つは、CIAM★1によって著された近代的都市計画の指針「アテネ憲章」であろう。この「アテネ憲章」では、「機能的都市」をテーマとして1933年に行なわれたCIAMの成果をまとめ、住居、労働、精神と肉体のレクリエーション、交通、という4つの機能を軸とした近代都市計画の理念が定式化された。

1 ランドスケープのモダニズム

◎スティールによる古典とモダニズムの折衷

1925年パリ万博の新しい庭園デザインの実験は、すぐさま**フレッチャー・スティール**（1885-1971）によって同時代のアメリカ合衆国へと伝えられた。スティールは1900年代初頭に**ウォーレン・マニング**（1860-1938）に数年間師事した後に独立し、個人邸の庭園を得意として活躍する造園家であった。

スティールは、ヨーロッパのランドスケープ界における先進的な潮流に通じており★2、1925年のパリ万博を訪れた際は、それらの前衛的な庭園について、自らの批評記事をアメリカのランドスケープや建築の専門誌上に著し、新しい素材や形態の使用だけではなく、3次元的な空間構成や非対称的な平面計画を称賛した。

しかし、スティール自身は、1925年のパリ博の庭園で見られたような、前衛的な造形を直接見倣うことはなかった。むしろ、過去の様式をうまく使いこなした庭園のなかに現代

★3　フランスの芸術学校、エコール・デ・ボザールで教育が行なわれた、古典主義的なデザイン様式

★4　雑誌『House Beautiful』における1929年の記事『庭園の新しい様式―他の芸術におけるモダニズムの傾向はランドスケープ・アーキテクチュアに影響を与えるか―（Will Landscape Architecture Reflect the Modernistic Tendencies Seen in the Other Arts?）』

★5　MARS: Modern Architectural Research Group。CIAMのイギリス支部

★6　ジーキルの関心事は印象派の絵画のようにやわらかく塗り分けられた花壇を構成することであり、またイギリスの伝統的なカントリーハウスと相性の良い視覚的豊かさを庭に与えることであった

★7　いわく、デザイナーはその完全な計画において装飾を閉じ込め、機能が形態を決定するようになる。そしてその結果、デザイナーは月並みな表現や、様式というアカデミックな足かせから解放され、新しく、より力強い方法で、自分の芸術作品をより自由に発表することができるようになり、同時に、社会の実際的な要求を合理的に満たすものになるとタナードは述べた

的な生活機能を共存させることを得意とし、すでにそのスタイルで多くのクライアントを得ていた。

　そのなかでも1925年のパリ万博以降の作品、特にナウムキーグの庭園（ストックブリッジ、1926-1956、図1）は、現代的な素材や色彩による造形が用いられ、同時代のボザール流★3デザインとは明らかに一線を画した作品となっている。

　このように、スティールは前衛的造形の追求自体ではなく、クライアントの要求に応えるためのデザインの一手法として、モダンな造形を適宜取り入れることを重視したといえる。スティールによる1929年の論説★4のなかに、「特別の形態や秩序を通じて近代的な生活の条件を作為的に表現することはきわめて困難である。生活空間の発展は、我われのニーズに適合した現実的な対応によって表現されるべきものである」というフォレスティエの言葉が引用されていることに、そのようなスティールの思想がよく表れている。

　クライアントのニーズに応えるという現実的な姿勢を見せる一方で、パリ博の庭園の紹介をはじめとした近代的な庭園の方向性に関する100以上の論説、また母校のハーバード大学における講義などを通して、スティールは、ダン・カイリー（1912-2004）、ガレット・

図1　ナウムキーグの庭園（スティール、ストックブリッジ、1926-1956）　周囲の白樺と同じ白色に塗装されたスチールパイプの手摺りによって、植物と工業製品の融合を試みている。また、切石を用いたテラスの抽象的造形や鮮やかな青色に塗装されたカスケードなど、現代的な素材や色彩による造形が、立体的な地形を生かした古典的たたずまいのなかに巧みに位置づけられている

エクボ（1910-2000）、ジェームズ・ローズ（1913-1991）といった1950年代以降に開花するアメリカのモダンランドスケープアーキテクチャーの担い手たちに、大きな影響を与えることになった。

◎タナードの機能主義

　欧州の実験的な庭園作品にも精通しながら、作家としては保守的な側面も残していたスティールとは異なり、機能こそが形態を決定するものであり、過去の様式との関係はきっぱりと断ち切るべきという考え方を主張したのが、**クリストファー・タナード**（1910-1979）であった。

　彼は、イギリスのヴィズリー王立園芸協会付属大学で学んだ後に建築施工を学び、その後、アーツ・アンド・クラフツ運動に参加する庭園作家のもとで実務を経験した。独立後はヨーロッパ諸国を訪れるなかでより前衛的な建築や芸術への関心を深めていく。そして、建築や都市計画におけるモダニズム運動に共感し、MARS★5のメンバーとしてモダニストの建築家や都市計画家との親交をもつ。

　タナードは、**ガートルード・ジーキル**（1843-1932）の影響を受けた当時のイギリスにおける庭園デザイン★6を、新しい時代の要求に合致しないものとして批判し、近代的な生活要求に即した機能主義的な庭園デザインを提唱した★7。タナードのこうした主張は『Architectural Review』誌上に展開され、1938年、モダンランドスケープデザインの最初の理論書ともいえる『現代ランドスケープにおける庭園（Gardens in the Modern Landscape）』としてまとめられ、スティールによる誌上の論説記事と同様、エクボら1950年代以降のモダンランドスケープアーキテクチャーの担い手たちに大きな影響を与える。

　機能主義のデザインにおいては「必要」がすべてを正当化し、装飾物で満たしたり、その調子を強めたりする意味はなくなるというのがタナードの主張であった。

　また、タナードは、こうした合理的なデザインの必然的な帰結として、均整のとれた非

★8 そのような美学がすでに実践されている例として日本庭園をあげ、同時代の実例としては堀口捨己の作品を紹介している

★9 この前後から、タナードの関心はランドスケープから徐々に都市計画へと移行していく。そして第2次大戦中に片目の視力を失って以降、設計実務における目立った活動はなく、おもに都市計画や都市景観に関わる研究と教育において多くの功績を遺した。ボリス・プシュカレフとの共著である『国土と都市の造形（Man-made America - Chaos or Control ?）』(1963)は、『現代ランドスケープにおける庭園』と並ぶタナードの代表的著作である

★10 プレーリー・スクールの中心的なメンバーは、ルイス・サリヴァン(1856-1924)に師事した建築家たちであった。思想家エマソン(1803-1882)に始まる超越主義思想の影響を受け、自然環境との緊密な関係を人類にとって不可欠なものと考えるデザイン様式上の運動だった

対称性こそが近代にふさわしい庭園の美学であるとした★8。機能性、合理性、非対称性といった観点から現代的な空間の造形を説く論の展開から、建築におけるモダニズムの先導者たちと、基本的に同一な主張をランドスケープに適用していることがわかる。

スティールの場合と対照的に、タナードは多くのクライアントに恵まれることはなかった。しかしその一方で、MARSに参加した建築家、サージ・シャマイエフ(1900-1996)などとの協働を通じて、ベントレー・ウッド（ハランド、1928、図2）や、セント・アンズ・ヒル（チャートシー、1936、図3）などの作品を通し、寡作ながらもより明快に機能性を求めた庭園のデザインを遺している。

第2次世界大戦の始まる1939年、タナードはグロピウスの呼び掛けに応じて渡米し、ハーバード大学のランドスケープデザイン科で教鞭をとる★9。戦中期のタナードの教え子には、ローレンス・ハルプリン(1916-2009)など、後に都市空間や自然環境との関わりにおけるランドスケープデザインの重要性を社会に認知させるうえで中心的役割を果たす人物が含まれている。

スティールとタナードによる言説と少数の実践は、ランドスケープデザインのモダニズムの方向性を示した。しかし、その社会的な実践としての本格的展開を見るには、若年期にその影響を受けた者たちが活躍する、戦後の経済成長期を待たねばならない。

2 自然主義とモダニズムの対話―アメリカ―

こうした理論の発展とほぼ並行して、他のランドスケープアーキテクトや建築家たちによる作品においても、屋外空間を近代的デザインの対象に取り込んでいく様子が見られる。以下では、一部前世紀の話にも遡るが、この様子を追っていく。

◎プレーリー・スクール

20世紀初頭のイリノイ州では、外部空間をより大きな自然環境の一部として捉え直そうとするランドスケープ的思考と、普遍的で工業的な建築よりも、地域風土に合ったデザインを求める建築的思考が合流する。この運動は、シカゴを中心とする中西部で活躍したプレーリー・スクール（草原派）と呼ばれるデザイナーの一派によってなされた★10。プレーリー・スクールの目指したものは、プレーリーと呼ばれるアメリカの大草原を原風景の1つとするイリノイの風土に根差した建築やランドスケープのデザイン様式を提唱し、実践することであった。それは、ボザールの古典主義様式やピクチャレスクの伝統的束縛と、モダニズムの一部をなす科学技術への盲信とを、ともに克服しようとする試みであった。

プレーリー・スクールのデザイナーのなかで最も著名な存在は、ミース、コルビュジエ、グロピウスと並んで近代建築の巨匠として並び称される建築家、フランク・ロイド・ライト(1867-1959)である。ライトへの超越主義

図2 ベントレー・ウッド（タナード、ハランド、1928）
タナードは寡作であったが、建築家シャマイエフとの協働でいくつかの先進的なランドスケープデザインを遺している。ベントレー・ウッドと呼ばれる住宅では、壁、樹木、格子状のフレーム、地面の段差、舗装ブロック、屋外彫刻という多様な要素を立体的に用いることで、周囲の景観と半ば連続する屋外空間のなかに、開放感と安心感の同居する機能的な生活空間をつくり出している。左端にプールが見える

図3 セント・アンズ・ヒル（タナード、チャートシー、1936）

★11 環境と建築は一体化すべきであるというライトの思想は、「どんな家も、丘の上や何かの上に置かれるのではいけない。それは丘の一部なのである。丘と家とは、お互いをより幸せにしながら、共に暮らすのである」という、ライトの自伝中の言葉によく表れている

思想の影響は色濃く、農業に立脚した未来都市、「ブロード・エーカー・シティ」の提案（1932）などを含め、生涯の作品を通じて見られる★11。

ライトが設計したプレーリー・スタイルの住宅群 は、大草原の広がりに呼応するかのような、低く水平方向の線を強調した立面と、暖炉を中心にして部屋相互が開放的で有機的なつながりをもつ平面計画によって特徴づけられる。1910年のロビー邸（図4）はその代表的な例である。

プレーリー・スクールのランドスケープアーキテクトとして代表的な存在だったのは、**ジェンス・ジェンセン**（1860-1951）である。

当時のアメリカでは短命な外来種の草花で彩られる庭園が一般的であったなか、デンマーク出身の移民であるジェンセンは周辺のプレーリーで自らが見つけた郷土種の草花を用い、これまでとはまったく異なった植栽計画

の実験を展開する。1888年、その一角は「アメリカン・ガーデン」の名のもとに公開され、利用者の多大な称賛を得た。

農学的知識に裏打ちされた斬新な発想と実行力、そして実直な人柄により、ジェンセンは1895年にハンボルト公園（シカゴ、図5）の最高責任者となる。さらに1905年にはシカゴ西公園区全体のチーフ・ランドスケープ

図6 コロンブス公園の滝（ジェンセン、シカゴ、1906）
郷土種の植物を積極的に用いるだけでなく、水景の護岸においても地場産の砂岩を用い、地域の景観の特性を表現した

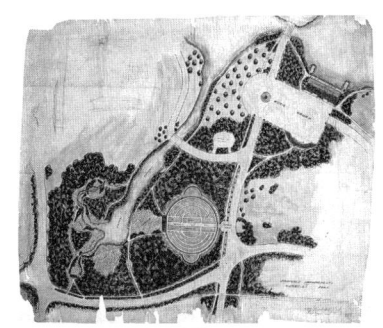

図7 コロンブス公園の平面図

図4 ロビー邸（ライト、シカゴ、1910）
草原の広がりに呼応するような、低く水平方向の線を強調した立面が特徴的である

図5 ハンボルト公園（ジェンセン、シカゴ、1906）
プレーリー（草原）とラグーン（潟）をモデルとした、イリノイ独自の公園デザインが追求されている

図8 コロンブス公園のプール
公園内のプールも、砂岩を積層させたエッジにより、イリノイの風景をモデルとしてデザインされた

★12 ライトがシカゴを離れて以降、ジェンセンとの間で協働関係はないが、その後もライトは、ジェンセンに師事したA・E・バイ（1919-2001）などのランドスケープアーキテクトとの協働関係をもっている

アーキテクト兼最高責任者に就任することで、名実ともにシカゴにおけるオルムステッドの後継者となった。

ハンボルト公園やコロンブス公園（シカゴ、1906）を中心とするシカゴの公園で、ジェンセンは郷土種の植物を積極的に用いるだけでなく、舗装材や水景の護岸においても地場産の砂岩を用いた（図6〜8）。そして水際には水生植物の群落を配することで南西部の河川の自然な風景の再現を試みている。また、樹林景観においてはより自然な環境に近づけるべく、下層の植物群落を密にする一方で、単なる自然の再現ではなく、人々の楽しめるドラマティックな景観の展開を共存させるために、密な植栽の間に大きな空隙（ジェンセンはこれを「クリアリング（Clearing）」と呼んだ）を設けて光を導きいれ、そこに子どもの遊び場などの機能を与えた。

さらにジェンセンが好んで用いた「集いの輪（Counseling Ring）」（図9）、すなわち地場産の砂岩による円形のベンチは、自然環境や歴史を参照してその場所に特有なランドスケープをデザインしようとしたジェンセンの志向をよく物語っている。

ジェンセンは建築家との協働もこなし、サリヴァンやライトの設計による住宅のランドスケープもいくつか手がけている★12。特に、未完のプロジェクト、グレンコーのシャーマン・ブース邸（グレンコー、1915）では、広大な土地の敷地計画をジェンセンが先行して行ない、その後にライトが建築の設計を行なっていたことが知られている。

◎**ノイトラのカリフォルニア・モダニズム**

ライトが提示した環境と和合する住宅の在り方は、当時の建築界に大きな影響力をもったが、その独特な形態や素材の利用法のためか、近代建築の一般的モデルとは必ずしもならなかった。

住宅を中心とする生活空間が周辺環境と融合する姿をカリフォルニアの温暖な気候のなか、より汎用的なかたちで実践したのは、ライトを慕ってオーストリアから渡米し、西海岸におけるモダニストの代表的存在となる建築家、リチャード・ノイトラ（1892-1970）だった。

ウィーンに生まれたノイトラは、兵役を挟みながらウィーン工科大学で建築を学び首席で卒業する。その間、オットー・ワグナー（1841-1918）やアドルフ・ロース（1870-1933）といった近代建築のパイオニアたちから建築を学んだ。一方1919年には、チューリッヒのランドスケープアーキテクト、グスタフ・アマン（1885-1955、p.62参照）の下で造園実務に携わっており、また、1921年にはドイツのルッケンヴァルトで緑地計画を含む都市計画に携わっている。つまりノイトラは、建築とランドスケープデザインの両方における実務教育を受けたデザイナーであった。DIATOMシリーズ（1925-1950、図10）などに見られるように、ノイトラがモダニズムの建築

図9　集いの輪（カルドウェル、シカゴ、1989）
先住民の集会場所のデザインに着想を得た、砂岩を用いた円形ベンチをジェンセンは好んで用いた（写真は、別の設計者によって、1989年にバーナム公園に設置されたもの）

図10　DIATOMシリーズ（ノイトラ、1925-1950）
ノイトラの建築に対するアプローチは、規格化された工業生産材料によって、軽快で透明感のある空間をつくるものだった

家としてそのスタンスを明らかにしたのは建築の設計と施工における工業化と合理化、またそれによって獲得される軽やかで透明性の高い空間を通してであった。しかし完成された個々の作品を見れば、それらの魅力が建築だけによるのでないことは一目瞭然である。

たとえばミラー邸（パームスプリングス、1937、図11）においては、カリフォルニアの山脈を背景とした大地に軽快で透明性の高い箱体が置かれ、それを中心として建物の内外にわたって生活領域がひろがっている。そして周囲の景観と生活領域との境界はノイトラ自身の設計による郷土種の植栽を用いたランドスケープによって形づくられている。また、コロナ学校（ベル、1935、図12）では、一見すると工場のようにさえ見える高い天井の教室が、大きな建具を用いて開放的に計画され、内外にわたった学びの空間をつくっている。生垣や樹木を壁や屋根のように用いるなど、建築の内部と外部の区別を曖昧にしようとする意図が明らかにされている。

ノイトラのデザインは時に「庭園の中の機械」と呼ばれることがあるが、庭園も不可分なものとして扱うノイトラのデザインを表すなら、「庭園とその中の機械」という方が適切かもしれない。ランドスケープのデザインについてカウフマン邸（パームスプリングス、1947）とトリメイン邸（サンタバーバラ、1948）など同時期の作品同士を比べれば、明快な幾何学による造形と、周辺環境の一部のような自然風の植栽配置を使い分けることによって、生活空間における自然と機械の共存関係を実現することにノイトラのデザインの特徴があったことがわかるからである。

ノイトラは、確かにランドスケープデザインという専門性を深く追求する立場にはなく、あくまでも建築家として後世にその名をとどめる人物であった。ただそのなかで、青年期の造園実務への関与によって、個人的な資質として建築とランドスケープの素養が1人の作家のなかに同居するという極めて稀なケースだったといえる。

一方、カリフォルニアの気候風土を生かしたモダン住宅のデザインは、その後、『Arts & Architecture』誌が企画した多様な作家による実験住宅群、ケーススタディハウス（1945-1966）として展開していく。

1950年代以降、ケーススタディハウスの作品#19（1957計画、図13）にはハーグ（第

図11　ミラー邸（ノイトラ、パームスプリングス、1937）
軽快な鉄骨構造と大きなガラス面が特徴的だが、背後のシエラ山脈が借景として生きるように配されたアプローチ沿いの植栽も、この住宅が周辺景観との連続性を獲得するうえで重要な役割を果たしている。ノイトラは、こうしたランドスケープの修景を、カリフォルニアの気候に適した植物を用いて自ら行なっている

図12　コロナ学校（ノイトラ、ベル、1935）
大きな開口部をまたいで、樹木と建築に囲まれた開放的な教室空間をつくっている

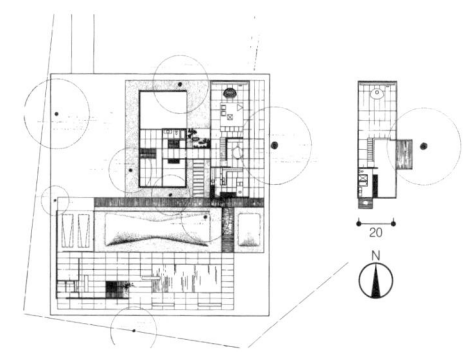

図13　ケーススタディハウス#19（1957計画）
ノル＆エリオットが建築を設計、ハーグがランドスケープを設計した

8章参照)が、また他の作品ではエクボなどのランドスケープアーキテクトも参加した。環境と建築を一体的にデザインするというライトやノイトラのコンセプトは、1950年代のカリフォルニアにおいて建築とランドスケープデザインという、互いに自立した専門の協働として実現するまでに成熟していたことがわかる。

3 国家社会主義とモダニズム──ヨーロッパ──

◎都市と園芸のはざま──フランス

　1930年代にはヨーロッパの多くのモダニストたちがアメリカへと亡命するなか、ドイツの統治下に置かれたフランスのランドスケープデザインは、都市計画との接点にその専門性を見出すことによって、アメリカとは大きく異なった道筋をたどる。

　両大戦間のフランスは、フォレスティエによるパリのパークシステムのヴィジョン（第2章参照）や「アテネ憲章」の感化を受けた都市計画的思考と、ヴィシー傀儡政権下の緑化や園芸を奨励する郷土主義という、2つの傾向が併存する状況にあった。そして、そのどちらの方向にも大きな展開を遂げることのない、半ば膠着した状態であったといえる。

　もちろん、こうした状況のなかでフランスのランドスケープデザイン自体がまったく活動していなかったわけではない。ジャック・グレベル（1882-1962）は、この時期に国際的に活躍した代表的なランドスケープアーキテクトである。第三帝国の偉大さを誇示した1937年のパリ万博会場（図14）のマスタープランを担当したほか、敷地の地形的条件を生かし、庭園的な感性と同時に都市のオープンスペースとしての計画性を併せもつケレルマン公園（パリ、1937、図15）などを設計した。グレベルは国外でも活躍し、オタワの都市計画（1950）を手掛けたほか、アメリカでは多くの大規模な邸宅の庭園を設計している。

　しかし、グレベルはボザール教育の嫡子であり、近代的なランドスケープデザインを新しく追求する世代のデザイナーではなかった。作品も、基本的には整形式庭園様式と風景式庭園様式を応用し、都市空間に適用したものだったといえる。

　一方、田園都市的な住宅地開発においてランドスケープアーキテクトたちの都市空間への挑戦の機会は、限定的ながら与えられていた。こうしたなかで特筆すべきなのは、ビュット・ルージュ田園都市（シャトネ・マラブリ、1927-1960、図16）における、アンドレ・リオーズ（1895-1952）の活躍であろう。

　ビュット・ルージュ田園都市は、建築家ジ

図14　パリ万博会場（グレベル、パリ、1937）

図15　ケレルマン公園（グレベル、パリ、1937）

図16　ビュット・ルージュ田園都市（バッソンピエール＆リオーズ、シャトネ・マラブリ、1927-1960）

★13 1920年代でみたミッゲも大きな括りのなかでは自然主義の造園家といえるが、ミッゲの場合は農業という、人間の生活と自然とをつなぐ営み自体に焦点を当て、それを住宅地計画に展開した。生活の様式自体を問うている点で、本節でいう自然主義とは異なっている

★14 ジーキルの得意としたハーディ・ボーダー（耐寒性の花卉類を用いた縁取り花壇）は、同種の色をもった多種多様な花卉類を花壇のなかに寄せ植え、さらにその色彩ごとのグループ同士を組み合わせて配置することでつくり出された。このような植栽計画を裏付け支えたのが、ジーキルの園芸への情熱であり、植物収集と稀少種の保護であった

ョゼ・バッソンピエールを筆頭とするチームによって設計されたが、リオーズは初期段階からランドスケープアーキテクトとして計画に関わった。隣接する既存樹林を田園都市のグリーンベルトに見立て、分散的に配置された小規模な低層住棟の背後に、それぞれが自然風な植栽の施された庭をもつ計画となっている。

住宅から地区までの多様なスケールを相手取る住宅地開発のランドスケープでは、住宅地全体を1つの庭園と見るだけでなく、織物のように肌理の豊かな、小さな庭の連続体としてとらえる必要がある。したがって、良い住宅地を実現しようとすれば、最終的に屋外空間を設計することになるランドスケープアーキテクトが、土木や建築の設計者と共にプランニングからデザインまで一貫して関わることが、本来必要となる。

その意味で、グレベルが単一の都市庭園とでもいうべき万博会場をデザインしたことに比べ、リオーズがビュット・ルージュの計画に初期段階から関わったことは、ランドスケープアーキテクトの役割を居住環境のデザイナーという、その本来的な形で社会に示した出来事でもあり、人々の生活により近いステージに位置づけるものであったといえる。

全体として見れば、両大戦中のフランスではランドスケープアーキテクトの社会的位置づけは確かに曖昧であった。しかし、ビュット・ルージュにおけるリオーズの起用に見られるように、土地の文脈を読み解く力に長けたランドスケープアーキテクトに対して、都市開発における期待は確かに存在していた。

◎ **自然主義と幾何学の融和——ドイツ**

モダニズムの継続的な展開が戦争によって阻まれたドイツで、ランドスケープデザインの世界はどのように展開したのだろうか。端的には、国家社会主義の体制下で受け入れられ、生きながらえたデザイン様式は「自然主義」のデザイン様式であったということができる。

ここでいうドイツの自然主義デザインとは、イギリス風景式庭園が提示した田園景観のモデルを基本としながら、植物の育成と保護を中心とする園芸技術によって、ドイツの風土に適した植物を多様に駆使した色彩と肌理の豊かな風景をつくりあげるものを指す★13。

当時のヨーロッパにおいて、園芸的な観点から同時代の庭園に圧倒的な影響力をもっていたのは、ロンドンの園芸家、**ガートルード・ジーキル**の始めた庭園様式だった。そして、ドイツにおいてジーキルと近い位置づけの仕事をしたのが、**カール・フェルスター（1874-1970）**である。フェルスターも、ジーキルと同様に花を咲かせる耐寒性の植物に注目した★14が、その対象はイネ科の草本類から木本類まで多岐にわたり、維持管理の容易な品種に焦点があてられた。そこでは、1年を7季節に分ける考え方によって、1年中どこかで花が咲き、かつ軽微な管理で維持可能な庭が目指された。フェルスターは生涯にわたる園芸品種の収集と育成についての研究、実践を通じて植物材料の幅を広げ、ヨーロッパの造園に大きな影響をあたえた。フェルスターの実験場であったボルニムの自邸庭園は1980年に修復され、1981年には文化記念物の指定を受けている（図17）。

ただ、その情熱は、庭園の空間性や経験を直接問うものではなく、ジーキルの場合以上にフェルスターはデザイナーよりも植物の育種家としての側面が強い人物であったといえる。このようなフェルスターの植物への情熱を具体的な庭園や公園の姿に反映したのは、フェルスターの実務上のパートナー、**ヘルマ**

図 **17** フェルスターの自邸庭園（ボルニム、1912-）
フェルスターは自邸を実験場として、園芸品種の収集と育成を生涯にわたって行なった。現在は文化記念物として維持管理されている

★15 ただし、バウハウスにおけるこの流れは、校長がグロピウスからハンネス・マイヤーへと変わり建築中心の教育体制が明確にされるなかで忘却されていった

ン・マテルン（1902-1971）と、その妻、ヘルタ・ハマーバハ（1900-1985）である。

マテルンは造園の実務を経た後、1924年から1926年の間にベルリン・ダーレムの園芸教育研究所で園芸学を学び、この間バウハウスのヴァイマール校の聴講生でもあった。その後、行政における都市計画の実務や、ミッゲの事務所での勤務を経験し、1927年にフェルスターのパートナーとなる。

マテルンが聴講した当時のバウハウスではグロピウスが校長を務め、庭園を含む敷地計画も演習内容に含まれ、それなりの成果をあげていた（図18）。グロピウス自身も、カップ一揆の慰霊碑（1922、図19）のように屋外空間の設計を行ない、いくつかの住宅の提案では庭園のデザインも行なっている。グロピウスによる住宅庭園のなかにはアールデコ的なパターンデザインと言うべきものも含まれているが、非対称な平面分割によって芝生や花壇、菜園、そしてアプローチを機能的に配置するとともに、機能的な意図を明確に伴った高木の植栽が施されたものもある（図20）。それらをルグランからチャーチへの移行過程と考えれば、生活機能を満たす近代的な庭園を志向した1つの試みと見ることもできよう。これらから、当時のバウハウスでは、建築に従属するものではありながら、庭園も工芸的芸術の一分野とする教育がなされていたことが窺われる★15。マテルンは、このような時代のバウハウスの聴講生であった。

一方のハマーバハは、ポツダムで造園を学び、著名な苗園で設計職を務めた後、フェルスターの事務所に合流する。ハマーバハは、ハンス・シャロウン（1893-1972）やノイトラをはじめとした建築家との協働も行ない、自邸ではシャロウンが建築を、ハマーバハが庭

図18 バウハウスの学生作品
グロピウスが指導したバウハウスでは、庭園を含む空間デザインが教えられていた

図19 カップ一揆の慰霊碑（グロピウス、ワイマール、1922）　アールデコ的な屋外デザインとして先駆的なものである

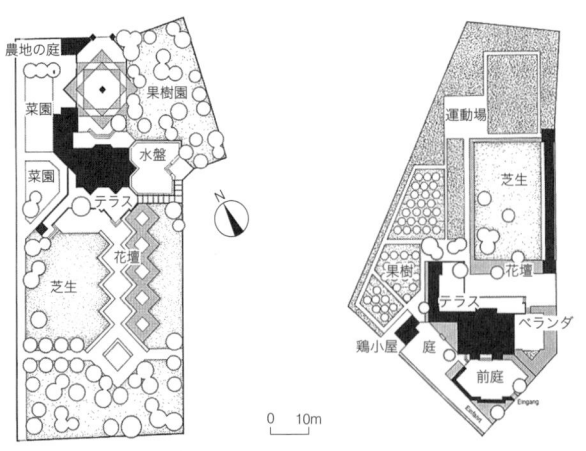

図20 グロピウスの庭園平面図
幾何学を用いた非対称な平面分割によって芝生や花壇、菜園、そしてアプローチが住宅庭園としての機能とあわせて配置されている

図21 ベルギウス邸庭園（フェルスター＆マテルン＆ハマーバハ、ハイデルベルグ、1928）　幾何学的形態を地形の変化に合わせて導入し、カスケード上の空間を立体的に構成するマテルンの手腕に、フェルスターとハマーバハのやわらかい植栽計画が融合している

園を設計している。

フェルスター、マテルン、ハマーバハのパートナーシップによる事務所は、1928年の開設後、個人庭園の他に集合住宅や公共施設の屋外空間や墓地、ガーデン・ショウのマスタープランなど多様な計画を手がけた。その成果はヨーロッパの造園界に広く流布され、ボルニム様式もしくは、フェルスター・マテルン様式と呼ばれ、1つの様式として認知されるまでに至った。

ベルギウス邸庭園（ハイデルベルグ、1928、図21）では、幾何学的形態を地形の変化に合わせて導入し、カスケード状の空間を立体的に構成するマテルンの手腕に、フェルスターとハマーバハのやわらかい植栽計画が融合している。

シュトゥットガルト・ガーデン・ショウのマスタープラン（1939、図22）では、イギリス風景式庭園の伝統を抜け出そうとはしておらず、一見ドイツの自然主義的な思潮を体現している。しかし階段やテラスの造作には幾何学的な造形が際立ち、マテルンのデザインが、周囲の植物景観との対比的な調和を生み出している（図23）。

マテルンは1936年から1945年の間、第三帝国を代表する造園家であった**アルヴィン・ザイフェルト**（1890-1972）とともに、「帝国景観弁護士」として、現在でも美しい高速道路として名高いアウトバーンの修景や、軍用施設の周辺景観へのカモフラージュなどの計画に携わっている。

国家社会主義が支配力をもったこの時代、ドイツにおけるランドスケープの論理は、郷土風景の美化を民族主義の正当化のために歪曲して利用する傾向も強かった。しかし、この自然主義的思考は後の地域保全の思想にもつながり、現代ドイツの造園思想の端緒ともなっている。今や環境立国として名高いドイツの景観保全は、この時代までに培われた伝統に、多くを負っているといえよう。

◎新しい「庭園」への遠い道のり──スイス

1990年代以降、その高い空間性ゆえに注目を集めるスイスのランドスケープデザインは、機能性や公共性をベースとして都市のスケールへ発展したドイツやアメリカの場合と異なり、あくまでも「庭園」の近代的表現として展開した点が歴史的な特徴である。その成立過程を知るには、スイスのモダニズムの源流を確認する必要がある。

1913年にドイツ工作連盟の支部であるスイス工作連盟が結成され、1917年に両連盟の共同で開催されたベルンの展覧会においては、ペーター・ベーレンス（1868-1940）が建築とともに庭園を発表する（図24）。樹木を用いない建築的な表現であったためかスイスの造

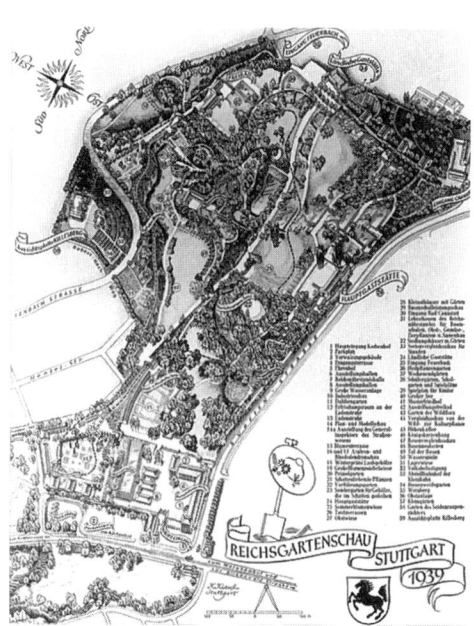

図22　シュトゥットガルト・ガーデン・ショウのマスタープラン（マテルン、1939）　平面計画は柔らかな曲線を描き、風景式庭園の枠組みを踏襲しているように見える

図23　シュトゥットガルト・ガーデン・ショウ（マテルン、1939）　斜面に直線的な舗装面と階段が挿入され、非対称に空間を分節している。格子状に配列された噴水の垂直性と水平な舗装面が生み出す対比には、おおらかさのなかにマテルンの近代的な造形を見ることができる

★16 アマンは、後にスイス園芸協会の会長を務め、またIFLA(ランドスケープ国際連盟)の事務局長を務める

★17 アマンはその後、世界の庭園を視察し、その成果を自らの作品と合わせて掲載した『花咲く庭園(Blühende Gärten)』(1955)を著わす。遺作となった同書にはハルプリンなどモダニストの作品や日本の建築家堀口捨己による庭園も含まれたが、自然主義の庭園や日本庭園と同列に並べられ、そこにはモダニストの急先鋒というかつての姿勢は感じられない

園界には受け入れられなかったが、この展覧会によってイギリスやドイツの自然主義の庭園とは異なる、工業化時代を見据える新しい庭園像が示された。

1918年には新しい庭園デザインの潮流をテーマとしてチューリッヒで工作連盟の展覧会が催され、ランドスケープアーキテクトの**グスタフ・アマン**(1885-1955)による、控えめながらも建築的な表現を伴った庭園が発表された。アマンは、ドイツでミッゲに師事したことのある造園家で、スイス工作連盟の創設者の1人であった。後のスイスのランドスケープデザインに新風を吹きこむ**エルンスト・クラメル**(1890-1980)が師事し、またノイトラに造園の実務を教えた人物でもある★16。

1933年のチューリッヒ園芸博覧会では、多くの造園家が自然石と植栽を組み合わせた「自然風」の庭園を展示するなか、アマンは既製品の縁石による自由で有機的な曲線によって縁取られた花壇に様々な色彩の植栽を組み合わせた「色彩の庭」(チューリッヒ、1933)を出展する(図25)。現代からみればただの花壇のようであるこの作品に対して、同業者からはその形態が「恣意的」であると批判され、イカやタコのようだと酷評されることになった。アマンはこうした批判に対抗し、「新しい潮流や最先端という自由な世界への解放であるこの作品を断罪することにはなんの意味もない。今あるものに必ずしも固執する必要はないし、様式さえも求める必要はない。丸裸になること、これが教訓である。」と述べている。この言葉の過激さと比べれば、この作品の造形が十分に革新的でなかったことも事実である。しかし、1925年のパリ万博のような建築的表現に依存せず、園芸を主な手立てとする庭園芸術の枠内で新しさを求めることの苦悩こそ、アマンの体験したものであろう★17。

また1930年代には、スイスにおいても戦時下のナショナリズムによる伝統への回帰が大きな潮流となり、1939年のスイス博覧会では「精神的国防」がうたわれる。建築では、ハイジで有名なデルフリ村をモデルとした会場設営と、巨大な木造高架の建設によって伝統と技術との両立が表現された。一方の造園界では、テシーン地方の風景をモデルとした豊かな緑と自然石積み、そして粗いつくりのパーゴラと石張りによる田舎風のスタイルが主流となった。

近代にふさわしい新たな庭園デザインは何に基づくのか、という問いは、こうしてスイスでは十分に追求されぬまま次の世代にもち越された。それに対する明確な回答は、1950年代のエルンスト・クラメル(1898-1980)による新たな挑戦を待たねばならない。

図**24** 工作連盟展の庭(ベーレンス、チューリッヒ 1917)

図**25** 「色彩の庭」(アマン、チューリッヒ、1933)

column
建築・都市計画のモダニズム概観

　建築の分野におけるモダニズムは、一般に1920年代から1970年代にかけて支配的だった思想と形態を指して言う。それは過去の歴史様式を規範としたり、伝統的手法に固執するのではなく、建築をゼロベースで考え、可能な限り説明可能なものにして、近代社会に対応した建築を生み出そうとした。思想的には、合理主義、機能主義、工業主義に重きを置いた。形態的には、構成原理を明瞭に見せ、表面装飾を排除し、平滑な壁面を好み、ガラスや鉄やコンクリートといった素材を露出しながら多用し、従来にない新奇な形態を目指すといった特徴が見られる。

"建築が社会をつくる" という思想

　19世紀の西欧にさかのぼって話を始めよう。当時の建築界で支配的だったのは、様式主義（歴史主義）である。これは要求された目的・立地・機能などを考慮して、ふさわしい過去の歴史様式を選択し、それを規範として、同時代の機能的・技術的要求を満たすよう設計する手法だ。様式主義は、資本家から庶民までが共有できるような、過去から連続した実感の延長上に位置していた。同時に、アカデミーの教育と権威、考古学的調査を含む実証と思弁によって補強されていた。「〜らしく見える」、「立派に見える」といった点で共有可能な様式主義は、19世紀の市民社会に適していたのである。したがって、鉄道駅舎、百貨店や、議事堂・美術館などの公共施設といった過去に存在しなかった種類の建物が社会の変化に伴って出現しても、産業革命の波及として鉄やガラスの大量供給が可能となっても、建築の形態に劇的な変化はなかった。

　しかし、過去の様式に対する理解は、様式主義に対する疑念を深めることにもつながった。どれにしようかと考えてから選択するような様式主義の「様式」は、昔あった形態の形骸ではないか。過去に存在した真正の《様式》とは、当時の美学や技術や社会的要求が、取り替えの効かない形で一体となったものではなかったか。だから、かつての建築は社会を代表し得たし、我々はそれを通じて時代の精神を知ることができる。だとしたら、建築は現代の社会にふさわしい《様式》を求めていくべきではないか。そうすれば、ただ"建築が社会によってつくられる"のではなく、"建築が社会をつくる"ことになるのではないか…といった考えが生じていったのである。

　こうした思想が、アーツ・アンド・クラフツ運動以降のモダン・ムーヴメントの底流をなし、1890年代から1920年代にかけて、アール・ヌーヴォー、セセッション、ドイツ工作連盟、イタリア未来派、ドイツ表現主義、ロシア構成主義、デ・スティル、アムステルダム派といった、形態的には多様な試みとして出現した。

　これらは1920年代にはモダニズムと呼べるだけのまとまりに収束し、それが世界各国で受け入れられていった。普及に大きな役割を果たしたものとして、ワルター・グロピウスを校長に大戦間のドイツ・ワイマール共和国で設立されたバウハウス（1919-1933）や、歴史家のジークフリード・ギーディオンやル・コルビュジエの呼びかけで始まった近代建築家国際会議 CIAM（1928-1959）が挙げられる。バウハウスは教育面の革新を行なっただけでなく、『バウハウス叢書』を刊行して、総合的なデザインとしてのモダニズムを啓蒙した。CIAMやそれに加わったメンバーの言説は、モダニズムの方向性に大きな影響を与えた。これに限らず、第2次大戦前後を通じたモダニズムの普及において、教育と運動と言説は多大な役割を果たした。これは建築をゼロベースで考え、説明可能であろうとするモダニズムの理念的性格に依るところが大きい。

　もう1点、指摘しておかなければならないのは、モダニズムにおける建築と都市計画の結びつきである。かつてのような様式を脱ぎ捨てた建築と都市計画が、合理主義、機能主義、工業主義の下で手を携え、近代社会に対応しようという動きが顕著になったのだ。とりわけCIAM第4回会議での議論の成果をもとにした「アテネ憲章」は、第2次大戦後の近代都市計画を基礎づけた。建築をゼロベースで考えるモダニズムは、必然的に従来の建築と都市の枠組みを変えていった。それはまた、"建築が社会をつくる"という建築家一般の倫理と誇大妄想が、最大限に達した時期だったと言って良い。

　1930年代に入ると、ファシズムが台頭したヨーロッパで、モダニズムとは異なる歴史的・地域的な動きがみられるようになる。ナチス・ドイツは古典主義および郷土主義を推進した。スターリン体制下のソビエト連邦は社会主義リアリズムの名の下に歴史主義的な造形を採用した。モダニズムの中心地がヨーロッパからアメリカへと移り始めるのはこの頃からである。ヘンリー=ラッセル・ヒッチコックとフィリップ・ジョンソンが企画して1932年にニューヨーク近代美術館（MOMA）で開催され、スタイルとしてのモダニズムの定着に貢献した「モダン・アーキテクチャー展」および同展に基づいた『インターナショナルスタイル』の刊

行や、ギーディオンがハーバード大学チャールズ・エリオット・ノートン講座で行った講義にもとにした『時間・空間・建築』(1941) の出版は、その象徴的なものといえる。ナチスの台頭に伴って、グロピウスはロンドン移住を経て 1937 年に渡米し、ハーバード大学の教授に就任。戦後にかけて多くの後進を育て、また共同設計組織である TAC を設立した。バウハウスの第 3 代校長を務めたミース・ファン・デル・ローエも 1937 年にアメリカに渡り、翌年から 1958 年までシカゴのアーマー大学（後のイリノイ工科大学）建築学科主任教授を務め、影響力の大きい実作をアメリカに残した。戦勝国としてのアメリカは、以前からの生産力に文化的優位性を加え、第 2 次大戦後の世界をリードしていったが、建築においてもそれは例外でなかった。その際の大きな旗印が、今や規範化され、資本の後押しも受けたモダニズムだった。

複数の合理主義、機能主義、工業主義

しかしながら、冒頭で述べた合理主義、機能主義、工業主義にしても、その解釈は複数成立する。

合理主義は、ある建築の成立する根拠を、理性で把握できる原理で説明できるという考え方だ。この背景には、万人が共有できる科学的・技術的に基づくことで、建築という存在を盤石な基盤の上に打ち立てたいという思いがあり、その根は啓蒙主義の影響を受けた 18 世紀の新古典主義の時代に求められる。合理主義は一般に単純であるか、全体と部分の階層構造を容易に把握できるような形態を導きやすい。ただし、建築のどの側面を還元するかによって、力学的、構法的、幾何学的といった、さまざまな合理主義が可能であり、合理主義が何を意味するかは自明ではない。

機能主義は、建築の目的を機能に奉仕するとし、それに従って形態を決定すべきだと言う。例えば、部屋なら部屋、廊下なら廊下が果たすべき役割に応じて、それらの寸法を決め、配置するということになる。大多数の建築は何らかの人間の活動を内包している。したがって、機能主義は、個別の建築については人間工学的な方向性を強め、建築全体に関して言えば、使用目的に応じたビルディングタイプの再編を促すことになる。ここまでに述べてきたような機能主義は、ほぼ合目的性と言い換えられる。この考えに従えば、個別の建物も建築全体も、即物的で統一を失ったものとなりそうである。しかし、そうならず、機能主義の考え方が建築家の霊感を鼓舞してきたのは、この語の持つ生物学的な意味合いにある。すなわち、人体の中に固い爪や柔らかい皮膚があるように、各部分には果たすべき役割があって全体が構成されているという考え方も、機能主義には含まれる。これが建築や都市の有機的統一という思想に導くのである。

工業主義は、社会が達成した技術力を背景に、建築を構想すべきだという考え方である。従来は建築に用いられていなかった新素材や新工法をこぞって採用してきた。これにはその方が安く、大量に良質の建築を供給できるという目論見がある。しかしながら、新技術が必ずしも、安価で良質の建築を提供できるとは限らない。従来通りの技術の方が適している場合もあるが、多くの場合、建築家は新しい技術を試みる。それによって形態の新しさを狙うことも多い。この点で工業主義は、技術主義と実用主義とに引き裂かれるのだ。

批判と再発見

以上のようにモダニズムは一枚岩では無く、ある建築家の主張を中心に置くこともできないようなものと言える。にもかかわらず、それが統一的に理解されていたのは、モダニズムの理念的性格によるところが大きいだろう。説明可能であろうとするモダニズムは、教育、運動、言説にともなって普及し、第 2 次大戦後の都市再建をはじめとする公共政策の面でも一定の役割を果たした。

しかし、その統一も 1960 年代に入る頃には陰りが見え始める。モダニズムの建築や都市計画の限界が露わになると共に、合理主義、機能主義、工業主義といった理念は拡張されて、かつてのような明解さを失う。1970 年代以降、モダニズムが完全に無くなったわけではないものの、その特徴として挙げられた諸点には反旗が翻された。

ここでモダニズムは生き生きとした生命を失った。大事なのは、そうしたモダニズム批判が、モダニズムと向き合い、その姿形を描くことによって行われたということである。批判することを通じて、モダニズムの統一と矛盾が明らかになっていった。従来は見えづらかったさまざまな脈流も現れていった。これはモダニズムが従来考えられていたほど単純なものではなかったという再評価の動きにもつながった。1920-1970 年代のモダニズムは失われることを通じて、その後の建築や都市に多様な思想を供給することとなったのだ。

（倉方俊輔／建築史家・西日本工業大学）

概観①：公共空間を対象とする職能集団の誕生

日本 1850―1939

★1 江戸期の庶民の屋外レクレーションを表現したもので、社寺境内地での見物や山の辺での花見などの行為を表す

★2 社寺林ともいわれるが、長い間伐採から逃れたところもあり、シイやカシ類などのうっそうとした照葉樹林（常緑広葉樹林）から構成される場合が多い

★3 川瀬善太郎（1862-1932）：明治、大正時代の林学者で、農商務省に入りドイツ留学後、東京帝国大学の教授となる

★4 原熙（1863-1934）：農商務省や台湾総督府等に勤務後、東京帝国大学の助教授を経て、教授となり、農学科にはじめて造園の講座（第二園芸講座：花卉及び造園）を誕生させる

★5 折下吉延（1881-1966）：宮内省の新宿御苑に勤務後、奈良女子高等師範学校講師を経て、明治神宮造営局技師となり明治神宮内外苑の設計施工に従事する。関東大震災後、内務省都市復興局の公園課長を務め復興事業に従事する

日本の伝統的庭園デザインの系譜を見逃すことはできないものの、我が国では1867年の開国後、近代国家として歩み始めることから、近代化の装置の1つとして導入された公園を中心にその系譜を見ていくことによって、公共的空間の計画や造園デザインといった近代造園を対象とする職能集団が誕生していく背景や過程を知ることができる。

遊観地の継承と西欧化の芽生え――太政官布告と外国人居留地にみる公園

1873年、近代国家への歩みのなかで太政官布達が布告され、我が国で初めて「公園」制度が登場する。東京では芝、上野、浅草、深川、飛鳥山の5ヶ所、大阪では住吉大社、四天王寺、高師浜、箕面山の4ヶ所など、各地で公園が指定される。江戸期の庶民の遊観地となっていた物見遊山★1の場に公園という名称が与えられるが、空間の実体は神社林や社叢林★2からなる境内地や山野辺や水辺空間などであった。照葉樹林や二次林の林内といった暖温帯特有のウェットな空間を基調に花木草花のような風致を添えるといった江戸期の空間が継承されたものであった。

一方、開国後、太政官布告と前後して、神戸や横浜の外国人居留地内において外国人用の公園がつくられるが、これらがわが国における西洋式公園の最初ということができる。1870年設置の神戸の海岸公園をはじめ、東遊園や横浜の山手公園、彼我公園などが開設されるが、そのなかの彼我公園は中央に広場を配し周囲を植栽地で囲むといったシンプルな意匠であった。運動場としての機能が意図されていたものであり、これは神戸の東遊園とも共通するコンセプトであった。

西欧近代化の本格的導入――市区改正設計や明治神宮造営などによる近代造園空間の誕生

その後、より近代的な都市建設の必要性が叫ばれるようになり、1888年東京市に市区改正設計が導入され、わが国では初めて公園の配置論が展開されることなり、東京15区内に大遊園11ヶ所、小遊園45ヶ所が決定される。大遊園の多くは太政官布告による公園指定と同様の文脈上にあったが、小遊園は道路計画が基本となって計画されているようであり、近代的な都市建設への指向性が伺える。そのようななかで、実施は中々捗らなかったが、坂本町公園（約0.3ha）と日比谷公園（約17ha）の2公園だけが新設されることとなる。

坂本町公園は東京の市街地内に公園として初めから設計された公園であり、東京市の長岡安平の設計とされる。日比谷公園は帝都の顔として重要視された公園であり成立過程は紆余曲折するものの、最終的には林学者の本多静六を総括とするドイツの庭園設計図案を範とした設計案が採択された。従来の江戸期の遊観地のようなウェットな空間を一新したものであり、運動のための大芝生広場や園内を周遊する大園路など、開放的で太陽が燦々と降り注ぐ近代の西欧イメージを強く求めたものであった。照葉樹林帯に位置するわが国の風土とは異なりブナ林帯（冷温帯）に位置する西欧近代国家の芝生文化と機能主義の影響を強く反映したものであり、わが国での近代公園の誕生とも言える。

一方、公園系統とは異なる大規模な西洋庭園の導入がこの時期見られる。その1つは内国勧業博覧会会場の造園計画であり、一方は明治神宮の造営である。

第1回内国勧業博覧会が上野公園を会場として開催され、1895年には京都で第4回、1903年には大阪で第5回が開催される。特に大阪で開催された第5回博覧会の会場設計ではプラタナスの4列の並木や整形式の花壇が配置されるなど、後の造園技術の進歩に大きく貢献する。また、会場跡地は記念施設として第4回の京都では岡崎公園、第5回の大阪では天王寺公園が開設される。

明治神宮の林苑は大正期から昭和初期に渡って築造される。内苑の造営は我が国固有の神宮様式によっているものの、本多静六や川瀬善太郎★3の指導により植生遷移を想定した森林造成という新たな技術的展開が意図されている。一方、外苑は絵画館を中心とした西欧の整形式の近代公園であるとともに競技場等のスポーツ施設を備えた運動公園でもあるが、空間構成や園路等の設計は原熙★4（はらひろし）と折下吉延★5（おりしもよしのぶ）の指導によるところが大きいと言われている。このような明治神宮の造営は公共的空間を対象とする近代造園の職能を誕生させることとなる。

近代造園の職能集団の誕生――都市計画法の誕生と震災復興計画における公園設計

各大都市で市区改正設計の必要性が認識され、大阪、京都、神戸、横浜、名古屋にも適用されるようになるが、翌年の1919年には都市計画に関する法律の必要性から「都市計画法」が誕生する。このなかで公園は都市施設として設けられる法的根拠を持った施設となる。大阪では市区改正設計と前後して山口半六が作成し

★6 19世紀中葉から20世紀初頭にかけてアメリカの諸都市において整備されたParks Boulvards and Parkways Systemの一角をなすもので、直線型の並木道を指す

＊参考文献
・前島康彦『東京の公園、その90年の歩み』東京都建設局公園緑地部、1963
・前島康彦『日本公園百年史』日本公園百年史刊行会、1978
・吉永義信『日本近代造園史』《日本造園発達史》第9編、朝倉書店、(彼我公園、内務省地理局、実測図、明治14年版、1943
・小野良平『公園の誕生』吉川弘文館、2003
・佐藤昌『日本公園緑地発達史』上・下巻、都市計画研究所、1977
・田中正大『日本の公園』《SD選書》鹿島出版会、1974
・白幡洋三郎『近代都市公園史』思文閣出版、1995
・高橋理喜男「公園の開発に及ぼした博覧会の影響」『造園雑誌』30巻1号、1966
・小野良平「2.2 公園デザインの系譜」『ランドスケープ体系』第3巻、技報堂出版、1998
・大屋霊城『公園及運動場』裳華房、1930
・上原敬二『庭園論』《造園体系》2、1973
・『公園緑地』第3巻2・3号合併号、㈳日本公園緑地協会、1939
・『公園緑地』第5巻9号、㈳日本公園緑地協会、1941

た新設市街設計書で公園計画が都市計画の一部として初めて登場し、その後の1928年に、都市計画の権威でもあった関一市長の下で、大屋霊城が立案した大小の公園と公園道が綜合大阪都市計画の中で初めて正式決定される。この公園計画で注目すべきことは公園と公園を結ぶ緑道的な公園道が決定されたことであり、近代造園の計画的側面の芽生えとも言える。

都市計画法の制定から公園の議論が本格的に高まり始めた折、1923年9月1日に関東大震災が発生する。東京では市域の46％、横浜では28％が火災によって消失するが、避難広場や延焼防止帯といった公園の防災的役割が実証されることとなり、震災復興計画は公園計画や設計の新しい考え方を一気に具現化させる契機となる。この復興計画では大公園と小公園の2系統から整備が進められることとなるが、前者は内務省復興局の折下吉延、後者は東京市の井下清が指導したと言われている。大公園は東京で隅田公園、浜田公園、錦糸公園と横浜で野毛山公園、山下公園、神奈川公園の各3ヶ所、小公園は東京で52ヶ所が計画される。佐藤は復興大公園の設計で注目すべきものは隅田公園の堤防沿いのブールバール★6、山下公園の海浜公園の設計、野毛山公園の自然式様式等であると述べており、折下吉延の導入した最新の理論が実践されていった。一方、小公園の設計についてはドイツの宅地開発地内の小公園にヒントを得たと言われているが、区画整理や小学校との併設といった手法も含め「復興事業型児童公園様式」を完成させたとして歴史的評価も高い。

明治神宮の造営から震災復興での公園整備を経て、公共的な空間を対象とした造園デザインの需要がこの時期一気に高まったこともあり、造園に関する各種の研究組織や教育機関などが生み出されることとなる。1918年に庭園協会、1924年に東京高等造園学校、翌年には日本造園学会が社団法人として創設され、多くの造園や公園技術者が育ち、1938年には造園設計家の職能集団として日本造園士会が発足した。

一方、大正末期から昭和の初期に掛けて、公園の種別や規模等の標準が色々と議論される。1933年には、内務省から「都市計画資料及計画標準に関する件」が通達され、「公園計画標準」「風致地区決定標準」「土地区画整理設計標準」などが示される。「土地区画整理設計標準」では地区面積の3％以上を児童公園のために保留すべき事が明示され、これによって公園数が急激に増加することとなるが、公園計画標準はその後の都市公園の早急な量的拡大への対応とも相俟って標準設計を規範とする画一的なデザインが蔓延する端緒ともなる。

計画技術の誕生

この時期、欧米では大都市問題に対する論議が活発になされるようになり、1924年に開催された第8回国際住宅・都市計画会議で、都市のスプロールに対する警告やグリーンベルト等の内容を盛り込んだアムステルダム宣言が採択される。これらの影響もあり、昭和の初頭からは、緑地という概念の普及や地方計画理念が普遍化し、より広範な緑地計画の必要性が強調されていき東京緑地計画協議会が設立され、精力的な調査や論議がなされる。1939年には、わが国では初めて緑地が機能的に分類され体系化されるとともに、東京の50km圏域を対象に環状緑地帯や大公園、公園道路、墓苑などを含む広域の東京緑地計画が決定される。また、翌年にはこれを受けて都市計画法が改定され都市施設として緑地が追加されることとなる。大阪においても大阪緑地計画が決定されるが、1940年から1943年の間に名古屋や神奈川等でも次々と都市計画決定される。このようにして公園の計画や設計技術に加え、広域の計画技術が誕生することとなるが、第2次大戦の終戦に伴って、広域の計画技術は大きく後退を余儀なくされることとなる。

(増田昇／大阪府立大学)

美しい国土づくりの実践者、本多静六

日本 1850 — 1939

1866年7月2日埼玉県南埼玉郡河原井村（現 久喜市菖蒲町）に、代々名主役を務める農家、折原家の第6子として生まれた本多静六は、1952年1月に85歳で逝去するまでの間に日本各地の都市域から山林における造園設計や環境計画にあたったほか、日本庭園協会の創設など、日本近代の造園界に重要な役割を担った。

幼少期の本多は、腕白で遊び好きであったが、父親が突然他界したことを機に、農作業や勉学に励むようになった。学費が安価だと人に勧められ明治17年に東京山林学校★1に入学、卒業後は帝国大学農科大学★1に進学し、ドイツに私費留学★2。帰国後、1899（明治32）年に森林植物帯論により日本で初めての林学博士号を取得し翌年教授に昇格、1927（昭和2）年に東京帝国大学農学部★1を定年退職するまで林学（特に造林学・林政学）の教育研究に務めた。

東京帝国大学教授時代。1921（大正10）年頃

造園界の草創期における活躍——日比谷公園の設計を皮切りに

そもそも林学を専門とする本多が造園界と結びついた端緒は、1903（明治36）年に開園した日本の洋式公園の先駆、日比谷公園の設計であった。

1888（明治21）年、近代東京の都市計画制度として定められた「東京市区改正条例」によって日比谷練兵場★3跡地を公園とすることが決り、建築家の辰野金吾や東京市などによる数々の案が提起されたが、いずれも決定案には至らなかった。ある日、本多が日比谷公園の設計を検討していた辰野を訪ねた際、少し意見を述べたところ逆に設計をもちかけられ、ドイツ留学の際に持ち帰った造園図集から運動場や広場などの図面を引用して配置し、西欧風の公園像を提示し採用された。実現にあたり本多は、公園を彩る大量の樹木の手配に苦心し、苗木を安価で譲り受けるなどし収集、更には道路拡張のため伐採直前にあった大イチョウを自身の首にかけて公園内に移植した。この「首かけイチョウ」は、本多の熱意の甲斐あって現在も園内で大きな枝葉を広げている。

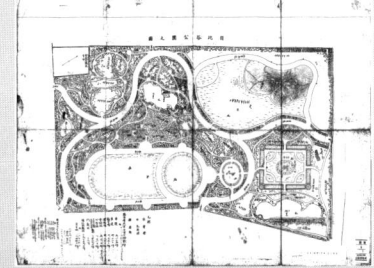

日比谷公園之図（建設当時の設計図）。整形式花壇や円形園地のほかに、心字池や雲形池も具備した和洋混淆空間だった

これ以後、明治神宮に代表される近代神宮の境内や樹林地といった林苑計画、国立公園の創設、森林公園改良計画、観光地の発展策や風景利用策などを主導し、造園家として地歩を固めていった。また、1916（大正5）年には、東京帝国大学造林学教室で、わが国最初の造園学講義となる「景園学」を開講、本郷高徳★4、上原敬二★5、田村剛★6など、大正・昭和の造園界を牽引していく多数の門下生を輩出した。

森林経営の実践——鉄道防雪林を事例として

鉄道記念物として指定されている「野辺地防雪原林」は、本多の計画・設計に基づき、1893（明治26）年に日本鉄道株式会社により植林された、わが国最初の鉄道林★7である。

1892（明治25）年にドイツ留学から帰国した本多が、帰国途中にカナダで鉄道防雪林を視察した時、積雪多量のわが国にもその必要性を痛感し、同郷の先輩で日本鉄道株式会社の重役であった渋沢栄一★8に提言して実現されたものである。この防雪林は、鉄道の雪害防止を目的とするだけでなく経済林★9としても成り立つように、本多によって構成様式や更新方法が設定され、沿線1.7haに約2万本の杉と約1000本のカラマツが植えられた。経年成長を遂げた防雪林は、生産木材として駅舎の建築用材や枕木加工に利用できるほどとなり、さらには余剰の丸太を売却して得られる収入が、年々鉄道林の保守や更新の経費をまかない、1つの林業として黒字経営が成り立つ時期もあるほどであった。

本多はこの他、奥多摩に代表される水源林やわが国最初の大学演習林「清澄演習林」の創設などに尽力し、同様に森林更新の方策や財政面での経営方針も提案して数多くの成果を残した。

社会貢献の手法——幅広い活躍と偉業の数々

1日1項原稿執筆を常としていた本多は、専門書をはじめ一般教養書を含め、生涯で全376冊にのぼる膨大な編著書を残した。また、自ら提唱し実践した貯蓄法★10により成した資金を、留学時の恩師の勧めで山林や株に投資して得た資産を公共・慈善事業★11に充てたり、秩父セメント創設に指導的役割を果たすなど、社会の幅広い分野で活躍した。

（粟野隆・馬場菜生／ランドスケープ現代史研究会）

★1　現・東京大学農学部
★2　ターラントの山林学校（現在のドレスデン工科大学林学部）で半年、この後ミュンヘン大学で1年半学問を極め、国家経済学博士号を取得した
★3　軍隊の訓練を行なった場所
★4　本郷高徳（1877-1949）：日比谷公園の計画・設計で本多を支えた後に千葉県立園芸学校（現・千葉大学園芸学部）で「庭園学」を講義。明治神宮の林苑造成でも手腕を発揮しつつ、東京その他各地の都市計画にもかかわった
★5　上原敬二（1889-1981）：もともとは林学者として出発。明治神宮の林苑造成に積極的にかかわり、渡米留学の後に造園学研究の重要性を認識。1924（大正13）年に東京高等造園学校（現・東京農業大学造園科学科）を創立し、初代校長として多数の造園家を育てた
★6　田村剛（1890-1979）：昭和初期において、わが国の国立公園制度創設に中心的な役割を担った人物。また庭園作品も多数残した
★7　なだれ、ふぶき、土砂崩壊、飛砂などから鉄道を守るための林
★8　渋沢栄一（1840-1931）：近代日本の大事業家。第一国立銀行や王子製紙・日本郵船などといった多種多様な企業の設立・経営に関わり、「日本資本主義の父」といわれている
★9　木材生産を目的とする林
★10　本多が考案した「4分の1天引き貯金法」と呼ばれる方式で、給料の4分の1を貯蓄し、残りの4分の3で生活をする方法のこと
★11　幼少時代から学生時代までの貧困による苦学の経験から、所有した山林の一部を育英事業の実施を目的に郷里に寄贈し、後に本多静六博士奨学金制度が設けられた

関東大震災が生んだ52の小公園

日本 1850-1939

2006年、ある小さな公園の廃止をめぐって大きな反対運動が起こった。その対象となった文京区立元町公園は昭和5年に開園した公園（面積3520m²）で、神田川を望む崖線上に位置し、その立地を活かしたカスケードや花壇が設けられ、園内にはアールデコ調のデザインが施されている。

廃校となった隣接する小学校を取り壊して体育館が建設されることに伴い、当公園も含めて再整備するという計画に対し、近隣住民や造園の有識者、各種学会などから公園保存の要望書が出され、大規模な反対運動が繰り広げられた。それは、他ではみられないこの公園のデザインもさることながら、関東大震災を契機につくられたその背景によるところが大きい。

文京区立元町公園（2008年撮影）

震災復興公園の特徴

関東大震災（1923）は、多くの被災者を出した未曾有の大災害であったが、小石川後楽園をはじめ上野恩賜公園や旧岩崎邸などの緑が防火壁となり、多くの人命を救ったことから公園の重要性は高く評価された。このことを教訓に建設されたのが、いわゆる震災復興公園と呼ばれる公園だ。

東京に55ヶ所・横浜に10ヶ所が計画されたが、東京ではそのうち52ヶ所が小公園であった。これを指揮したのは、東京市の公園課長・井下清[★1]で、東京の公園行政の生みの親と言われる人物である。

この小公園事業の主な意義としては以下の3つが挙げられる。

1つ目は、一挙に開園したその公園数である。被害の大きかった下町を中心に52ヶ所もの公園が計画され、1926年に第1号の月島第二公園が開園してから最後の蛎殻町公園など6公園が開園する1931年までのわずか5年ばかりの間に、すべての公園が開園している。震災後の混乱期にこれほどの数の公園を一堂に手がけ、滞りなく開園させた井下と当時の技術者たちの技量は、その後の日本における児童公園整備の礎となった。

2つ目は、公園の配置や施設のデザインである。小学校の児童数・校庭の広狭、既設公園の位置などを勘案し、歩いて10分程度の距離に均等に配置されるよう都市計画決定された。この配置は後の児童公園の誘致距離に受け継がれ、公園内の施設のレイアウトやデザインもそのモデルとなったと言われている。このような震災復興小公園のデザインは、北ドイツにみられる市街地建築と公園を調和一致させようとする建築図案式[★2]を日本的にアレンジしたと言われている。小学校と一体的に公園を配置し、校庭の延長として利用できるよう、広場やモダンなデザインのパーゴラ等が設けられていることなどが特徴である。

3つ目は、当時の社会的要請を受けてつくられたことである。それ以前の公園は、もともとの行楽地を公園に指定しただけのものであったが、震災復興公園では近代的な生活のニーズに応えるために国民の体力向上、都市の衛生の改善、学校の用地不足の解消など、様々な社会的課題を解決するために公園が整備された。

その後の震災復興公園

80年の時間を経た現在の震災復興小公園の様子はかなり趣を異にしている。竣工当時の写真やパンフレットと現在の公園を比較してみると、そのモダンなデザインの面影を残すのは元町公園ただ1つである[★3]。その他の公園は、戦争による焼失や小学校の拡張による占拠、運動施設や新しい遊具の設置などにより、往年の姿はほとんど確認できなくなっている。そればかりか、廃止され土地利用の転換がなされた公園も多い。

社会状況への対応とはいえ、先人の知恵と英断、苦労と卓越した技術によって創出されたものが失われ、記憶からも消し去られている例があまりにも多い。そんななか、墨田区立菊川公園は、デザインに当時の面影こそみられないものの、現在でも校庭と公園の間はネットで区切られただけで、児童たちはそれを開ければいつでも校庭と公園を一体的に使うことができるようになっている。多くの公園において小学校との間に塀が立ち、当初の計画意図が失われているなか、貴重な例である。

江東区立元加賀公園。学校と一体となった公園の様子がよくわかる

時代変わればニーズも変わる。しかし、当時の造園技術者たちが残した思考の痕跡を風化させないためにも、歴史的な積み重ねの意味やその公園の本質を理解した公園整備が求められているのではないだろうか。

（神藤正人・高島智晴／ランドスケープ現代史研究会）

★1　井下清（1884-1973）：1905年東京高等農学校卒業後、東京市役所で公園や墓地の計画設計・管理運営などに携わる。本稿の都市公園事業における実績のほか、街路樹などの都市緑化や公園墓地を実現した多磨霊園などにおいて目覚ましい業績を残した

★2　当時北ドイツにおいて、新規開発宅地内につくられた小公園のデザインを、市街建築様式と調和させるという方式。井下清は、これに注目し、小公園のデザインに取り込んだと言われている（前島康彦編『井下清先生業績録』1974）

★3　現在の元町公園のデザインは、1982年に原型に忠実な改修が行なわれたものである

II
1940-1979
都市生活と環境の対峙

ギラデリスクエア（サンフランシスコ）

1940—1949 生活空間の機能と造形

第5章

第2次世界大戦の被害が小さかったアメリカでは、西海岸における住宅建設ブームを背景に、T・チャーチの仕事などにより屋外空間の計画とデザインの専門家としてのランドスケープアーキテクトの職能が社会的な位置づけを得る。
一方、オランダや北欧などのヨーロッパ諸国、またブラジルやメキシコといった中南米諸国では戦災復興や独立国家の樹立、都市の近代化という大きな動きのなか、各国独自の近代ランドスケープデザインの姿が発見されていく。

0 時代背景

1940年代を特徴づけたのは、第2次世界大戦であった。すでに1930年代の後半には、ヨーロッパの多くの芸術家や知識人が国家社会主義から逃れるべくアメリカへと渡った。しかしそのアメリカにおいても、農業の機械化による過剰生産やヨーロッパ諸国における購買力の低迷といった経済的逆境に見舞われ、さらには1929年ニューヨーク証券取引所の株価大暴落をきっかけにした金融恐慌が追い打ちをかける。そんななか、ルーズベルト大統領によるニューディール政策は、大陸南西部への電力供給事業による雇用創出によって、次の軍需景気が訪れるまでのアメリカ経済を支える役割を果たした。その結果、西海岸は大規模な建設活動がこの時期にも継続するまれな環境をデザイナーたちに提供した。建築より遅れて現れたランドスケープのモダニズムは、より実践的な開花の舞台を米国西海岸に求めることになる。

また、1940年代は「オーガニックモダニズム」と呼ばれる有機的な曲線の表現が、絵画や彫刻だけでなく、インテリアやファッションなどでも流行した。こうした形態はジャン・アルプなどのシュルレアリスム美術（図1）に始まったが、**イサム・ノグチ**（1904-1988）による屋外彫刻や環境芸術の構想などにも影響を与えている（図2）。

一方のヨーロッパ諸国にとっては、第2次世界大戦がその絶頂期を迎えるとともに、

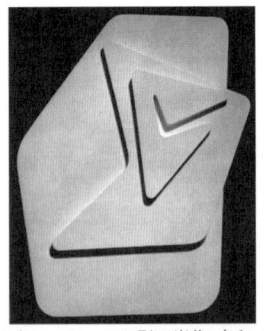

図1　トリスタン・ツァラの影の肖像（ジャン・アルプ、1916）　シュルレアリスムの芸術作品に見られる有機的曲線の造形は、重力に逆らって浮遊するような印象を与える。偶発的、断片的に見えつつ危うい均衡を保つ様子は、科学的合理性とは裏腹な、モダニズム的な空間把握のもう1つの側面を表している

図2　子どもの遊び場「プレイマウンテン」模型（ノグチ、1933）ノグチは石を用いた彫刻を得意とする芸術家だったが、モダン・ダンスの舞台美術や彫刻庭園のデザインなども行なっている。その造形と空間配置には、シュルレアリスムの影響が色濃く見られる

★1　サンタ・バーバラ市で1925年に中心市街地における建築をスペイン風の意匠とする規制が設けられたことなどはその好例である

1945年以降はその抑圧から解放され、疲弊した状況のなかから、それぞれの国における近代都市の再生へと乗り出す時期であった。

1 カリフォルニアの変革—アメリカ—

カリフォルニア州は、南部の多くが1848年にメキシコからアメリカ合衆国に割譲された時につくられた51番目の州である。1849年のゴールドラッシュ以来、国内外からの多くの移民で人口は膨れあがり、「民族のサラダボウル」と呼ばれるほどに多様な民族構成となった。新しく多様性に富むこの地域で、20世紀前半の文化的伝統の拠となったのは、地中海にも似た温暖な気候と、南部のスペイン語圏文化であった★1。

このようなカリフォルニアの20世紀前半のランドスケープデザインは、ノイトラなど建築家によるものを除けば、ケイト・セッションズ（1857-1940）、フローレンス・ヨック（1890-1972）、トーマス・チャーチ（1902-1978）らの作品によって主な彩が与えられた。

◎「シティ・ガーデナー」セッションズ

ケイト・セッションズはサンディエゴを拠点に地域密着型の活動をした造園家で、カリフォルニアの気候に適した植物を海外から多く輸入して紹介したことで植物や園芸の学界からも高い評価を得た人物である（図3）。

1892年、セッションズは12haの公有地を圃場（樹木の育成場）として利用することを条件に、バルボア公園に毎年100本の樹木を植栽する契約を市との間に交わす。以降、公園だけでなく街中に自らと市民の手で現在まで残る植栽を施した。その功績ゆえに、セッションズは「バルボア公園の母」あるいは「シティ・ガーデナー」と呼ばれたが、彼女が果たした社会的役割をよく表している（図4）。

◎ヨックの理想郷

「カリフォルニア」という名前は、太平洋上に浮かぶ伝説上の理想郷、カリフォルニア島に由来する。その地に理想郷としての庭園をデザインすることで多くのクライアントを得たのが、フローレンス・ヨックであった。

ヨックは多くのヨーロッパ旅行で庭園の古典的スタイルを研究し、それらを幼少時からの記憶にあるカリフォルニアの田舎道や花咲く平原、あるいは色とりどりの果実のなった果樹園の風景と融合させた。

カリフォルニアだけでなくメキシコでも実現したヨックの仕事は250を超え、伝統的なアドビ煉瓦造りの家の中庭から、西のナイアガラと呼ばれるショショーン滝の公園、さらにはカリフォルニア工科大学の教員と学生の宿舎のランドスケープまで多岐にわたった。また、映画監督の邸宅の庭や、『風と共に去りぬ』における「タラ」のランドスケープなど、映画撮影のセットも多く手がけている（図5）。

ヨックのデザインは一言でいえば折衷主義

図3　サンディエゴの植栽
セッションズは、自らの圃場から樹木を運んでサンディエゴの町の植栽を行なった。写真の女王椰子は、セッションズがサンディエゴの気候に適しているとして推薦した樹種の1つ

図4　セッションズの肖像
サンディエゴに適した花木としてカリフォルニア・ライラックの使用を促進するために撮影された写真

★2 カリフォルニアにおけるランドスケープデザインのモデルを地中海に求めた点で、当時のカリフォルニアの伝統文化に関する一般的な認識を、チャーチも共有していたといえる

であったが、特定のスタイルをもたない代わりに多様なスタイルを柔軟に採用し、そのなかには自然的な風景や農村の風景も含まれた。それは依頼主が求める理想郷を実現するために様々な手段を使いこなす手腕の結果であり、近代的な庭園デザイナーらしい割りきりのよさといったものが感じられる。ヨックは「本当に非整形的な植栽は、この地域の気候においては自然なものではない」と、お決まりの風景式を避ける意志をみせ、また、「交通動線によって骨格は決定されるべきだ」という機能性を重視するようなコメントを遺している。庭園の伝統が希薄なカリフォルニアでは、既存のイメージにとらわれず、設計条件に対する合理的な解答をもって価値共有の尺度とすべきであると考えていたようである。

ヨックは、当時異なる文化圏としての意識が強かったカリフォルニアの南部と北部にまたがって多くのクライアントを獲得した。これは、その機能主義的でかつ幻想的なデザインが、カリフォルニア全土の富裕層に対し、普遍的な解答のひとつとして受け入れられたことを示している。

◎オーダーメイドのランドスケープへ

セッションズとヨックのデザインは、スティルやタナードのような理念の追求よりも、むしろローカルな条件やクライアントに対する、個別の応答の積み重ねであった。

しかしそれは、ランドスケープアーキテクトの活躍の場を、オルムステッド（第1章参照）のような都市計画的スケールから、市民にとってより身近なスケールに移し替える作業であったともいえる。

また様式的にも、オルムステッドが依拠したイギリスの風景式庭園様式の枠から一歩踏み出す意味をもっていた。セッションズは外来種の植物を自在に用い、以後のカリフォルニアに受け継がれる緑地のヴィジョンを市民の目線で提示したし、ヨックは風景式庭園における「自然」のような一般解でなく、様々な様式や風景モデルを自在に折衷した「理想郷」によって、地元の気候を生かしながらカリフォルニア全土の個人クライアントの支持を得た。オルムステッドの公園デザインが、風景式庭園の様式による偉大なレディメイドであったとすれば、2人の提供したものは、オーダーメイドのランドスケープであったといえるだろう。

さらに、それらが植物の国際的な流通や映画の配給という経済圏の拡大を象徴する手段を前提に実行されたことを考えれば、これらの作業がランドスケープデザインの近代化の重要な一面のあらわれであったことがわかる。

◎市民のための庭園――チャーチの住宅庭園

1940年代を境に、米国では生活のための屋外空間というコンセプトが定着し、以後のランドスケープデザインの職能上の礎をつくる。これを実現した功績を、トーマス・チャーチの残したおびただしい数の庭園と著作、さらには彼の事務所における後続世代の養成に帰するとしても、それは過大な評価ではない。

チャーチは、バークレイ農学校で庭園デザインを学んだ後、ハーヴァード大学の大学院でランドスケープアーキテクチャーを学んだ。そして奨学金を得て果たしたイタリアとスペインへの旅行では、地中海とカリフォルニアの気候の共通性に関心を抱き、地中海のヴィラのもつスケールや屋外の生活、またそのカリフォルニアでの実現に必要な諸条件に関する研究をしている★2。

世界恐慌の始まる1929年にサンフランシ

図5 「タラ」のランドスケープ（ヨック、1939）
映画『風とともに去りぬ』の撮影背景としてヨックがデザインしたランドスケープは、赤い土の色を全面に押し出し、南部の過酷ともいえる自然環境を強調しながらも、それを1つの理想郷として表現するものだった

★3　『House Beautiful』、『House and Garden』など

★4　チャーチが多くの記事を執筆した雑誌の１つに、その本社のランドスケープをチャーチが設計した『Sunset : The Magazine for Western Living』がある。西海岸の住みよさを伝えるこの雑誌は、南太平洋鉄道の出資によるもので、第２次世界大戦からの復員兵をターゲットに、同社の大規模な住宅開発用地へ誘い込むためのものであった

スコで独立したチャーチは、南部を拠点としたヨックの場合と異なり、より庶民的なクライアントの、より小さな庭園を数多く設計した。そこでは、ガレージから菜園、そして大人と子供が別々に楽しめる庭まで数多くの要求が挙げられ、限られた敷地を有効に利用する技が求められた。チャーチは、斜面を有効活用するためのデッキを提案し、また乾燥した気候でも維持管理が容易で、色彩が豊かな植物を紹介した。

図6　サリヴァン邸庭園（チャーチ、サンフランシスコ、1935）　チャーチは、古典様式に縛られない自由な幾何学によるデザインが、狭小な敷地における多様な機能的要求に応えながら庭園の造形的魅力を高められることを示した。この作品では、ルグランのタシャール邸庭園にも似たジグザグの敷地分割（3章図26、27）が、多くのコーナーをつくり出し、同時に庭園に奥行きを与えている

限られた条件で豊かな屋外生活の舞台をつくるためのこうしたノウハウを、チャーチは一般市民向けの園芸誌★3に著し、その成果は『Gardens are for people（市民のための庭園）』(1955)としてまとめられる。こうした市民向けの執筆活動は、一般的な消費者が一定の知識と美意識をもって自らの庭園の設計を依頼する手助けとなり、従来の富裕層とは異なるより幅広いクライアント層の形成へとつながっていく。

また、チャーチは南太平洋鉄道の開発するパサティエンポ・ゴルフ・コミュニティの設計を建築家と協働して行なった★4。世界恐慌と世界大戦という状況のなか、チャーチの活躍があり得た背景にはニューディール政策と復員兵に対する政府の援助を背景とした「消費者としての庶民」という新しいクライアントの存在が大きかったのである。

◎チャーチによるモダニズムの形態的継承

セッションズやヨックと同様、チャーチの場合も暮らし良い屋外空間の追及が主眼であり、彼が普遍的な概念としてのモダニズムの唱道者だったわけではない。しかし他の２人と大きく異なるのは、ヨーロッパの造形シーンにおけるモダニズムの動向に敏感に反応し、絶えず斬新な形態を導入して市民の注目を集めたことであり、それによって、作家としてのランドスケープアーキテクトの存在自体を社会に認識させたことである。

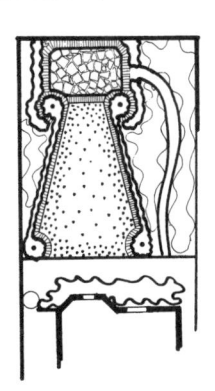

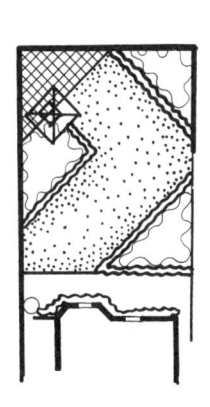

第5章　生活空間の機能と造形

図7　サリヴァン邸庭園の選択肢
『市民のための庭園』のなかでチャーチは、狭小な土地における庭園の計画において、伝統的なパターンに固執せず、自由な幾何学によって計画することで美しく機能的な空間が用意できることを説明した。上図はそのために用意されたダイアグラム。左３つが整形式庭園の応用、一番右の案が自由な幾何学によるもので、実施案に近い

チャーチが自分の作品のなかに1925年のパリ万博その他、ヨーロッパの先進的な作品から造形を借用していたことは、個々の作品を見れば一目瞭然である。たとえば、サリヴァン邸（サンフランシスコ、1935、図6、7）の造形は、ルグランが設計したタシャール邸庭園の平面におけるジグザグの線形を明らかに想起させる。また、チャーチの代表作であるドネル邸庭園（ソノマ、1948）のプールの線形（図8、p.83コラム参照）は、それ以前にチャーチが訪れていたことが知られるアルヴァ・アアルト（1898-1976）設計のマイレア邸（フィンランド ノールマック、1937）のプールと酷似している。またドネル邸の写真では、プール越しに周辺の景観が借景のように取り入れられ美しい画面構成となっているが、このような周辺景観と敷地との視覚的一体化は、すでにノイトラが実践している。

以上の作品にあるように、チャーチのデザインボキャブラリーのほとんどは、それ自体がユニークなものは少なく、他の芸術分野や建築のデザインから借用したものが多い。しかし、チャーチのデザインを重要なものとしているのは、形態の新しさよりもその用いられ方であった。たとえば、マーチン邸庭園（アプトス、1947）ではジグザグの線形と有機的な曲線とが組み合わされているが、それらはプールではなく砂場を囲んでいる。テラスの向こうに広がる砂丘と同じ素材を庭園内部に用いており、庭園と周辺景観との境界をあいまいにするという、独自の効果を生んでいる（図9、10）。

実験的な芸術運動のなかで生み出された形態言語を敏感に取り入れ、ランドスケープデザインの汎用的なボキャブラリーとして定着させたことは、チャーチの大きな功績である。そして次章に見るように、チャーチに師事した若手デザイナーのなかからは、1950年代以降のアメリカにおけるモダンランドスケープアーキテクチャーの本格的展開を担う者たちが輩出される。アメリカにおいてチャーチが「モダンランドスケープデザインの父」と呼ばれるのは、このような理由からである。

図8 ドネル邸庭園（チャーチ、ソノマ、1948）
樫の木に縁取られてカリフォルニア湾の風景を望む。プールの形態は、当時チャーチの事務所に在籍していたハルプリンによってデザインされたといわれる。プール中央には、アダリン・ケントによる彫刻が配されている。プールの形態はアアルトのマイレア邸におけるプールのそれとの類似が指摘される。当時出そろってきていた様々な形態ボキャブラリーを、異業種との協働も含めながら1つの風景に凝縮することで、チャーチはランドスケープデザインが近代人の生活空間を豊かにすることに貢献できることを明らかにした

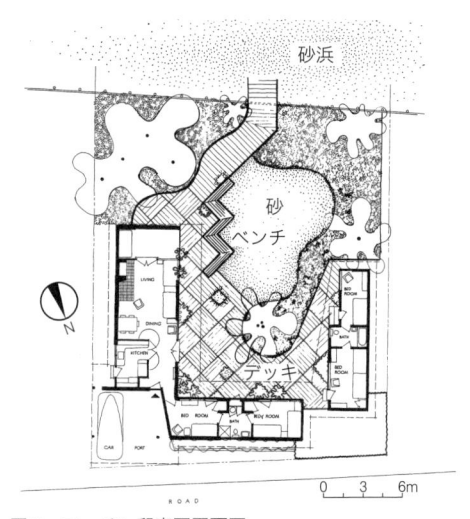

図9 マーチン邸庭園平面図
ジグザグの線形と有機的な曲線とが組み合わされている。チャーチの得意な造形であるが、マーチン邸では、それらはプールではなく砂場を囲んでいる

図10 マーチン邸庭園の借景（チャーチ、アプトス、1947）　借景的手法はタナードやマルクス（p.79参照）も使っていたが、チャーチはテラスが取り囲む面をプールや芝生でなく砂場にしてまで周辺景観との連続性を保とうとした。形態や素材、そしてその効果の組み合わせにおける発想の自由さが、チャーチの庭園をそれまでの作家とは一線を画するものにしている

2 CIAM 都市計画とコラボレーション —オランダ—

　オランダは国土の半分以上を干拓によってつくり出した国である。そこで生まれた近代芸術運動、デ・スティルはヘリット・リートフェルトによるシュレーダー邸（第3章、図20）などの前衛的な建築を生み出した。そしてデ・スティルのリーダーであった画家のテオ・ファン・ドゥースブルフ（1883-1931）自身も空間造形への関心が高く、1921年には自ら実験的な庭園の作品も残している（図11、12）。この庭園自体、1925年のパリ万博に先行する前衛庭園の例として記憶にとどめるべきである。

　そのようなオランダにおけるこの時期の最も大きな特徴は、他のヨーロッパ諸国では途絶えざるを得なかったモダニズム運動が脈々と受け継がれていたこと、そして、それが多数の建築家やランドスケープアーキテクトが協働する実践として展開したことである。このことが、以降のオランダで多くのデザイナーが都市空間の設計に参加するための素地を築いていく。

　そのキーパーソンは、まぎれもなく**コーネリス・ファン・エーステレン**（1897-1988）である。エーステレンは、デ・スティルやCIAMにも参加した建築家で都市計画家であり、1930年代以降のオランダの都市空間に大きな影響を与えた。

◎ ファン・エーステレンとアムステルダム

　アムステルダム・ボス公園（アムステルダム、1931-1937）は、世界恐慌の影響化で雇用の創出を目的の1つとして建設された大公園

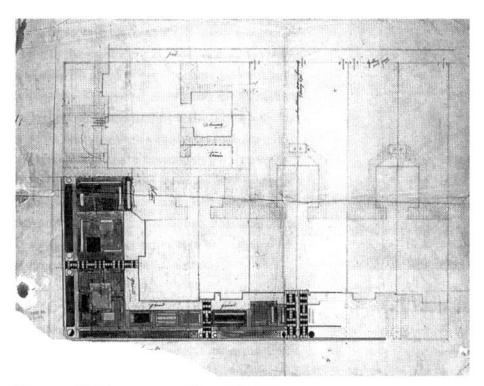

図11 ドラフテンの庭の平面図
オランダの近代芸術運動デ・スティルは絵画や建築だけでなく、庭園をも視野に入れていた

図12 ドラフテンの庭（ドゥースブルフ、ドラフテン、1921）　画家であったドゥースブルフは、空間への関心が高く、建築や庭園の設計も行なっていた。近代的な造形言語を用いた最初期の事例であるこの作品には、直交する直線群や原色による抽象的といったデ・スティルに特徴的な造形言語が用いられている

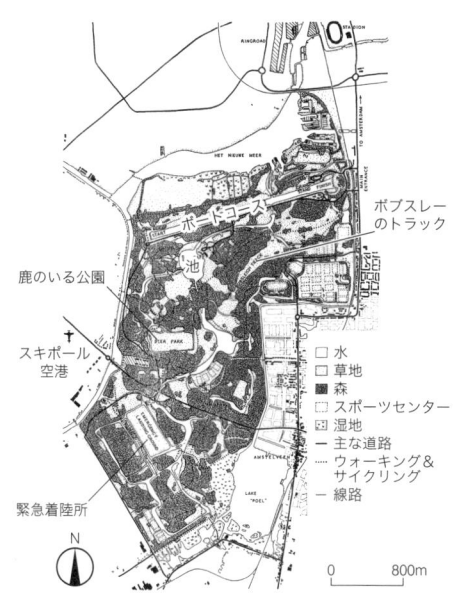

図13 アムステルダム・ボス公園（ファン・エーステレン&ムルデル、1931-1937）　広大な敷地に樹林と芝生、そして水面が交互に現れ、スポーツグラウンドが多極的にちりばめられている。敷地の北側にはスポーツセンターの付属するボートコースが配置され、パッシブなレクリエーションのための静謐さと、アクティブなレクリエーションのための開放性とをバランス良く織り交ぜている

図14 アムステルダム・ボス公園の模型

★5　計画過程では、形態的にも干拓地の直線的なパターンを活かした、より前衛的な案も検討された

★6　アムステルダム・ウェストの交通システムを描いた透視図に見られるように、エーステレンは都市計画家としての仕事においても空間の質に対する感性を併せもっていた。しかし一方で、アムステルダム拡張計画に始まる「住居」「勤労」「レクリエーション」「交通」の4区分によるCIAM流の計画方法は、都市空間からの身体性の剥奪という近代都市計画の弊害を暗示するものでもあった

★7　デ・アハトとオプバウは、20世紀前半のオランダでアムステルダム派とデ・スティルに代わる新しい近代建築の方向性として、新即物主義と機能主義を共有して前衛運動を展開した2つの集団。両者は共同で機関誌『De8 en Opbouw』を発行したことから、ひとまとまりの運動としてとらえられることも多い

★8　そのうち、詳細にいたるまでアイクが設計したのは200か所程度とされる

である。この公園の計画と設計は、アムステルダム市で都市計画に携わっていたファン・エーステレンと、その部下であったランドスケープアーキテクト、ヤコバ・ムルデル(1900-1988)によってなされた。

アムステルダム・ボス公園の平面図は、一見、風景式庭園のように見えるが、その意図は極めて機能主義的である★5。そこでは、900haに及ぶ敷地内の約半分を占める範囲に芝生と水面が交互に現れる。広大な敷地を前にして緑や花のアメニティ効果のみに頼らず、ウォータースポーツを含む明確な利用目的を想定した空間計画となっている（図13、14）。アムステルダム・ボスは、公園におけるはじめての機能主義的デザインを提示したとして、タナードも賞賛した。

ファン・エーステレンは、こうした公園の計画にとどまらず、郊外住宅地アムステルダム・ウェスト（アムステルダム、1930）やアムステルダム拡張計画（アムステルダム、1935）をはじめ、多くのマスタープランを手掛けている★6。ランドスケープデザインにおけるファン・エーステレンの功績は、ランドスケープや建築のデザイナーが公共の景観設計に関与する機会を数多く実現したことである。エーステレンは、自らもその一員であったオランダのモダニスト・グループ、デ・アハト＆オプバウ（De 8 & Opbouw）★7の若手建築家とランドスケープアーキテクトを多く起用した。自分より若い世代を積極的に登用することによって、厳格な機能主義の限界を乗り越えようとしていたようにさえ見える。その代表的な成果として、アムステルダムの一連のプレイグラウンド（子どもの遊び場）と、新規の干拓地における農村開発の計画「ナジェール」などが挙げられる。

◎ファン・アイクの「プレイグラウンド」

アムステルダムにおける一連の「プレイグラウンド」（1947-1978）は、ファン・エーステレンの監督下でムルデルが企画し、主に建築家のアルド・ファン・アイク（1918-1999）によってデザインされた（図15、16）。30年余りの間に建設された数は700以上にのぼった★8。

子どもの遊び場は一般に戦後の各国で多く建設されているが、既存市街地の小さな空隙を利用して、都市のファブリックのなかに

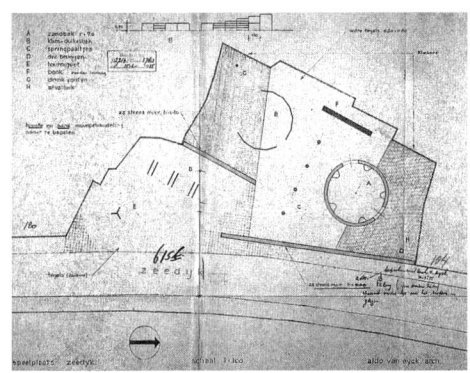

図15　アムステルダムのプレイグラウンド図面
アイクによるプレイグラウンドの平面図にはデ・スティルの絵画に見られるような、抽象的な平面構成の傾向が見られる

図16　アムステルダムのプレイグラウンド（アイク、1947-1978） これらの土地を歩道と同じタイル張りで仕上げ、その上に抽象的な形態の遊具を、浮遊するように置いた

図17　ノールトオーストポルダーの植栽（バイフウェル、フレボラント州、1944） 整然と、抑揚のあるリズムで配された植栽は、オランダの人工的な田園景観に固有の美しさを与えた

次々と子どもの遊び場を埋め込むこの計画は、その多中心的な都市戦略という側面において同時期に類例を見ない。遊ぶという機能をもったオブジェクトを均質な空間に配置することによって、遊び場を交通空間から分離せず、都市空間の一部がたまたま遊びの機能を提供しているかのような状況がつくり出されている★9。

◎ バイフウェルの公共植栽デザイン

ノールトオーストポルダーは、アイセル湖岸の最初の干拓地である★10。この新しい土地に農村「ナジェール」を計画するにあたり、「De 8 & Opbouw」に参加していたランドスケープアーキテクト、J・T・P・バイフウェル（1893-1974）が広域の植栽計画を担当した（フレボラント州 ノールトオーストポルダー、1944、図17）。

バイフウェルはアメリカ留学を通してパークシステムなどの緑地計画を学んだ経験から、都市計画的な文脈でのランドスケープデザインの重要性を認識しており、それを実践にうつしたオランダで最初期の人物である。また、建築家アンリ・ヴァン・デ・ヴェルデ（1863-1957）によって設計されたクレーラー・ミュラー美術館（オテルロ、1938、図18）の彫刻展示庭園のデザインも行なっており、そこには現在も多くの環境アートの作品が美しく展示されている。

バイフウェルの具体的な仕事は植栽デザインの枠組みを出なかったともいうこともできる。しかし農村や郊外の風景を形づくる職能としてランドスケープデザインの存在を強く示したことや、ワーゲニンゲン農業大学とデルフト工科大学で後続世代の育成に大きな貢献を果たした点において、バイフウェルの存在はオランダのランドスケープデザイン史上に重要な位置を占めている。

3 幾何学と自然主義—北欧—

北欧における20世紀のランドスケープデザインには、他のヨーロッパ諸国のように大きなうねりとしてモダニズムが訪れることはなかった。しかし自国の風土の現代的解釈とでもいうべき試みがなされ、その独自のアプローチは戦後の他のヨーロッパ諸国にも影響を与えた。デンマークとスウェーデンの場合について以下に見る。

◎ デンマーク——ソーレンセンの幾何学造形

デンマークは平坦な地形をもち、偏西風による温和な気候に恵まれている。このような風土にあって、空間を囲い込むこと自体がデンマークのランドスケープデザインの原点だったと指摘されることがある。980年のヴァイキングによる城壁の造形はそれを確かに感じさせる（トレルボルグ、図19）。

カール・テオドール・ソーレンセン（1893-1979）は、伝統的ともいえる囲みのモチーフを、精巧なディテールによる幾何学造形のランドスケープデザインに昇華した。

★9 『都市に雪が降るとき』と題された言説のなかで、アイクは街に雪が降った時の非日常的な風景を引き合いに出し、そこで子どもたちが多様な遊びを発明する素晴らしさを論じる。そのうえで、都市はそのような非日常性に頼ることなく、より恒久的な方法で、日常的な風景のなかに子どもたちのイマジネーションを刺激する環境をつくらねばならない、と主張した。プレイグラウンドのデザインには、こうしたアイクの都市風景に対する考え方が見事に反映されている

★10 「ポルダー」はオランダ語で干拓地の意

図18 クレーラー・ミュラー美術館、彫刻庭園の模型（バイフウェル、オテルロ、1938）

図19 ヴァイキングの城壁（トレルボルグ、980）
ヴァイキングが建設した城壁の遺構。直径180mの円形の城壁の内部に住居があり、外側の城壁との間に作業場や墓地が配置されていた

★11 ソーレンセンは1931年に『市と教区における公園行政』("Parkpolitik I Sogn og Kbstad")のなかで、子どもたちの創造的な遊びはガラクタを自由に与えるだけで生まれると論じ、1940年にそれをエンドラップのアドヴェンチャー・プレイグラウンドで実現した

★12 ソーレンセンのこれらの作品に見られる造形至上主義と利用重視とを並行して追求するスタンスは、現代のデンマークを代表するランドスケープ・アーキテクト、スティッグ・L・アナセンの作品にも受け継がれている

★13 1930年代のドイツのランドスケープを自然主義と呼んだが、スウェーデンの場合、自然景観をモデルとしたランドスケープデザインによって、郷土景観と共同体との精神的な結びつきを表現したという意味では、自然主義の一流派ということもできる。ただ、ドイツの場合のように、それが極端な政治的意図と強く結びつくことはなかった

クローケーガーデンの公営集合住宅（1938-1939）の中庭では、強い楕円形を用いて人間的なスケールの広場をつくり出している（図20）。巨大な住棟と広大な中庭の唐突な組み合わせだけでは人間的なスケールをもちえず、そこにはランドスケープデザインによる強い介入が不可欠であるということに、ソーレンセンはすでに気が付いていたのであろう。

大規模な計画としては、ソーレンセンの死後に弟子のスヴェン・イングヴァル・アナセン（1927-2007）が完成した、ヘアニン美術館とその展示庭園（1965-1983、図21）、またオーフス大学の円形劇場（1933-1947、図22）は、1930年の設計競技で建築家マラーとともに1等を獲得したキャンパス計画の一部である。

なお、ソーレンセンの功績として、現在では冒険遊び場と呼ばれ多くの国で実現されている遊び場のタイプを最初に提案したことも記憶すべきである★11。一見造形至上主義のように見えるソーレンセンは、場所の使われかたという当時のモダニズムが見落としていた事柄を、重視していた★12。

◎**スウェーデン──自然との結びつきのなかで**

スウェーデンのランドスケープの潮流は、強い造形よりも郷土の自然環境を生かし、それに共同体としての精神性を付与するものだった★13。

この国で最初の専業ランドスケープアーキテクトといわれる**スヴェン・エルミン**（1900-1984）によって、1937年から1945年につくられたマラボウ・チョコレート工場の庭園（ス

図20 クローケーガーデンの公営集合住宅（ソーレンセン、クローケーガーデン、1938-1939） 日照確保のために設けられた大きな中庭が、楕円形と、より自由な曲線によって、芝生と植え込み、そしてプレイグラウンドの3種類の面に分けられている

図22 オーフス大学の円形劇場（アナセン、オーフス、1933-1947） 地形の落差を円形劇場の造形によって吸収し、客席となる芝生の段は蹴込部分の極めて繊細なディテールが際立っている

図21 ヘアニン美術館と展示庭園（ソーレンセン＆アナセン、ヘアニン、1965-1983） 建築と樹木とを、空間を囲み込むという役割で同等に扱おうとしている。図版上側の円形広場の内部にある植栽は、円状や多角形状の列植で囲まれた空間の集合

図23 マラボウ・チョコレート工場の庭園（エルミン、スンディベルグ、1937-1945） 社員のための厚生施設として社屋の敷地内の庭園が提供されるところに、戦後のスウェーデンにおける社会福祉を重視した屋外空間デザインへの姿勢が読み取れて興味深い

★14 2人はともに前衛的なモダニズムから一定の距離をとり、スウェーデン独自の近代建築を展開した建築家として有名である

ンディベルグ、1937-1945、図23）もその例である。ここでは工場の従業員が休憩を取るだけでなく、砂浜状の水辺で子供も遊ぶこともできるなど、家族ぐるみで利用できるように計画されている。また、エリック・グレンム（1905-1959）によってストックホルムのパークシステムの一部としてつくられた北メーラレン湖遊歩道（ストックホルム、1943、図24）このような郷土主義の傾向のなかに位置づけられよう。このような郷土の自然環境の文脈に合わせた緑地デザインのスタイルは、後にストックホルム派と呼ばれる。

一方、これらに先行して自然環境と人間との結びつきを、より力強く象徴的な造形によって表現した作品として、ストックホルムの森林墓地「スコーグスシルコ・ゴーデン」（1915-1961）が挙げられる（図25）。

この作品は、2人の建築家、エリック・グンナール・アスプルンド（1885-1940）とジグルド・レヴェレンツ（1885-1975）によって設計された★14。

なお、この時までにレヴェレンツは墓地の計画や住宅地のマスタープランをいくつか手がけており、当時のスウェーデンにおいてランドスケープアーキテクトの職能が未だ確立されていなかったことを考慮すれば、レヴェレンツは実質的にランドスケープアーキテクトとしての役割も担う人物だったとも考えられる。

4 地域主義的モダニズム—中南米—

ブラジルとメキシコのデザインにとって、国際性と地域の固有性とを両立させることは、自国の文化的アイデンティティにかかわる切実な問題であった。米国より大きく遅れて独立を果たした新興の多民族国家にとって、民主化と近代化への道のりは、より不安定なものであった。そうした状況のなか、一方では欧州モダニズムの吸収が近代国家としての必須要件であり、また一方で地域の固有性を強調することが、自立した民族性の表現として欠かせなかった。以下では1940年代以降に活躍した2人のランドスケープアーキテクトに焦点をあてる。

◎ブール・マルクスの絵画的ランドスケープ

ブラジルの建築界には、建築家・都市計画家のルチオ・コスタ（1902-1998）と、その協働者であった建築家オスカー・ニーマイヤー（1907-）によってモダニズムが導入された。

コスタとニーマイヤーは、1930年代の末以降、近代建築の理論とブラジルの土着的建築言語を融合した独自の建築スタイルを展開した。そして、彼らとの協働を通して多くの公共オープンスペースの設計を手掛けたのが、絵画的な平面構成と、郷土種を用いた色彩豊かな植栽を得意とするロベルト・ブール・マルクス（1909-1994）であった。

マルクスは、18歳の時に眼の治療のために両親とともにベルリンに渡り、自由なヴァイ

図24 北メーラレン湖遊歩道（グレンム、ストックホルム、1943）　ヨーロッパ諸国の近代デザインが大戦で停滞するなか、ストックホルムのパークシステムは1930年代を通して建築家ホルゲル・ブロムによって継続され、このグレンムの作品のような、地区ごとに固有の植生を活かす緑地デザインが生まれた

図25 スコーグスシルコ・ゴーデンの森林墓地（レヴェレンツ&アスプルンド、ストックホルム、1915-1961）

第5章　生活空間の機能と造形

★15 マルクスは、ブラジル近代絵画の巨匠カンディド・ポルチナーリの下で絵画の修業をした。ポルチナーリはコスタおよびニーマイヤーらの設計になるブラジル教育健康省舎の壁画を描いており、マルクスはこの助手を務めた

マール体制のなか、様々な近代芸術運動に刺激を受ける。そして、画題を求めダーレム植物園を訪れるなかで、それまでに知らなかったブラジルの熱帯植物の多様さと美しさに初めて遭遇する。ブラジルでは、ヨーロッパ移民が郷愁に従って景観をつくりなおすなかで、いつしかヨーロッパや他の国々からもち込まれた植物が支配的となり、郷土種の植物は人里の風景から遠ざけられてしまっていたからである。

帰国したマルクスは、コスタが長を務めていたリオ国立芸術学校で建築の設計を学ぶ。しかしコスタは、マルクスに自分の設計していた住宅の庭園のデザインを依頼し、以降長く続く協働関係が始まった。1937年から、マルクスは画業を続けつつコスタやニーマイヤーの設計する建物の壁画に参加し[★15]、またピロティや屋上のデザインを手掛け、これ以降、マルクスは、オデッテ・モンテイロ邸庭園（リオデジャネイロ、1948、図26）をはじめとする個人庭園にとどまらず、多くの公共建築の庭園や公園の設計を行なう。ブラジル陸軍省舎庭園（ブラジリア、1970、図27）のように、郷土植物の色彩と形態を自らのパレットに取り込み、さながら近代絵画のようなランドスケープをつくり出した。ニーマイヤーなど建築家との協働においては、その絵画的な植栽と素材の組み合わせによって、建築とランドスケープデザインとの等価で緊密な関係性を構築した。ブラジル外務省舎庭園（ブラジリア、1965、図28）はその良い例である。またマルクスは、フラミンゴ公園（1965）やコパカバーナ・プロムナード（1970）など多くの公共オープンスペースの作品も残している。舗装面の曲線的なパターンはブラジルの伝統的文様にモチーフをとったものとされ、マルクスが近代的な都市景観にブラジル文化の固有性をいかに継承するかに腐心していた様子が見える。

マルクスは郷土植物の調査と保護も行なった。ブラジルの稀少植物の保護と栽培のため自ら開いた36.5haの囲場庭園（1949-）は1985年に国に寄付され、現在は国指定記念物となっている。作品にも郷土の植物を多用し、生涯を通じて稀少種の保護とブラジルの植物環境に対する再評価に貢献した。

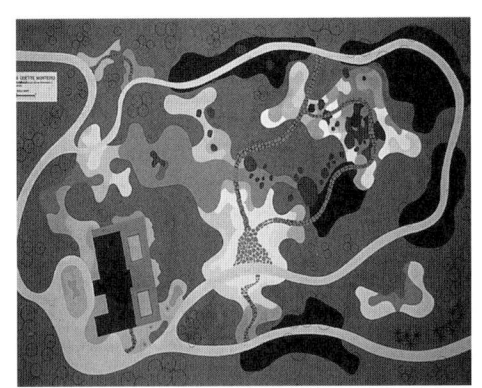

図26 オデッテ・モンテイロ邸庭園（マルクス、リオ・デジャネイロ、1948）の平面図

図27 ブラジル陸軍省舎庭園（マルクス、ブラジリア、1970）　色とりどりの植物を用いた抽象絵画のような平面構成は、その背景を知らなければ色彩と形態の遊びのようにさえ見えよう。しかし、忘れられていた郷土種植物の多様なテクスチャーや色彩の美しさを最大限に引き出し、それを近代都市空間のなかに位置づけたことの意義を知る時、この景観の美しさは違った深みをもって見えるはずである

図28 ブラジル外務省舎庭園（マルクス＆ニーマイヤー、ブラジリア、1965）　マルクスとニーマイヤーの協働では、その境界が曖昧になるほどに成熟した建築とランドスケープの関係に到達した。ブラジルの気候を最大限に活かした近代建築とランドスケープの融合の好例である

★16 メキシコ壁画運動は、革命や社会主義の理念を識字率の低い当時のメキシコの民衆に伝えるべく、ダビド・アルファロ・シケイロスによって始められ、ディエゴ・リベラによって展開された芸術運動。コルビュジエ風の近代建築を多く設計した建築家、フアン・オゴールマンも、1950年代に建設されたメキシコ国立自治大学の中央図書館では、アステカ人とスペイン人をモチーフとした、世界最大の壁画を残している

◎バラガンの「エル・ペドレガルの庭」

ルイス・バラガン（1902-1988）は、鮮やかな色彩の壁面と水景との組み合わせによって、繊細な光と影の空間をつくり出した建築家として知られている。しかし馬の水飲み場である広場、ラス・アルボレダス（メキシコシティ北部、1961、図29）やサテリテ・シティ・タワー（メキシコシティ北部、1957、図30）のように、壁という建築的言語を利用しながらメキシコの気候を反映した美しいランドスケープデザインを行なったことでも有名である。

バラガンは、メキシコの裕福で保守的な家庭に生まれた。土木工学と建築学を学び、20代には2度の欧州旅行を通してモダニズムの建築や美術に触れた。大学卒業後は故郷のグアダラハラで保守的な住宅を設計していたが、高度成長期が訪れる1930年代の半ばには、首都メキシコシティに活動拠点を移し、ここで独自の建築とランドスケープのスタイルを確立する。

メキシコには、フアン・オゴールマン（1905-1982）を中心とする建築家たちによって西欧モダニズムが移入され、伝統や民衆文化をそれと融合する手段としてメキシコ壁画運動★16が注目されていた。

しかし、バラガンが展開したのは、絵画によるメッセージ的な表現ではなく、「庭」によって地域性を表現する、よりロマンティックなものだった。1940年代、バラガンはメキシコ・シティの南側に広がる火山岩地帯の一部

図30 サテリテ・シティ・タワー（バラガン＆ゲーリッツ、メキシコシティ北部、1957）　衛星都市サテリテのゲートにあたる公共空間のモニュメント。バラガンは彫刻家のマシアス・ゲーリッツとの協働をよく行なっている。原色に彩られた塔の頂が、メキシコの青い空に突き刺さり、その鮮やかさを強調している

図29 ラス・アルボレダス（バラガン、メキシコシティ北部、1961）　乗馬用の馬の水飲み場の機能をもつ広場。シンプルなディテールによる水盤は、まるで水の塊のように見え、白い壁面は手前にそよぐ樹木の影を映し出すことで、メキシコの乾いた光と共存する自然の柔らかさを視覚化している

図31 「エル・ペドレガルの庭」の公開庭園（バラガン、メキシコシティ南部、1949）　溶岩でできた景観のなかに、部分的に開かれた芝生の広場を現地の溶岩を用いた階段などの素朴ともいえる遠路で繋いでいる。既存の自然景観を活かすように人為の跡を挿入して対比的な関係をつくる方法は、ノイトラによる手法のさらなる展開と見ることも可能である

★17 残念なことに現実の分譲と開発のなかで、バラガンの設定した開発コードが十分に守られることはなかった。また現在の「エル・ペドレガルの庭」では、いくつかの住宅建築を除き、バラガンの設計も原型をとどめていない

に500haあまりの土地を購入し、自らが事業主となって「エル・ペドレガルの庭」(メキシコシティ南部、1949) と呼ばれる住宅地を開発する (図31)。

「エル・ペドレガル」は「岩だらけの場所」という意味の土地の名称で、火山岩の岩地には限られた種類の植物のみが生育していた。バラガンはこの景観に魅了され、その特質を各住宅の「庭」として保存するような住宅地の計画を着想した★17。

そこには、景観を生かした庭園や住宅の模範として、バラガン自身によってもいくつかの作品がつくられた。団地への入口広場である「噴水広場」(図32)、庭園のサンプルとしてつくられた公開庭園などがそれにあたる。

また、プリエト・ロペス邸 (1949) をはじめバラガンの代表的な住宅作品もこの地で実現した。

「自然」としての既存景観と人工物との対比と融和によって、力強く、ロマンティックな詩情を奏でるバラガンの地域主義は、より園芸的なマルクスの場合と異なり、ライトやノイトラと類似したアプローチといえる。ただ、ライトとノイトラが建築物を伴わない外部空間のデザインを手掛けることはほぼなかったのに対し、外部空間だけの作品を多く手がけているバラガンの場合、ランドスケープアーキテクトとしても位置付けるのが適切であろう。実際、厩舎と住宅を組み合わせて設計されたクアドラ・サン・クリストバル (メキシコシティ北部、ロス・クルベス、1968、図33) の計画では、ランドスケープを構成するための要素として建築が位置づけられており、その逆ではないことが明らかである。

図32 エル・ペドレガル噴水広場 (バラガン、メキシコシティ南部、1949) ミニマリズムの彫刻のようなフェンスや噴水が、メキシコの乾いた陽射しとともに荒い火山岩の質感を美しく際立たせている

図33 クアドラ・サン・クリストバル (バラガン、メキシコシティ北部、ロス・クルベス、1968) この空間は馬に乗った時の人の目の高さに合わせてつくられている。その独特なスケール感は、壁の木口から流れ出る水に見るようなシュルレアリスティックな表現とともに、バラガンの作品に共通して見られる特徴の1つである

column
アメリカ・モダンランドスケープの父、トーマス・チャーチ

チャーチ庭園の核心
　ワインで知られるナパ・バレーのあたり、トーマス・チャーチのドネル庭園をめざした。ピーター・ウォーカー・ウィリアム・ジョンソン・アンド・パートナーズ事務所員として働いていた1990年代半ばのある7月の週末、事務所の1日旅行に参加した。運転は当時ウォーカーのパートナーであったトム・リーダー、デイヴィッド・メイヤー、そしてサンドラ・ハリス。3台に分乗し、晴れ渡ったカリフォルニアの大地を走った。
　ドネル邸に着くと私は、南側から敷地を大きくまわる小径を選んで歩いた。その小径は、一旦庭から遠ざかるようにして始まり、敷地を緩やかなカーブで登りながら、徐々に庭に向かう。右前方をハイビャクシンの緑に縁どられながら、敷地最高点に達したところで、視界は広大な原野へ解き放たれる。その時左側には庭本体の空間が現れる。直射日光をやや遮った木漏れ日のなかにあるその空間には、プール水面の美しい青色が充満する。邸宅側から見ると、純白の抽象彫刻が現実と空想のはざまに揺らぎ、プールサイドと原野の空が溶け合ってしまいそうだ。生活機能の充足と屋外の楽しさ、定住への喜びを、芸術的構成力によって新しいライフスタイルのプロトタイプへと押し上げたこの光景こそが、チャーチ庭園の核心だ[★1]。

芸術構成力
　2000件もの庭園設計を通してチャーチは、主に2つの意味で、モダンランドスケープの父とも言える存在となっていく。第1は、アメリカのランドスケープアーキテクチャーの近代化に向けて、確かな指針を与えたこと。第2は、彼の下から20世紀を代表する多くのランドスケープアーキテクトが育っていったことである。
　チャーチは、1）ライフスタイルが求める機能上の必要性を充足すること。2）敷地特性を活かしきること。3）その2つを芸術的な構成にまとめあげること。この3つに徹することで、結果としてアメリカ庭園の近代化をはばむ壁を打ち破った[★2]。
　芸術構成においてチャーチは、古典に精通しつつも、キュビズム、シュールレアリスムといった近代美術を深く吸収し、庭園デザインへと昇華させた。ドネル庭園において、キュビズムの影響を受けたとされるプールの曲線は中心軸をもたず、人の動きに合わせて視点は変化し続ける。彫刻も敷地から発想され、敷地の光と共に表情を変える。小径は、古典的曲線美を継承しながらも、個人庭園のスケール感でテンポ良く展開する。その立体感は新鮮であり、人の身体感覚を覚醒し続ける。
　ローレンス・ハルプリンが、かつてチャーチの事務所に勤務し、この庭園設計にかかわったことは興味深い。ドネル庭園に表現されているこの運動感覚的な空間経験の連続は、のちのハルプリンのデザインに深い影響を与えたと言われている。
　にぎやかな来訪者に喜んだのか、管理人の犬がいきなり邸宅から飛び出してきて、庭園内を疾走するや、そのままプールに飛び込んだ。すごい水しぶき！　開放感と楽しい感覚！そこに残された飛び込み台を見ていると、1950年代初頭、初めてこの地に住んだ家族の歓声が聞こえてくるようだ。
　晴れたその日も少し傾きかけた頃、われわれ3台の（かなりの）ポンコツ車はドネル庭園を後にし、帰路につくかと思われたが、（砂煙をあげて）方向を変えた。その先にはワイナリーがあった。

（河合健／京都造形芸術大学）

[★1] この庭の眺めとともに撮影した母子と犬の写真が『ハウスビューティフル』誌1951年5月号の表紙を飾った。当時、トーマス・チャーチと彼の庭は、アメリカの全国的な新聞・雑誌などに取り上げられない日はないほど、話題の的であったという。読者層は、東部、中西部から子供連れでカリフォルニアへ移住してくる比較的若い中間層家族であった。彼らの多くは、シエラ山脈、ヨセミテなどの自然のなかに出かけることを楽しみとする活発なアウトドア派であり、庭をもつことは、その好きなアウトドア・ライフを日常にもち込むことを意味し、広く支持された。この需要の拡大に支えられて、トーマス・チャーチは2000件もの住宅庭園を手がけることとなる

[★2] ライフスタイルが大きく変化する時代であったからこそ、そして、古典が主流の東部から離れたカリフォルニアの大地そのものを敷地として直視したからこそ、チャーチの庭園は近代化に向けての個性と力を獲得し、構成におけるチャーチ自身の芸術性によって、近代化のプロトタイプへと高められたとも言える

＊参考文献
・ピーター・ウォーカー・メラニー・サイモ著、佐々木葉二・宮城俊作訳『見えない庭』鹿島出版会、1997、第3章、pp.80-102
・マーク・トライブ 編著、三谷徹訳著『モダンランドスケープアーキテクチュア』鹿島出版会、2007、第4章、pp.155-177

ドネル庭園。ハイビャクシンの小径

ドネル庭園。プール＋犬＋カリフォルニアの地平

column
ベルギーのジャン・カニール・クラス

★1 ジャン・カニール・クラスは、1931年にベルギーのバウハウスともいわれたラカンブレ装飾芸術学校を卒業した。カニールは、ここで「建築的都市化」を標榜し、フロレアル（1922）に代表される近代的な新しい庭園都市の計画を遂行していたルイス・バン・デ・スウェーレンらに師事した

★2 ピロティ、屋上庭園、自由な平面、水平連続窓、自由な立面

★3 その後、ドイツ占領時には、国家再生復興団体のもとで、墓地や小広場などの設計や住宅開発のデザインガイドラインの作成などを行ないながら、1940年代を通してデザイン理論に関する記事を続けて発表し、1950年代以降はベルギー植民地コンゴへ都市計画家として一時移住したり、国の保全庁に働きかけ国立公園の設立に貢献したことなども知られている。

＊参考文献
・Dorothée Imbert, *Counting Trees and Flowers : The Reconstructed Landscapes of Belgium and France* in Marc Treib ed., *The Architecture of Landscape,1940-1960*, 2002, Chapter4.
・Dorothée Imbert, *Between Garden and City Jean Canneel-Claes and Landscape Modernism*, 2009

モダニズムの勃興とランドスケープアーキテクチャー

20世紀前半におこった2つの世界大戦間は、建築、都市計画、ランドスケープアーキテクチャーなどの分野が近代的な発展を遂げた時期にあたる。1925年のパリ万博では、ル・コルビュジエが装飾を排除した「レスプリ・ヌーヴォー」館を発表し、モダニズム建築の1つのモデルを広く知らしめた。こうしたフランスを中心としたモダニズム運動の影響を強くうけ、近代的なランドスケープアーキテクチャーを実践した代表的な人物の1人に、ベルギーのジャン・カニール・クラス[★1]がいる。ベルギーは、フランスと伝統的に強いつながりをもつ国であり、カニールの軌跡を追うことは、ランドスケープアーキテクチャーとモダニズムの関係に1つの示唆を与えて興味深い。

カニールとモダニスト建築家の交流

カニールの初期の代表作であるオーデルゲムの自宅（1931）は、当時のモダニスト建築家たちと彼の深い交流を物語っている。1929年から、ル・コルビュジエが2年間かけて描いた基本案を、ベルギーの建築家ルイ・ヘルマン・デ・コーニンクが完成させた。コルビュジエは、同時期に設計していたサヴォワ邸（1931）でも実践した「近代建築の5原則」[★2]を、この住宅にも提案していた。しかし、カニールは、敷地と建築が切り離されるピロティ様式には組みせず、敷地のなかで庭園と建築とが共に一体であり等価となって構成される空間を求めた。コルビュジエとの協働が不和に終わり、デ・コーニンクが引き継いで完成した住宅は、カニールの設計した「機能的庭園」と一対の対称をなし、連続した空間を構成している。南に開いた住宅は、日光浴やレジャーやスポーツといった屋外活動を行なうための機能性をもつ「空間」としての庭園へと続き、形態を単純化する幾何学が室内外の共通の構成原理として用いられ、植栽は空間を構成する構造的要素として扱われている。

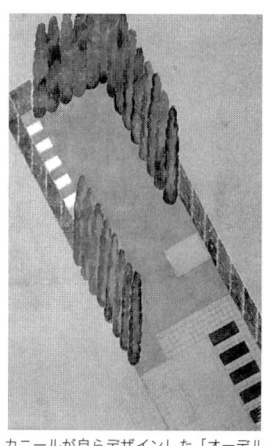

カニールが自らデザインした「オーデルゲムの自宅」のアクソメ図

1930年代を通して、カニールは、デコーニンクやヒュー・オステなどのベルギーを代表するモダニスト建築家と協働しながら、数々の住宅プロジェクトにおいて、機能性を表す幾何学構成、システム化された要素、内外の空間の一体化など、彼の提唱する「機能的庭園」の実践と知見を洗練させていった。1939年に開催されたリエージュの水の博覧会では、こうしたデザイン理論を大規模な公共空間へと展開し、彼の実務活動の集大成とも言えるプロジェクトとなった。

しかし、1930年代末以降、カニールは徐々に設計活動から遠ざかり、1938年にクリストファー・タナードらと、10年後の「国際造園家連盟」（IFLA）創立に続く「国際近代庭園建築家協会」（AIAJM）を設立するなど、モダニズム運動の組織化やデザイン理論の啓蒙活動に移行していく[★3]。

モダニズムとランドスケープアーキテクチャー

カニールの実務活動が比較的短命に終わり、モダニズムの源泉の1つと言えるフランス文化圏で、ランドスケープアーキテクチャーにおけるモダンデザインが、以降の発展をみせなかった理由として、ランドスケープアーキテクチャーとモダニズムに潜む、1つの本質的な矛盾が指摘されよう。

ランドスケープアーキテクチャーは、敷地や地域を取り巻く独自の環境特性を抽出し、時空間として昇華することがその本質にあるが、モダニズムは、普遍的な機能性に基づく画一化された国際標準を求めることが1つの命題にあった。つまり、カニールがオーデルゲムの最初のプロジェクトで感じた、敷地と建築を切り離そうとするコルビュジエの提案に抱いた違和感、それがすなわちランドスケープアーキテクチャーとモダニズムの相入れない点を直感的に示していたのだ。

しかし、モダニズムが画一性を唱えたのは論理性の帰結と工業化する社会の要請ゆえであり、コルビュジエはじめ、グロピウス、ミースらの作品をみても、必ずしも実際の作品群はそうではなく、モダニズム建築も決してその場と無関係には存在しないことを物語っている。ランドスケープアーキテクチャーの分野では、モダニズムの源流からより離れた北欧やカリフォルニアで、モダンランドスケープの豊かな花が咲くことになるのだが、それは原理主義的なモダニズムに縛られることなく、のびやかにその肢体をのばすことができたからではないだろうか。

（杉浦榮／S2 Design and Planning）

1950 — 1959

モダンデザインの生産
第6章

1930年代から1940年代にかけて展開してきたランドスケープデザインのモダニズムが、新しい空間の形の発露という意味で1つの節目を迎えたのが1950年代である。その追風となったのが、第2次大戦後の経済成長にともなう生活空間創出の量的ニーズと、近代芸術がもたらしたグッド・デザインに対する質的ニーズであった。

本章では、アメリカ、オランダ、スイスのランドスケープアーキテクトたちが生み出した、ランドスケープデザインの新しい形について、一部1930年代からの経緯も視野に入れながら見ていく。

0 時代背景

◎消費社会における空間の生産

第2次大戦の終結は自由主義諸国と社会主義諸国の対立する冷戦の幕開けとなった。保守色の濃いアメリカはヨーロッパの復興を支援した。ヨーロッパの西側諸国は統合へ動き、1958年に欧州経済共同体（EEC）が発足した。このような状勢の欧米では、戦時中に抑圧されていた消費ニーズが顕在化し、工業生産や住宅建設が拡大、経済が著しく成長した。また、科学技術の力であらゆることが可能になると信じられていた。ソ連の衛星打ち上げ成功（1957）の衝撃は、科学技術に対する関心を一段と高めることとなった。

また、大戦後は物質主義が支配する消費社会の本格的な幕開けでもあった。技術革新が新たな産業を生み出し、雇用が拡大して所得が増え、より良い生活を求めて消費が膨らみ、製品に対するニーズがさらに産業を生み出していった。人々の関心事は特に車と家だった。隣家の新車を見るや否や、さらに良い車を買いに走った。また、スプーンから家具にいたるまで、機能的で洗練されたデザインの製品で家を満たした。雑誌の広告や普及率50%を超えたテレビが購買意欲を刺激した。アメリカでは、カリフォルニア・モダンの建築家やランドスケープアーキテクト[★1]による住宅と庭園が雑誌に掲載され、人々の教本となった。1950年から55年にかけて、ニューヨーク近代美術館によるグッド・デザイン展が全国を巡回したことも教化の一環となった。住宅の量産化は、バウハウスの流れをくむ1930年代以降のアメリカ建築スクールにおける主要課題であった。1950年代の消費社会を追風にして、モダニストたちの美的実験の成果が量産されることとなったのである。

◎崇高な美学とポップ

この時期、芸術の新しい動向がニューヨークから発信されるようになった。ジャクソン・ポロック（1912-1956）[★2]やバーネット・ニューマン（1905-1970）[★3]をはじめ、先住民の文化や抽象芸術の影響を受けたアメリカの芸術家たちは、観客を包み込むほどの大きなキャンバスに向かって、即興的に動きながら色や形を描いていった。これら抽象表現主義の絵画は、モダニズムの信奉者によって崇高な芸術として位置づけられた。

一方、その対極にある世俗の風景を描くポップ・アートがイギリスに誕生した。エドゥアルド・パオロッツィ（1924-2005）[★4]やリチャード・ハミルトン（1922-）[★5]は、大衆紙の切抜きをコラージュし、消費社会の商品や広

[★1] カリフォルニアでは、チャーチに続くランドスケープアーキテクトたちが、現代的な生活空間としての庭園を提案していた。エクボの他、ダグ・ベイリス（1915-1971）、ローレンス・ハルプリン（1916-2009）、ロバート・ロイストン（1918-2008）、セオドア・オズムンソン（1921-2009）、ジェラルディン・スコット（1904-1989）らによる庭園は、『Sunset』『House Beautiful』『House and Garden』といった雑誌で広く紹介された

[★2] ジャクソン・ポロック（1912-1956）：アメリカの抽象表現主義の画家

[★3] バーネット・ニューマン（1905-1970）：アメリカの抽象表現主義の画家

[★4] エドゥアルド・パオロッツィ（1924-2005）：スコットランドの彫刻家

[★5] リチャード・ハミルトン（1922-）：イギリスの画家

★6 ロバート・ラウシェンバーグ（1925-2008）：アメリカの芸術家

★7 ジャスパー・ジョーンズ（1930-）：アメリカの画家

告を新しい風景として表現した。同様の動きは間もなくネオ・ダダとしてアメリカにも生じた。ロバート・ラウシェンバーグ（1925-2008）★6は既製品や廃物を絵にはり付け、ジャスパー・ジョーンズ（1930-）★7は、星条旗や標的などのありふれたものを描いた。この流れは1960年代も続く。

内なる世界に美を追究する抽象表現主義と、外の世界に時代の表現を追究するポップ・アートは対極に思える。しかし、後述するランドスケープアーキテクトたちは、その両面をもち合わせていた。

1 モダンランドスケープの展開―アメリカ―

ヨーロッパにおける国家社会主義の台頭に伴い、1930年以降、グロピウスをはじめ多くのモダニストたちがアメリカに移住し、建築スクールで先鋭的なデザイン教育を行なっていた。しかし、その波はランドスケープデザインに届かず、旧態依然としたボザール流の教育が続いていた。それに対して、スティールやタナードをとおしてモダニズムの洗礼を受けたアメリカの若手デザイナーたちは、時代にふさわしいランドスケープデザインを求めてチャーチに続いた。特に、**ガレット・エクボ**（1910-2001）、**ジェームズ・ローズ**（1913-1991）、**ダン・カイリー**（1912-2004）の理論と実践は、以降のランドスケープアーキテクトたちに多大な影響を与えた。

彼らは1939年から40年にかけて『*Architectural Record*』誌に3報の共著論文を発表している。それらは都市、農村、原野に分けて時代にふさわしいランドスケープデザインを論じるものだが、はじめに形ありきの様式化したデザインを否定し、場所や施主のニーズに応じて形を決めるデザインの原則を貫いていた。その後の3人の実践スタイルや立ち位置は異なるが、デザイン論を確立し、住宅庭園の領域で多くの作品を創出したのが1950年代である。そこには、グッド・デザインの消費者とメディアの追風があった。また、20世紀初頭のモダニストたちの成果が、彼らの初動期にアメリカへ上陸したことも要因であった。3章で触れたキュビスムの多様性や抽象芸術のダイナミック・バランスに、時代を表現する鍵を発見し、屋外空間の新しい形を創出したのである。かつてグロピウスやコルビュジエが建築で試みたように。

◎ガレット・エクボ――抽象絵画の空間化

50年以上にわたる実践、著述、教育活動をとおして、エクボは20世紀のランドスケープデザインに最も影響を与えた人物の1人である。1930年代後半から40年代にかけてモダニズムを牽引し、場所性、機能性、3次元性、屋内外の連続性、素材性を重視するデザイン論を展開するとともに、庭園作品を中心に実践を行なった。そのなかでエクボは、抽象絵画の要素の形や配置を積極的に応用し、これまでにない形で生活空間をつくりだした。この間のデザイン論とその具体的な成果は、1950年に初の著書『風景のデザイン』として結実した。さらにその成果は『住宅の造園技術』（1956）として一般向けにも著された。

その後も庭園、都市広場、住宅計画、キャンパス計画など実践を続け、1964年には組織事務所 EDAW を設立した。社会の環境に対する関心が高まっていった1960年代以降、エクボの活動は環境デザインへ拡大していった。その後の著作『アーバン・ランドスケープ・デザイン』（1964）や『景観論』（1969）にはそのことが良く表れている。教育にも力を入れ、1963～69年にはカリフォルニア大学バークレー校でランドスケープ学科長として、1969年には大阪府立大学でも客員教授として教鞭をとっている。

カルフォルニア大バークレー校在学中や苗畑場勤務の頃のエクボは、対称軸を特徴とする古典的な庭園を描いていた。しかしハーバード大に在学中の習作、都市の小庭園（サンフランシスコ、1937計画）における傾斜した街区18戸分のバックヤードには対称軸がない（図1）。テラスや階段の縁が斜線、曲線、L字を描き、幾何学形の舗装、水盤、植桝が非対称な配置を示す。住宅の壁面、敷地境界の

壁、シェルター、高木がヴォリュームを形成し、立体感のある空間構成となっている。

その後、農業保障局や住宅局で共同住宅の共用庭や公園の設計にたずさわる間、デ・スティルのドースブルフの絵画（図2）やミースの住宅平面図（図3）に類似する樹木配置を数多く描いている（図4）。限られた面積の敷地に、樹木の囲みをできるだけ多く出現させ、空間体験の豊かさの創出を試みているのである（図5）。同時に複数の囲みの解釈が成り立つことは、3章でバウハウス校舎やシュタイン邸の空間的特徴として述べたキュビスム絵画の多義性に通じるものである。さらに、列植ごとに異なる樹種が用いられた点に、原色で要素の独立性を高めたデ・スティル絵画との共通点を見出せる。

1940年代前半にはエドワード・ウィリアムズ（1914-1984）やロバート・ロイストン（1918-2008）と事務所を組織し、1950年代にかけて個人庭園、住宅地から商業施設や教育施設まで多くのプロジェクトを手がけるようになる。バーデン邸庭園（ウェストチェスター、1945）の平面図（図6）には、カンディンスキーの絵画（図7）のように、円形のプールや車寄せ、楔形の植込、直線や曲線の列植、折線や曲線の自立壁が描かれ、まるで動き回っているかのようである。1950年代までのエクボの庭園作品には、このような抽象絵画に類似した構成が数多く認められる。

自邸でもあるアルコア社モデル庭園（ロサンゼルス西郊、1959）には、素材に対するエクボの関心が表れている。軍需から民需に転換したいメーカーの依頼で、加工がしやすく軽量でさびにくいアルミニウムをシェルターやフェンスに用いた。完成した作品はアルミのモデル庭園として広くメディアにとりあげられた。消費社会における空間生産の端的な例といえる。

特に重要な課題は、狭小な敷地で日常的に体験される時空間の質を高めることだった。体験の豊かさのために、樹木の囲みをできるだけ多く共存させたかった。しかし小さな敷地ではそう多くはできない。そこでキュビスム絵画の多義性が解決のヒントとなった。不完全な囲みを重ね合わせることで、多様な囲みを通り抜けていくダイナミックな連続体験を可能にした。しかも樹木は刻一刻と変化し、空間を一層ダイナミックにする。キュビスムから抽象芸術そして近代建築へと続いた系譜が、ランドスケープデザインに到達したこと

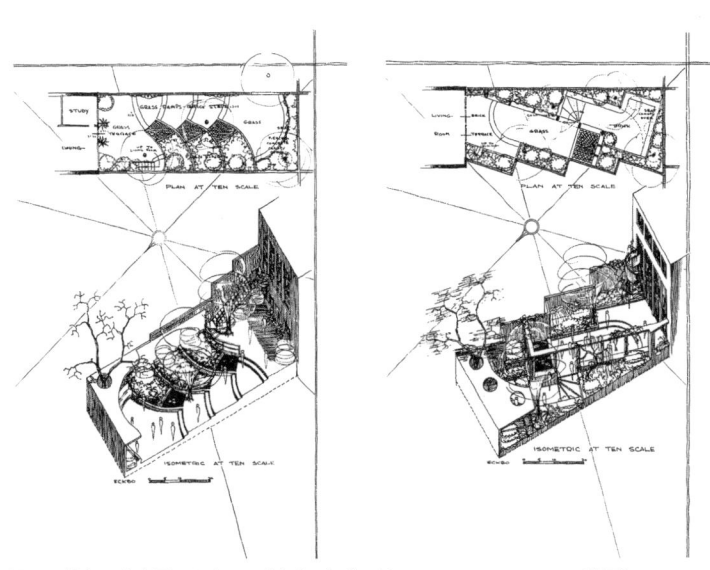

図1 都市の小庭園のうちの2例（エクボ、サンフランシスコ、1937計画）
左：敷地の高低差を利用し、曲線の輪郭をもつ芝生、植桝、池の壇で全体を構成している。シェルター、側壁、高木が、住宅の壁面とともに、この庭園を立体的な空間にしている。右：植桝、舗装、芝生、列柱、ベンチの輪郭線が、敷地境界線に対して斜めに、かつ蛇行するように全体を構成し、奥行き感を増している。そのアイディアは敷地境界線にまで徹底されている

図2 ロシアダンスのリズム（ドースブルフ、1918）

を示すものである。

◎ジェームズ・ローズ――抽象芸術としての庭園

ローズは芸術家的な実践スタイルで、終生作庭に従事した。数百の作品と、4冊の本を含む著作は、後世のランドスケープアーキテクトに影響を与えた。また、3人のなかで最も鮮明にモダニズムを標榜したのはローズである。1938年から41年の3年間に、少なくとも17報の論文を『*Pencil Points*』誌や『*Arts and Architecture*』誌に発表し、形ありきの様式の否定と時代に応じたデザインの必要性をはじめ、植栽や地形操作といった各論にまで言及している。さらに、抽象芸術や近代建築に時代性を見出し、自身の庭園平面図を対置させている。その後ローズは従軍するが、終戦直後の沖縄に駐留中、建設現場のスクラップで自邸の構想模型をつくり、1946年に『*American Home*』誌で発表している。15年におよぶデザイン論の展開は、1953年に完成した自邸（ニュージャージー州リッジウッド）として結実した（図8）。さらにこの間のデザイン論と具体的な成果を、1958年に『*Creative Gardens*（創造の庭）』として著している。

1960年代以降、環境デザインへと拡大していったエクボの活動と対照的に、ローズは庭

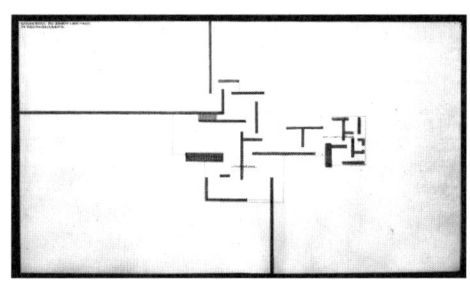

図3 煉瓦造田園住宅案の平面図（ミース、1924）

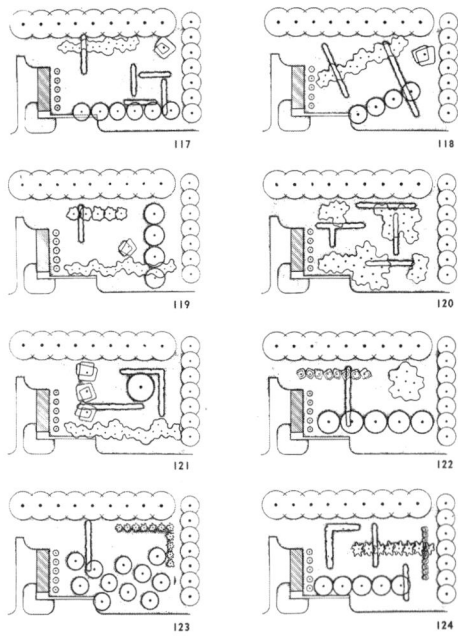

図4 エクボによる樹木配置のスタディ
図2の線や図3の壁の直交配置が、樹木の配置に応用されている。直交する要素の間に隙間がある点も共通である。1つの線として表現される低木の上層に、中高木の列が重なっている。直交だけでなく斜めやランダム配置も試みられており、図2や図3の配置を応用しつつ、ランドスケープデザイン独自の可能性が追求されている

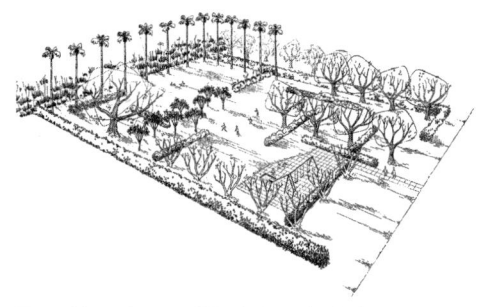

図5 グリッドリィ近郊の小公園（エクボ、サクラメント・バレー、1939）　高木の囲みと低木の囲みが別々につくられ、重ね合わせてある。低木の囲みは、列のすき間や突出のために、何通りにも解釈が可能である

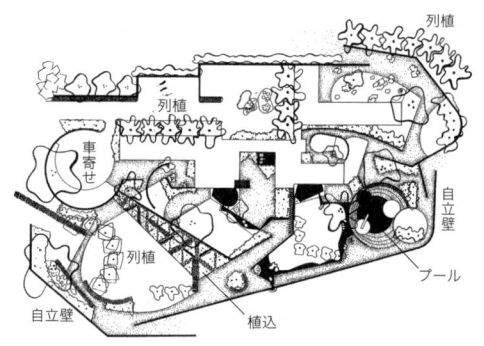

図6 バーデン邸庭園の平面図（エクボ、ウェストチェスター、1945）

図7 コンポジション8（カンディンスキー、1923）

園をとおして自然事象と向き合い戯れながら、自身の意識を深化させていった。その後の著作『*Gardens Make Me Laugh*（庭は私の笑みを誘う）』(1965)、『*Modern American Gardens*（アメリカの近代庭園）』(1967)、『*The Heavenly Environment*（至高の楽園）』(1987)には、場所に内在する力を引き出す作庭の姿勢が貫かれている。

ローズは、ニューヨーク近郊の小川のほとりに自邸を建設した。敷地の4方には4〜10mの壁面後退が義務づけられていたが、母、姉、自分用の住戸（屋内）を、後退線一杯に配置し、間に複数の庭園を挿入、後退線の外側にも塀、スクリーン、樹木で空間を構成するという合理的な解決策をとった。これはローカルコードによる前面芝生の均質な風景に対する批判の表明でもあった。また、周辺環境への対応も明確である。隣家や街路側の居室壁面はコンクリート組積造とし、開口部をほとんど設けずにプライバシーを確保し、川や庭側はガラスの開口部を大きくとることで屋外との連続性を創出している。

ローズは屋内と同様に屋外でも、天井、側面、床面の3要素からなるヴォリュームとして空間を構成した（図9）。天井はルーバーや高木の樹冠、側面は塀、スクリーン、低木の列植、床面は舗装、芝生、土である。このようなヴォリュームによって人の動きや営みを包み込むことが、ローズの意図であった。

しかし天井や床面の配置を重ね合わせてみると、輪郭が一致しないことがわかる。つまりローズの言うヴォリュームとは、3要素が一致して自己完結し孤立するものではなく、貫入しあい幾重にも解釈の成り立ち得るものなのである。屋根の延長としてのルーバーがその考えを顕著に示している。ローズにとって庭園は歩き回れる彫刻であり、移動ととも

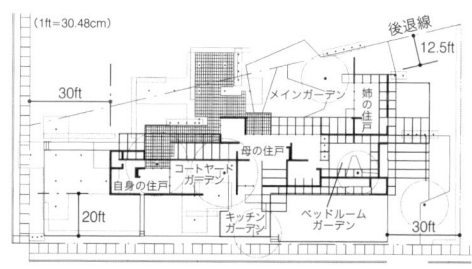

図8 ローズ邸（リッジウッド、1953）の平面図

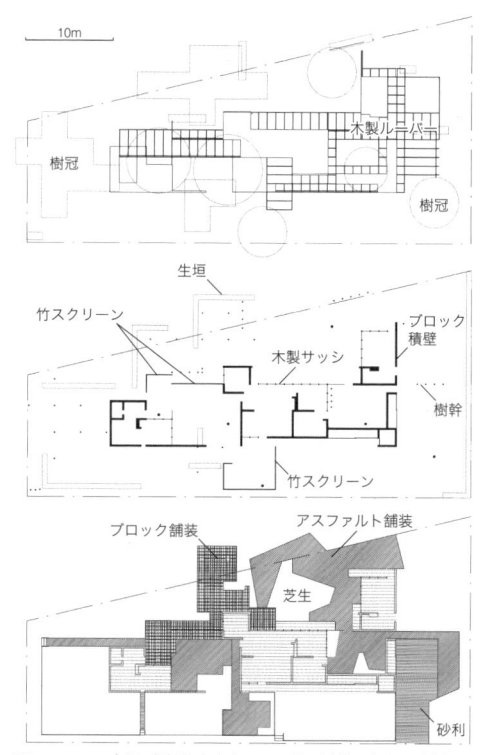

図9 ローズ邸（建設当初）の天井（上）、側面（中）、床面の要素（下）

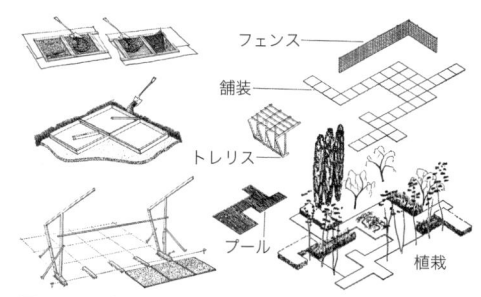

図10 モジュラー・ガーデン

図11 モジュラー・ガーデンの作例

に多様なヴォリュームと遭遇する体験をめざしていた。

　ローズは、時代への即応性、機能性、経済性、素材性といったモダニズムのデザイン論を展開している。その延長として彼はモジュラー・ガーデンを提案している（図10、11）。舗装や水盤を3ft（90cm）四方のパネルにし、同じモジュールで植桝、シェルター、フェンスを配置する、可変システムである。すなわち、大量生産と消費の時代に対してローズが考案した、モダン・デザインの生産システムである。

　このような合理主義の反面、彫刻としての庭をつくる芸術家の姿勢ものぞかせ、それを終生貫いた。アイディアを実現しやすい個人庭園を対象とし、提案を受け入れてくれる施主の依頼だけを請けた。また、現場での即興を重んじ図面は描かなかった。庭のデザインとは、場所と施主から生じさせる（make it happen）ことであった。

　また、ローズにとって空間は永遠に完成することなく、生物が変態するごとく変わり続けるべきものであった。1991年に没するまで改変が続けられた自邸を建設当初と比較すると、天井、側面、床面の変化が認められる（図12）。彼自身の意識が内向きに深化していったことが一因として考えられるが、自然事象と対話しながら空間操作をくりかえした結果とも考えられる（図13）。現在も太陽の動きや植物の生長にしたがって空間が常に再生し続けている。

◎ダン・カイリー──グリッドの森

　多くの著作で論を展開したエクボやローズと対照的に、カイリーはほとんど著作を出していない。しかし、1960年代以降、美術館、事業所、公共施設など、数多くのランドスケープデザインを実践し、公的領域における作品の認知度という点では、他の2人をしのいでいる。それらの作品に頻出するのが樹木のグリッド配置である。後世のランドスケープアーキテクトにとって、グリッドといえばカイリーの作品が想起されるといっても過言ではない。1950年代、カイリーは住宅庭園の生

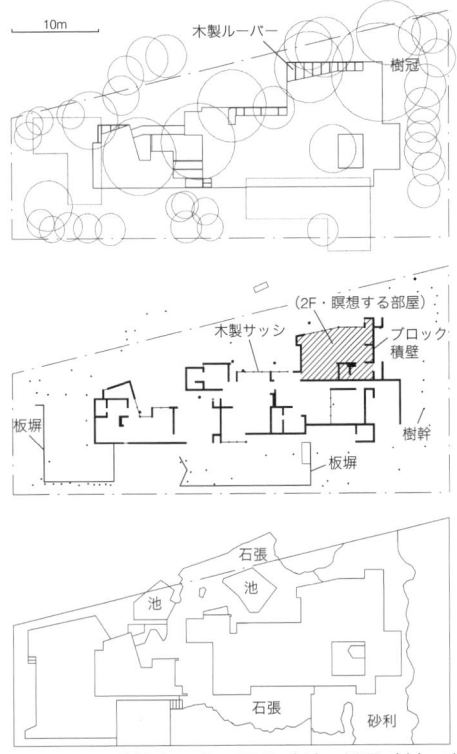

図 **12** ローズ邸（1991）の天井（上）、側面（中）、床面要素（下）

図 **13** ローズ邸
自邸の屋上に瞑想する部屋を増築する際、そばの高木を屋内にとりこんだ。自然事象との対話による空間操作の端的な例である

★8 Dan Kiley and Jane Amidon, *Dan Kiley: The Complete Works of America's Master Landscape Architect*, Bulfinch Press, 1999, p.13

★9 ホーリンヒルズは、1940年代後半から20年がかりで開発された463戸の住宅地である。チャールズ・グッドマン（1906-1992）の建築による、庭園プラン付の分譲住宅であった。3人のランドスケープアーキテクトのうち2番目に担当したカイリーは、1953〜1955年に1件150ドルで91件の庭園を設計した。しかし図面どおり実施され現存する例は無い。マスタープランはカイリーによるものではないが、地形や既存林が活かされ、プライバシーを考慮して家の向きが決められ、街路に面して遊び場や物干し場が並ぶ、異色の住宅街であった

★10 住宅はエーロ・サーリネン（1910-1961）の設計である。サーリネンはアメリカにおいて活躍した建築家、プロダクト・デザイナー。フィンランド人。多くの建築物や家具を手がけ、シンプルで印象的なアーチ状構造を多く作品に取り入れた

産過程のなかで、この形態ボキャブラリーを修練していったのである。

ハーバード大をやめた後に建築士として働いていたカイリーは、1940年代前半に陸軍工兵隊に所属、ヨーロッパでのプロジェクトに従事中、ヴェルサイユやヴォー＝ル＝ヴィコントといった庭園の幾何学の美を体験する。カイリーの作品に見られる樹木のグリッド配置には古典的な様式が関わっていた。グリッドについてカイリーはこのように語る。

「樹幹の間を分け入ると、空間が常に動き変化するように感じる。ダイナミックなのだ。この感覚こそ当初から私を魅了してやまない。私の実践は、この感覚を人工的に創り出すことであった」★8。

カイリーは1950年代に数多くの住宅庭園を手がけるなかで、この実践を続けていった。ホーリンヒルズ（ヴァージニア州、1953-1955）★9では、短期間に91戸の庭園をデザインしている。そのなかに、グリッド状の植栽を含むものが数例ある（図14）。それらは果樹園や木立であり、テラス、菜園、クリケット場と同じ機能空間の1つとして配置されている。また、グリッドの周囲や中を通り抜けるように動線が設定されており、「樹幹を分け入る感覚」をつくり出そうとする意図がわかる。クリエ農園（図15）でも同様のことがわかる。主邸とゲストハウスの間に果樹園のグリッドを配置し、2棟をつなぐ通路が果樹園のなかを通り抜けるようにしている。

ミラー邸庭園（コロンバス、1958）★10では、川の氾濫原（洪水時に川の水が氾濫する部分）を見下ろす敷地に、並木や様々な形のグリッドが、整然と空間分割を行なうよう、樹木配置が行なわれている（図16）。アプローチのトチノキの並木や彫刻に向うアメリカサイカチの並木は、その方向に視線や動線を誘導するとともに、直交方向では仕切りとしての役割を果たす。また、ハナズオウ、リンゴ、ホワイトオークが、ロの字やコの字も含めて5ヶ所でグリッド状に配置される（図17）。ハ

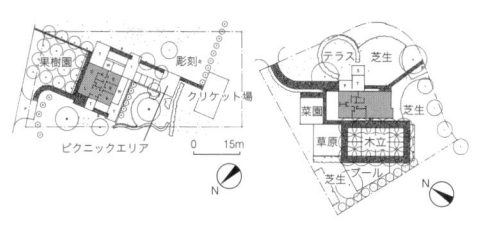

図14 スピヴァック邸庭園（左）とゴーディング邸庭園（右）（カイリー、ホーリンヒルズ、1953-1955）

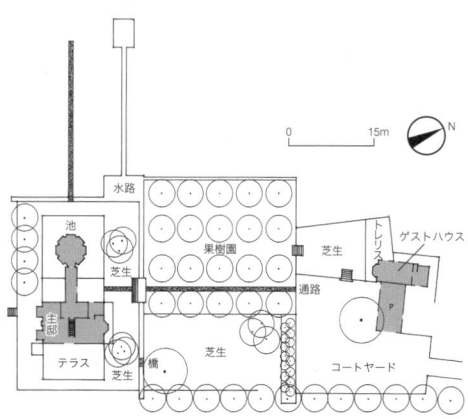

図15 クリエ農園（カイリー、ダンビィ、1959）

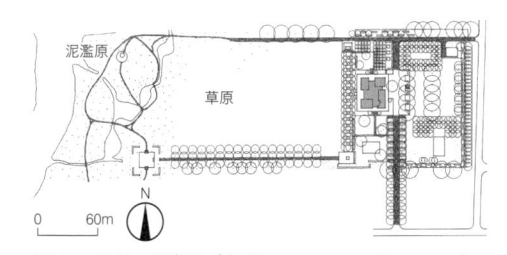

図16 ミラー邸庭園（カイリー、コロンバス、1958）

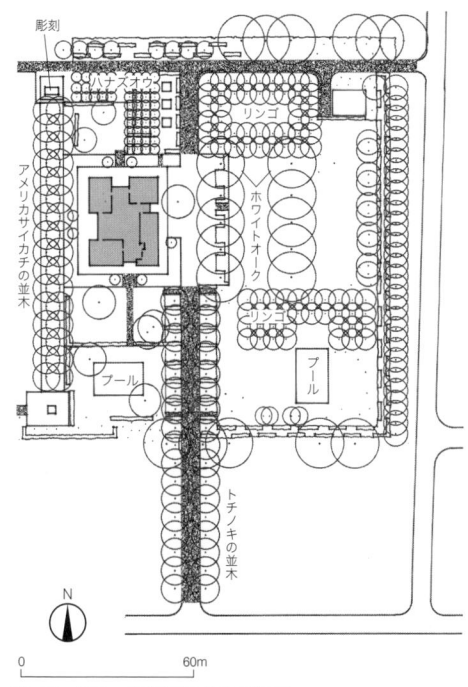

図17 ミラー邸庭園の住宅周辺部

ナズオウの下層にデ・スティル的なヒイラギ列植の配置がある。同時に、住宅や並木、生垣との間にヴォイドを創り出している。ここでも「樹幹を分け入る感覚」が敷地全体に盛り込まれたといえる。

◎都市デザインにおける職能の位置づけ

この時代、ジョン・オームスビー・サイモンズ（1913-2005）によるメロン・スクエア公園（ピッツバーグ、1951、図18）など一部の先駆けを除いて、ほとんどのランドスケープアーキテクトは、都市再開発や高速道路計画における機械的な設計業務にしか関われなかった。公共領域でモダン・ランドスケープデザインが本格的に展開するのは1960年代に入ってからのことである。

組織化された環境分析の手法により、都市デザインにおける職能としての立場を得る先駆けとなったのは、ヒデオ・ササキ（1919-2000）である。1953年に、ササキアソシエイツを設立して実践を展開するとともに、1950〜60年代にはハーバード大でランドスケープデザインを教え、グロピウスらの指導する建築学科と協働するなど、実践的な教育を行なった。ササキは、土地の健全な環境のために、歴史、文化、自然環境、社会環境の各面を総合的にとらえる際領域的な計画手法の確立をめざしていた。これは、イリノイ大アーバナ・シャンペーン校に在籍中に受けた、スタンレー・ホワイト（1891-1979）の教育によるところが大きい。ホワイトは、土地に対して建築家や都市計画家が行なってきたことに異議申し立てをすることで、ランドスケープアーキテクトの職能としての確立をめざしていた。そしてランドスケープアーキテクトには自然科学の知識が必要だとした。イリノイ大はササキのほか、リチャード・ハーグ（1923-）やピーター・ウォーカー（1932-）といった異なるタイプの重要なランドスケープアーキテクトを輩出しているが、教育者ホワイトの懐の深さと自由な気風を示すものである。

2　CIAM都市計画の光と影—オランダ—

◎オランダ近代都市計画の光と影

1940年代でも概観したように、他のヨーロッパ諸国と異なり、オランダの都市とランドスケープのデザインは、両大戦間を通してモダニズムが停滞しなかった。その意味ではアメリカの状況に近かったといえる。しかし、資本主義的な都市開発が隆盛を極めた同時代のアメリカと異なり、オランダではエーステレンによるアムステルダム拡張計画に代表される中央集権的な都市計画の方が、ランドスケープデザインの展開の場を多くつくり出していた。

ノールトオーストポルダーは1940年代ですでに触れた干拓地の計画である。この一角につくられた300戸からなる農村「ナジェール」（1948-1954）は、デ・アハト&オプバウに参加するデザイナーたちがプランニングか

図18　メロン・スクエア公園（サイモンズ、ピッツバーグ、1951）

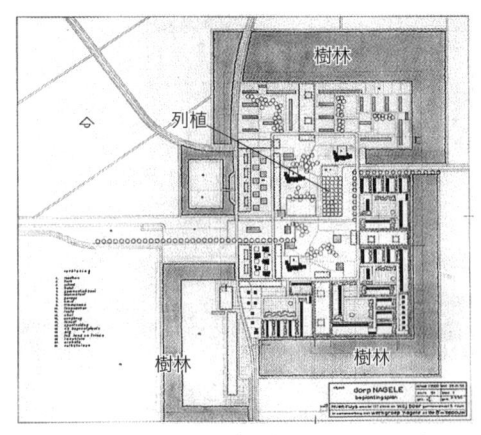

図19　ノールトオーストポルダーのナジェール（デ・アハト&オプバウ、1948-1954）

らランドスケープデザイン、そして建築の設計までを行なう壮大なモデル的プロジェクトであった。

これは、1956年の第8回CIAM会議での発表作品でもあった。多様な階層が混在する集落を目指したこの計画では、防風林が集落の一体感を高めるとともにその姿を周辺の農地景観のなかで引き立たせ、集合住宅に取り囲まれたオープンスペースがやわらかい中心性をつくり出している（図19）。配置計画と建築設計にはアイクやリートフェルトをはじめ多くの建築家が加わった。そしてランドスケープデザインは主に**ミン・ルイス**(1904-1999)が行ない、バイフウェルや**ウィム・ベル**(1922-1999)も参加した。

ルイスはドイツのフェルスター・マッテルン派の影響を受け、園芸的植栽による豊穣な演出を用いながらも、それらを工業的な素材と組み合わせることで近代的な庭園造形を試みた作家であった（図20、21）。1930年代から1960年代にかけて、アムステルダム・ウェストをはじめとする新規開発地区にも多くのコミュニティスペースやプレイグラウンドが計画されるが、ルイスはそれらの設計を多く手がけている。こうしたなかには、ルイスがコモンスペースの設計を行ない、そのなかにアイクがプレイグラウンドを設計した協働作品も残されている（図22）。ただ、既存市街地におけるプレイグラウンドの場合と異なり、これらのコミュニティスペースは遊びの機能がゾーニングの中にあてはめられたものであり、機能主義的な団地計画が災いしてか、自然発生的な遊びやコミュニケーションを誘発する意味ではあまり成功しなかったことを、ルイス自身が後に認めている。

しかし、園芸的技術と近代的造形の融合したルイスのデザインは、ベルなどによって引き継がれていき、オランダのランドスケープにおけるモダン・デザインの1つの起点となったといえる。ルイスとともにナジェールのデザインを経験したベルは、1958年にアムステルダム市とオランダ・ランドスケープアーキテクト協会とが共催したバウテンフェルダート公園の設計競技で1等を獲得し、その実施設計を担当する。幅230m、長さ2.15kmにおよぶこの公園は、アムステルダムの拡張計画の1つバウテンフェルダート地区（「アムステルダムの南庭」と呼ばれた）の目抜き通り

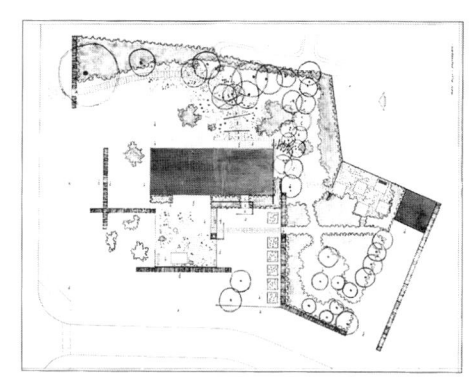

図20 ハードガリジプの住宅庭園（ルイス、ハードガリジプ、1962）

図21 ハードガリジプの住宅庭園

図22 バウテンフェルダート団地の共同庭園（ルイス、アムステルダム、1962頃）

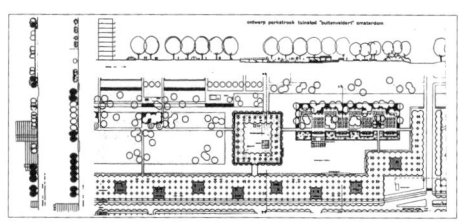

図23 バウテンフェルダート公園（1962）

として計画された。徹底したモダニズムによってデザインされたこの公園は、風景式庭園の影響を完全に脱した公園の最初期の例として記念碑的な作品であると同時に、近代都市計画の功罪を問う重要な意味をもつ作品ともなった（図23）。

バウテンフェルダート地区は、コルビュジエがパリで実現し得なかった近代都市がエーステレンによって実行されたといえるほど、CIAMの都市計画理念を正確に反映したものであった。中心軸である長大な公園には歩行者の行楽のための機能が求められ、ストリート・マーケットなどが計画されていた。ベルはこれらの機能を満たすために、グリッド上に植えられた樹木によって様々なスケールの空間の単位をつくり、それらと芝やペイブメント、または水盤やステージといった異なる床面の仕上げとを組み合わせることによって、多様なアクティビティに対応しうる設計を試みた。建設時は若かった樹木も現在では大きく成長し、あまりに幾何学的であり、またオープンでドライであるという当初の批判を反証するに足る、緑豊かな空間を提供している（図24）。

しかし、バウテンフェルダート公園のもう1つの目的であったペデストリアン・モールとしての機能は、商業活動が近隣のショッピングセンターに集約されたためにストリート・マーケットが成立しなかったことなどによって、十分に果たされることはなかった。

ルイスによる同地区内でのコミュニティスペースの場合と同様に、これは公園のデザイン自体というよりも、計画の背景にあるCIAMの都市計画理論の問題の露呈であったといえるだろう。

3 グッド・デザインの探究—スイス—

1940年代で見たように、第2次大戦においてスイスは中立国としての立場を貫いたものの、ドイツの帝国主義に対する抵抗はドイツ語圏スイスにおける独自の郷土主義を強化し、新たな庭園やランドスケープのデザインの出現は抑制される傾向にあった。

しかし、1947年のチューリッヒ博覧会（通称"ZUKA"（1947））ではクラメルや、画家のマックス・ビルによって、未来志向的で軽快な作品が出展される（図25）。そして1952年以降、スイス工作連盟（SWB）は「グッド・デザイン（Die gute Form）」賞の授与を

図25　チューリッヒ博覧会の出品作品「連続」（ビル、1947）

図24　現在のバウテンフェルダート公園

図26　「愛の庭」（ニューコム＆バウマン、1959）

★11 「愛の庭」は、現地を取材したジャーナリスト、R・グロスによって「シュルレアリストの映画の背景として完璧」な作品と評され、「詩人の庭」は、同郷の建築家であり芸術家であったハンス・フィシュリによって「自然を模倣することなく、しかし我われ抽象画家や彫刻家が、これまで果たせなかった具象表現を見事になし得ている」と称賛された

開始し、「良い機能は良いデザインを、良いデザインは良い機能を導く」として、機能主義のデザイン理念を表明した。こうして戦中の伝統主義の呪縛は解けたかに見えた。だが、当初からスイス工作連盟と緊密な関係を保ち、応用芸術としての庭園の姿をより強く模索していたランドスケープ界にとって、機能性をデザインの根拠として定立することは難しく、多くはドイツ風景式を基本とする作家であった。そこには自然主義という、ある意味で合理的な規範が存在していた。自然主義の先例を凌駕する新たな規範も、応用芸術として見出される必要があったのである。

この問いに対して、ついに決定的な回答を示したのが「G59」として有名な1959年の第1回スイス園芸展覧会（1959）の作品群であった。園芸の名を冠しながら、ここではランドスケープアーキテクトによる芸術表現の実験と宣言が、スイスのランドスケープ史上で最も強い形でなされた。なかでも特筆すべきは、ウィリ・ニューコム（1917-1983）と画家エルンスト・バウマン（1909-1992）による「愛の庭」（図26）と、グスタフ・アマンの弟子である**エルンスト・クラメル**（1898-1980）がデザインした「詩人の庭」（図27、28）であった。

前者は、反復する円形をモチーフとした形態によって池や飛び石、パーゴラそして塀などを工業的な素材によって構成することで詩的な空間を創り出しており、後者は、大地の造形によって三角錐と円錐を立ち上げて芝をはり、その中央に長方形の水盤を設けることで、視点場によって異なる囲繞の度合いと周辺景観との連続性を意図している。自然主義を完全にぬぐい去った革新的なデザインの在り方を両者は示しており、スイスのランドスケープ界が庭園において諸芸術と同等のモダニズムを発露させた瞬間といえよう★11。

確かに「詩人の庭」以前に、地形の造形による作品は存在した。イサム・ノグチは、大

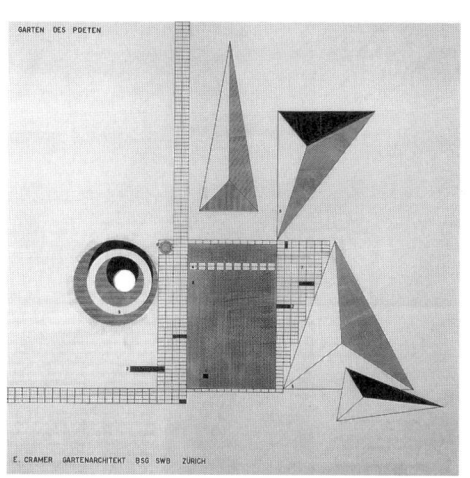

図 27　「詩人の庭」平面図

図 28　「詩人の庭」（クラメル、チューリッヒ、1959）

図 29　アースマウンド（バイヤー、アスペン、1955）

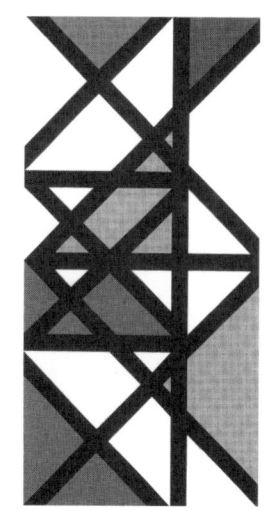

図 30　水平—垂直—斜め—リズム（ビル、1942）

地を彫刻の素材とすることを1933年にはすでに着想し、それ以降、大地の造形による遊び場を継続的に構想している。また、ヘルベルト・バイヤー（1900-1985）[12]は1955年、アメリカコロラド州のアスペンで「アースマウンド」を制作している（図29）。しかし、大地を素材とした彫刻ではなく、庭園のモダニズムが大地の造形によって表現されたのは、クラメルの作品が初めてであった。

　「G59」で示された庭園の新たな美学は、スイス工作連盟との密で継続的な交流のなかで、デ・スティルをはじめとする抽象芸術から直接学びとられたものであろう。なかでも画家のマックス・ビルはスイス工作連盟の主要なメンバーで、デ・スティルに由来する「コンクリート・アート」の主導者でもあり、強い造形的な影響を与えたと考えられる。ビルの絵画（図30）とクラメルの「詩人の庭」における平面的な形態を比べれば、その類似性は明らかである。スイスのランドスケープデザインは、こうした美術や工芸とのかかわりの中から、機能主義を超越したデザイン理念を提示することに、辛くも成功したのである。

　この作品はニューヨーク『MoMA』の『Modern Gardens and the Landscape』（MoMA、1964）にも取り上げられた。クラメルはその後も多くの作品を設計し、建築家との協働も多く行なう。なかでもハンブルグのシアターガーデン（ハンブルグ、1963）は有名である。また、大学での教育にもかかわり、その後のスイスのランドスケープデザインの牽引役となった。

[12] ヘルベルト・バイヤー（1900-1985）：バウハウス出身のグラフィックデザイナー、彫刻家、オーストリア出身

column
拝啓　ヒデオ・ササキ様

★1　*Harvard Design Magazine 32 Spring/Summer 201 Learning from Burnham: The Origins of Modern Architectural Practice*

★2　G.I. (Government Issue) Bill：復員兵援護法

★3　レヴィット・ファミリー第2次世界大戦後郊外住宅地開発の先駆者

★4　HGSD Memorandum, *Tribute to Hideo for Harvard Design Magazine* by Charles Harris

★5　スチュアート・ドーソンと筆者の談話 (2010.8) より

★6　Dick Galehouse's Interview with Hideo Sasaki, November 1988

★7　有機的なかたちのマウンド。ハートフォードプラザ（ハートフォード、コネチカット、1964）、T.J. ワトソンリサーチセンター／IBM コーポレーション（ヨークタウンハイツ、ニューヨーク、1961）

★8　*A Conversation with Hideo Sasaki*, by Melanie Simo 1983 "They may not be necessary for survival." He notes "but they are necessary for a full life."

★9　*The Offices of Hideo Sasaki, A Corporate History* by Melanie Simo

★10　イエール大学ホッケーリング、ゼネラルモーターズ（デトロイト）、ジョン・ディーア本社（モリーン）など

★11　MIT キャンパス、ファーストチャーチオブクリスチャンサイエンス・ロングワーブ（いずれもボストン）。後にスチュアート・ドーソン担当となる

★12　Leadership in Energy & Environmental Design、エネルギーと環境に配慮したデザインを奨励している

貴殿を初めてお見掛けしたのは1993年、ウォータータウンで開かれたササキアソシエイツの40周年記念パーティーにお越しの際でした。玄関の数歩手前で一旦立ちどまり胸ポケットから取り出した櫛でさっと髪を整えてからドアを押されましたね。戦中戦後の激動のアメリカで、日系2世としてのすさまじい生き様があったからこそ、あの時のやさしい笑みがあったのだな、と思うのです。

オルムステッド兄弟のあとアメリカにおけるランドスケープアーキテクチャーはある意味停滞していたと言えます。1950年頃、貴殿はランドスケープアーキテクトがもっともっと社会に貢献できる業種と認められることを願っておられましたね。建築では19世紀後半、ダニエル・バーンハムが"デザインするためのシステムづくりの必要性を実践に移していた"★1 のに対しランドスケープは実に70年近くの遅れをとっていたのですから。戦後GI Bill★2 の恩恵を受けたアメリカは帰還兵の郊外移住が始まります。レヴィット・ファミリーに代表される郊外スプロール型開発★3、ロバート・モーゼスによるハイウェイ建設など、一国の発展が物理的移動をベースに邁進していました。そんな中1949年に貴殿はこう書いておられます。"プロフェッションとしてのランドスケープアーキテクチャーとそれを支える教育の現場は重大な分岐点に立っている。一方は人間の住環境の向上に役立つ道、もう一方は体裁だけの従属的な道だ、と"★4。従属的なというのは多分建築やエンジニアの分野に対してということでしょう？　また当時モーリス・アンド・ギャーリーに"ササキの提案はきれいな絵だが彼らは実施を知らない"★5 と批評された事を真摯に受止められた貴殿は、プロジェクトに必要なサイエンティストやエンジニア（土木はもちろん、土壌や交通の専門家を含む）、従来のアーキテクトやプランナーの枠を超えたプロフェッショナルを起用してデザインの足元を固められていきます。当時のことを"誰の手柄ということではなく最良のアウトプットを目指すために自然な成り行きだった"と回想されていますね★6。このやり方は HGSD（Harvard Graduate School of Design）と事務所の両方で同時多発的に展開されます。1957年に入所したスチュアート・ドーソンは当時の様子を"朝も昼も皆でプロジェクトに携わったり HGSD で教えたりしながらとにかく新しいアイデアを試していた。"と語ってくれました。そして貴殿の事務所はランドスケープアーキテクトを頭とした類まれなマルチディシプリンの事務所として成長していったのですね。スタイルやイズムではなく、敷地コンテキストと文化的背景をベースとして。世間の批判を受けてプラグマティックなアプローチに変わっていかれたように見うけられますが、景観的な美しさも貴殿にとっては重要な要素だったとうかがわせるエピソードもあります。週末、事務所のスタッフをたたき起こし、当時動いていたコンスティチューションプラザの現場までドライブされ、すでに図面どおりに土が盛ってあったササキ・マウンド★7 を掘り起こさせ微細にカタチを修正されたそうですね★5。また、景観的美しさについて問われた際には、（人間が）存続するうえで必須でないが、（人間の）生活を満たすために必要だ、と応えられています★8。

ところで、1946年にイリノイ大学でランドスケープアーキテクチャー学士号を取得、さらに1948年に HGSD からランドスケープアーキテクチャー修士号を取得なさった貴殿ですが、戦争には行かれなかったのですね。HGSD で教鞭をとることになって、当時入学してくる学生さんは同年代の帰還兵が多く彼らのことを、"戦争を体験し生きる事情がわかった優秀な学生"と評しておられますが★6、当時の学生や同僚の多くが卒業後ランドスケープアーキテクチャーのプロフェッショナルとして教育やデザインの現場で貴殿の教えを実践していきました★9。貴殿はエーロ・サーリネン★10、や I. M. ペイ★11 など、当時のスターアーキテクトともコラボレートされ、ワルター・グロピウスやイサム・ノグチとはプライベートな交流もあったようですね★5。

オフィスでのヒデオ・ササキ氏（1960年頃）

カリフォルニアの農家の三男として生まれた貴殿はゆるぎない理想とひるまぬ実践力、謙虚さと人を引き寄せるチャーム、おしゃれな感覚と少しの運を武器にぐいぐいとランドスケープアーキテクトが司る社会的役割を広げていかれました。まるでアメリカ版"坂本龍馬"ですね！　今私たちが LEED★12 の点数稼ぎに振り回されている様子をみて"無様だな。僕はそんな常識は当時から自然な感覚で実践していたよ"なんて笑っていらっしゃることでしょう。天国にも四季があるのかどうかわかりませんが、どうぞご自愛くださいませ。

草々

応地丘子（ササキアソシエイツ）

column
水平面への寵愛──カルロ・スカルパの庭

1906年にヴェニスに生まれ1978年に仙台に没したカルロ・スカルパは、一般に建築家として記憶されている。しかしその創作は多岐にわたり、20世紀モダニズムが迎えることのできた最高の作庭家の1人でもある。ここに彼を取り上げるのは、その地面の造形に、モダニズムが目指した1つの結実を見るからである。

実作としてはひじょうに寡作の人でありながら、そのうちの晩年の作品が、示唆に富む庭の作品であり、彼の才能がそこに注がれたことは幸運なことと言えよう。なかでも、「スタンパーリア財団の中庭」や「ブリオン家の墓」は、その構成からディテールにいたるまで学ぶことの尽きない作品である。

絵画から建築まで共通するモダニズムの造形原理を一言で言えば、要素への還元に他ならない。要素化は近代科学が押し進めた世界観の当然の帰結であり、例えば建築は、装飾をすべてぬぐい去った垂直面と水平面(壁と床や屋根)で空間を規定することを宣言した。然るに、ランドスケープにおいてそのもっとも基幹となる大地を、空間言語として要素化し、芸術の域にまで高めつつその可能性を探究した作品がスカルパ以前にあったであろうか。

せめぎ合う水平面

イタリア北部の田園に位置する「ブリオン家の墓」は、多くの専門書において、珠玉の建築作品として紹介される。しかし、この空間の緊張感を生み出す源が、水平面として持ち上げられた芝生にあることに言及する書は少ない。

ブリオン家の墓

この墓苑は、L字を形成する2つの矩形の芝生のプラットフォームからなる。芝面はこの墓苑を取り囲む塀から慎重に切り離されており、また互いにレベル差をもつことで単一性を獲得し、水平面要素として際立つよう構成されている。この端正な矩形が際立つのは、擁壁のディテールによるところが大きい。天端を薄く見せることにより、擁壁が芝生を囲み込む枠ではなく、むしろその切断面として従属するように工夫されている。

墓苑を巡る園路は、この2つの矩形の隙間や塀との隙間であり、決して人が芝生の上を闊歩することはない。「夫妻の墓」の手前の擁壁に穿たれたステップは、人を芝生上に誘うようであり、また拒否するようでもあり、芝生に上がること自体を特別な行為として儀式化する。

芝生の面は、墓苑の両端に設けられた水盤との対比によって、さらにその面性を獲得する。水上パビリオンの手前に浮かべられた台座は、わずかなレベル差で水面を際立たせ、水面に広がる睡蓮の葉が、またその位置を視覚化する。目を凝らせば、水底にも水没した廃墟のごとき入念な造形が施され、さらに水平面の位置を意識化する。礼拝堂から水上を渡る平たい飛石も、水平な影の連続を生み出し、芝面の位置と呼応する。「夫妻の墓」に向かって延びる水路さえ、芝面を際立たせる切れ込みと解釈することができる。極めつけは、墓苑の二重円の入口脇に張られたワイヤーの謎であろう。それはまるで、「水平」という概念を祈念するアイコンのようでさえある。

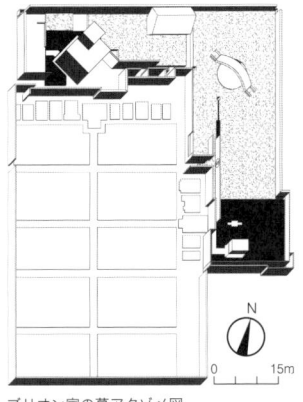

ブリオン家の墓アクゾメ図

これらの工夫が、わずか数十cmのレベル差の世界に、芝面、舗装面、水面、水底といった水平面の緊張感溢れるせめぎ合いを組み立て、濃厚な大地の存在感をかもし出すのである。

風景への視線

ランドスケープの最も基幹的な要素である大地の造形は、20世紀モダニズムの流れのなかで、一連のアースワークのアーティストたちによる作品や、彫刻家イサム・ノグチのつくり出した石畳などで、様々な試みがなされている。しかし、最も建築的であり、庭園的なスケールでその可能性を高めた人物として、スカルパを認めないわけにはいかないであろう。

この濃縮された世界からふと目を上げると、遠くに、街の教会の尖塔や山並を見渡すことができる。その時、この研ぎすまされた水平面の造形物が、どこまでものびやかに広がる田園風景に捧げられた記念碑であることに気づかされるのである。

三谷徹(千葉大学大学院)

1960—1969 都市空間への挑戦

第7章

急激な人口増加によって、郊外に大規模なニュータウンや企業本社が建設される時代になり、建築の組織設計事務所と協働して大規模な仕事をやり遂げるランドスケープデザインの組織設計事務所が誕生した。

一方、都市空間の快適性が求められる時代を反映して、それまで庭園などを設計していたアトリエ系の設計事務所が都市の公共空間をデザインするようになる。この時代の多くの実践を通じて、利用者の行動を誘発させるデザインや参加型で検討するデザインなど様々な設計手法が誕生した。

0 時代背景

◎アメリカの好景気

1960年代のアメリカでは、急激な人口増加による住宅需要の高まりとともに、大規模ニュータウンの開発などが激化した。また、住宅取得者に対して比較的低金利の融資が行なわれたことによって、住宅需要はさらに高まった。とはいえ、アメリカの各都市ではまだ中心部の近くにも未開発の広い土地が残っていたため、利便性の高い土地を大規模に開発することができた。1970年代に環境法が制定されるまでは、新たな開発に対する法規制もそれほど厳しくなかった。

こうした時代背景によって、この時期には巨大な住宅地開発が次々に行なわれることになった。開発者は、できるだけ広い土地をできるだけ早く開発し、すばやく住宅を売り切ることによって、少ないリスクで高い利益を得たいと望んでいた。そのため、建築もランドスケープも大人数ですばやく計画や設計を纏め上げることが求められたのである。

◎組織系建築設計事務所の台頭

すばやく大量の設計を纏め上げる体制については、建築の設計事務所がいち早く対応を示した。組織設計事務所の誕生である。スキッドモア、オーウィング、メリルの3人が1936年に設立した組織系建築設計事務所SOMは、レバーハウス（1952）やジョンハンコックセンター（1970）などの設計で有名である。ほかにも、グロピウスが1946年に設立したTACや、ヘルムス、オバタ、カサバウムの3人が1955年に設立したHOKなどの組織系建築設計事務所が誕生した。こうした大規模な組織系建築設計事務所とともに仕事をしたのが、組織系のランドスケープ設計事務所である。この時代、建築がプレファブ化しつつあり、どの場所にも似たような材料と工法で建築物がつくられるようになった。こうした流れに対して、場所のオリジナリティを明示するためにランドスケープデザイナーが求められた。以上の経緯から、組織系のランドスケープ設計事務所が出現し、同じく組織系の建築設計事務所と協働することになる。

◎良好な生活環境を求める人々

一方、1960年代の後半になると都市部での人口増加が先細りになり、住宅ストックも充実し始める。大規模な開発が続いたため、住宅の購入を予定している人はいくつかの物件を比較することができるようになったのである。その結果、人々は価格や敷地の広さや立地だけでなく、公園や広場など住宅周辺の環

境も含めて総合的に「住みやすさ」を判断するようになった。この時期、ランドスケープデザイナーがつくり出す良好な環境が価値をもつようになり、大規模開発には積極的にランドスケープデザイナーを参画させようという機運が高まることになる。1960年代は、組織系建築設計事務所と同様に、大規模な開発に対応したランドスケープ系組織設計事務所が台頭した時代だったのである。

1 組織設計事務所の確立—アメリカ—

1960年代は、ランドスケープアーキテクトが様々な仕事に関わり、その職能を発展させることができた時代である。それまでの時代のように、住宅の庭園だけを設計するのでなく、大企業の庭園や工場敷地全体の計画、ニュータウンの計画、オフィスパーク全体の計画、キャンパス計画などに携わるようになる。ある意味では、オルムステッドの仕事に再び近づいたとも言えよう。それに伴っていわゆる造園分野の仕事だけでなく、土木、都市計画、建築、プロダクトデザイン、グラフィックデザインなど、多様な分野の仕事をこなす組織的な設計事務所へと生まれ変わる必要が生じた。このことによって必然的にランドスケープ系の組織設計事務所における所員の数は増大することになる。こうした仕事の結果、この時代には徐々にランドスケープデザインの社会的地位が確立されるようになる。以下にササキアソシエイツ、SWA、EDAWというアメリカのランドスケープ系組織設計事務所を紹介しよう。

◎ササキアソシエイツとSWA

SWA（ササキ・ウォーカー・アソシエイツ）は、ヒデオ・ササキ（1919-2000）がボストンで立ち上げたササキアソシエイツにピーター・ウォーカー（1932-）が参加したことをきっかけとして、1957年に設立されたカリフォルニアを拠点とするランドスケープの設計事務所である。設立当初は住宅の庭園など小規模なプロジェクトが多かったものの、1960年代に入るとMBT（マッキュー、ブーン、トムシック）やSOMなど、建築系の組織設計事務所が大規模な開発案件のランドスケープデザインを依頼することが多くなった。

ササキアソシエイツとSWAの設立者であるヒデオ・ササキは、ハーバード大学ランドスケープアーキテクチュア学科の学科長であり、共同設立者のピーター・ウォーカーはササキの教え子である。ササキはハーバード大学にて、建築学部長のワルター・グロピウスと協同でスタジオを運営しており、グロピウスが考える「アーティストとデザイナーの協働」「アイデアの自由な交流」「チームワークと匿名性」「建築の社会的な存在目的」という理念を尊重していた。そこで、SWAの設立に際しても、ランドスケープデザイナーがグラフィックデザイナーやアーティストや建築家と積極的に協働できるような組織をつくろうとした。SWAを立ち上げた当初は、組織のあり方についてピーター・ウォーカーとよく議論したと言われている。SWAは組織系建築

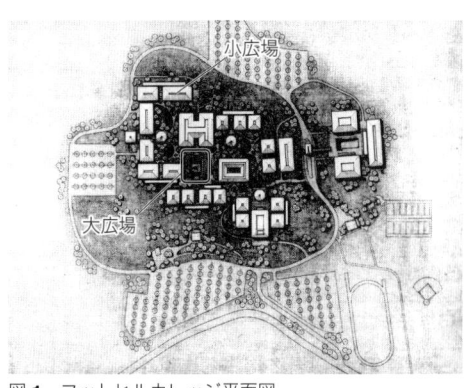

図1　フットヒルカレッジ平面図

図2　フットヒルカレッジ（SWA、ロス・アントスヒルズ、1960）

設計事務所の SOM を手本にして、グラフィックデザイナーやエンジニア、生態学者などをチームに入れたが、建築家についてはいろいろなタイプの建築家と協働したいという理由から SWA のチーム内に入れなかった。

ササキとウォーカーのほかに、SWA に影響を与えた人物がもう1人いる。**スタンレー・ホワイト**（1891-1979）である。ホワイトは、ササキやウォーカーの恩師であり、2人に多くのことを教えた人物である。ホワイトは常に「直感」と「理論」の連続を重視するデザイナーであり、また批評家でもあった。ランドスケープデザインは荒れた環境を元に戻すだけでなく、さらに価値を高めるべきであるというホワイトの思想は、ササキとウォーカーを通して SWA の仕事にも影響している。

フットヒルカレッジ（ロス・アントスヒルズ、1960）は、サンフランシスコの丘陵地にある大学である。SWA は、キャンパスのマスタープランづくりからプロジェクトに参加した。中央に位置する大きな丘の上に大学の建物群を配置し、隣の小さな丘の上にスポーツ施設を配置している。また、それらを歩道橋で連結するとともに、その歩道橋の下部に大学のエントランスを配することによって、歩道橋に大学入口のゲート的な役割を担わせている（図1、2）。

大学の建物は 10 のクラスターから構成されており、それぞれが中庭や広場を囲むように建っている。中央の大きな広場は集会や儀式の際に使うことを想定したもので、小さな中庭や広場は講義室や事務室の延長として使うことを想定している。

この頃の SWA のランドスケープデザインは、幾何学的な建築の形態に沿って軒下を直線的な歩道空間とする一方で、全体的にはなだらかな曲線状の園路と起伏のある芝生のマウンドからランドスケープを構成することが多い。

同時期に設計されたアップジョン本社庭園（カラマズー、1961）は、SWA にとって初めての大規模プロジェクトとなった（図3）。雨水貯留と空気調整と景観形成のために、本社屋（SOM 設計）の周囲に3つの池を配した。本社屋が敷地を2つに分けており、小さな庭園部分には2つの池が配置され、大きな庭園部分には広大な芝生広場が設けられるとともにランダムな高木植栽が施された。本社屋付近には小規模な庭園がいくつも配置されているが、そのうちのいくつかにはフランス庭園や日本庭園の影響が見られる。

同じく大規模な本社屋に付随する庭園であるジョン・ディーア本社庭園（モリーン、1963）はササキアソシエイツが設計したものであり、社屋の南側に大きな人工湖をつくった（図4）。これは、建物の空気調整における熱交換の機能を果たしている。このプロジェクトにおいては、建築も庭園も各所に日本の影響が見られる。建築を設計したサーリネンと庭園を設計したササキおよびマサオ・キノシタは、いずれも設計前に日本を訪れているからであろう。ササキは、「日本建築における柱や梁は幾何学的だがランドスケープは石や植物や水を用いた有機的な形態となる。し

図**3** アップジョン本社庭園（SWA、カラマズー、1961）

図**4** ジョン・ディーア本社庭園（ササキアソシエイツ、モリーン、1963）

かし両者はみごとに融合している」と述べ、同様の融合をディーア社のランドスケープで実現させようと試みた。先に挙げたフットヒル・カレッジやアップジョン本社庭園でも、同じように建築の幾何学的形態とランドスケープの有機的形態を融合させようとしているものの、このプロジェクトではその関係性をさらに明確に示そうとしている。

大規模な本社屋の庭園デザインに関する定評が広まると、SWAはさらに多くの本社屋庭園を設計することになる。ウェアハウザー本社庭園（タコマ、1972）では、谷地形の敷地の一方に池を、もう一方に草原をつくり出し、草原と池の間に橋を渡すように本社の建物を配置した（図5）。1000人の従業員が働く本社屋（SOM設計）は大規模なものになりがちだが、谷地形のなかに収めることによって全体の風景になじむものとなった。駐車場に配したカエデの列植は木陰をつくり出し、クルマから本社屋までのアプローチを快適なものにしている。広大な庭園は週末も開放されていて、社員の家族や周辺住民のレクリエーションの場として活用されているという。

こうした大規模なランドスケープデザインを手がけるため、SWAは急速に大規模化、組織化した。例えば、1967年から68年の1年間にSWAのスタッフは15人から35人に急増している。10年後、所員が200人に達しようとする時、ピーター・ウォーカーはハーバード大学で教鞭をとるためにSWAを去った。そして、1983年に自分の小さなオフィスをつくっている。

◎ EDAW

1940年、ガレット・エクボ（1910-2000）とエドワード・ウィリアムズは共同でランドスケープの設計事務所を立ち上げた。1942年にロイストンが、1960年にフランシス・ディーンとドン・オースティンが参加、その後、1959年にロイストンが去ると、1964年にエクボ、ディーン、オースティン、ウィリアムズの4人でEDAWを立ち上げる。EDAWもまた、1960年代の大規模開発におけるランドスケープデザインを担当した組織設計事務所である。エクボの庭園デザインにおける哲学を踏まえ、庭園に限らず大規模な敷地の環境計画を立案するなど様々なスケールの計画に携わっている。

ミッションベイパーク（サンフランシスコ郊外、1966）のプロジェクトは、EDAWの初期における大規模な環境計画である。サンフランシスコ郊外の海に面したミッションベイパークの広大な敷地は行政が管理している土地だったが、その一部（120ha）がレストランやホテル、ヨットハーバーやマリーナなど民間の商業施設として貸し出されていた。ところが、商業施設のにぎやかなデザインと公園全体の落ち着いた雰囲気がうまく融和していなかった。そこでEDAWは、公園全体と商業施設エリアとの基本的なデザインを一致させるためにデザイン原理を作成した（図6）。

ミッションベイパークは地域の市民にとっての憩いの場であり、静けさ、休息、レクリエーション、美しい風景などが求められた。

図5　ウェアハウザー本社庭園（SWA、タコマ、1972）
池側の庭園から本社屋を見る。奥に見える建物が本社屋

図6　ミッションベイパーク（EDAW、サンフランシスコ郊外、1966）

★1 久保貞（1922-1990）：札幌生まれ。北海道大学と京都大学にて造園学を学び、大阪府立大学にて緑地計画工学を教える。ガレット・エクボの著作のほとんどを日本に紹介するとともに、日本における造園学をランドスケープデザインという概念へと近づけることに尽力した

そこでEDAWは、デザイン原理として(1)あらゆる人たちが水辺に近づくことのできる親水公園であること、(2)広い公園エリアを統一したイメージで結びつける視覚的なデザインを用いること（ストリートファニチャーのデザインの統一など）、(3)様々な活動に対応するための6つのゾーンを設置することなどを提案した。これらのデザイン原理に基づき、ミッションベイパーク内の建物や駐車場、看板などのデザインは統一されることになり、公園全体としてのイメージが明確になった。この計画にあたって、EDAWは10社のコンサルタントからなるチームのリーダーとしての役割を担っている。EDAWは、市役所や民間事業者や地域住民との話し合いを繰り返して計画をつくりあげたのである。

なお、園内の日本庭園はエクボと久保貞[★1]とのコラボレーションによって誕生した。

ほぼ同時期に設計されたフレズノダウンタウンモール（フレズノ、1966）は、ビクター・グルーエン建築設計事務所と協働した郊外型モールである。モールの舗装は、視覚的な距離感を短くするため、モールの横断方向に帯状のパターンをつくり出している（図7）。また、モール上に登場するすべての要素は、動線をスムーズにさせるために曲線のエッジになっている。さらに、春から秋にかけて日陰をつくり出すために、モールの各所に高木の植栽を配し、その日陰にベンチが置かれている。様々な形の水景施設や彫刻、壁画が配置され、水、木陰、彫刻などの関係から背もたれ付きのベンチを設置する位置が決められている。そのほか、こどもの遊び場やキオスクや便所も設置されている。

EDAWは商業施設だけでなく、観光地の環境計画も手がけている。ナイアガラ瀑布修復計画（ナイアガラフォールズ、1967）では、持続可能な観光地の景観計画について検討している。ナイアガラの滝は、水や風の侵食によって常に変化し続けており、放置すると滝の姿が変化したり、観光ルートが危険にさらされたりする恐れがある。EDAWは、ナイアガラの滝における侵食、落石、堆石などをいかに調整するかに関する基本的な考え方を取りまとめるよう依頼された。同時に、観光客が安全にナイアガラの滝を見物するために必要な計画の立案も依頼された。現地を調査した結果、ナイアガラの滝については現状のままを保全し、道路計画や観光地の再配置計画などを提案することとした。なぜなら、堆石の除去は可能だが巨額の費用が必要となる。同様に、侵食の防止も可能だが巨額の費用が必要となる。それよりもむしろ、侵食によって危険になりつつある箇所について、従来の手すりやフェンスの位置を後退させて安全な

図8 ナイアガラ瀑布修復後（EDAW、ナイアガラフォールズ、1967）

図7 フレズノダウンタウンモール（EDAW、フレズノ、1966）

図9 ユニオンバンクスクエア（EDAW、ロサンゼルス、1968）

場所から見学できるようにする方が現実的だったからである。また、観光ルートの足元の岩を固定したり、落石が懸念される低い位置の見学地を閉鎖することを提案した（図8）。

ユニオンバンクスクエア（ロサンゼルス、1968）のプロジェクトでは、40階建てのユニオン銀行の足下にある立体駐車場（3層）の屋上に広場を設計している。駐車場の屋上空間ということで、市街地の喧騒からは隔離された落ち着いた空間となっている（図9）。施主の要望は「中央に人が集まれる空間にしたい」ことと「中央の池の周りに人が集まる空間にしたい」ことの2点。矛盾した2つの要求を解くため、池の中央に島をつくった。これによって、中央に人が集まることもでき、池の周りに人が集まることもできるようになった。

駐車場ビルの構造を読み取り、屋上庭園のデザインに際しても柱の位置に加重のかかる樹木を植えることにした。これにより、グリッド上の樹林空間ができ上がった。水と緑陰が充実した広場に対して、エクボは最後までベンチや椅子や彫刻を設置するよう提案し続けたが、浮浪者などのたまり場になることを恐れた施主が設置しないことに決めた。

1960年代のこれらのプロジェクトによってEDAWはランドスケープデザイン界における組織設計事務所としての地位を不動のものとしたが、1974年にエクボが、1978年にディーンとオースティンが会社を去ることとなった。ただし、EDAWという会社の名称はそのまま次世代のメンバーたちに引き継がれた。2005年に、EDAWは土木を中心とする総合コンサルタント会社AECOMに吸収され、そのデザイン部門として存続している。

2 自然とモダニズム―アメリカ―

大規模な住宅地開発や都市開発のランドスケープデザインに係っていたのは組織設計事務所だけではない。それまでは主に住宅の庭園をデザインしていたアトリエ系のランドスケープデザイナーたちもまた、都市の広場や公園などを積極的に設計し始めることになる。

こうしたデザイナーのなかには、水や土や樹木など自然的な要素を用いながら、水平性と垂直性の対比を生かしたデザインを展開した人たちがいた。こうしたデザインはモダニズム建築との親和性が高く、建築家とのコラボレーションが頻繁に行われた。ここでは、ダン・カイリー、ロバート・ザイオンという2人のランドスケープデザイナーに着目したい。

◎ 近代都市の庭園

ダン・カイリー（1912-2004）は、様々な建築家（エーロ・サーリネン、ポール・ルドルフ、I. M. ペイ、SOMなど）と協同しながら、数多くの作品を生み出した。東海岸でライバル関係にあったSWAの組織化された合理的な方法論とは対照的に、カイリーは、事務所を小規模（1〜2人のパートナー）に留めることによって、常に各プロジェクトに自らが密に関わり、ごく直観的な解決策を見出していくという規範を頑固なまでに貫いていた。

ミースがバルセロナパビリオン（1929）で展開した空間概念との共通性で語られる、ミラー邸庭園（コロンブス、1957）においては、軸線を伴った古典的な明快さと力強さに加え、格子状の樹木配置による均質な空間の広がりを感じさせる近代的な空間構成手法を確立する。エーロ・サーリネン（1910-1961）の設計した住宅をその一部に位置づけ、内外の境界さえも曖昧にするかのような効果は、明らかにカイリーによる上記のランドスケープデザインの方法によって獲得されている。

ローズや初期のエクボによる近代主義的な空間構成の実験を経て、建築的なモダニズムのランドスケープへの展開は、カイリーのこ

図10 ファウンテンプレイス（カイリー、ダラス、1985）

の作品によって完成された。この近代的なランドスケープの空間構成（グリッド、非対称、平面性）が、後のウォーカーの空間理念にも強い影響を与えたことは明らかである。

その後カイリーは、住宅の庭園のみならず、都心の広場や公園、大学キャンパス、美術館などにおいても数多くの作品を実現した。

カイリー事務所は、インディペンデンスモール第3街区（フィラデルフィア、1963）、オークランド美術館（オークランド、1969）、ダラス美術館（ダラス、1985）を経て、1980年代にはランドスケープデザインの最高傑作の1つとなるファウンテンプレイス（ダラス、1985）とNCNBプラザ（タンパ、1988）を設計している。

ファウンテンプレイスは、ダラス中心部に建つプリズム状のガラスのタワー（I. M. ペイほか）の足元に広がるウォーターガーデンである。その広大な水面と数百本のサイプレスや噴水からなる広場は、テキサスの乾いた気候のなかで、シュルレアリスム的な情景をもつオアシスへと昇華されている（図10）。

NCNBプラザは、世界で最も美しい近代的な広場と称されたように、カイリーの空間構成理念を完璧に表現した作品である。芝生とプレキャストコンクリートによるグリッドパターンのフロアとその水平性を強調する水路と池、さらに、古典的な幾何学性をもつ地面の上には、非対称に配された800本におよぶサルスベリが重なり合う。この広場が創出する豊潤な光と影は、まさに森のなかを心地良く彷徨うような体験を享受できる、都市的な庭園空間をつくり出した（図11）。

ササキの確立した総合計画と組織事務所がおもにCIAM的なプランニングのランドスケープにおける実践であったとすれば、カイリーが2004年に没するまでにアメリカの大都市に数多く遺した作品は、CIAMが標榜した近代都市空間におけるランドスケープの可能性を、その空間デザインの次元においてもっとも純粋に追求したものといえるだろう。

◎樹木や水によるモダニズム空間

ロバート・ザイオン（1921-2000）は1921年にニューヨークで生まれている。大学で工業経営学を学び、大学院で経営学とランドスケープアーキテクチャーを学ぶ。修了後は建築家のI.M. ペイ（1917-）の事務所で5年間働き、36歳の時にニューヨークにて独立した。47歳の時、都心部のオフィスを引き払ってニュージャージー州の田舎にオフィスを構えたことは有名である。ザイオンは都市に植えられる樹木の性質をよく知っており、都市環境に適した樹木を使ってランドスケープをデザインすることに長けていた。実際、ザイオンは街路樹などに使える樹木を集めたカタログ本『*Trees*』を刊行している。

そのようなザイオンの傑作と呼ばれているのがペイリーパーク（ニューヨーク、1960）である。ペイリーパークは、ニューヨークに初めて誕生したポケットパークであり、ヴェス

図 **11** NCNBプラザ（カイリー、タンパ、1988）

図 **12** ペイリーパーク（ザイオン、ニューヨーク、1960）

ト（チョッキ）のポケットみたいに小さな公園という意味で「ヴェストポケットパーク」と呼ばれている（図12〜14）。「1.2ha以下の公園は公園ではない」という当時の公園行政に対する提案として、「ニューヨークの新しい公園」と題した展覧会に出品された小規模公園のプロジェクトが、たまたまCBS放送会長ウィリアム・ペイリーの目にとまったことがきっかけで、この敷地を公園にするための100万ドルが寄付された。資金の3/4は土地購入費に、1/4が公園建設費に充てられた。また、公園の管理費は別に基金が積み立てられた。

ペイリーパークの敷地は、周囲を高層建築物に囲まれているものの、広場中央に配置された樹木の樹冠によって人間的なスケールの空間を生み出している。敷地の奥には、街の騒音を消すために滝が設けられ、椅子やテーブルはメッシュ状で軽く、どこへでも好きな場所へもち運ぶことができる。オフィス街に位置する公園なので、昼休みは近隣のオフィスから多くの人がランチを食べに来たり、談話しに来たりしている。

IBM本部ビルアトリウム（ニューヨーク、1983）は、ニューヨークのマンハッタンにあるIBM本部ビルの1階に設けられたアトリウム空間である（図15）。建築の設計はエドワード・バーンズ（1915-2004）であり、ザイオンはモダンな建築空間に対して11ヶ所の小規模な竹林を配置することによって、柔らかな太陽光が差し込む緑のアトリウム空間をつくり出した。テーブルと椅子はいくつかのまとまりごとに配置されており、それらの間に竹林のスクリーンが存在することによって、それぞれのまとまりは緩やかに区切られている。このアトリウムは公開空地であるため、IBM本部ビルに用事の無い人でも自由に使うことができる。一般的な公開空地が、単に道路から建物が遠のいた後にできた空き地になってしまっていたのに対し、道路と建物の間につくられたIBM本社のアトリウム空間は多くの人々で賑わう空間となった。

都市問題に取り組んだプロジェクトもある。カナワプラザ（リッチモンド、1980）は、リッチモンドの高速道路の上部に架けられた広場である（図16）。高速道路が市の発展を妨げているという報告書に基づき、高速道路の上部を跨ぐように広場が架けられ、高速道路の両側をつなぐ役割を果すこととなった。ザ

図13　街中のペイリーパーク

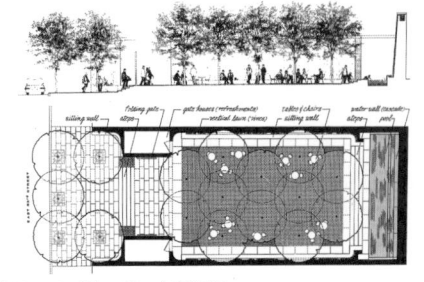

図14　ペイリーパーク平面図

図15　IBM本部ビルアトリウム（ザイオン、ニューヨーク、1983）

図16　カナワプラザ（ザイオン、リッチモンド、1980）

イオンは、広場に大規模な噴水を配置することによって、高速道路を走る車の騒音をかき消し、涼しさや遊びの場を提供しようと考えた。広場の大部分が高速道路の上部にあるため、噴水や大きな樹木など重い構造物は高速道路両側の広場に配置され、その他の部分は芝生広場として整備された。

河川沿いの都市問題に取り組んだのがリバーフロント（シンシナティ、1976）のプロジェクトである。シンシナティ市を流れるオハイオ川のリバーフロントは、そのほとんどが私企業の敷地に面していたため、一般の市民がリバーフロントの空間を楽しむことはできなかった。そこで、市は川に面したいくつかの土地を買い取り、そこをリバーフロント空間として整備することを計画した。この計画をザイオン事務所が担当することになる。しかしザイオンは、限られた敷地だけから川へアクセスできるようにするのでなく、基本的に川沿い（リバーフロント）はすべて市民のものなのだから、全面をリバーフロントの公園にすべきだと主張した。そして、頼まれもしないのに川沿いすべてのマスタープランを描き、順次計画を実現するよう市に要請したのである。ザイオンの主張は「川は自然の浄化装置として機能しているものの、川沿いを私企業が占めていたのでは川を眺めることができない。レクリエーション空間にもなりえない。まずはそれを開放し、一体的なデザインによって楽しい場所にすべきである」というもので、デンマークのチボリ公園★2のような公園になることをイメージして計画されたと言われている（図17）。

図17　リバーフロント（ザイオン、シンシナティ、1976）

★2　1843年に開園したデンマークの遊園地。身分の差に関係なく、誰もが楽しむことのできるレクリエーションの場として、国王の土地に開設された世界最初のテーマパーク。ディズニーがテーマパークをつくる際の参考にしたと言われている

★3　ウィスコンシン州にあるフランク・ロイド・ライトの自邸、仕事場、学校の集合体。世界中の建築家がライトの設計を学ぶために訪れ、農地で野菜を育て、共に食事をつくり、生活し、建築の実務を学んだ。アリゾナ州にあるタリアセン・ウェストとともにライトの活動拠点として有名

★4　ハルプリンによる造語。モーション（動き）とノーテーション（表記法）を掛け合わせた言葉。都市空間における人々の動きを表記する方法。特徴的なのは、観察者自身が止まった状態で観察したことを表記するのではなく、観察者自身も動き回りながら、ほかに動き回る対象を表記する方法である点

★5　ハルプリンによって提案されたデザインの手法。リソース（R：資源）、スコア（S：楽譜）、ヴァリュアクション（V：評価と対策）、パフォーマンス（P：活動）を必要に応じて並び替えながら設計を検討するプロセスを示した言葉

★6　ハルプリンによって実施されたデザイン方法。デザイナーが1人で公共空間をデザインするのではなく、対象となる空間の利用者やその周辺の居住者たちの知見や経験を総動員して創造的な空間をデザインする方法。具体的には、ワークショップを行なって個人が持つ創造性を最大限に高めるとともに、チームビルディングによって参加者相互の信頼関係を強めることによって、最大化された個人の創造性を全体のデザインへと統合化させる

3　コミュニティとモダニズム―アメリカ―

モダニズム建築との親和性の高いカイリーやザイオンのランドスケープデザインとは別に、地域コミュニティが利用する場としてのランドスケープデザインを追求したデザイナーたちがいた。集団的な行動様式を読み取ったデザインや、設計の過程に生活者が参加することによって生み出されるデザインや、すでにそこに存在するものを活かしたデザインなど、地域コミュニティと公共空間のデザインとの関係性を突き詰めたデザインプロセスが模索された。ここでは、ローレンス・ハルプリン（1916-2009）とポール・フリードバーグ（1931-）という2人のランドスケープデザイナーに着目したい。

◎スコアによるデザイン

ローレンス・ハルプリン（1916-2009）は1916年にニューヨークで生まれている。大学で植物学を、大学院で園芸学を学んだハルプリンは、大学院時代にフランク・ロイド・ライトのタリアセン・イースト★3を訪れている。そして、この時建築学と園芸学をつなぐ領域としてランドスケープデザインという職能を知る。その後、ハーバード大学大学院でクリストファー・タナードに師事し、修了後はトーマス・チャーチの事務所に4年間勤めた。チャーチの事務所から独立したあと、ハルプリンは「モーテーション理論」★4、「RSVPサイクル」★5、「集団による創造性の開発」★6など、人の活動と空間の形態、あるいは自然の営みなどを統合する設計理論を続けて生み出した。また、理論だけでなく多くの空間を生み出した。人の活動や動植物の活動を楽譜のようにまとめる方法（スコア化）は、妻でダンスの振付師であるアンナ・ハルプリンの影響が強いと考えられる。

ギラデリチョコレートは、現在でも有名なサンフランシスコ名物のチョコレートブランドである。その工場が移転することになり、古いレンガ造りの建物が残る工場敷地が売り

に出された。この敷地を購入したウィリアム・ロースは、土地活用の方法をハルプリンに相談した。依頼を受けたハルプリンは現地を調査し、現地に残されたレンガ造りの建物に着目した。そして、工場の建物をできる限り残し、地下に駐車場を整備することによって複合ショッピングセンターへ改装することを提案した。こうしてでき上がったのがギラデリスクエア（サンフランシスコ、1965）である。

敷地はサンフランシスコ湾に臨む斜面地であり、階段状にレンガ造りの建物が並んでいる。そこでハルプリンは、建物の間を縫うように通路や階段を張り巡らせ、各所に小規模な広場を配置した（図18）。敷地中央には大規模な広場が存在するため、ハルプリンはそこに人々が集まる場所の象徴として噴水を設置した（図19）。駐車場はすべて建物の地下に完備した。建物にはレストランや雑貨屋、土産物店、劇場、オフィス、ホテルなどが入っている。ギラデリチョコレートの店もテナントとして入っている。

ハルプリンはギラデリスクエアで小さな都市空間のモデルを示したと言われている。つまり、建物、通路、斜面、広場などをどのように結びつければ、人々が活き活きと活動する空間をつくり出すことができるのかを、限られた敷地のなかで明確に示したのである（図20）。ギラデリスクエアは、単に古い工場をショッピングセンターにリノベーションしたというだけではなく、古くなった都市空間をどのように再生していくべきかについてのモデルを示したと言えよう。

シーランチ（1967）は、サンフランシスコの北、海岸沿いにある2000ha以上の敷地に住居をつくるというコミュニティ計画であり、全体の計画をハルプリンが担当した。ハルプリンは、生態学的な理論に基づいて、自然を損なうことなく人が生活できるような住宅地計画を目指した。

ハルプリンの現地調査は入念で、敷地にテントを張り、24時間の環境の変化を記録し続けた。四季を通じた変化も記録するため、年間を通じ何度も現地を訪れた。得られた結果は輻射エネルギー図にまとめ、東西南北それぞれに45度傾斜した1平方フィートの面における1時間あたりの輻射エネルギー量を12ヶ月分明らかにした（図21）。方位と角度によってどれだけの輻射エネルギーを受けるかを明らかにしたうえで、建築の形態（屋根の勾配や方角）を検討した。建築の設計はハルプリンの意図を理解するチャールズ・ムーアに発注し、もともとこの場所にあった納屋の形態を踏襲したデザインを提案している（図22、23）。

その他、現地調査で把握した敷地の状況を落とし込んだロケーションスコア（図24）を作成し、敷地の立地性向をビジュアルにまとめた。また、エコスコアで、敷地における自然

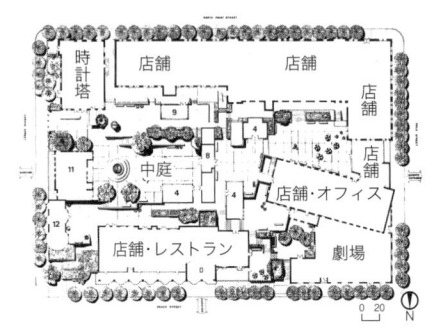

図18 ギラデリスクエア平面図（ハルプリン、サンフランシスコ、1965）

図19 ギラデリスクエア

図20 ギラデリスクエア

や風土、人間の関係の歴史をまとめた（図25）。

こうしたプロセスを経て完成したシーランチは、エコロジカルデザインを提唱するイアン・マクハーグが環境計画とデザインが融合した唯一の事例として評価する事例となった。

ポートランド広域再開発計画の一部として3つの広場とそれらを結ぶ緑道が誕生した。3つの広場とは、ラブジョイプラザ（オレゴン州ポートランド、1967）、フォアコートプラザ、ペディグローブプラザである。ラブジョイプラザは、シエラ・ネバダ山脈の自然を抽象化したデザインであり、実際にハルプリンは数週間シエラ・ネバダ山脈に滞在して多くのスケッチを描いている（図26）。これらのスケッチから徐々に水の流れを抽象化し、コンクリートでつくることのできる形態へと高めた。しかし、単に自然を抽象化した空間ではなく、積み重ねられたコンクリートスラブが生活のための舞台として設定されている点が興味深い（図27）。噴水で遊ぶ人たちが広場に集まる人や周辺の住棟から見られる対象となる場であり、日常に舞台性をもち込む空間装置となっている。この広場を1人で利用する人も、グループで利用する人も、子どもも大人も、すべての広場利用者があらゆる角度と高さから互いに見たり見られたりする（図28）。広場の利用者は誰もが演技者であると同時に観客でもある。なお、広場の設計にはチャール

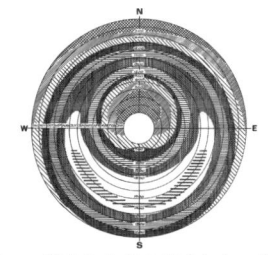

図21 敷地における陽当たりの分析 各方位に傾斜する地形における陽当たりを1年中計測した結果をダイアグラム化している

図22 シーランチの建物 ハルプリンが設定した屋根勾配や素材によって設計されている

図23 プールやテニスコート 海からの風を避けるようにつくり出されたくぼんだ地形に収まっている

図24 シーランチのロケーションスコア（ハルプリン、サンフランシスコ北部、1967） 風向き、生物の生息域、地形、ビューポイントなどが記されている

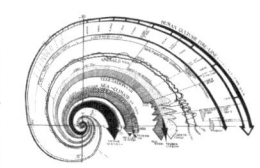

図25 エコスコア 敷地の履歴をビジュアルに整理している。人間活動と動植物などの関係の歴史が示されている

図26 ラブジョイプラザのスケッチ 広場でイベントをすること、彫刻ショーやコンサート、ダンスイベントなどを想定して描かれているスケッチ

図27 ラブジョイプラザ（ハルプリン、オレゴン州ポートランド、1967）

図28 ラブジョイプラザ

ズ・ムーアやサトル・ニシダが参画している。

ラブジョイプラザから緑道によってつながっているフォアコートプラザ（オレゴン州ポートランド、1965）は、高低差のある敷地の中央に大規模な滝をつくり、上部から流れてきた水を一気に落とす空間構成である（図29）。水を流しながら広場を舞台として使うこともできるが、水を止めて舞台にすることもできる。水が落ちてくる下部の広場はにぎやかだが、水が出てくる上部の松林は静かな空間となっており、1つの敷地で性格の違う2つの広場を生み出している（図30）。

高速道路によって東西に分断された市街地をつなぐプロジェクトがフリーウェイ・パーク（シアトル、1972-1976）である。高速道路の上部に公園をつくり東西の敷地を結び付ける離れ業を実現した。豊かな植栽のなかにコンクリートの滝があり、その音が高速道路の音を掻き消す効果を発揮している（図31）。

◎振る舞いのデザイン

ポール・フリードバーグ（1931-）は1931年にニューヨークで生まれている。大学で農学を学び、28歳で独立している。彼はランドスケープデザインに関する正式な教育を受けることなく、ランドスケープデザイナーとして自身の事務所を立ち上げている。

彼の代表作はリースパークプラザ（ニューヨーク、1965）である。かつて建設された集合住宅のなかにある単調な広場を改修し、活気のある子どもの遊び場をつくり出した。このプロジェクトには、集合住宅側が出す改修費用のほかに、アスター財団から100万ドルの基金が拠出されることになっていた。財団はこれまでの公共事業における課題を乗り越えるために「プロジェクトのデザイナーには完全な自由が与えられるべきであり、住宅局の伝統的なやり方に縛られる必要は無い」と主張した。それまでは市役所などの規制や基準に従うと、限られた空間しかつくれないことが多かった。ところがこのプロジェクトでは、設計者に自由が与えられることになり、フリードバーグは自分の考えを存分に遊び場へ盛り込むことができた（図32）。

この広場は、木材、砂、レンガ、コンクリートなど、汎用的で耐久性に優れた素材によってデザインされている。周囲には樹木が高密度に植えられており、子どもたちが楽しんで遊べるような空間構成となっている。改修前にあった樹木はすべてそのままの位置に保存されており、遊び場には樹の家、トンネル、はしご、石の家、水場が含まれている。この改修プロジェクトの成功は、社会改良家やデザイナーに「デザインが都市を再生すること

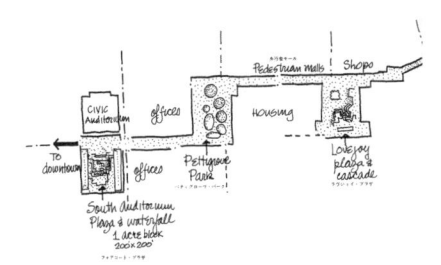

図29 ポートランドの3つの公園
ラブジョイプラザ、ペティグローブプラザ、フォアコートプラザを緑道でつなげることを示すハルプリンのスケッチ

図30 フォアコートプラザ（ハルプリン、オレゴン州ポートランド、1965）

図31 フリーウェイ・パーク（ハルプリン、シアトル、1972-1976）

ができるのではないか」という夢を抱かせた。

活性化した広場は、1966年に来訪したジョンソン元大統領夫人が「生気にあふれた広場」と賞賛したものの、1985年ごろには誰も利用しなくなり、維持管理も行き届かなくなり、破壊行為が横行するようになる。1990年代にリニューアルされるものの、かつての活気はよみがえらないという。この事例から、都市的な屋外環境にはある種の密度が必要だということがわかる。住宅に住む人の密度が下がると遊び場も荒廃する。リースパークプラザの場合、一般的に子どもが50人程度しか遊べない面積に対して、200人くらいが遊べるようなデザインを施してある（図33）。これが高密度な環境における魅力的な子どもの遊び場を成立させたし、低密度になった際には一気に荒廃するきっかけとなったと言える。

パーシングパーク（ワシントンD.C、1979）は都心部に設けられた広場である。平坦な敷地にあえて高低差をつくって水を流し、つくりつけの椅子をたくさん設けた。また、階段は座るにも上り下りするにもちょうどいい高さに設えられている（図34）。広場内には、野外劇場やスケートリンク、池や噴水がある。食べもののキオスクと椅子とテーブルもあり、ランチタイムには多くの人でにぎわう。地下にはトイレとスケートのための更衣室があり、レクリエーションやイベント時の道具を保管するための倉庫もある。単に広場のハード面をデザインするだけでなく、その場所でどのようなプログラムが展開されるのかをしっかり考えたデザインだと言える。フリードバーグはこう言っている。「ここを訪れる人は群衆のなかにいることを楽しみ、また自分自身の場所を選び、独自の活動を楽しむことができる。ここは、パブリックとプライベートの両方の感覚を有した公園である」（図35）。

図32　リースパークプラザ（フリードバーグ、ニューヨーク、1965）

図33　リースパークプラザ

図34　パーシングパーク（フリードバーグ、ワシントンD.C、1979）

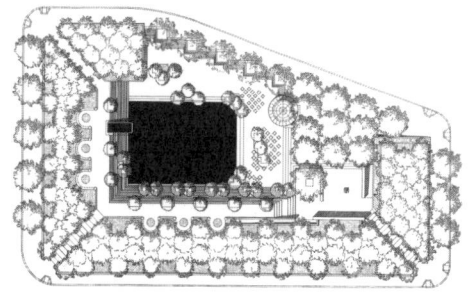

図35　パーシングパーク平面図

★7 実際、当時のヴェルサイユの学生は、多くがパリ大学都市計画研究所などでさらなる知識を得ており、ヴェルサイユは教育機関としての機能を十分に果しているとはいえない状態であった

★8 このような環境において、1992年にアンドレ・シトロエン公園で巧妙な植栽計画による庭園をデザインし、現在も生態学の知識を利用した野心的なデザインを提案し続けているジル・クレモンなどのセンスが育まれたといえる

★9 その一方で、スガールが導いたランドスケープ・プランニングは、徐々に植栽技術を基盤とした広域を対象とする研究的領域へと近づいて行くことになった

4 園芸から都市空間へ──フランス──

◎ヴェルサイユの猛者たち──職能の基盤形成

1960年代は、フランスのランドスケープデザインにとって激動の時代であった。おりしも「アテネ憲章」の教条は安直かつ時代遅れとみなされ、1958年の会議を最後に、CIAMは解散する時期である。

こうしたなか、フランスの住宅開発政策における量から質への転換にともない、ヴェルサイユ国立園芸高等学校を卒業したランドスケープアーキテクトたちの活躍の場は増していく。

中でも画期的な事例はマルセイユの丘の北側に建設されたにモールレット団地（マルセイユ、1962）であった（図36、37）。

モールレット団地では、設計に先立って多様な専門家を含む委員会による計画の検証が行われた。委員会には建築家ユージン・チリらの他に医学や心理学、社会福祉の専門家が招かれ、ヴェルサイユの第2期卒業生であるランドスケープアーキテクト、**ジャック・スガール**（1929-）に加え、フェルナン・レジェに師事した画家、**ベルナール・ラシュス**（後にランドスケープアーキテクト、1929-）もカラー・コーディネータとして加わっていた。委員会は、より人間的なスケールの街並みを形成するため当初1500を予定していた住戸数を750に減らす決断をする。

具体的な計画においては、それまでにないランドスケープと建築との協働関係が実現された。スガールとラシュスは地域の景観特性の調査から道や視点を設定し、北西風と日照を考慮した植栽計画を行なった。また、住棟のファサードには巨大な建物を地域になじませるために色ガラスによるデザインを施した。

チリらによる建築においても、地域の風と日差しを考慮しながら中間的なスケールの空間を生み出す配置計画が試みられた。さらに自然な排水を維持するため、土壌の掘削も最小限に抑えられ、建築や駐車場を含む構造物はすべて既存の地盤上に置かれた。

これ以降、若手のランドスケープデザイナーたちは土地の特徴を読み取る能力を武器として、多くの住宅地開発に関わる機会を得る。そして、こうした協働のなかで役割を果たすランドスケープアーキテクトが育まれるためには、園芸を中心とした教育だけでは十分でないことが明らかになった★7。

スガールはオランダのバイフウェル（5章参照）の事務所で研修を行い、帰国後には当地で着想を得たランドスケーププランニングをヴェルサイユに導入する。そして、より大規模なランドスケープデザインに必要な素養を提供するため、ラシュスをヴェルサイユに招く。さらに、1967年には生態学のコースが加えられている★8。

こうして、1960年をまたぐ10年間は、フランスのランドスケープデザイン界が、その専門的な底力を養う時代となった★9。

こうした動きと重なるようにして、1960年のパリでは社会学者で都市計画家のジャック・アレグレ（1930-）をリーダーとする領域複合的な協働集団AUA（Atelier d'Urbanisme et d'Architecture）が設立された。

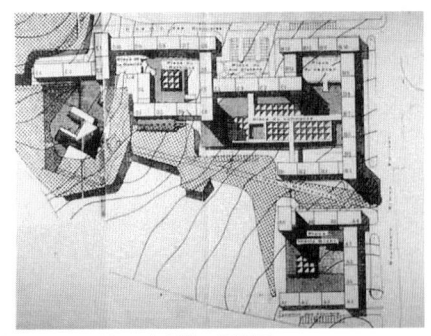

図36 モールレット団地の平面図

図37 モールレット団地（チリ&スガール&ラシュス、マルセイユ、1962）

★10 ZUPは、市街化優先地区。Zone d'Urbanisation Prioritaireの略

都市計画家、建築家、技術者、心理学者、地理学者、そして法学者など多様な専門家によるこの集団には、ヴェルサイユ国立園芸高等学校の卒業生であった**ジャック・シモン**（1941-）と**ミシェル・コラジョー**（1937-）が居合わせた。このことが、フランスにおけるランドスケープデザインが建築への従属から解き放たれる道筋を開くことになる。なぜなら、この組織を通して、ランスのシャティヨンZUP★10（1967）やグルノーブル・ニュータウン（1974、グルノーブル・オリンピックの選手村として建設された住宅地）などにおける住宅地の拡張計画のランドスケープデザインにそれぞれが関わる機会を得たからである。

シモンは圃場を経営する家に生まれ、写真家として活動した後にヴェルサイユ国立園芸高等学校を1959年に卒業、その後、カナダでの林業や、ジャーナリズム、そして探検家など多様な経験を経てAUAにたどりつくという風変わりな経歴をもっていた。したがってシモンにとってのランドスケープは園芸に拘束されるものではなく、また建築の外構を整えるための仕事でもなかった。それは屋外空間を舞台とする純粋な空間芸術であり、そこにあるすべてのものが材料となり得たのである。

シャティヨンZUPの拡大計画で、シモンは住棟に囲まれた中庭において建設の結果生じる4万m³の廃棄物を積み上げてその上に土壌をかぶせたマウンドを築き、さらにポプラを植えた。その結果、地表と樹木の多様な高さによってほぼ建築と無関係に成立する外部空間の輪郭をつくり出している（図38、39）。

低コストで単純な造形によって団地と人間のスケールをつなげるシモンのデザインは、当時のフランスのランドスケープデザインに大きな解放をもたらしたといえよう。なぜなら、それまでの議論では、園芸的な庭園づくりと、外部空間を均質な緑地としてとらえる都市計画的な視点とのどちらかの選択以外あり得なかったからである。

このようにしてシャティヨンZUPの拡大計画は、フランスにおけるランドスケープデザインの職能の確立にむけた試金石となった。1960年代は、フランスのランドスケープ界にとって、いわば職能の確立に向けた戦国時代のような時期だったといえる。

5 土木景観のリアリズム—オランダ—

1950年代で見たように、アムステルダムの都市拡張計画は20世紀オランダのランドスケープアーキテクトたちに公共空間や都市景観という新しい活動のフィールドを提供した。

しかし、現代オランダランドスケープデザインのもう1つの大きな特徴である、土木景観への強い関与は、干拓地における治水と防風のための造成と景観設計を通して育まれた。

干拓地の景観設計は森林局の管轄であったが、そこで行われる農業のための治水と防風の土木整備を、ランドスケープデザインの領域にまで高めたのが、**ニコ・デ・ヨンヘ**（1920-1997）であった。デ・ヨンヘは、1944年より同局に勤め1960年以降は同局の造園課長としてオランダの多くの景観設計を手掛けた。

デ・ヨンヘが着任したちょうどその年、ゼーラント州ワルヘレンの干拓堰が爆撃により

図38 シャティヨンZUP拡張計画（シモン、ランス、1967）

図39 シャティヨンZUP拡張計画

決壊する。爆撃前のワルヘレンは「ゼーラントの庭」と呼ばれ、緑豊かで親密な風景とサンザシの生垣が有名な地域であった。しかし決壊によって地表に海水が流れ込み、原状復帰は困難であった。

そこで、デ・ヨンへは既存の特徴的な地形の保存と、効率的な土地整備との両立を目指した。そして、この結果生み出されたワルヘレンの新しい景観は、緑に囲まれた景観と、オープンな景観との2種類が対比をなすものとなり（図40、41）、これまでとは異なる形で人の目を楽しませる結果となった。

機能性を重視し、積極的に風景への介入を行なう新しい審美性の獲得は、「リアリズムのランドスケープ」と呼ばれ、オランダの近代ランドスケープデザインのモデルを提示した。

デ・ヨンへは、他にも多くの干拓地の景観設計を手掛けるが、なかでもフォルケラク川の水門（1965-1970）とその周辺景観は、ランドスケープデザイン独自の構築性を示している（図42、43）。

ライン川とスヘルデ川をつなぐ運河であるフォルケラク川の水門は全長4kmに及び、その工事作業のために既存の湿地帯の一部がかさ上げされて陸地化された。工事完了後、その範囲を再整備するにあたって、デ・ヨンへは土木構造物の巨大なスケールに対抗しうる壮大な樹林を設けることによって、周辺の平坦な干拓地の景観に対する最大限の対比効果をもたらすことを狙った。

以上のようなデ・ヨンへによる景観設計は、都市計画や建築計画と対等な協働関係を取り結ぶ現在のオランダのランドスケープデザインの姿を予見させるものとなっている。

ここで、これまでに見たオランダのランドスケープデザインの系譜を振り返るならば、バイフウェル、ルイス、ベル、またデ・ヨンへといった人々は、オランダの近代ランドスケープアーキテクチャーのパイオニアと位置付けられる。彼らは先駆的実践を行なっただけでなく、ワーゲニンゲン農業大学やRHSTLボスコープ、またデルフト工科大学など★11で、後続を育てることにも貢献した★12。

★11 これらの教育機関では、ダーク・サイモンズやアードリアン・ヒューゼ、ヴィニー・マース、また都市計画のリック・バッカーといった、特に1980年代以降に国際的な注目を集めるデザイナーやプランナーを輩出している

★12 1950年代から1970年代にかけて米国ではケヴィン・リンチによる都市デザインや、イアン・マクハーグによるランドスケープ・プランニングの理論が大きな発展を見せるが、マクハーグの拓いたペンシルヴァニア大学のランドスケープデザイン科で学んだメト・ヴローム（1929-）は、これらを移入することでオランダにおけるランドスケープ・プランニングの理論化に貢献するとともに、ワーゲニンゲン大学などでの教育を通してオランダのランドスケープデザインに関する体系的な理解を普及させる役割を果たしている

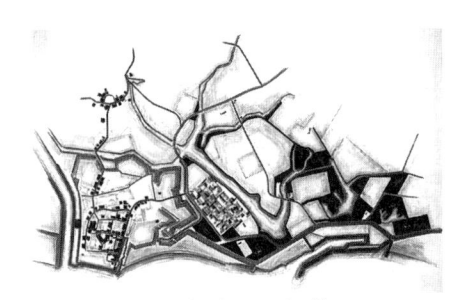

図40 デ・ヨンへによるドローイング
ワルヘレンの計画の一部の平面図

図41 ワルヘレン（デ・ヨンへ、1962）
水路沿いの畝上を走る曲がりくねった道路は元の位置に据え置きつつ、農地区画の対向する2辺を平行にして農業の効率化を図っている。また、海岸線と水路沿いには多くの樹木を配し、湿性の干拓部では農作業の効率化のために生垣を廃止している

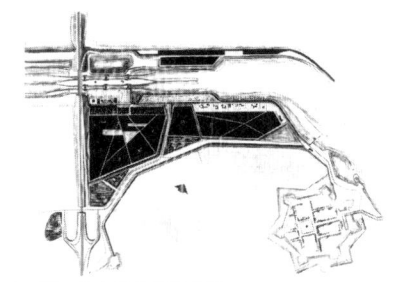

図42 フォルケラク川の水門

図43 フォルケラク川の水門（デ・ヨンへ、フォルケラク、1965-1970） 広大な芝面に水門と平行な格子に沿って施された列植は、この場所が機能を追求した技術的な環境であることを明示し、中央に設けられた視点場からは、作動する水門の姿を眺めることができる。一方、樹林化された盛土相互の間は湿地化され、自然のための空間として確保されている

column
ローレンス・ハルプリンの仕事

　最近のランドスケープデザインにおけるキーワードをいくつか挙げるとすれば、工場などのリノベーションによるデザイン、住民や利用者が参加するデザイン、地域の生態系を読み込んだエコロジカルなデザインなどが真っ先に思い浮かぶ。実はこれらのデザイン手法は、すべて 1960 年代にローレンス・ハルプリンによって実践されている。現在のランドスケープデザインにおける重要なキーワードを 50 年前に実践していたハルプリンとはどういう人だったのか。そして、どのような変遷を経て先進的な取り組みへと至ったのか。ここではハルプリンの生い立ちとその手法について振り返ってみたい。

ローレンス・ハルプリン

植物学、園芸学、ランドスケープデザイン

　ハルプリンは 1916 年にアメリカのニューヨークで生まれた。高校卒業後、大学へ入るまでの 3 年間はイスラエルのキブツという町で生活しており、この時の経験が地域コミュニティの住民と協働しながらプロジェクトを進める彼の方法に影響していると言われている。アメリカに戻ったハルプリンは、大学で植物学を、大学院で園芸学を学んだ。大学院時代にアンナ・シューマンと出会い、一緒にフランク・ロイド・ライトの住まいであるタリアセン・イーストへと旅行した際に建築への興味を膨らませる。さらに図書館で建築について調べるうちにクリストファー・タナードの著書に出合い、ランドスケープデザインに興味を持つ。そして、当時タナードが教えていたハーバード大学大学院のランドスケープアーキテクチャー学科へ進学する。卒業後はトーマス・チャーチの事務所で実務を経験し、33 歳の時に独立して自分の事務所を設立している。

RSVP サイクルとモーテーション

　ダンスの振付師だったアンナ・シューマンと結婚したハルプリンは、ダンスの楽譜（スコア）やワークショップから多くのヒントを得ている。ハルプリンが考案した「RSVP サイクル」は、R（リソース＝資源）を集め、S（スコア＝楽譜）を組立て、V（ヴァリューアクション＝検討）を重ね、P（パフォーマンス＝活動）を実践することを一連の流れとしたものである。なかでもスコアは最も重要なプロセスとして位置づけられており、これをどの程度厳密なものにするかによって以後の検討内容が変わるとされている。

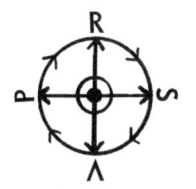

RSVP サイクル

　このスコアという考え方は、ニコレットモールプロジェクトで歩行者と自動車の動きを規定し、シーランチプロジェクトで人間と自然の活動を整理した。特にニコレットモールでは動きを記録するモーテーション（モーションとノーテーションを組み合わせたハルプリンの造語）という手法を開発し、動き回る観察者自身が他に動き回る事物を記録する方法を提示した。また、シーランチではロケーションスコアやエコスコアを描き、人間およびその他の生物の相互関係を可視化することに努めた。

参加論とワークショップ

　上述のスコアは、物理的な空間をつくりあげる際だけに適用されたわけではない。ハルプリンはデザインプロセスに多くの市民が参加することを望んでいた。1 人のデザイナーが創造力を働かせてデザインを決定するのではなく、多くの人たちが集まってより大きな創造力を生み出すことによって都市空間をデザインできないか、ということを考えていたのである。そこでハルプリンは、市民が参加するワークショップを繰り返し実施し、集団の創造性を高めるためのスコアついて検討した。ハルプリンが主催するワークショップのスコアは 30 日間続くこともあったが、集まった人たちはそれぞれがもつ創造力を高めるとともに、相互の意見を組み合わせて最高のアウトプットをつくり出すプロセスを学んだ。

プロセスデザインと造形力

　以上のような手法を駆使して、ハルプリンは様々なプロジェクトを実現させた。チョコレート工場を商業施設にリノベーションしたギラデリスクエア、自動車交通中心だったモールを歩行者中心へと変えたニコレットモール、海岸の自然環境を 1 年間観察し続けて計画したシーランチなど、いずれも上記手法を用いてプロジェクトのプロセスを周到にデザインしていることがわかる。しかし、ハルプリンはプロセスデザインを徹底しただけではない。ラブジョイプラザやフリーウェイパークやルーズベルトメモリアルに見られるとおり、自然の風景を抽象化して都市風景に適合させる高い造形力ももち合わせている。ランドスケープデザインにおけるプロセスデザインは、高い造形力を伴ってこそ良質な空間を生み出すことに寄与するのである。

（山崎亮／ studio-L）

column
環境分析とプランニング手法の進化

ランドスケーププランニングにおいては、環境を様々な観点から読み解いて複合的な要素を統合していく姿勢が重要である。各観点から環境を分析した結果を重ね合わせて（オーバーレイ）、環境の将来像を描いていく。このようなアプローチを総合的なプランニング手法として展開させたという点で、マクハーグとフィッシャーの2人が果たした役割が大きい。彼らの手法はその後、スタイニッツをはじめとする今日のランドスケーププランナーに引き継がれている。

デザイン・ウィズ・ネーチャー

ランドスケーププランニングについての最も重要な本の1つに、イアン・マクハーグ（1920-2001）による『デザイン・ウィズ・ネーチャー』（1969）がある。そこにはマクハーグによって積み重ねられた理論と実践が示されている。彼は環境を気象や地質、水文、土壌の観点から捉えたうえで、そこに棲む動物や植物の生態を地理的条件との関係性から考察した。さらに、そこに形成された人間生活を分析し、人間生活と自然が調和するようなランドスケープの将来像を描いた。このような環境診断とそれを踏まえた提案の手法はその後のプランニングに多大な影響を与え、アメリカでは国家環境政策法の制定や環境保護庁の設立にも影響を与えた。

コンピューターの活用

1960年代にはハワード・フィッシャー（1903-1979）がもう1つの重要な変革をもたらした。世界で最初の実用的な景観解析プログラムであるSYMAPを開発したのである。1965年にはコンピューターを用いた初めての地域計画、デルマーヴァ計画が作成された。この計画の成果は今見ると稚拙にも見えるが、コンピューターの利用には大きな可能性が秘められていた。そして、デルマーヴァ・プロジェクトに参画したスタッフからは2人の著名なランドスケーププランナーが生まれた。

1人はジャック・デンジャモンド（1945-）である。デンジャモンドはフィッシャーのプロジェクトへ参画した後に、1969年にエンバイロンメンタル・システム・リサーチ・インスティテュート（ESRI）社を設立し、GIS（地理情報システム）のソフトウェア開発を行なった。今日、ESRI社のArcGISは世界標準のGISソフトウェアとなっており、多くの環境に関するプロジェクトがArcGIS上で作業されている。その意味で、デンジャモンドは歴史上もっとも影響力を発揮したランドスケーププランナーとも言える。

総合的なプランニングから市民との連携へ

もう1人はカール・スタイニッツ（1937-）である。スタイニッツは統合的に環境を分析する手法をコンピューターを活用しつつ実践した。スタイニッツは常に次の6つの問いかけを行ない、その答えを模索することでプランニングを行なっている。「ランドスケープの構成要素、空間、時間変化はどのように記述できるか」「構成要素の間にはどのような機能的・構造的な連携が存在するのか」「ランドスケープは現在適切に機能しているのか」「ランドスケープは将来どのように変化するのか」「変化はいかなる差異を生じるのか」、そして、最後に「将来どのようなランドスケープへと導いていくべきか」を議論するのである。もう1つ特徴的なのは、彼は将来像を描く時には必ず複数のプランを比較して影響を評価する。最初から1つのプランを決めてかかるよりも、その方が市民が環境を理解することができ、より適切な意思決定を行なえると考えたのである。

ランドスケープを構成する地形や気候、水文、生態系、歴史や文化といった要素の理解は、日に日に深まっていると言える。データもモデルも進歩している。このような進化を推し進めつつ、同時に、複雑化したランドスケーププランニングの体系をわかりやすい形で提示し、プランニングにより多くの市民が参加できるようにすることが今後の重要な課題と言える。　　　　（村上暁信／筑波大学）

デルマーヴァ計画図。当時コンピューターを使って作成した図面は、手描きの図面よりも見劣りするものであったが、多様な環境の要素を統合するというランドスケーププランニングの作業において、コンピューターの利用には大きな可能性が秘められていた

Landscape Ecological Pattern 1990+
カール・スタイニッツによるキャンプ・ペンドルトンでのプロジェクト。GISを使って多様な観点から環境を分析している

キャンプ・ペンドルトンでのプロジェクト。開発が行なわれた場合に地下水位にどのような変化が起こりうるかをアニメーションにして示したもの。このようなわかりやすい資料を用いることで市民のランドスケープへの理解が促進される

1970 — 1979

ポストモダンと環境への眼差し
第8章

1970年代は、ミッドセンチュリーと呼ばれる期間（1940-1960年代）に展開したモダニズムからの大きな転換期となった時代である。盲進的な工業化の拡大と一義的な機能主義・合理主義の席巻による限界が露呈し始めたことによって、計画・設計や建設の方法論自体からの見直しを社会が希求した時期であった。その中心となったのは、総合的な環境科学を根拠としながら、都市を有機的な構造体として捉え直し、多義的で持続可能な活動に対応できうる状況や形態を導くという方法論であった。

0 時代背景

◎モダニズムのその後

ハルプリンによる都市に人間的な空間を取り戻す為のオープンスペースの創出や市民参加を促すランドスケープデザイン、あるいはイアン・マクハーグ（1920-2001、p.116コラム参照）の科学技術に根ざしたランドスケーププランニングなど、1960年代から1970年代にかけて見られるランドスケープデザインの潮流は、工業技術と機能的合理主義に立脚したモダニズムと、その都市への展開である近代都市計画の理念に対するアンチテーゼを唱えるものであった。

それらが単なるモダニズムに対する拒絶ではなくデザインやプランニングにおいて魅力ある成果として受け入れられた背景には、当時の社会において共有されていた一種のロマンティシズムがあったといえる。

この時期のプロジェクトからは、近代的な建設方法であってもデザインの工夫や建設のプロセス次第で都市コミュニティの核となるオープンスペースがつくれるはずだ、という思いが伝わってくる。科学技術の進歩によって空間的距離が縮小すれば、人類は「宇宙船地球号」[★1]の住人として私利私欲を捨てた協力関係を結ぶことが出来るという、工業化時代の新しいコミュニティ形成への期待感もあったことだろう。

しかし1970年代を通して明らかになった

★1 地球上の人類が共存か全滅かという共同体的な宿命をもつに至ったことを示す隠喩として、地球を閉じた宇宙船にたとえて使う言葉。この言葉は、建築家・思想家バックミンスター・フラーの著書『宇宙船地球号操作マニュアル』（1963）によって世界に有名になった

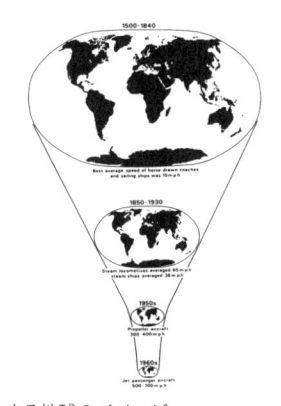

図1　縮小する地球のイメージ
人文地理学者のデヴィッド・ハーヴェイは、近代化の進行によって地球上の空間的、時間的な距離が縮小していく様子を、模式図で表現した

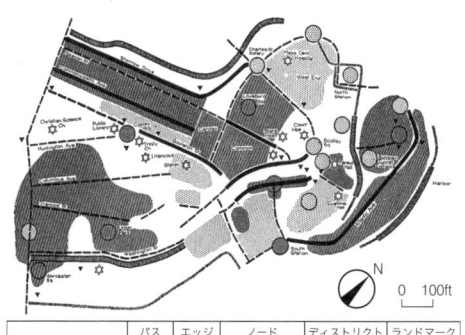

図2　リンチのボストンのイメージマップ

★2 フェルディナン・ド・ソシュール(1857-1913)：スイスの言語学者、言語哲学者。「記号論」を基礎づけ、後の「構造主義」の思想に影響を与えた

★3 クロード・レヴィ・ストロース(1908-2009)：フランスの社会人類学者、思想家。1960年代から1980年代にかけて、現代思想としての「構造主義」を提唱した中心人物の1人

★4 ロラン・バルト(1915-1980)：フランスの批評家、思想家。ソシュールらの影響を受け、物語のエクリチュール(文法)を通じて、現象の表層的な特徴の下にある深層構造を探った。日本の都市構造の分析を行なった『表徴の帝国』(1970)も発表している

★5 言語、図像、社会活動などを意味を伝達する「記号」として捉え、その記号の体系および解釈、生成を行なう主体に関する学問。「構造主義」は多くの記号学者が用いた分析手法であり、ソシュールの言語モデルに基づいている

のは、交通や情報技術の進展が引き起こすのは、単に世界の空間的な距離感覚の喪失だけでなく、時間的な距離の極端な縮小でもあるということだった。インターネットの普及は1990年代の出来事であるが、戦後の各種メディアの発達は、1970年代の時点ですでに都市空間の意味合いをも変質しつつあった(図1)。

急速な情報化によって生まれた新しい産業と経済活動によって、時間や場所のもつ意味は瞬く間に消費され、10年として1つの場所に同じ空間が求められることがない時代が訪れたのである。国際様式が世界の近代都市を均質なものにしたのではなく、国際様式が世界中に行き渡ることを可能にした情報の流通自体が、場所性の希薄化の根源であったことを人々は知るようになった。

◎コンテクスチャリズム

こうした状況のなか、都市の「イメージマップ」などの方法論によって、都市景観に対する科学的、分析的な読解を深め、より積極的な情報操作によって都市景観のコントロールを行なえる可能性を主張したのが、都市計画家のケヴィン・リンチ(1918-1984)であった(『都市のイメージ』1960)。リンチによる「イメージマップ」(図2)のように景観を地図情報として把握して分析可能にする方法論

は、その後リンチとその弟子たちによってコンピュータを用いたGIS(地理情報システム)へと発展させられる。そしてGISは、マクハーグが驚異的な手作業で始めたランドスケーププランニングを、対象によらず誰でも実践可能なものとした(図3)。

リンチが行なった都市景観の分析は、「タウンスケープ」と呼ばれる分野をつくったが、これは都市自体が読解可能な文脈(コンテクスト)を形づくっているという考え方(コンテクスチャリズム)に依拠している。この考え方は、フェルディナン・ド・ソシュール★2(1857-1913)やその影響を受けたクロード・レヴィ・ストロース★3(1908-2009)らによって開始され、ロラン・バルト★4(1915-1980)らによって現代的な展開をみた記号論★5の考え方を、都市の景観や空間に応用したものである。モダニズムの教義的な計画手法を否定した後、それにも関わらず都市を制御する必要を認識していた1970年代から1980年代にかけての都市論に、記号論的思考の与えた影響は絶大なものであった。

例えばコーリン・ロウ(1920-1999)はコーネル大学において都市のコンテクストに関する一連の研究を行ない、コーネル学派と呼ばれる学派を形成した(図4)。イタリアの建築家、アルド・ロッシ(1931-1997)は1966年

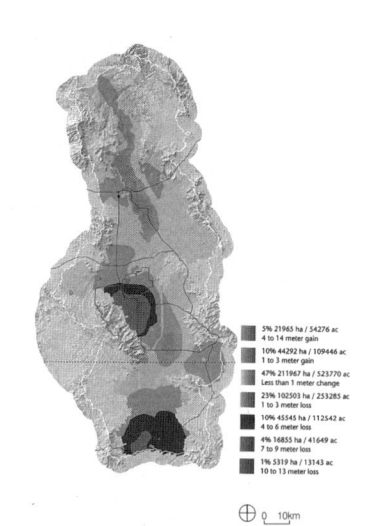

図3　アッパー・サンペドロ・プロジェクトにおける地下水の分布図　カール・スタイニッツによるGISの例。この地域で稀少なジャガーの生息条件の1つとなる地下水位をマッピングしている

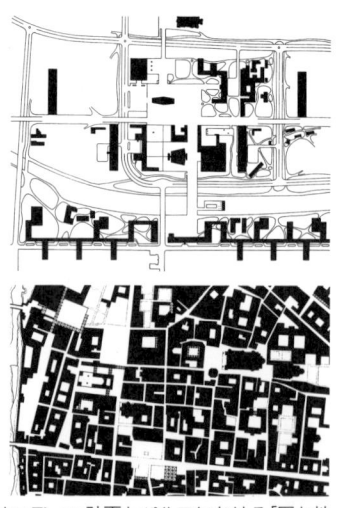

図4　サンディエ計画とパルマにおける「図と地」の比較
ロウの『コラージュシティ』から。ル・コルビュジエによるサンディエ計画と(上)とパルマの歴史的な街区(下)を比較し、「地」として見えてくる都市空間が、下の図の方が豊かで多様性に富むことが示されている

に『都市の建築』を著してイタリアの都市景観における古典様式建築のもつ役割の大きさを主張し、自らも古典様式を抽象化して取り入れた建築の設計を実践した。また、アメリカの建築家ロバート・ヴェンチューリ(1925-)は、建築の形態がもつ記号作用に着目し、都市における地域的、時間的な文脈に応答する建築や広場の設計を、フランクリン・コート(フィラデルフィア、1976、図7)やウェスタン・プラザ(ワシントンDC、1977、図5)などで試みている。

◎「ポストモダン」の建築論

しかし、ロッシやヴェンチューリなどの建築作品については1970年代の後半から隆盛した「ポストモダン」と呼ばれる建築の潮流の一部として紹介されるのが一般的である。ヴェンチューリは1966年の『建築の多様性と対立性』において、モダニズムの視点からすれば一見合理的でなかったり不要にみえたりする装飾や多様な形態が建築を豊かにするものであると主張し、1972年の著作『ラスベガス』では、一見華美に見えても、多様な建築形態によって豊穣な意味づけがなされるラスベガスの景観、近代主義の都市がつくった無味乾燥な景観と対比させている。ミースの「レス・イズ・モア(less is more)」[6]を揶揄した「レス・イズ・ボア(less is bore)」というヴェンチューリの言葉は、あまりにも有名である。

このように、建築形態の記号的表現力に依拠して意味空間としての都市に参加しようとする建築の試みは、アメリカの建築史家チャールズ・ジェンクスの『ポストモダンの建築言語』(1977)によってその呼び名が定着し、そこでは、歴史主義やコンテクストの参照などによる折衷主義、隠喩(メタファ)による多重の意味づけなどが、その特徴とされた。工業化から情報化へと移り変わる時代にあって、前近代的風景へのノスタルジーに陥ることなく都市の意味性を再生しようとするポストモダンの思潮は、1970年代後半から1980年代にかけて建築界の大きな原動力となり、後にみるようにランドスケープデザインにも影響を与えた。

◎「ポストモダン」の功罪

ジェンクスのマニフェストに代表されるようなポストモダンの建築論は、当時の旺盛な建設産業のうえで初めて成立するものであったことも事実であるし、形態操作の理念的な規制緩和や、建築的記号の無批判な再生産と消費活動によって、都市景観がかえって混乱した側面も否めない。しかしながら、この時代の議論を通して建築界で培われた高度な批評力が外部空間に対しても向けられることになったし、地域や歴史の文脈を考慮したデザインが明確に価値づけられた。また、その延長としてパブリックスペースを主とした外部空間のデザインの重要性が、形態的、空間的な美しさだけでなく、その場所がもつ意味や都市空間における役割という視点からも重要と認識されるようになったことは、ランドスケープデザインの領域にとっても重要な変化であった。

そのような思潮が建築を中心とした論壇で成長しつつあった一方、同時代のランドスケープデザインの専門家たちには同じテーマを十分に論じたり実体化したりするための批評体系が、未だ構築されるには至っていなかった。この皮肉な現実は、後にみるラ・ヴィレット公園国際設計競技において、日のもとに晒されることになる(9章参照)。

★6 less is more(より少ないほどより豊かである)というミース自身の建築理念(装飾性を排した純粋空間の追求)を示した有名な言葉。このモダニズム建築を代表する言葉に対して、ヴェンチューリが、less is bore(より少ないほど退屈である)と皮肉った

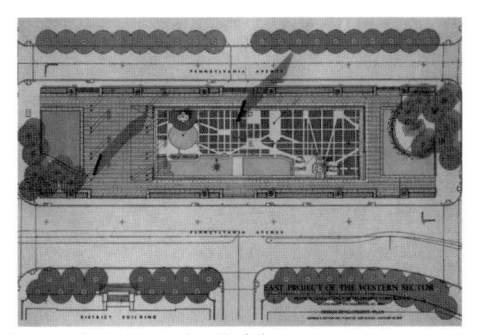

図5 ウェスタン・プラザ(ヴェンチューリ、ワシントンDC、1977) 国会議事堂とホワイトハウスを結ぶ通りに面して計画された広場。「都市の中の都市」というコンセプトで、ワシントンDCのランファン(2章p.36参照)による平面図が写しとられている

★7 アメリカの生物学者であるレイチェル・カーソンの著書。DDT などの化学薬品の危険性を鳥たちが鳴かなくなった春という出来事を通して告発した。本書は、現在の評価としては、当時の科学的に未熟な知見からの主張であったとの大きな批判もある。一方で、環境問題への勇気ある告発という大きな役割を果たしたという評価も否定できない

★8 全地球的な問題に対処するために設立された民間のシンクタンクであるローマクラブ (1970-) による報告書。この続編として『限界を超えて─生きるための選択』(1992) がある

◎環境問題の影響

1960 年代から 1970 年代にかけての大きな社会背景として、世界的な「環境問題」の露呈がある。

1962 年、レイチェル・カーソン (1907-1964) による『沈黙の春』★7 によって、人間活動と自然環境に関する問題が初めて一般社会に広く取り上げられた。同書は、農薬などの化学物質の危険性を告発した作品であり、その後のアメリカ国内の環境行政にも大きな影響を与えることとなった。また、1972 年にはローマクラブが『成長の限界』★8 を出版し、シンクタンクの見地から、人口増加や環境汚染が現在の傾向（当時の）のまま続けば、21 世紀半ばには資源の枯渇や環境の悪化によって人類の成長は限界に達するだろうという警鐘を鳴らし、その破局を回避するためには、地球上の自然環境資源が無限ではないことを前提とした産業活動や経済活動のあり方への転換が必要であると論じた。

このような「環境問題」という深刻な社会情勢に後押しされるかたちで、ランドスケープ分野においても、アート志向の造形論に対する興味より、都市問題や社会問題を包含する「環境問題」を解決もしくは回避するための科学的な方法論が、議論の中心的な潮流となっていった。この一連の環境主義の動きは、「環境の価値」を政治的、社会的、芸術的な活動の前線に持ち出すことに成功したと言える。

また、1970 年代の環境至上主義の動向について、後年、ランドスケープデザインにおける造形面での停滞期を引き起こしたと揶揄されることもあるが、1980 年代に見られるエコロジカルデザインや住民参加などの実践的な展開およびその後の環境共生の思想や持続可能型社会の実現に向けた活動に至ることとなった経緯からすると「総合的な都市環境デザイン」が到来する胎動期であったと言えるであろう。

1 建築の屋外への展開

◎建築家による広場のデザイン

広大な公園や自然緑地の場合と異なり、広場や街路空間は建築と組み合わさって初めて認識されるものである。コンテクスチャリズムや歴史への参照、都市の記号論が取り上げられたこの時期は、ローマの建築の 1 階部分と街路空間を白く抜いたジャンバチスタ・ノリの地図 (1748) や、カミロ・ジッテ (1843-1903、1 章参照) による 1889 年の著書『広場の造形』などが参照され、建築家にとっても広場や沿道空間のデザインが重要な仕事と認識された。

チャールズ・ムーアはイタリア広場（ニューオーリンズ、1979、図6）を建築と一体的にデザインするなかで、イタリアという国に

図 6　イタリア広場（ムーア、ニューオーリンズ、1979）

図 7　フランクリン・コート（ヴェンチューリ、フィラデルフィア、1976）

★9　磯崎新（1931-）：建築家。ポストモダンの代表的な建築家であり、設計活動はもとより評論活動や芸術文化活動においても世界的に著名な建築家

★10　槇文彦（1928-）：建築家。その著書において「空間の奥行」や「空間のひだ」などをキーワードに日本の都市空間を読み解き、代官山ヒルサイドテラスにおいてそのコンテクストを空間化している。戦後モダニズム建築の巨匠の1人

★11　クリストファー・アレグザンダー（1936-）：ウィーン出身の都市計画家、建築家。ケンブリッジ大学で数学、建築学などを学んだ後、渡米し、カリフォルニア大学バークレー校の教授となった。都市は様々な要素が絡み合って形成されるセミラティス（半束）構造であると説き、ポストモダンの都市論に大きな影響を与えた

★12　ヘルマン・ヘルツベルハー（1932-）：アムステルダム出身の建築家。「私たちにとって、重要なのはものの外側を囲む外形ではなく、意味の担い手としての形態である。未知の能力としての形態である」と説き、人間がその場所で自由な行動を起こすことが可能な能力をもった建築形態をつくることを強調している

関連する記号をちりばめた装飾的な空間とし、ヴェンチューリは、ベンジャミン・フランクリンの生地を記念するフランクリン・コート（フィラデルフィア、1976、図7）を設計し、家型のフレームでフランクリンの生家を象徴して見せた。磯崎新★9（1931-）はつくばセンタービル（つくば市、1983、図8）において、ローマのカンピドリオの丘をモチーフに取りながら、本来丘であるところをサンクンガーデンとし、カンピドリオの丘では彫刻の置かれている広場の中心に水の流れ込む池を配することでランドスケープの構成を反転し、西洋的文明の上に成立しながら、その中心に空虚性を持つという日本文化に対する解釈を隠喩（メタファ）的に表現した。

上記の作品はいずれも、屋外空間を意味で満たすという面では、イギリスの初期の風景式庭園や日本の桂離宮庭園（京都、17世紀）にも通じる、庭園的手法が用いられている。近代都市計画で軽視されていた空間の意味性とその表現としてのデザインを回復しようとする切実な試みであったといえる。

図8　つくばセンタービル（磯崎新、つくば市、1983）

一方、ハンス・ホライン（1934-）のメディア・ライン（ミュンヘン、1972、図9）は、作家性を感じさせる強い造形でありながら、広場と一体的にデザインされた噴霧器の設置によって、建築の内部空間が担うものと思われていた環境調整設備を屋外空間にもちだしたものであり、パブリックスペースのデザインが本来果たすべき役割を、直接的に提示している。

また、槇文彦★10の設計によって1969年以来現在に至るまで展開を続けている代官山ヒルサイドテラス（東京、1969-、図10）は、1人の建築家が沿道に一群の建物を設計するという希有な事例であるが、地域の歴史性や街路と広場の接合に配慮をしながら長い時間をかけてつくられた、建築家による壮大なパブリックスペースのデザインである。

図9　メディアライン（ホライン、ミュンヘン、1972）

2 体験者のためのデザイン

記号論やコンテクスチャリズムの視点に依拠しつつ、それを都市空間の体験の次元にまで昇華し、利用者による主体的な環境デザインの方法論へとつなげようとする試みもあった。例えば、アメリカの建築家・理論家のクリストファー・アレグザンダー★11（1936-）や、オランダの建築家ヘルマン・ヘルツベルハー★12（1932-）は、記号論的な考え方を援用して人々の実際的な体験と空間的条件や工法との関係を合理的に整理することで、建築や都市

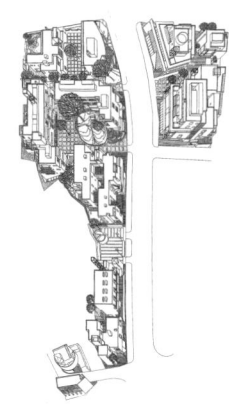

図10　代官山ヒルサイドテラス（槇文彦、東京、1969-）

★13 マイケル・ローリー (1932-2002)：アメリカのランドスケープアーキテクト。ペンシルバニア大学でマクハーグに学び、カリフォルニア大学バークレー校の教授となった。著書に『景観計画』(1976) 他

の計画における新しい合理性の根拠を追求した（図11）。

アレグザンダーは、1965年に『都市はツリーではない』を著し、近代都市計画が想定していた単純な階層性をもった都市像を否定し、部分相互のより複雑な結びつき（これをコンテクストと言い換えることもできる）によってつくりだされる都市空間の豊かさに着目した。1977年には建築や都市景観を「段差」や「庇」などの要素に解体したうえで、それらが生活者にとってどのような意味を示すのか、いわば建築と都市空間の用語辞典を『パタン・ランゲージ』として著し、「パタン・ランゲージ」を用いた建築設計の実践も行なった。またメキシコのメキシカリでは、住民によるセルフビルドの集合住宅の建設を指揮しており、都市空間に対する分析的な理解を通して、生活者にとっての都市の意味性を取り戻す本質的な追求を続けた。

一方、同様な観点をもちながら、工業生産技術の視点を加えたよりシステマティックな設計を得意とした建築家が、オランダのヘルツベルハーである。ユニット化された構造による集合住宅の共用部や教育施設、またオフィスビルのアトリウムなどにおいて、わずかな段差や柱、腰壁などをきっかけに人々の日常的なアクティビティを受け入れる空間をつくりだしている（図11）。『建築と都市のパブリックスペース―ヘルツベルハーの建築講義録』は、屋外空間のデザインにおけるヒントが凝縮されたものとなっている。

また槇文彦 (1928-) は、『見えがくれする都市』(1980) を著し、東京という都市のもつ複雑な構造ゆえの豊かさに言及し、それを自らの建築設計のコンセプトにとりいれた。

3 環境主義のランドスケープ―アメリカ―

◎デザイン・ウィズ・ネーチャー

アメリカ国内では、1960年代からのベトナム戦争を契機として、芸術性を志向するようなデザインへの関心よりも、都市問題や社会問題に関する議論が増大し、1970年代に入ると、公害問題の顕在化に伴う国家の政策として、環境影響評価（環境アセスメント）などの環境保護制度の整備が盛んになっていく。

このような社会的な背景を受けて、環境計画、環境問題、都市問題が、ランドスケープアーキテクチャーにおいても中心的な課題となっていった。

後年、マイケル・ローリー★13 (1932-2002) は、「1970年代は、移行の10年間であった。モダニズムは行き詰まったものの、次の動向が現れなかった。ランドスケープデザインも1950年代や1960年代とそう変わりがなかった」と述べている。しかしながら、フォルマリスティックなランドスケープデザインという視点では正当な俯瞰ではあるが、総合的な都市環境デザインという視点からはやや疑問が残る。「環境の価値」を科学的なアプローチによって、政治、社会、芸術、デザインなどの活動の前線にもちだすことに成功したイアン・マクハーグ (1920-2001) たちの功績があるからである。

マクハーグは、1969年、『デザイン・ウィズ・ネーチャー』を出版する。

本書は、マクハーグが、1960年から、都市環境デザインにおける新たな理念として、生態学的なアプローチ手法を模索し続けた結実であり、生態学決定主義の思想を社会に知ら

図11 モンテッソーリ・スクール（ヘルツベルハー、デルフト、1966）ヘルツベルハーは、工業的な素材を用いながら、小さな段差や腰壁などをきっかけに、子どもたちがいきいきと集う風景をつくっている

しめることとなった金字塔的な書である。

マクハーグは、初期の論文『人間的都市／功なり名を遂げた人間は郊外へ移住しなければならないのか？（*The Humane City: Must the Man of Distinction Always Move to the Suburbs?*）』(1958) において、芸術と都市の両方の重要性を唱え、「都市は文明の最も優れた様相が集積する場所、あるいはそうあるべき場所である」というルイス・マンフォード★14 (1895-1990) の信念を尊重しながら、当時、国内で相次いでいた大企業の郊外移転と中流階級の市民の郊外移住によって、ランドスケープアーキテクトは大きな仕事を得る機会に恵まれているものの、そのことが都心環境の荒廃を助長しているという皮肉な社会の状況を指摘した。そして、「なぜ、うち棄てられた醜い都市を我々の記念碑とすることが許されるのか？」という問いを発している(図12)。それは、郊外に住む裕福な人々を相手にする園芸家などではなく、「自然の本質を芸術として表現し、…それによって都市を人道的に創造する芸術家である」、ランドスケープアーキテクトの新しい役割の提唱であった。

このような環境と社会が抱える問題に対する幅広い知識と展望をもっている点において、オルムステッド（1章参照）の継承者として位置づけられることもあるようである。

人間の居住環境をめぐる諸問題への新たな解決策を求める決定プロセスにおいて、環境の様々な情報を伝達する媒体（メディア）と生態学を中心とした自然科学を客観的に関連づけるオーバーレイシステム★15 (図13) によるプランニング手法を駆使しながら、アーバンデザイナーであるデビット・ウォーレスらと共に、共同企業体的な組織★16（ランドスケープ、都市計画、土木、建築、経済、法律など多岐にわたる様々な環境関連分野の専門家が参加）を形成することによって、ニューヨーク州のリッチモンド・パークウェイ計画、ワシントンD.C.の総合的景観計画、フロリダ州のアメリア島の住宅地開発の生態計画、テキサス州のヒューストン北部のウッドランズ・ニュータウン開発計画（テキサス、1970-1974）など、複雑な課題を抱える国内外の様々なプロジェクトに取り組んだ。

とりわけ、ウッドランズの開発においては、環境計画に関わる様々なデータを収集し、分析評価する方法論を確立しているかつてない実力を備えた組織（WMRT）をつくり、計画チームのコンサルタントとして参加している。

この開発計画において、開発関係者全員に共有、支持される土地利用計画、環境保全の価値付けによる環境影響分析作業への政府機関の奨励補助金、環境分析による戦略的な敷地計画のガイドライン（洪水危険域における排水処理システムの立案など）という3つの

★14　ルイス・マンフォード（1895-1990）：アメリカの都市計画評論家、文明批評家。パトリック・ゲデスやエベネザー・ハワードの影響のもと、著書『都市の文化』(1938)において、人間環境（近隣、都市、地域）が再建されるべき基本原則に言及した。都市を人間文化の進化に不可欠な器官（生物学的思考）とし、社会機関やオープンスペースによる多様性と交流の促進を都市計画の使命とした

★15　マクハーグは、敷地分析の様々な要因を地図化し重ね合わせる解析方法（オーバーレイシステム）によって、開発と保全のパターン（土地利用の適合性）を導きだすプロセス・プランニング手法を構築した

★16　ボルチモア北西部の酪農地帯の開発方針の策定を依頼されたウォーレスが、生態学的な観点からの展望を求めてマクハーグに協力を依頼したことからパートナーシップが形成された。彼らが行なった調査計画の成果『プラン・フォー・ザ・バレー』(1963) が出版され幅広く公表された。その開発方針は、谷底の低地では一切開発を行なわず、緩やかな勾配の斜面林では限定的な開発を許容し、台地上の広い土地において集約的な開発を行なうというものであった。その土地利用の提案は、無計画な土地利用に比べて莫大な不動産の価値が高まるという予測に裏打ちされていた

図12　『デザイン・ウィズ・ネーチャー』の挿し絵
1962年のマンハッタンの光景。都市の基準や価値が見失われた社会的無秩序状態（経済決定主義）の象徴とされた

図13　『デザイン・ウィズ・ネーチャー』
重ね編集図（オーバーレイシステムによる総合図）。スターテン島における保全〜レクリエーション〜都市化地域を示す

新機軸を打ちだすことで、自然環境に関わる情報をもとにしたプランナーとデザイナーの協同によるランドスケープを実現している。

一方で、マクハーグは、教育を通じて、都市環境計画について、自身の価値観や技術、知識を体系化する必要性を認識していた。ペンシルバニア大学ランドスケープアーキテクチャー／地域計画学科の学科長（1954-1986）を務めながら、「環境のあり方とプランニングの社会的な目的を認識し、それらの理解に基づいて、意味のある形態、人間と生物の健康と幸福に貢献する形態を生みだすデザイナー」を理想像として、幅広い分野からの学生を受け入れ、自然科学とデザインの間の架け橋となる応用生態学の専門家を輩出するための教育に邁進した。

しかしながら、マクハーグ自身のデザインの才能は、その理想像を発露する作品を実現するには、残念ながら至らなかった。当時、彼自身も、シーランチにおけるハルプリンらの業績のみをエコロジカルデザインのほとんど唯一の事例（まさに前述の理想像と一致する事例）として取り上げていたことからもそのことがうかがえる。

ただ、そうした事実があったとしても、マクハーグが提唱したオーバーレイシステムによるエコロジカル・プランニングの手法が、前近代の古典的な幾何学構成による理念的都市計画に対して、生態系の秩序にその構成原理の規範を求めるという適合性をもたらした功績（のちに生態学決定主義と呼ばれる）は、現代的にも偉大なものである。

◎スパーンのアーバン・エコロジー

一方、こうして着目された自然環境（ナチュラル・システム）に対する視線も、1970年代を通して徐々に成熟し、単なる保全や保護という志向から、その都市空間との関係（コンテクスト）や、ランドスケープに対する新しい審美的感性の発見へとつながっていった。

マクハーグの教え子であり、ペンシルバニア大学の職位を引き継いだアン・ウィストン・スパーン（1947-）は、この時期以来、都市空間との関連に着目してエコロジカルなランドスケープアーキテクチャーを実践した代表的な人物である。都市のエコロジーを論じた『アーバン・エコシステム──自然と共生する都市』は、スパーンの代表的な著作である（図14）。

ウエスト・フィラデルフィア・ランドスケープ・プロジェクト（1987-）は、スパーンがペンシルバニア大学とマサチューセッツ工科大学の学生とともに行なっている地域環境再生プロジェクトで、フィラデルフィアの西側にある、低所得者居住地区を対象として実施されている。

一般に、アメリカの古い町では、下水道の整備が不十分なままに都市化が進行し、雨水と汚水の未分離や、排水能力の不全によって、

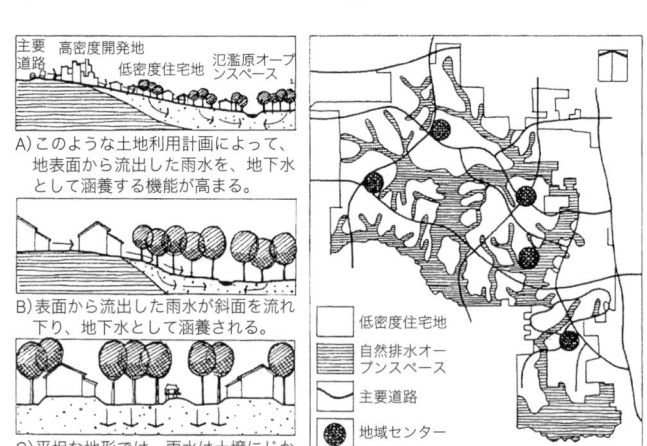

図14 『アーバン・エコシステム』（スパーン、1987）
スパーンはこの著作のなかで、マクハーグによって計画された「ウッドランズ」を引用して環境に配慮した住宅地開発について説明している

★17 オズモンドソン＆スタンレイ事務所。カイザーセンター（オークランド、1961）は屋上庭園作品として有名

生活排水による環境汚染の問題が十分に解決されていないことが珍しくない。スパーンは、1995年から1996年の調査のなかで、この地域におけるかつての水系の位置を明らかにした。このプロセスで古い下水道に欠陥が発見され、それが周辺の悪臭の原因となっていたことがわかる。この時プロジェクトに関わっていた子どもたちが「臭いのは自分たちのせいではなかったんだ！」と喜んだというが、このエピソードは、現代の都市空間においても、地域の環境と場所性、さらには場所に対する市民のプライドさえもが互いに密接な関係をもつこと、そしてその関係が隠蔽されると同時に景観を読み解く能力（ランドスケープ・リテラシー）を住民が失っている状況に対するスパーンの問題意識を良く理解させてくれる。

このように、エコロジーという目に見えない自然環境の仕組みを、人々の生活体験や都市空間の具体的な設定と関係づけ読み取り可能なものとする考え方も、コンテクチャリズム的思考の、都市空間への発展形の1つと見なすことができよう。

◎ハーグによるもうひとつのコンテクスト

スタンレー・ホワイト（1891-1979）とヒデオ・ササキが教えた学生のなかでも傑出した才能に恵まれていたリチャード・ハーグ（1923-）は、イリノイ、バークレー、ハーバードの大学で学び、2年間の日本への留学を経て、カイリー、オズモンドソン★17、ハルプリンの事務所勤務の後、シアトルで実務活動を行ないながら、ワシントン大学での教育活動にも積極的に携わっていた。

ハーグは、その経歴からもわかるように、ホワイトのロマンティックで詩的な感受性と自然の営みへの関心（7章 p.101 参照）、ササキの明晰な思考と文化的な奥行き、広範なヴィジョンを合わせもち、総合的なランドスケープデザインの作品を展開している。

ガスワークスパーク（1970-1978、図15、16）は、ワシントン州シアトルのユニオン湖畔において、放棄された産業施設（1907年に建造された石炭からガスを製造するためのガス製造所。天然ガスの一般化により1956年に閉鎖）を公園計画のなかに取り入れた作品である。産業革命後の「負の遺産」という市民の不安を払拭するように、汚染された土壌

図15　ガスワークスパーク（ハーグ、シアトル、1970-1978）

幾何学の庭　　苔の庭　　鏡の庭　　バードサンクチュアリ

図17　ブローデル・リザーブ（ハーグ、ブレインブリッジ島、1979-1985）

図16　ガスワークスパーク
ユニオン湖畔に残された町の記憶としての産業遺産。現在では、市民の貴重なレクリエーションの場となっている

図18　ブローデル・リザーブ
モダンにアレンジされた日本庭園「幾何学の庭」は、エントランス部に位置し、来訪者を日常から切り離し、そこから続く庭の奥へと誘う

★18　風雨や生物の作用などの自然現象や伐採などの人為による介入により、森林が破壊される現象の生態学用語。森林生態学では、「攪乱」は森林の更新機能と生物多様性の維持の重要な要因と捉えられている

をファイトレメディエーション（生物学的な分解のプロセスを経て回復させる方法）によって浄化するなどの土地再生の先駆的な試みも行なっている。

　ブローデル・リザーブにおける一連の庭園群（1979-1985）は、ワシントン州ブレインブリッジ島の19世紀の伐採地跡（伐採根が残る2次林）において、一連の庭園群を、幾何学的に構成された空間から有機的な空間への回遊性を反復的に演出している（図17〜20）。それらは、人の手や自然の力による「攪乱」★18を、スケールや空間構造の変化のなかで顕在化することによって、「環境」という見えないものを見えるように意図された空間である。過去の自然の攪乱の歴史（土地の記憶）を隠蔽するのではなく、あえて、禅的な庭にすることによって、人間と自然の不変的な関係性を露呈させることに見事に成功している。

　当時の生態学決定主義への傾倒が、造形の審美性、精神性に対して否定的な態度を取り、画一的なデザインに陥りがちであった状況において、ハーグが、この2つの作品によって、現代にも通じるような、土地の記憶、自然の回復というコンテクストまでも射程に入れながら、そのことをコンセプチュアルな美しさにまで昇華させる包括的なランドスケープを実現していたことは驚くべきことである。

4　自然主義から工学主義へ ― ドイツ ―

◎戦後ドイツの工学的ランドスケープデザイン

　第2次世界大戦後においても、ドイツでは造形的、空間的であるよりは園芸的、生態学的な傾向が強かった。景観エンジニアリングとも言うべき造園が志向されたといえよう。第三帝国期に培われた厳格な自然主義と合理主義が形を変えて持続したともいえる。1958年のブリュッセル世界博覧会のヴァルター・ロッソウ（1910-1992）によるドイツ館の庭園（図21）や、その他の博覧会で展示された彫刻的な作品群はそうしたなかでの例外といえるが、いずれもランドスケープデザインというよりはディスプレイとしての色合いが濃く、さらに戦後社会における情報流通の進展を考えるなら、それらのなかにドイツ独自の新しい展開を見出そうとするのは困難であろう。

　そうしたなかで、**ギュンター・グルツィメク**（1915-1996）は、ドイツの戦後ランドスケープデザインで際立つ存在である。

　グルツィメクにとって、ランドスケープデ

図19　ブローデル・リザーブ
1960年代にチャーチよってデザインされた水盤を、ハーグが生垣によってしつらえなおし、より印象的な空間「鏡の庭」とした

図20　ブローデル・リザーブ
19世紀の伐採跡地（人為的攪乱、産業遺産とも言える）という土地の歴史と植物の成長と衰退を顕在化する「苔の庭」とした

図21　ブリュッセル世界博覧会ドイツ館の庭園（ロッソウ、ブリュッセル、1958）

★19　現代のランドスケープデザインにおいても、生態学的に正しい方向に緑地をデザインするためにアダプティブ（適応）・デザインと呼ばれる手法が提案されているが、グルツィメクの試みは、環境行動学的な視点からこの適応性を備えたデザインを行うという先駆的な事例と捉えることもできる

★20　設計競技でベーニッシュが1等を獲得した時点で、すでにスタジアムの建築と公園のランドスケープが一体となって山並みのような風景を形成するデザインの方針は確定していた

ザインに対するスタンスは明確であった。それは、ランドスケープデザインは芸術ではなくむしろ工学であり、芸術性の担保は芸術家の仕事である、というものであった。グルツィメクは、多分野の民主主義的な共同により、一貫し集約された都市緑地の確保を行なうこと、「緑」によって多目的な空間を適切な形で提供すること、そして利用者主体の計画を行なうことを標榜し、エンジニアリング的な緑地計画の専門家に徹することを望んだ。

極端な場合には、オープンスペースに通路を設けるにあたって利用者の実際の行動を観察したうえで歩道を整備し、誤った歩道の配置を避けようとすることもあったという[19]。

グルツィメクの手がけた計画のなかでは、建築家ギュンター・ベーニッシュとフライ・オットーとの協働である1972年のミュンヘン・オリンピック公園がもっとも異色かつ有名である（図22）。

建築家ベーニッシュを筆頭とするチームにおいて、オットーは構造設計者の視点から建築のデザインを洗練し、グルツィメクはランドスケープアーキテクトの視点から、第2次世界大戦の破壊による廃棄物と工事による排出土を利用した最大高さ60mにおよぶ山並みのようなアースワーク（造成による大地の造形）の設計を行なった[20]。

競技場や街の眺望、またアルプス山脈の遠景に対するパノラマをつくると同時に、利用の種類によって地面の種類を変え、また歩行者動線の計画と植栽の選定・配置をともに系統的に行なうことによって、イベント時に移動する群集や日常的な散策者、さらにはマウンテンバイクなど、様々な利用者にとって快適な空間を提供するよう計画を行なっている（図23）。

ここでもグルツィメクは、作家としての芸術性はベーニッシュに任せ、自らはエンジニアとしての役割に徹した。そして「自発的な利用を誘発する」ことを目指したというグルツィメクの言葉にあるように、そのアプローチは、あくまでも利用者主体の視点に基づいていた。

グルツィメクは、1972年にランドスケープデザインのプランニング的側面をもち味とするミュンヘン工科大学のランドスケープアーキテクチャー学科に着任する。そこでグルツィメクは、多領域との協働を前提とした実務教育を展開し、領域横断的（インターディシプリナリー）なプランニングの実践におけるランドスケープデザインの役割を追求した。

グルツィメクのプランニングを中心とした実務と教育の融合は、ドイツのランドスケープデザインの社会的意義の本質が、芸術よりは工学に近いものであることを明確にした。さらに、その対象を「緑」のみではなく利用者のための環境形成におくことで、戦中期以来の自然主義の桎梏を払拭する効果を狙ったようにも見える。

実際、現代のドイツでもっとも国際的な発信力をもつランドスケープアーキテクトのひとりであるペーター・ラッツ（1931-、第10章参照）が、工学的なランドスケープデザインのアプローチを強みとしていることは明ら

図22　ミュンヘン・オリンピック公園（ベーニッシュ＆オットー＆グルツィメク、ミュンヘン、1972）

図23　ミュンヘン・オリンピック公園

★21 空洞。ここでは都市空間において建築のヴォリュームが存在しない空間、すなわちオープンスペースのヴォリュームのこと。図と地の3次元的な捉え方

かである。そして1983年にはラッツ自身、母校であるミュンヘン工科大学において、グルツィメクの後任を担っている。

5 ヴェルサイユの教育と職能の確立 —フランス—

1970年代にミシェル・コラジョーの成した仕事は、ジャック・シモンが荒々しく拓いたフランスにおけるランドスケープデザインの道筋を、より洗練されたデザインにまで高め、ランドスケープデザインの職能としての自律性を強く、明らかに主張することであった。

そのもっとも端的な例と言えるのが、1974年のグルノーブル・ニュータウンの住宅地拡張計画におけるランドスケープデザインである。そこでは、マウンド（盛土）が幾何学的な輪郭を持って立ち上がり、整然とした樹木の列がそれを横切っている（図24、25）。

シモンのアースワーク（7章図38、39参照）では大地がうねることでランドスケープの自律性が主張されていたとしても、シモンの作品と知らなければ、それを風景式庭園の伝統に帰する見方もできよう。しかしコラジョーの場合では、もはやそれが大地に属するのがどうかさえも疑わしいほどの明確な自律性を示し、すくなくとも風景式庭園の牧歌的モデルとは明らかに異なる質を獲得している。

「ランドスケープの役割は、虚偽の自然を挿入することで都市の自発性に抵抗することではありません。それは、都市に相応しい材料を用いてすべての部分に1つの枠組みを与え、それによって自然のなかで出会うような固有の感情的潜在力を都市に与えることです」「街はそれ自体がランドスケープなのであり、自然な土地に匹敵するほどの交流とスペクタクルの価値がそこにはあります。建築家がヴォリュームに対してその特権をもつように、ランドスケープアーキテクトはヴォイド★21に対してその特権をもっているのです」とコラジョーは語っている。

1974年にヴェルサイユ国立園芸高等学校は閉鎖し、代わって1976年にコラジョーとラシュスの率いるヴェルサイユ国立ランドスケープ高等学校が開設される。そこでは現在も、デザインの下にアート、技術、生態学、人間科学の4本柱を立てた教育が展開されている。また、スガールはランドスケーププランニングの教育を、パリ・ラ・ヴィレット建築学校においてラシュスとともに展開している。

フランスにおけるランドスケープデザインの展開を振り返ると、2つの世界大戦による民主主義と経済の停滞は、確かにこの国におけるモダンランドスケープの展開過程にある歪を与えた。

しかし1960年代までに絶え間なく続けられた都市空間への挑戦の歴史は、園芸の伝統を保ちながら都市空間へとそのフィールドを拡大するというフランスのランドスケープデザインの堅実な発展を下支えした印象もある。そしてこの印象は、アラン・プロヴォ（1938-）、ジル・クレモン（1943-）、イヴ・ブリュニエ（1962-1991）、ミシェル・デヴィーニュ（1958-）といったヴェルサイユ出身の作家たちの作品に看守される繊細な植栽計画や造形、また都市的さらには生態学的な視点の共存を確認することで、裏付けられるのである。

図24　グルノーブル・ニュータウン拡張計画（コラジョー、グルノーブル、1974）

図25　グルノーブル・ニュータウン拡張計画

column
アースワークが生み出す空間体験

マクロとミクロが織りなす空間

　本章で取り上げられているアースワークの代表的な作家の1人であるロバート・スミッソンは、1970年にユタ州のグレートソルトレイクに突堤スパイラルという環境芸術作品を残している。これは敷地周辺から採れる玄武岩と土砂を用いて塩水湖のほとりに製作された巨大な渦巻状のアート作品である。つくられた当初は玄武岩の色により黒色であった螺旋形に敷き詰められた岩が、時が経つにつれ湖の塩分が岩の周りで結晶化することによって今では雪が積もったように真っ白に塩で覆われている。空中写真でしか全貌がはっきりとわからないような巨大アースワークが全体の風景の中でアートとして成り立つ一方で、塩の結晶化というミクロな現象により時間の経過や自然のプロセスを可視化させている。

　一方で欧米の近代ランドスケープアーキテクトの1人であるキャスリン・グスタフソンは、ダイアナ妃追悼記念噴水をロンドンのハイドパーク内に設計し、2004年にその噴水はオープンした。コンピューター技術を用いて滑らかにカットされた500以上もの花崗岩を用いた巨大な楕円状の噴水が、緩やかなうねりをもった広大な芝生の上に横たわるデザインとなっている。この作品では、様々な形状の石によって水の表情の変化を作り出し、ダイアナ妃の波乱万丈な人生を表現する一方、全体としてはダイアナ妃に象徴される親しみやすさを人々が感じ取ることができるような空間に設計されている。

時空を超える空間体験

　これらの作品を通して見てとれるアースワークとランドスケープアーキテクチャーの共通性はその作品のスケール感やミニマルな表現方法はさることながら、ともに石・土・水という自然の媒体を使い、その場所固有の壮大なスケールのランドスケープを作品によってさらに引き立たせており、同時にミクロの視点では塩や水によって自然のプロセスや人の生き方をポエティックに表現している点である。突堤スパイラルにおいては、広大な湖につくられた塩で覆われた岩の上を歩きながら塩分を含んだ湖の成り立ちや結晶化などの科学的事象に思いをめぐらし、ダイアナ妃追悼記念噴水では、素足で滑らかな石の上を流れる水に触れながらダイアナ妃の人生や記憶に思いをはせるのである。これらの作品は場所のコンテクストはまったく異なるが、両者とも人々が積極的に作品に触れその空間に関わることによって、作品自体はもちろんのこと、様々な時空へと人々の意識を導き、考えさせるようなきっかけとなりうるのである。アースワークとランドスケープアーキテクチャーの発生の歴史や背景は異なるものであるが、これら2つの作品を通して両者の関連性を探ると様々な側面において共通性が見て取れる。

（宮原克昇／日建設計）

ダイアナ妃追悼記念噴水

column
ベトナム・ベテランズ・メモリアル──都市に対峙する寡黙な壁

★1 ベトナム戦争は1975年に終結したが、10年余に及んだ戦火は、米軍側に5万8千人以上の死者と行方不明者をだし、米国内での反戦運動の高まりと共に、米軍は撤退を余儀なくされ、アメリカにとってはじめての「敗戦」といえる結果に終わった

★2 フランス人都市計画家ランファンによるDCの基本計画は、絶対王政を具現化したルノートルによるベルサイユや、帝政時代のオスマンによるパリ改造に適応された空間構成の手法を引き継いでいる

メモリアル設立の経緯

ベトナム・ベテランズ・メモリアル（ベトナム戦争服役者記念碑）は、1982年に首都ワシントンDCの中心にあるモールと呼ばれる緑地帯のなかに完成した。全長約75m、最大深さ約3mの地表下に設けられた黒い花崗岩のよう壁で、扇状に開いた壁の先端は首都の代表的なランドマークであるリンカーンメモリアルとワシントンメモリアルへと向けられている。毎年300万人以上が訪れるという、米国で最も有名なメモリアルの1つだ。

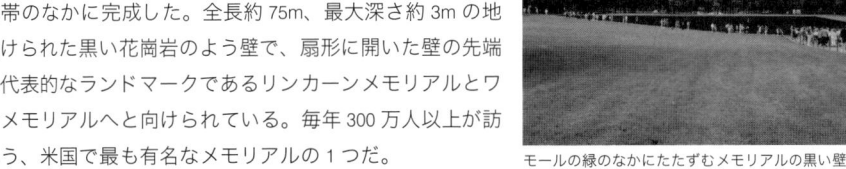

このメモリアルは、米国民にとって複雑な感情をもたらすベトナム戦争★1という事象を対象にしたものである以上に、設立当初から大きな注目と議論を集めた。

メモリアルのデザインは、公開コンペによる1400以上もの無記名の提案書のなかから選ばれたが、その提案者が、当時まだイェール大学に在学中であった21歳のアジア系女性、マヤ・リンであったこと、そして彼女のデザインが地中に埋没する黒い壁というネガティブなイメージを想起させる抽象的な造形であったことなどから、この案は服役者の名誉をおとしめ戦争批判につながるものだと主張する反対論がおこった。しかし、こうした政治的、社会的な論争をさし置いても、このメモリアルの示唆するところは大きい。

モールの緑のなかにたたずむメモリアルの黒い壁

メモリアルがもたらす体験

実際に訪れてみると、メモリアルはモールのなかの高木や緑にまぎれ、にわかには気づかないさりげなさで存在している。芝の大地をかき取るように埋設された黒の花崗岩のよう壁には、ベトナム戦争による戦没者と行方不明者の名前が時系列に刻まれ、壁の前には、遺族が手向けたものと思われる写真や献花や手紙などが点々と置かれている。時々、じっと壁の1点をみつめて立ち尽くしている人がいるが、同じように壁の面前に立つと、磨き上げられた黒い石に映る自分自身の姿に重なり、刻まれた名前の一つひとつが意志をもっているかのように内面に語りかけてくる。そして、その黒い壁の先端が指し示す先に、国家の栄誉を讃えて屹立するワシントンメモリアルの白い尖塔が空に輝く姿をみる時、国の威信を賭けて行なわれた戦争の別の一面に思い当たらざるを得ない。その体験は、私のように戦没者とは直接関係をもたない者にも深い鎮魂の意をもたらし、ベトナム戦争という個別の戦争の枠を超え、戦争というもののもつ不条理さを訪れる者に知らしめる普遍性がある。

メモリアルが変えるDCという都市

ごく単純な造形にも関わらず、このメモリアルのもつこうした本質的な力強さは、ワシントンDCという都市の構造や成り立ちと無関係ではない。

ワシントンDCは、首都として国の栄誉と偉大さを象徴するべく、政治的に計画された都市だ★2。格子状の街区を斜めに横断するブルバードは、市内のどこにいてもその存在が意識されるよう、国家の威信を示すホワイトハウスや国会議事堂や主なメモリアルに向け放射状に集約され、市の中心に位置するワシントンメモリアル塔が最も高い建造物であるよう計画されている。DC内にあるこれら多くの建造物やメモリアルは、華々しい国の歴史を表すよう白い石や金のブロンズに飾られ、都市のランドマークとして地上に屹立している。

この明るい楽観的な自己肯定に満ちあふれた都市のなかで、ベトナム・ベテランズ・メモリアルは、明らかに異質な存在感を放っている。地表に突出するものは何もない鎮魂の黒い壁。その寡黙な壁の両端が、建国の栄誉を象徴するリンカーンメモリアルとワシントンメモリアルに向けられる時、それらによって象徴されるDCという都市は、まったく異なる意味を帯びるようになる。

こうして、マヤ・リンは、ワシントンDCという都市の構造を作品の一部として利用し、都市という敷地と応答しながらも、ごく単純な造形によって、この都市のもつ意味をひっくり返してしまった。そこに、1960-1970年代に興ったアースワークムーブメント（環境芸術運動）の影響をみることもできよう。しかし、それ以上に、このメモリアルは、都市という敷地に対して、その様態を受容しながらも、ほんのわずかな操作を加えることで、その根底を翻してしまう力があるという、ランドスケープアーキテクチャーの本質にせまる課題をつきつけている。

（杉浦榮／S2 Design and Planning）

日本 1940–1979
概観②：ランドスケープデザインの確立をめざして

日本のランドスケープデザインに関する法律や組織などの社会的枠組みのほとんどは戦後につくられ、少しずつかたちを変えながらも現在まで受け継がれてきている。私的な庭から都市のパブリックスペースへと活躍の場を広げ、長い庭づくりの伝統や欧米の模倣から脱却し、日本独自のランドスケープデザインに対する思考と体制を築いたことは、この時代の大きな成果であったと言える。

公園の危機を超えて——都市公園法による公園の保全と量産

終戦後、土地区画整理事業★1による復興が進むと、それによって生み出された公園の設計や管理への対応が急務となっていった。その一方で、農地改革によって広大な面積の公園が農地となった★2ことや、政教分離のために日本的なレクリエーションの場であった社寺境内の公園の解除手続きが進められたことなどにより、戦前からの公園は大きく失われた。

このような背景から、公園の効率的な整備・管理の仕組みと他の土地利用への転用を防ぐための制度が求められたことが、1956年の都市公園法制定の直接的なきっかけであった。そのため、都市公園法は公園の管理や保全に重きが置かれており、公園の廃止を防ぎ、利用内容を制限するなど規制法の色合いが濃い。戦前までは、公園内に図書館や公会堂、レストランといった人々の娯楽のための施設が設けられることはよくあることであった。しかし都市公園法は、公園に設置することのできる施設を園路・広場、修景、休養、遊戯、運動、教養、便益、管理、その他（展望台など）の9種類と定め、子どもの遊び場やスポーツ施設をはじめとする人々の屋外でのレクリエーション機能を果たす施設に限定した。

あわせて配置や規模などの基準を明確に定め、これに添ったものに国が補助を行なうこととした。これによって整備内容と財源の両面から全国統一の公園設置の仕組みが確立したと言える。特に全国で急増した児童公園については、地方の設計技術の向上を目的に国が標準設計図★3を示して、これに準拠するよう指導が行なわれた。また、公園整備の量的目標を1人当たり6m²★4と具体的に定めたことで、これを満たすための公園の量産が進められた。これらによって全国の公園整備は飛躍的に進んだが、その一方で、どこへ行っても同じような公園が広がるデザインの画一化を招く結果ともなった。

児童公園の標準設計図

個人の庭から公共の庭へ——総合的な住環境をつくる団地造園の挑戦

公園の整備と同時に、日本の公共空間におけるランドスケープデザインの基礎をつくったもう1つの大きな要因は、日本住宅公団★5による団地の屋外空間に関する取り組みである。戦前から同潤会や住宅営団などによる集合住宅は存在していたものの、1000戸を超えるような大規模団地の建設はほとんど例がなく、広大な敷地に総合的な住環境をつくり上げていく住宅公団の取り組みは、日本で初めての挑戦であった。この試行錯誤の現場において、生活と密接に関係した屋外空間づくりの考え方が精錬されていった。

大規模団地の建設は、単に大量の住宅を供給することにとどまらず、いかにして新しいコミュニティをつくるかが重要な課題であった。そのためには、住戸内の私的な生活様式にもまして、屋外空間での社会的な生活をどのようにデザインしていくかが問われた。住棟を取り巻く屋外空間によって、日照・通風やプライバシーの確保といった基本的な居住性能を満たすことはもちろん、プレイロット★6の配置や歩車分離★7による屋外空間のネットワークによる総合的な住環境のデザインが試みられ、公園の計画・設計とは異なる「団地造園」という新たな職能領域が誕生した。「個人の庭は公共の庭に変ることは欧米都市の歴史が物語っているところであり、この公共庭の仕事は我々造園家に課せられた重大な仕事であり、後世に伝えられるべき新しい技術であろう」★8という佐藤昌★9の言葉からは、当時の団地造園が担う社会的役割の重大さと、それに携わる人々の熱い意気込みが伝わってくる。

団地のプレイロット

★1 土地の区画を整えることで、宅地利用の増進を図る事業。地権者が少しずつ土地を出しあって道路や公園などの公共用地を整備する

★2 東京都では戦前に保有していた公園用地のおよそ半分（約140万坪）が失われた

★3 児童公園の「四天王」とされるブランコ、すべり台、ジャングルジム、砂場などが配置され、中央部に広場、周りを植栽地が取り囲むといったデザインとなっている

★4 当時の1人当たり公園面積は3m²以下であり、当面は倍の6m²が目標とされた。2008年度末の全国平均は1人当たり9.6m²

★5 都市に大量に流入する勤労階級のための住環境整備を目的に1955年に設立された機関。現在の独立行政法人都市再生機構の前身。略称は住宅公団

★6 乳幼児の遊び場。日本では集合住宅地内に設けられた比較的規模の小さい遊び場を指すことが多い

★7 歩行者の安全性や快適性を目的に車道と歩行者道を分離して配置すること

★8 『みどり』NO.1、日本住宅公団みどり会、1958

★9 佐藤昌（1993-2003）：1927年東京帝国大学卒業。戦後は建設省において計画局施設課長等を務め都市公園法を成立させた後、住宅公団で造園の指揮を執る。IFLA副会長、日本造園学会会長、日本造園コンサルタント協会会長等を歴任

★10 上野泰（1938-）：1962年千葉大学卒業。近代造園研究所における理論的・デザイン的主導者として活躍。1977年ウエノデザイン設立

★11 1961年設立。実質の活動期間は10年にも満たなかったが、その間に多くの作品を手掛けた。スタッフの多くは、後に自分の設計事務所を立ち上げて独立した

公共造園を担う設計事務所の成立——近代造園研究所の誕生

戦前より行政機関の造園の仕事は、構想から設計に至るまで、すべてを内部の技術者が担っていた。住宅公団における造園設計も、当初は内部の職員がすべての団地を手掛けていたが、事業量の増加や団地の大規模化・多様化に伴って、その対応は限界に達しつつあった。これを受けて、より効率的な設計システムを確立するために、1960年より団地造園の設計を外部の設計事務所へ委託することが試行された。

このような造園設計のアウトソーシングの需要に応えるために設立されたのが、上野泰★10らの近代造園研究所★11である。戦前からあった造園設計事務所は、住宅やホテルの庭などの民間の造園設計に携わるものか研究者が主宰するもののどちらかであったのに対し、近代造園研究所は公園や団地造園といった公共空間の造園設計を専門とする事務所であった。設立時のメンバーは大学を卒業したての若手ばかりであり、住宅公団や東京都の職員が夜な夜な事務所に赴いては設計を手伝うという状況からのスタートであったが、わずか10年にも満たない間に、深い理論に裏打ちされたデザイン性の高い数々の作品を世に送り出し、公共造園を専門とする設計事務所としてのスタイルを確立した。東京都児童会館に面した美竹公園や、高根台団地の屋外空間はその代表例と言える。

建設中の美竹公園

これ以降、公共造園を担う数多くの設計事務所が設立されていくことになるが、もともと行政機関に所属していた造園技術者たちも、自らの事務所を立ち上げて独立する動きがみられた。建設省や住宅公団で数多くの設計に携わった池原謙一郎★12もその1人であり、1966年に環境計画研究室を立ち上げて民間で活躍した。これにより、日本における公共造園の主体は、事業の構想やプロデュースを行なう行政機関と空間の設計を担う民間の設計事務所とに明確に分かれていった。

組織化と国際化の起点——日本におけるランドスケープデザインの確立

このようにして造園設計事務所が次々に成立していくなか、1964年の第9回IFLA国際造園会議★13を機に造園設計事務所連合★14という組織がつくられた。1967年にはメンバーを15社から22社に増やし、名称を日本造園設計事務所連合と改めて本格的なスタートを切っている。初代事務局長を務めた小林治人★15は、日本における造園設計の職能の確立や組織化をリードした人物である。小林が尽力した季刊『ランドスケープ』★16の創刊はこのような議論をさらに盛りたて、その後の『ジャパンランドスケープ』★17や『ランドスケープデザイン』★18といった日本のランドスケープジャーナルの礎を築いたと言える。1980年に日本造園コンサルタント協会、1985年に社団法人化、1999年には社団法人ランドスケープコンサルタンツ協会と改組を重ねて現在に至っている。特に近年は登録ランドスケープアーキテクト（RLA）★19制度を発足させるなど、職能の更なる展開を促し続けている。

また、国際的な交流の場は組織化だけでなく、日本のランドスケープデザインに対する考え方が問われるきっかけでもあった。日本で初めて海外の専門家との本格的な議論の場がもたれたのは、1960年に開催された世界デザイン会議★20である。世界の著名な建築家やデザイナーが集まる会議の場に、池原は環境部会のパネリストとして登壇し、「造園の未来像」と題したパネルを示して「今日のlandscape designは、単なるvisual landscapeではなくして、outdoorや自然そのもののなかに常に人間的社会的断面を探求し捉えていくことでなければならない」★21と述べている。造園から今日的なランドスケープデザインをめざした池原の宣言は、海外の先進的な思考とも肩を並べるものであり、現在でも通用する本質的な未来像であったと言える。

これ以降、実務や研究などの様々な面において海外との交流が盛んに行なわれるようになっていった。なかでも久保貞★22らは訳書や講義録などの出版を通じて、ガレット・エクボ★23をはじめとするアメリカのランドスケープデザインの思想を積極的に紹介した。これらを通じて、これまで欧米の模倣に止まっていた日本の造園は、初めて世界と同時代的なランドスケープデザインの視点を共有できるようになっていった。

（小林邦隆・武田重昭／ランドスケープ現代史研究会）

★12 池原謙一郎（1928-2002）：1951年東京大学農学部卒業。同助手を務めた後、1955年建設省入省。1958年には日本住宅公団へ移り草創期の団地造園に携わる。1966年に環境計画研究室を設立

★13 ランドスケープ国際連盟。The International Federation of Landscape Architects (IFLA)

★14 日本で初めての造園設計事務所の組織体。第9回IFLA国際造園会議では名簿を配付して、組織の存在をアピールした

★15 小林治人（1937-）：1961年東京農業大学卒業。1968年㈱東京コンサルタンツ設立。学生時代から上野泰らと造園の発展を検討する会議を組織するなど一貫して造園の教育や体制づくりに貢献

★16 1970-1985年まで発行されたランドスケープ雑誌。発行者は佐藤昌。発行は都市計画研究所・ランドスケープ出版会。編集には池原謙一郎、小林治人らが参画

★17 1986年創刊。『ランドスケープ』の蓄積を引き継いだ季刊誌。発行者は佐藤昌。㈱プロセスアーキテクチュア発行。編集・制作は㈱マルモ・プランニング。編集には『ランドスケープ』の編集に携わった者が多数参加

★18 1995年創刊。発行者は丸茂喬。㈱マルモ出版発行。NO.34までは季刊誌、2004年のNO.35以降は誌面をリニューアルし隔月発行

★19 ランドスケープアーキテクトの育成と専門家としての職能の確立ならびに国際的連携をめざし、2002年に日本で初めて設けられた資格制度

★20 1960年、27カ国から200名以上の建築家やデザイナーを招いて開催された国際会議。日本で「デザイン」の語が社会的認知を得る契機となった

★21 世界デザイン会議議事録編集委員会編『世界デザイン会議議事録』1961

★22 p.103参照

★23 p.86、102、192参照

日本 1940–1979 「庭は人」である

★1 吉田五十八（1894-1974）：建築家
★2 白井晟一（1905-1983）：建築家
★3 清家清（1918-2005）：建築家
★4 芦原義信（1918-2003）：建築家

京都東山界隈

植治こと、7代目・小川治兵衛（1860-1933）は京都の人。山県有朋の別荘・無隣庵での作庭で、京都の古い作庭法を批判し、豪壮かつ雄大な独自の庭園を求める山県の自由な造園に対する考え方に触れた植治は、独創的で新鮮なデザインの必要性を感じた。新興のブルジョアジーたちの嗜好や時の動きを的確にとらえ柔軟かつ素早く庭の中に取り入れていった。

京都から東京へ

植治の庭は甥の岩城亘太郎（1898-1988）らに受け継がれていく。

岩城は豪奢な人であった、らしい。植治の地盤である京都に遠慮し、というよりも日本の実業界の中心である東京に大きなチャンスを見い出したと言った方が良いだろう。卓越した空間の構成力に加え、財界人、一流の建築家とのお茶会を通じた交流も独自のデザインを実現させていく大きな力になった。

岩城亘太郎／古峰神社庭園（栃木県、1978）直線的な大滝、スギ林の垂直線に差し込まれた築地塀の水平線によって、ダイナミックな構造をつくり出している

雑木の庭

岩城と同時代の人に飯田十基（1890-1977）がいる。飯田が推進した雑木の庭は自ら「自然風」と呼び、従来の庭を「作庭式」と呼んだ。吉田五十八[★1]がつくり始めた新数寄屋の住宅には、飯田は竹の庭を提案する。吉田の面と線を強調した、明るく軽快な新数寄屋の住宅には、伸びやかな竹の線が良く似合った。雑木も竹の庭も原寸大に近い、そのままの自然を庭に取り入れることにあった。雑木の利用は東京オリンピック以降都市化とともに急速に広まっていく。「原寸大の自然」は鉄やガラス、コンクリートの建築にも違和感なく重なり合わせることができた。

外空間

開発がすすむ都市空間で、建築と道路や内部と外部との相互空間を「外空間」または「媒体空間」としてつくり上げた作家、深谷光軌（1926-1997）がいる。「自然と人間とのかかわり合い」がテーマであった深谷が、自然の変化を増幅し我々に伝える媒体として用いたのが、モジュール化した切り石である。人為のすべてを自然にさらし、その変化を現象として感じ手が受け取るための空間の創造である。白井晟一[★2]の作風や素材の使い方に影響を受けたときが、芦野石を加工し、直線と面、反復、石の加工によるテクスチャーのバリエーションとその組み合わせは、過去の日本の庭園では観られない特筆すべき作風と言える。

深谷光軌／京王プラザホテル（東京都、1977）新宿副都心の4号街区に出現した雑木と芦野石による外空間

新日本調の庭園

鈴木昌道（1935-）は深谷の作風に刺激を受けた作家の1人である。清家[★3]、芦原[★4]に師事しモダニズムの建築にどっぷり浸かった鈴木にとって、直線的でシャープな深谷の作風は新鮮で魅力あるものであったろう。

「鈴木君は図面を出しすぎる」深谷の言葉であるが、現場においての職人の技量に負うのではなく図面を媒体として「庭園」をつくり上げることは、建築を学んだ鈴木にとっては当然のことであった。

永遠のモダン

重森三玲（1898-1975）は岡山の人、最初は日本画を学び、生け花の革新を提唱、独学で日本庭園を学び、全国の庭園を実測、庭園史家として多大な功績を残した。庭園研究のなかで江戸期以降の庭のあり方に疑問をもち、作庭に携わることとなる。庭はとことん自然を尊重しつつも、抽象化された新しい自然を創る芸術でありであり、永遠のモダンでなくてはならないという。氏の独創的な庭園は他の追随を許さない。

「庭は人」である

「庭は人」である。明治以来綺羅星のように輝いては消えていった先人たち、彼らは「日本人であること」の上にあって、独自の世界を切り開いていった個性の人たちであった。決して伝統の上に腰を下ろして優雅に「庭づくり」を行なっていたわけではない。常に時代の要請を感じ、それに応えながら独自の作風をつくりあげていった先駆者なのである。我々は、その「星々のちらばり」を見上げた時に、「今」を付置する場所が見えてくるのかもしれない。

（吉村純一／多摩美術大学）

「辺境」日本におけるニュータウン開発

日本 1940-1979

「辺境」日本の文化的特質とニュータウン開発

　日本のニュータウン（以下NTと示す）は欧米の先進的な都市計画導入の文脈で説明されてきた。しかしNT開発とそのランドスケープの創出は、画一的な理論の当てはめとはほど遠く、現場における困難の克服、試行錯誤と創意工夫は単純には語れない。そこで一歩ひいて、日本文化の特質を探る一視点から、日本のNT開発の固有性の糸口を探ってみたい。

　内田樹は『日本辺境論』で、大陸の東の果て「辺境」にある日本は文化流入の終着点で、限られた資源を活用して効率良く学び、独自のものへ変容させる文化的風土、伝統をもつと述べた。考えれば造園は「辺境の学び」そのものだ。日本独自の造園思想が萌芽、発展する直前には、大陸から膨大な最新の造園文化が（その他の文化、政治、宗教とともに）流入し、続く戦乱、鎖国など外交の閉鎖期に醱酵、熟成していった。明治以降、文化流入軸は180度転換し、「辺境」日本は地の果てであった海に向け開国、世界への参加の努力を積み重ね、敗戦を経験…そして復興と高度経済成長を迎える。

　NTが第2次大戦後の大きな「学び」であったことは開発に関する調査研究の充実からも伺える。日本建築学会、日本都市計画学会ともに、千里NT開発に先立って報告書を作成、新たな都市建設の理論が欧米から「学び」とられた。同時に、現場でも「学び」が生じた。これまで着手されなかった丘陵地での大規模都市開発という未知の対象で生じる課題を、現実に即して、迅速に解決することが要求された。戦後米軍施設の造成や世界銀行融資事業の愛知用水建設の経験が、等高線による造成技術や積算プロセスの効率化など解決の礎となったことも興味深い。

　NT開発は造園分野にも「学び」をもたらした。1960-1969年にNTの造園に関わる4つの報告書が提出され、近隣住区理論や誘致圏に基づく公園整備理論、地域緑地計画との整合性、基本的な計画設計の方針が議論、検証された。緻密に書き込まれた当時の手書きの報告書や図面からは、一時期に「みどり」を大量供給するべく造園樹木の規格化やNT公園内で苗木生産に取り組んだ造園技術者の、また、新たな公園緑地の設計に試行錯誤したランドスケープアーキテクトの、可能性や好機に対する現場の「学び」の結実が、充実感、活力とともに伝わってくる。

ニュータウン開発が自然環境を「構造化」する…

　近隣住区理論、クルドサックなどの模倣は、その実現のための設計施工の努力や、供給の規格・効率化のなかで咀嚼され、個別の事情に応じて変更、編集あるいは放棄され、そして再び計画理論へと熟成される。私たちの国のNTの「学び」の熟成の1つに、地域の自然環境の「構造化」★1を挙げるのは強引だろうか？自然環境の特徴を読み解き、社会的・経済的価値を判断することは、ランドスケープアーキテクトの重要な職能の1つである。NT開発においても新たな都市のなかに自然環境をどのように位置づけるか？　その「構造化」は大きなテーマだった。多摩NT「自然地形案」で議論され、港北NT「グリーンマトリックス」に結実したのは、意図的に「構造化」された自然環境だった。一方、計画とは別の意図から自然環境が「構造化」される場合もある。千里NTでは、反対運動により中心部の集落が計画区域から除外され、その水利権を確保するためNT内部にため池が保全された。このことは、NTが現在も地域の自然環境の構造を継承している、大きな理由となっている。

　内田は、「辺境の学び」には"安全装置"が必要だという。レヴィ=ストロースが『野生の思考』で示したブリコルール（bricoleur）──手にした時にその有用性や意味は明確でないが、将来それを工夫して問題解決に役立て、一方、危険なものは先んじて回避する、「先駆的に知る能力」──である。計画の障害だった反対運動に「先駆的に」意味や好機を見いだす理解と意識に変化が、ある時点であったのではないか？　今はまだ推測に過ぎないが、その片鱗は、例えば団地の微地形処理に見つかりつつある。

　日本のNTは、自然を抽象化、具現化してきた造園が、モチーフやメタファではない自然と対峙した場面だった。開発から半世紀を過ぎ、建替の時期を迎えたNTに内在する「構造化」された自然環境を読み解くことは、それを引き継ぐランドスケープアーキテクトの果たすべき説明責任であり、団地で生まれ育った私の課題でもある。

（篠沢健太／大阪芸術大学）

★1　ここでは「構造化」を、「地域の自然環境が社会・文化的意義や経済的価値を伴いながら、新たな空間やランドスケープの文脈のなかに組み込まれ、継承されること」と考えている

＊参考文献
- 内田樹『日本辺境論』2009
- 片寄俊秀『千里ニュータウンの研究―計画的都市建設の軌跡・その技術と思想―』1979
- 篠沢健太・宮城俊作・根本哲夫「千里ニュータウンの公園緑地内に内在する自然環境の構造とその発現形態」『ランドスケープ研究』71（5）、2008
- 篠沢健太・宮城俊作・根本哲夫「千里ニュータウンにおける集水域の構造変容と公園緑地系統の関連」『ランドスケープ研究』70（5）、2007
- 根本哲夫・宮城俊作・篠沢健太「〈多摩ニュータウン開発計画・自然地形案〉にみる地形と空間構造の関係」『ランドスケープ研究』69（5）、2007
- 宮城俊作「初期の郊外ニュータウンに潜在する自然環境の構造」『都市計画』284、2010

III
1980-2009
風景の再構築に向けて

ローマ時代の水道橋（セゴヴィア）

1980—1989

ミニマリスムと現象の美学

第9章

教条的な近代主義の都市計画が1970年代を通じて見直されていくなか、1980年代には芸術性や自然環境のデザインへの取り込み方といった観点から、近代ランドスケープデザインのあり方も見直された。ミニマリスムの美術を範にとったウォーカーの作品や、アースワークなどの環境芸術に感化され、現象の美学を取り込むハーグレイブスやヴォルケンバーグの作品がそれを端的に表現する。ヴェルサイユの教育が実を結び、徐々に多様な作家が成果をあげていく時期でもあった。

★1 空間のデザインにおいて、メタファの利用や物語性の付与によってデザインに意味的な豊かさ加えるという方法、イギリス風形式庭園の初期に多く見られた方法である。ポストモダニズムの建築言語は、ランドスケープデザインにとっては皮肉なことに、すぐれて庭園的な手法であった

0 時代背景

◎ランドスケープ・モダニズムの再考

1980年代にアメリカのランドスケープデザインが課題としたのは、自らが頼ろうとした建築の機能主義が信頼を失っていくなかで、機能主義とは別のランドスケープ・モダニズムを独自に探求することであった。

1960年代までに見たように、ランドスケープデザインでは、機能主義をはじめとする近代建築の考え方を取り入れることでモダニズムの地平を獲得しようとした。ササキなどによる合理的な計画論と組織事務所の樹立にいたって、機能的な側面におけるランドスケープデザインの近代化は一旦、目的の達成を遂げたように見えた。サイトプランニングを主な武器として、ランドスケープアーキテクトは一定の社会的地位を獲得したのである。

しかし一方、ササキアソシエイツやSWAなど、ササキの設立した組織事務所における業務は、徐々にクライアントに対するサービス業的な色彩を帯び、自由な作家性の発露を制限する傾向も持ち始めていた。実際、名作として知られるジョン・ディーア本社庭園（1963、モリーン、図1）は、秀逸なサイトプランニングのうえに置かれた美しい風景式庭園ともいうべきものであり、デザイン自体としては保守的な傾向を見せている。

また1970年代以降のこの時期にはすでに、機能主義の都市計画は批判を受け始め、建築では歴史主義やメタファをもち込んだり★1、オープンスペースのデザインに関心を寄せたりすることで都市空間の場所性を回復させようとしていた。さらに、1960年代以降盛んに見られたパブリックアートでは、建築家と都市計画家によってつくられた都市空間に彫刻作品を置くことで、街を活気づけることが試みられていた。

1970年代以来の建築における屋外空間デ

図1 ジョン・ディーア本社庭園（ササキアソシエイツ、モリーン、1963）美しいキャンパスの景観と近代建築の調和はササキアソシエイツの代表作と呼ぶにふさわしい。しかしデザインのモチーフは、保守的ともいえるイギリス風形式庭園の応用である

★2　ハルプリンがシーランチで試みたように、環境に対する理解を取り入れた敷地計画はランドスケープデザイン独自の可能性を示唆してはいた。しかし、マクハーグに始まるエコロジカルランドスケープは未だプランニングレベル以上の成果を出し得ず、「近代以後」のデザインを独自に提示するまでには至っていなかった

★3　クレメント・グリーンバーグ（1909-1994）：20世紀後半のアメリカ美術界に絶大な影響力をもった美術批評家。絵画を中心とした美術におけるモダニズムの指針を明快に示した

★4　このような考え方は、一般に形式主義（フォルマリズム）といわれ、より古くはロシアの近代文学運動、ロシア・フォルマリズムにさかのぼる。そこでは文学が、言語とそれがつくる文脈自体を芸術の媒体としていることに着目した文学論が展開され、その議論の枠組みは、1970年代に見たポストモダニズムの建築論にも強い影響を与えた。このように芸術一般の枠組みのなかでは、モダニズムとポストモダニズムの輪郭はともに曖昧なものであり、両者の対立性も部分的に観測されるものに過ぎない

ザインの探求は、後に見るラ・ヴィレット公園国際設計競技（1982）において、最高潮に達する。そこでは、世界中のランドスケープアーキテクトが参加するなか、建築家の提案が実施案として選定されることになった。

このように建築とアートがともに都市の屋外空間に向けた独自の展開をするなか、ランドスケープデザインはいかなる独自の新しい創造をなし得るのか、という根本的な問いが投げかけられていたと言えよう★2。

本章では、このような課題に答えようとしたランドスケープの動きに注目する。しかしそれらの動きを正しく理解するには、絵画や彫刻など、機能性に捕らわれない芸術におけるモダニズムのあり方について知っておく必要がある。

なぜなら、建築のモダニズムをモデルとしたタナードからササキに至るランドスケープのモダニズムが本当に唯一の可能性だったのか、次世代のランドスケープアーキテクトたちが疑問をもったのがこの時期だったからであり、その思考過程において、他の芸術分野

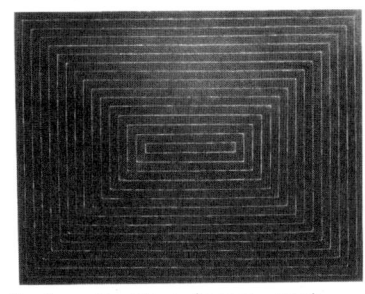

図2　Tomlinson Court Park（ステラ、1959）
フランク・ステラは、一連の「ブラックペインティング」によって、絵画独自の媒体である画面の「平面性」を強調した

図3　8Cuts（アンドレ、1967）
カール・アンドレは、石や鉄などの素材がもつ独自の重量感や素材感を、抽象的な形で切り取って提示した

で積み重ねられていたモダニズムの議論が重要な参照先となったからである。実際、モダニズムを機能主義と強く結びつけること自体、建築や都市計画などの、工業化の影響を受けやすい分野に特有の出来事であり、例えば美術におけるモダニズムは、以下に見るように機能主義的な議論とは無関係に成立していた。

◎美術におけるモダニズムとミニマリズム

美術批評家クレメント・グリーンバーグ★3（1909-1994）は、1960年の論説『モダニズムの絵画』において、芸術一般に広く見られるモダニズムの特徴として、その自己批評的な傾向を挙げた。そしてそれゆえに各芸術の分野はそれぞれがもつ独自の内的形式を追求する、という理論を展開した。そして、この形式の追求は、各分野がもつ独自の媒体（メディウム）によって支えられるという自説の論証を、過去から近代にいたる絵画の様式的な変遷に対する観察を通して行なっている。つまり、各芸術分野が固有の媒体を手がかりとした独自の形式性をそのもののなかにもち、作品テーマの物語性や置かれる場所などに寄らず、作品それ自体のなかに、評価可能な価値を提示すべきであるということである★4。グリーンバーグの理論によれば、絵画の歴史のなかで明らかにされた絵画固有の媒体とは、究極的には画面の「平面性（フラットネス）」であり、それと絵具との組合せによって絵画にしか提示できない芸術的価値を追求することがモダニズム絵画の眼目であった（図2）。この考え方は当時の美術界に明確な指針を与え、作家たちもこれに倣うかのように作品を制作し、成果をあげていった。また、彫刻においても、カール・アンドレ（1935-）の作品のように、鉄や石などの媒体（素材）自体がもつ特性を全面に押し出す作品もつくられるようになった（図3）。こうした還元的な方法によって分野独自の形式を研ぎ澄ませていく絵画や彫刻の作品群は、「ミニマリズム」と呼ばれた。

◎環境芸術による分野の越境

　ミニマリズムの傾向は、従来の彫刻や絵画のように美術館という箱のなかでなくとも作品は成立するはずであるという考えに一部の彫刻家たちを導いた。同時に、作品の即物性をより強く表現するためには、巨大化したり反復したりすることによって、日頃見慣れている素材に違和感を伴うほどの存在感をもたせること（「異化」と呼ばれる）が有効であると、これらの作家は気づくようになった。さらに、屋外を制作の舞台とする時、これまでアトリエのなかで扱っていたのとはまったく別の素材、例えば土（地形）や水、あるいは自然現象にいたるまでが美術作品の素材として彼らの眼に映り始めた。このような変化の結果として生まれたのが、アースワークと呼ばれるものを含む、一連の環境芸術作品である。

　アースワークの代表的な作品としては、マイケル・ハイザーによる「隔離された量塊／回旋」（ネバダ州マシカ湖、1970、図4）、ロバート・スミッソンによる「突堤スパイラル」（ユタ州グレイソルトレイク、1970、図5）、ロバート・モリスによる「観測所」（1971、オランダ、オーストリューク・フレボラント）、などが、その他の環境芸術ではワルター・デ・マリアによる「稲妻の平原」（ニューメキシコ州クエマド近郊、1977）、ナンシー・ホルトによる「太陽のトンネル」（ユタ州ルーシン、1976）などが挙げられる。これらにおいては、素材の風化や天体、そして落雷など、いわばランドスケープを構成する、あらゆる要素の異化が目論まれていた。

　これらの作品とランドスケープ作品との違いは、それがアートであるかデザインであるかという点だけのようにさえ見えた。実際、美術批評家マイケル・フリード（1939-）は、1968年の論考『芸術と客体』のなかで、ミニマリズム以降の美術作品のなかに、「演劇性」（観客の存在と周辺の状況があって初めて成立する性質）の存在を指摘し、それがモダニズムが追究した美術作品の自律性を曖昧にするとして、厳しく批判している。

　このように、モダニズム美術の正統的議論では疑問符を付されたミニマリズムと環境芸術の作品群は、逆に観客の存在と周辺環境の存在を必須の条件とするランドスケープデザインにおいて、その固有の素材の再認識を促す。そして、機能主義とは異なる、もう1つのモダニズムを確立するためのヒントを示すことになる。

1　ラ・ヴィレット公園国際設計競技

　1980年代のランドスケープデザインが置かれていた状況をよりリアルに理解するため、最初に1982年のパリで実施されたラ・ヴィレット公園国際設計競技に焦点をあてよう。

　ラ・ヴィレット公園は、ミッテラン大統領下のパリで実行された、一連の巨大開発プロジェクト「グラン・プロジェ」の一部である。55ha（うち緑地部分は35ha）におよぶこの公園の設計競技は、1982年に世界各国から471

図4　隔離された量塊／回旋（ハイザー、ネバダ州マシカ湖、1970）　ハイザーはネバダ州の大地造形的なトレンチを掘ることで、美術館に陳列される彫刻作品とはまったく異なる地平を拓いた

図5　突堤スパイラル（スミッソン、グレイトソルトレイク、1970）　スミッソンはグレイトソルトレイクの湖岸に渦巻き状の突堤を築き、水位の変化や塩分の濃度の変化をも視覚化した

★5 ベルナール・チュミ (1944-)：アメリカの建築家で理論家。アメリカやイギリスの多くの大学で教鞭をとった。いわゆるポストモダンの世代であるが、1970年代のAAスクール（ロンドン）での在職時以来、建築の形態がもつ、空間の機能や意味に対する自律性を一貫して主張している

★6 レム・コールハース (1944-)：オランダの建築家であり理論家。元々ジャーナリストであったが1978年に『錯乱のニューヨーク』を出版し、建築理論に多大な影響を与える。以後今日まで、OMAを率いて多くの建築作品を設計し、世界的な影響力を与えている

の提案を集める巨大なイベントとして実施された。設計競技の結果、9作品が「1等」として選出されているが、このなかには、オランダのビューローB＆Bやフランスのベルナール・ラシュスなど、ヨーロッパのランドスケープアーキテクトたちも含まれていた。しかし、このうちで実施案として選ばれたのは建築家ベルナール・チュミ★5 (1944-)の案であり、次いでデザイン界の注目を集め、後のランドスケープデザインにも大きな影響を与えたのは、同じく1等であったオランダの建築家レム・コールハース★6 (1944-)が率いるOMA (Office for Metropolitan Architecture)の提案であった。

◎チュミによるラ・ヴィレット公園

チュミの提案の要点は、点、線、面、という、都市空間の抽象的な構成要素を、互いに無関係な3つのレイヤーとして重ねあわせることであった。そのような機械的ともいえる手続きで、都市空間の性格をもつ55haの面が、否応なくできあがるとチュミは考えた。チュミが提案したものは、公園というよりも建築的形式を備えた都市のオープンスペースだったといえる（図6）。

それまでに実作のない理論家によるこの提案は、修正を経て1989年に竣工したものの、人の活動を想定しない原理的なデザインのためか、パリ市民の憩いの場としての評価には厳しいものが多い。しかし、レイヤーに分解された模式図は、ランドスケープデザインの意図を表現する新しい方法として、その後のランドスケープデザインの表現にも大きな影響を与えた。

このようなダイアグラム的なデザイン方法の記述は、実空間とエコロジーの問題を同時に扱おうとする近年のランドスケープアーキテクトたちにも頻繁に利用されている（10章参照）。

◎OMAによるラ・ヴィレット公園

OMAによる提案は、敷地内の建築配置の基準線となっている運河と平行な短冊型で敷地全体を分割するものだった（図7）。そして、それぞれの短冊に異なるランドスケープを設定することで多種のアクティビティを互いに隣接させようとした。

OMAの提案がチュミの提案と本質的に異なるのは、次の点である。すなわち、チュミの案では線や点、面といった計画の構成要素の分類が、対応するアクティビティの種別を類推させないような抽象的図式としてそのまま敷地の上に置かれるのに対し、OMAの提案では、短冊ごとに異なって設定された屋外

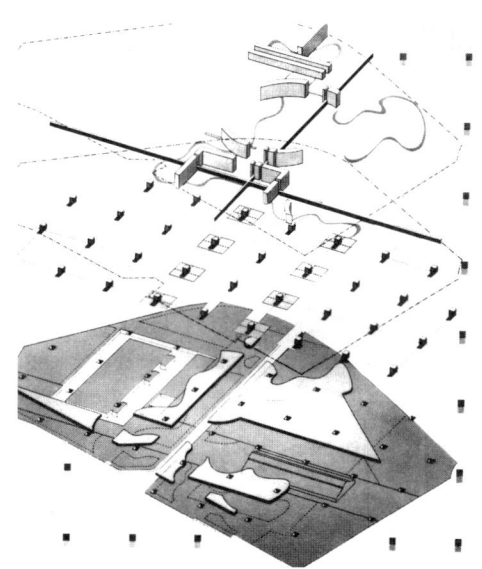

図6 ラ・ヴィレット公園（チュミ案）のダイアグラム

図7 ラ・ヴィレット公園（OMA案）のイメージ図

★7　このことは、チュミのドローイングで現れる、人物が立つ、走るというようなアクションによってしか差別化されていないのに対し、OMAのドローイングでは、テニスをする人、乗馬をする人、泳ぐ人など、与えられた環境を満たす特定の活動の例が、多様に描き込まれていることに、明らかに現れている。多様に設定された環境が、多様な活動を誘発しながら全体性を同時につくり出している様子を都市の特徴の1つと数えるなら、OMAの提案にはコールハースが現代建築の存続する方向性として提唱していた「アーバニズム」の特質が、良く現われていると言えよう

★8　ミッテラン大統領の直轄事業として、「21世紀の公園像」を求めたラ・ヴィレット公園では実空間の豊かさがやや置き去りにされたのに対し、シラク県知事によって行なわれたこの設計競技では、その枠組みや選考の結果に、フォレスティエ以来の緑地計画的思考に回帰する動きが読み取れる

★9　飛び地を含む不整形な地を一体化するために対角線状に導入されている歩道の軸線や、車道の高架をくぐってセーヌ河岸の船着場までをつなぐ巨大な芝生などによるスケールの大きな構成、また、周辺の街区サイズとあわせたかのような公園の区画割りがそれらと同居する様子に、そうした姿勢が現れている

の環境と、そこで起こる特定の活動との間に、明確な対応関係性が想定されていることである★7。

　ダイアグラム的な思考を用いて風景式庭園とも機能主義ともことなるランドスケープデザインの方法を提示するこのような視点は、活動の主体に人間以外の動植物を含めた「ランドスケープアーバニズム」（10章参照）として、1990年代以降のランドスケープデザインの分野にも位置づけられていく。

2　ローカルなポストモダニズム

　もちろん、この時期のフランスでランドスケープ独自の展開が失われていたわけではない。そこでは、コラジョーらの築いた近代的なランドスケープデザインの基盤のうえで、独自のポストモダニズムが探求されていた。

◎アンドレ・シトロアン公園

　1986年に行なわれたアンドレ・シトロアン公園の国際設計競技では、応募者にはランドスケープアーキテクトを筆頭とし、建築家を含むチームが要求された★8。そして、ともにヴェルサイユ国立園芸高等学校の卒業生であるアラン・プロヴォ（1938-）と、ジル・クレモン（1943-）がそれぞれ率いる2チームが1等となり、実施設計はプロヴォを筆頭とする両チームの協働となった（図8）。公園は、2001年に完成している。

　プロヴォはフランス整形式庭園の幾何学性を現代的に展開し、既に当時フランスのランドスケープデザインの第一人者だった。また、ヴェルサイユ国立ランドスケープ高等学校の設立においても一役を担った人物である。一方のクレモンは、植物材料に対する理解の深い、園芸的技術に長けたランドスケープアーキテクトだったが、コンペ当時はほぼ無名の作家だった。

　その大小様々なスケールを巧みにつなぎ合わせた構成には、敷地を都市空間の一部として関連づけようとする積極的な姿勢が読み取れるが★9、一方、方法論としてはラ・ヴィレットのように方法論自体の新規性を求めるものではなく、ヨーロッパの古典な庭園の構成を、現代的な都市環境に変形して適用している。したがってこの公園の設計手法の大枠は、歴史主義とコンテクスチュアリズムの融合によるポストモダニズムのランドスケープとして見ることもできる。

　こうした手法は筆頭設計者であったプロヴォが得意とするものであり、この公園にヒュ

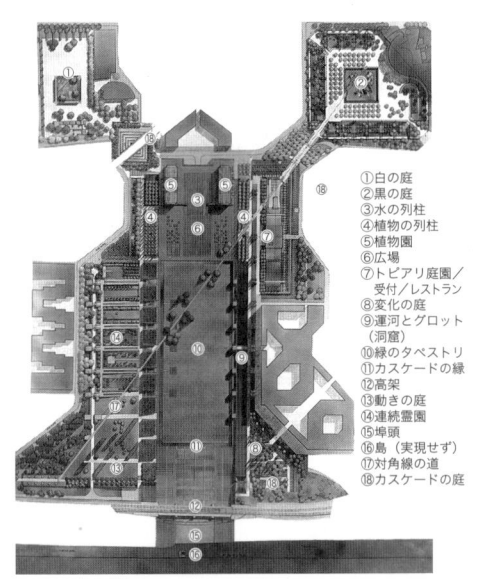

図8　アンドレ・シトロアン公園平面図（実施案）
実施設計は、プロヴォのチームが全体計画と南東側を、クレモンのチームが北東側を担当して行なわれた

①白の庭
②黒の庭
③水の列柱
④植物の列柱
⑤植物園
⑥広場
⑦トピアリ庭園／受付／レストラン
⑧変化の庭
⑨運河とグロット（洞窟）
⑩緑のタペストリ
⑪カスケードの縁
⑫高架
⑬動きの庭
⑭連続霊園
⑮埠頭
⑯島（実現せず）
⑰対角線の道
⑱カスケードの庭

図9　アンドレ・シトロアン公園（プロヴォ＆クレモン、パリ、2001）　敷地中央の巨大な芝生広場はセーヌ川（下側）へ人の視線を拓き、敷地境界沿いにより小さなスケールの庭園が配置される

ーマンスケールを確保しつつも都市と対峙し得るだけの強度と密度を与えているのは、明らかにこうしたプロヴォの技量による部分が大きい（図9）。

一方、この公園で注目されるもう1つのデザインはクレモンによる庭園部分である。クレモンが設計したのは2つの大きな温室内部の庭園と敷地西側にある一連のテーマ庭園だが、なかでも着目されるのは、植物の自然な成長による景観の変化を取り入れた「動きの庭」である（図10）。この庭は、植物の生長によって変化し、基本的には自然の原理が景観をつくるという考え方に基づいている。

イギリスの風景式庭園が自然をモチーフとしつつ完全に人工的な景観を目指したとすれば、時間軸を、メタファとしてでなく、現実に取り入れるクレモンの方法は、景観が人工的なものであることを前提としつつ、予定調和的な最終像を描くことをあきらめるという意味で、まったく逆のベクトルをもった自然主義を提示したものといえよう。

◎シュメトフの「竹の庭」

フランスのランドスケープアーキテクトであり建築家である**アレクサンドル・シュメトフ**（1950-）による「竹の庭」（パリ、1989、図11）は、ラ・ヴィレット公園の一部分に設計されたサンクンガーデンである。ここでシュメトフが試みたのは、そこが地下レベルであることをテーマとしたデザインだった。

シュメトフは工業的なコンクリート擁壁をそのまま表し、擁壁からの排水のための水抜き穴を壁面のデザインの一部に取り入れたり、さらに湧水を受ける側溝に蓋をせず、修景の要素として取り入れたりした。鉄骨のブリッジの下に走る野太い配管や全体にわたるやや粗いテクスチュアを含めこれらの意匠はすべてその空間が地面の掘削によってつくられた人工的な空間であることを示している。そして、それを土壌や水という自然の要素との対話の顕在化によって異化して見せている。庭園の名称になっている竹は上空を通る風を視覚化するとともに、サンクンガーデン全体の空への開放性を抑制することで、地下空間自体に訪問者の注意を柔らかく封じ込めるかのようだ。

チュミやコールハースが都市というものをインスピレーションの源泉としながら、大規模な公園のデザインを周辺との関係から切り離して構想したのに対し、シュメトフは、サンクンガーデンという都市的なコンテクストから切り離された空間においてもなお、その地面自体がもつ固有の文脈がランドスケープデザインの根拠たり得ることを、この小さな作品を通じて明示している。

このようにフランスのランドスケープデザインにおいては、近代以後の新しいデザインを探求する独自の試みが着実に行なわれていた。しかし、それはフランスというローカルな枠組みのなかにとどまっており、建築におけるポストモダンの国際的な言説をまえに、世界に発信する普遍的なモードをつくり出すには至っていなかったということもできるだろう。

図10 アンドレ・シトロアン公園内の「動きの庭」（クレモン、パリ、2001）　施工時に種を蒔き、その後は基本的に植物の生育に任せることとされた。蒔かれた種は耐乾燥性と耐湿性の野草がそれぞれ40％、その両方に適した観賞植物が20％となっている

図11 竹の庭（シュメトフ、パリ、1989）
工業的にさえ見えるこのサンクンガーデンの景観は、擁壁にかかる土の重さや、地下水の存在などを視覚化することで、地面自体に関わる文脈の暗示に満ちた作品と成っている

★10 パブリックアートは1960年代に活発化した公共空間に美術作品を設置する政策だが、その元来の目的は、芸術という独立した分野での産物を、より多くの人々が目にする公共空間に展示することであった。しかし彫刻家を中心とする同時期の芸術家たちのなかには、こうした場を単なる作品展示の機会として捉えるのではなく、彫刻的作品の介入が都市空間自体を変容させ、独自の空間体験を生み出すこと自体に、新しい芸術の可能性を見出す者たちもあった

★11 コンスタンチン・ブランクーシ（1876-1957）：ルーマニアの彫刻家。原始芸術のようにシンプルかつ繊細な造形によって、後のミニマリズム芸術への道を拓いたと言われる

★12 マーサ・グレアム（1894-1991）：アメリカの舞踏家・振り付け師。1926年にマーサ・グレアム・ダンス・カンパニーを設立し、モダンダンスの先駆者、指導者として舞踏会に大きな影響を与えた。その影響は美術界でのピカソ、音楽界でのストラヴィンスキーにたとえられる

3 アートとデザインの境界線

このような状況のなか、近代以後のランドスケープに新しい言語体系を与えるきっかけとなったのは、ほぼ同時代に展開していた美術の潮流であった。その影響の具体的な様子を見る前に、いくつかのパブリックアート★10と呼ばれる作品をみることで、美術とランドスケープデザインとの間にある、明確な境界線を確認しておこう。

◎ イサム・ノグチのシュルレアリスム庭園

イサム・ノグチ（1904-1988）はコンスタンチン・ブランクーシ★11（1876-1957）に師事し、シュルレアリスムの影響を受けた彫刻家であったが、マーサ・グレアム★12（1894-1991）の舞台美術などを手がけるなかで、彫刻とそれがつくり出す空間との関係に対する関心を深めていく。そして、1930年代以降には彫刻的な地形によって子どもの遊び場をつくる「プレイマウンテン」などの作品を構想するに至り、その後終生にわたって多くの公共屋外空間における彫刻を制作している。ノグチの実現した屋外彫刻作品としては、チェース・マンハッタン銀行ビルの沈床園（ニューヨーク、1964）、旧マリン・ミッドランド銀行（現HSBC銀行）の赤い立方体（ニューヨーク、1968）、イエール大学 ベイネック稀覯本図書館の沈床園（ニューヘヴン、1963、図12）などが有名である。上記の作品はいずれも、米国の大規模組織設計事務所SOMによって設計された建物の敷地内に計画されており、アーティストと建築家が協働する屋外空間デザインの典型となった。

また、カリフォルニア州、コスタメサにあるサウスコースト・タウンセンターの庭園「カリフォルニア・シナリオ」（コスタメサ、1980、図13）では、約6500m²の石敷きの舗装面に石や土、乾燥に強い植物を用いた幾何学的造形を漂うように配置し、さらに不整形な水路を設けることで、カリフォルニアの風景をシュルレアリスム的なタッチで抽象的に表現している。

1988年にノグチが没する直前に構想されたモエレ沼公園（札幌、2005、図14）は、1930年代以降ノグチが暖めていたプレイマウンテンの構想が巨大なスケールで実現されたものといえる。同様な造形的手法を用いながら素材やスケールを使い分けることで、カリフォルニアの作品とはまったく異なるかたちで、北海道の大地と空を象徴する作品となっている。特にこれら1980年代以降の作品において、ノグチは純粋な彫刻の造形的価値だけでなく、利用者を想定した空間計画も配慮している。ノグチがランドスケープアーキテクト

図12 イエール大学ベイネック稀覯本図書館の沈床園（ノグチ、ニューヘヴン、1963） わずかに勾配のついた床面はオブジェと同じ石材で仕上げられ、この作品が単なる屋外彫刻ではなく、地表面を含めた一体の空間造形作品であることを伝えている

図13 カリフォルニア・シナリオ（ノグチ、コスタメサ、1980） シュルレアリスム的な形態でカリフォルニアの風土を表現する石と水の造形が、子どもたちの遊び場の空間を提供している

図14 モエレ沼公園（ノグチ、札幌、2005）
イサム・ノグチの遺作。実施設計は、建築家の川村純一（アーキテクトファイブ）によって行なわれた

かどうかという問いに明確な答えを求めることには意味が無いものの、1930年代の構想から始まり、モエレ沼公園としてもっとも大きな規模で実現したノグチによる屋外空間の造形を、ランドスケープデザインの仕事と見なすことは正当であろう。

◎セラの反パブリック的パブリックアート

一方他の作家にあっては、美術作品として都市空間における造形としては不適切と見なされたものもあった。リチャード・セラ（1939-）のように、より純粋な美術的価値を獲得するために屋外作品を制作した彫刻家にとって、空間の「利用者」より重要だったのは、作品の「観察者」だったのである。

米国連邦の公共事業局が主催するアート・イン・アーキテクチャー・プログラムの依頼によって、ジェイコブ・ジャビッツ連邦オフィスビル前の広場にセラの彫刻作品、「傾いた弧」（ニューヨーク、1981、図15）が設置された。セラは、この広場に巨大なコールテン鋼板を緩やかに曲げ、少しだけ傾斜させて立ち上げた。この作品では観察者が動くにつれて、その重量感のある彫刻が変化して見え周囲の環境の見え方も変わる。あたり前にとらえていた日常の風景が解体され、動く度に環境全体と自分の位置との関係の再認識が迫られるということ自体を楽しんでいるような作品である。

しかし、鉄板が倒れそうな錯覚を引き起こし、広場の通行者に極端な回り道を強いるこの作品は世論の批判にさらされ、公共事業局は移設を勧告する。これに対し、セラはその作品を、その場所にあって初めて意味をなす（サイト・スペシフィックな）作品であるとして移設に応じなかったため、1989年、この作品は撤去されることとなった。そして公共事業局は、この作品に代わるものの設計をランドスケープアーキテクトに依頼する。こうしてできたのが、後述するマーサ・シュワルツ（1950-）の代表作の1つ、ジェイコブ・ジャビッツ・プラザ（ニューヨーク、1989）である。

このようにして、米国のパブリックアートの政策は都市空間における芸術作品の功罪とともに、屋外空間におけるアートとデザインの微妙な境界線を浮かび上がらせることになった。

4 アートとしてのランドスケープデザイン

以上のように建築や彫刻美術がそれぞれの視点から果敢に屋外空間への挑戦を繰り広げるなか、ランドスケープデザインはその固有のキャンバスである屋外空間に、どのようにして自らの地歩を再獲得しようとしたのであろうか。ランドスケープデザインにおける芸術性の回復を共通の目標とした、ピーター・ウォーカーとその弟子たちによる一連の実践に焦点をあてる。

◎ウォーカーのミニマリズム・ランドスケープ

ヒデオ・ササキとともにSWAを創設したピーター・ウォーカーは、1970年代後半からハーバード大学デザイン研究科の教授を務めた。そこでウォーカーは、学生たちとともに、ミニマリズムの美術作品における形式性の理論をランドスケープデザインに適用する実験を行ない、ランドスケープデザイン独自の形式性を探求する。

なかでもウォーカーが注目したのは、絵画

図15 傾いた弧（セラ、ニューヨーク、1981）
セラは、高さ3.7m、長さ37m、厚さ約6cmの緩やかに曲がったコールテン鋼の板を、広場に傾けて立てた。8年後に撤去された

のミニマリストが重視したキャンバスの「平面性」と、ヴォー・ル・ヴィコント（パリ郊外、17世紀、図16）やヴェルサイユ宮殿など、アンドレ・ル・ノートル（1613-1700）による17世紀の庭園における大地の平面性との共通性であり、ミニマリズムの彫刻に見られる反復的配置と、並木などランドスケープのデザインに古くから見られる反復性との共通性であった。

それは、組織事務所におけるプランニングとクライアントへのサービスを重視する傾向や、1970年代に盛んだった環境重視の傾向に対するカウンターアクションであった。より直観的で芸術的なランドスケープデザインのモデルとして、ウォーカーはミニマリズムを取り上げたのである。それは、ランドスケープにおける形式主義（フォルマリズム）、あるいは建築をモデルとしないランドスケープ独自のモダニズムの追求とも言い換えられる。

研究室で生まれた多くのアイデアは、教え子だったマーサ・シュワルツらと共につくった実験的事務所SWAグループ・イーストで実際に試され、ケンブリッジセンター屋上庭園（1979）やバーネットパーク（フォートワース、1983、図17）などの作品が生まれた。

なかでもタナーファウンテン（ケンブリッジ、1985、図18）では、石、水（ミスト状の噴水）、アスファルト、芝生、樹木といった、ランドスケープでもっとも基本的な素材を円形のレイアウトにおさめ、まさに最小限の設定になっている。ランドスケープのミニマリズムという理念をもっとも明確に表す作品であろう。ハーバード大学のキャンパス内につくられたこの作品は、季節や時間によって異なる表情を見せながら、子どもから大人まで、個人から集団までが多様な過ごし方をする舞

図 **16** ヴォー・ル・ヴィコント（ル・ノートル、パリ郊外、17世紀）　フランス整形式庭園の代表的作品。「平坦さ」「反復性」がミニマリズムの美術に共通している

図 **17** バーネットパーク（SWAグループ・イースト、フォートワース、1983）　ウォーカーの初期の代表作の1つ。抽象的な構成をもちながら、ヴォー・ル・ヴィコントとの類似性は明白である

図 **18** タナーファウンテン（ウォーカー、ケンブリッジ、1985）　ミニマリズムのスタンスがもっとも明快に表された作品。石、水、芝、樹木という素材が、シンプルに組み合わされている

図 **19** タナーファウンテンの利用風景（写真は2001）　大学のキャンパスのなかで行なわれる活動にあわせて、少人数でも多人数でも、多様な使われ方がなされている

台を提供し、同時に、誰もいない雪に覆われた状態でさえ、人の眼を楽しませる美しさをたたえるものとなっている（図19）。

カール・アンドレによるミニマリズムの環境芸術作品「石の場」（ハートフォード、1977）が、造形的な参照先となっていることを直感させる作品でありながら、「石の場」がその利用価値の欠如から地元の住民から強い批判をかったことと比較する時、強い作家性を主張するタナーファウンテンがパブリックアートではなくランドスケープデザインの作品とし

図20 「石の場」（アンドレ、ハートフォード、1977）
アンドレのミニマリズムの作品が、ウォーカーのデザイン方法に大きな影響を与えていることは一見して明らかである

図21 ソラナ計画（ウォーカー、ウェストレーク・サウスレーク、1993）　建築的造形を外部にまで拡張し、外部空間と建築とを一体化することによって、ランドスケープの諸要素を構成、組織化することが試みられた

て成立していることがよくわかる（図20）。

ウォーカーによる大規模な計画としては、ソラナ計画（1993）が挙げられる。IBM 社の新しい本社施設をテキサス州ウェストレーク・サウスレークの牧場跡地（340ha）に建設する大規模計画である（図21、22）。計画当初から、リカルド・レゴレッタ（1931-）などの建築家やプランナー、ランドスケープアーキテクトなどの総合的な計画チームで進められた。全体計画方針として、この地域がもつ田園・農地の特徴をそのまま生かすように、既存のランドスケープを下敷きとする造成計画とし、広大な草原の「平面性」を強調することが目論まれている。パートナーであったウィリアム・ジョンソン[★13]による環境に対する知識にウォーカーのデザインが融合した結果として、自立した個々の庭と建築を含めた全体のランドスケープが「平面性」を強調した全体性を獲得し、さらに周辺の既存のランドスケープに溶け込む作品となっている。

その後もウォーカーは、マリナーリニアパーク（1988-）、播磨科学公園都市アーバンデザイン計画（1990-）ミュンヘン国際空港およびケンピンスキホテル（1991-1993）など、ランドスケープ、建築、そして都市計画にまたがる数多くの作品を国内外に実現し、現在はより小さな規模のアトリエで活動している。

このような独自のデザイン方法によって、ウォーカーのデザインは、自立した芸術分野

[★13]　ウォーカーは、大組織事務所となっていたSWAグループから退き、小規模なアトリエ事務所を設立する。1980年代初期からは、シュワルツとピーター・ウォーカー・マーサ・シュワルツ事務所を設立し、1990年代初期には、ランドスケーププランニングを基軸とする著名なデザイナーであったウィリアム・ジョンソンとの協働になる事務所、ピーター・ウォーカー・ウィリアム・ジョンソン＆パートナーズを設立した。さらにその後、小規模の事務所 PWP（ピーター・ウォーカー＆パートナーズ）に戻っている。コラボレーションを好み、同時に作家としての個性を重視するゆえの紆余曲折と言えよう

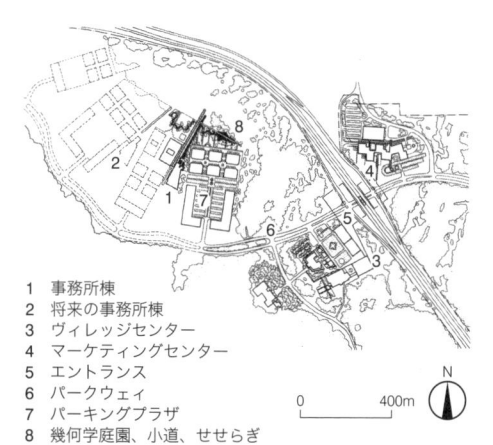

1　事務所棟
2　将来の事務所棟
3　ヴィレッジセンター
4　マーケティングセンター
5　エントランス
6　パークウェイ
7　パーキングプラザ
8　幾何学庭園、小道、せせらぎ

図22 ソラナ計画平面図（部分）　プランニングにおいては、敷地の調査・分析を行ないながら、その全体開発の方向性が定められた。そして、この枠組みの範囲内で、各部のデザインが行なわれている

としてのランドスケープデザインに対する社会的認知を取り付けるという、1980年代のランドスケープにおけるもっとも大きな役割を果たした。

◎シュワルツのポップアート的ランドスケープ

マーサ・シュワルツ（1950-）は、美術史とランドスケープデザインをともに修めたバックグラウンドをもつ。ハーバード大学在籍時には、ウォーカーの指導下でミニマリズムの手法をランドスケープに適用する実験を行なった。ウォーカーとの協働を経た独立後の作品では、ミニマリズム以外の美術運動の方法論も積極的に応用し、反復や隠喩・引用による多様な形態の重ねあわせを行なうものが多い。リオ・ショッピングセンターの中庭（アトランタ、1988、図23）はその好例である。

1990年代後半の作品、ジェイコブ・ジャビッツ・プラザ（ニューヨーク、1997、図24）は、前述のセラによる彫刻作品（図15）が撤去された後に、パブリックアートの作品として依頼されたものである。渦巻き状の緑色のベンチ、巨大な街灯、芝生のマウンドなど、プラザを構成する要素はすべてオルムステッドの遺したニューヨーク市の公園のスタンダードなファニチュアのデザインを原型とし、シュワルツがその形態を変形して配置したものである。アート作品の制作と同時に、ニューヨーク市民のランチタイムの居場所を提供するという市に与えられた課題に対し、個別に答えるのではなく、ひねった解釈を加えながら同時に応えている点には、アーティストでありデザイナーであるシュワルツの特質が現れている。渦巻き状のベンチに座った視点では、中心に置かれた緑のマウンドによって視界のコントロールがなされ、敷地に隣接する公園を借景として、複雑な形態ながらも居心地の良い空間が提供されている。

シュワルツはまた、アートのインスタレーションもよく手がけている。フィールドワーク（チャールストン、1997、図25）と題されたスポレト芸術祭への出品作では、女性黒人奴隷という歴史的存在に着目し、野原と樹林を横切る白布のフェンスを設営した。黒人の女性奴隷達が毎朝干していただろうシーツを想起させ、またアフリカ美術における精神性の象徴である白色で視野を覆うことにより、奥行きの深い解釈を可能とするインスタレーションとなっている。

シュワルツの作品はその素材や形態の耐久性において批判されることがある（これは一

図23　リオ・ショッピングセンターの中庭（シュワルツ、アトランタ、1988）　1階レベルより3m下がった中庭に張られた水盤上に、格子状に配列された金色の蛙の彫刻が並び、中庭と道路レベルをつなぐ芝生の上に設置された鉄骨製の球体をあがめるように一方向を向いている

図24　ジェイコブ・ジャビッツ・プラザ（シュワルツ、ニューヨーク、1997）　一見ポップアートの作品のようであるが、渦巻き状のベンチとマウンド状の緑の配置は、人々の交通に必要な動線を確保しながら、多様なたまり場をつくり出している

図25　フィールドワーク（シュワルツ、チャールストン、1997）　緑のなかを突っ切る純白の布の列は、それがかつて奴隷として暮らした人々の生活と労働への言及だと気がつく時、突如として深遠な意味をもった風景となる

部ウォーカーの作品にもあてはまっている）が、風景の豊かさをその意味の次元でとらえ、それを実空間における表現と接続しようとする試みにおいて、示唆に富む作品をつくっている。

◎スミスによる場所への多角的介入

ケン・スミス（1953-）も、ウォーカーとともにミニマリズムの実験を展開した後に独立した作家である。スミスは1980年代の後半にシュワルツを含む3人で協働の事務所を設立するが、その期間中の1991年に設計競技で獲得した仕事をもって、新しい事務所を設立する。その作品がスミスの初期の代表作、ヨークヴィル・パーク村（トロント、1994）である（図26、27）。

敷地は地下鉄の工事用地として買収されて更地にされた細長い街区だった。片側は地下鉄の建設に伴う再開発による大きな区画であり、反対側には旧市街の小さな区画割りが残る街区だった。この敷地に対してスミスが提案したのは、周辺のコンテクストのみをデザインのヒントにしたような公園である。旧市街の建物の間口にあわせて敷地を短冊状の区画に分割し、区画ごとに地域の生態系のタイプをモデルにした異なるポケットパークをデザインした。ランドスケープデザインにおける隠喩的コンテクスチュアリズムの代表的作品と言うことができよう。

スミスは1990年代以降も多角的な視点から実験的提案を重ねる。なかでも、『Nest』誌上の企画であった庭園インスタレーション、「エデンホテル」（ニューヨーク、2000、図28）では、敷地として安価なホテルの1室を自ら選び、樹脂製のツタや造花などを用いてかりそめの理想郷を演出している。また、1999年以降は継続的に壁面緑化の基盤となる構造物の実験を行なっている。スミスの作品は、利用者にとっての有用性を前提としながら、人が思いも寄らない素材や形態によって、敷地に多角的な介入を行ない、結果として風景（屋内外を問わず）に詩的な価値を与えている。このスミスの柔軟なアプローチは、近年の作品にも一貫してみられる特徴である。

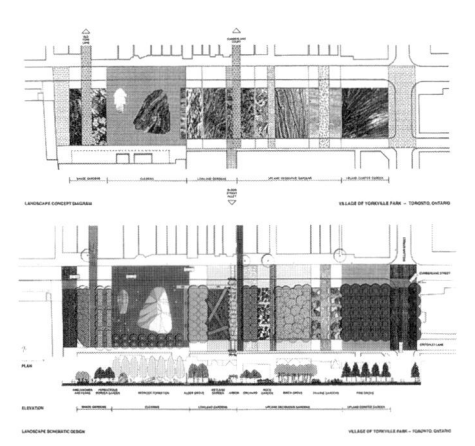

図26 ヨークヴィル・パーク村（スミス、トロント、1994）平面図・立面図（部分） 松林やプレーリーの草原、氷河の移動によってつくられた岩盤地形などをモチーフにしたそれぞれの庭は、いずれも地域の生態学的な特徴に言及している。同時に小さな区画群は互いに領域を共有しあい空間の連続性を担保することで、細長い敷地に作品としての全体性を与えている

図27 ヨークヴィル・パーク村
モレーン（氷河の移動によってつくられた岩盤地形）をモチーフにした庭の向こうに溜り場があり、さらに滝のカーテンの向こうにはハンノキの木立の庭が互いに重なって見えている

図28 エデンホテル（スミス、ニューヨーク、2000）
樹脂製の木や草花を利用したホテルの1室におけるインスタレーション。スミスの柔軟な場所への関わり方の1例である

★14 これは1990年代に見るスイスのランドスケープアーキテクト、ディーター・キーナストのデザイン方法にも通じる考え方である

★15 『Place』誌上の特集である"Transforming the American Garden: 12 New Landscape Designs"で発表された

5 現象の美学

　背景で見たように、美術史家マイケル・フリードは1960年代の末に米国を中心に起こった環境芸術運動アースワークを、モダニズムの美術としての正統性を損なうものとして批判した。しかし、植物や水などの環境要素を扱うランドスケープデザインにとって、環境の変化を顕在化して観察者の五感に訴えるというアースワークの芸術的方法論は、モダニズムを超えてその根源へと立ち戻るための現代的なアプローチのヒントを提供した。ここから、環境の変化を取り入れたランドスケープデザインのアメリカにおける系譜が育まれる。

◎移ろいの美学——ヴァン・ヴォルケンバーグ

　マイケル・ヴァン・ヴォルケンバーグ（1951-）は、1981年から1988年の間に一連の実験的作品「アイス・ウォール」（図29）を制作した。ハーバード大学のキャンパス内に制作された「ラドクリフのアイス・ウォール」を中心とするこれらの作品は、冬期の気温が低いニューイングランド地方の気候のなか、円弧状の平面形で立ち上げた鉄製フェンスに水をかけ、文字通り氷の壁をつくるものである。

　こうした実験的作品に際立つのは、自然現象の移ろいをランドスケープデザインの美学にもち込もうとする際、必ずしも自然的な形態は必要でないというヴァン・ヴォルケンバーグの考え方である★14。1987年に発表された架空のプロジェクト、ユードクシア★15（1987、図30）でも、あえて20世紀初頭のモダニズムを意識した、非対称的な幾何学による庭園を構想し、その様子を月ごとに描き分けることによって、自然現象の質が人工的な形態によって強調されることを伝えている。

　このようなアプローチは、ジェネラル・ミルズ本社前庭（ミネアポリス、1991、図31、32）で実作として明確にされた。地面の大部分は、それぞれ3種類のイネ科植物と花卉植物によるプレーリーを再現した草原で埋め尽くされ、その周囲を162本のアメリカンレッドバーチで取り巻いている。建物の入口に向かう1本の御影石の直線的な歩道と、それに直行する2本の砂利敷きの道以外、明確な輪郭をもつ要素は皆無である。しかし、草原では毎年3月の野焼きによって、草原の植生遷移を抑制しており、プレーリーの草原で行な

図29 ラドクリフのアイス・ウォール（ヴォルケンバーグ、ケンブリッジ、1981-1988）　夜間は照明によって幻想的に浮かび上がり、昼間は徐々に融解する氷壁は、鉄という工業製品のもつ熱伝導率と水の相変化によってその場所の気候を顕在化する、つかの間の芸術作品といえる

図30 ユードクシア（ヴォルケンバーグ、1987）
作品のタイトルは、イタロ・カルヴィーノの『見えない都市』に登場する絨毯からとられた。「都市の本質をもったカルヴィーノの想像上の絨毯のように、豊かで濃密に編み込まれたランドスケープ」とヴォルケンバーグは説明する

われるこの伝統的な管理方法がこのランドスケープ作品の人工的成り立ちを明らかに伝えている。そしてこの作業によって、この前庭は均質でありながら多様なテクスチュアを四季折々の風景として提供しているのである。

環境の美学をその変化という現象的側面でとらえ、人為の介入や工業的な素材との対話を詩的に織り上げるヴァン・ヴォルケンバーグの方法は、1990年代に見るミルレース・パークや、アレゲニー川の遊歩道といった、より公共性の高い作品にも引き継がれ、展開する。

◎ハーグレイブスの環境芸術的ランドスケープ

ジョージ・ハーグレイブス（1952-）は、SWA勤務時に手がけたハーレクイン・プラザ（グリーンウッドヴィレッジ、1983、図33）で一躍その名を世に知らしめた。オフィスビルの中庭にゆがんだチェッカーボードのような白黒のパターンが描かれ、床面から突出す排気筒が黒い鏡面に仕上げられている。建築の黒いガラス壁面は床面のパターンを映し出し、幻惑的なランドスケープをつくり出している。軽快で、かつ冷たい反射に満ちたこのデザインを、そこから望むロッキー山脈の複雑な陰影と雪あるいは氷というコンテクストへの言及と見るなら、メタフォリカルなポストモダニズムの言語をいち早くランドスケープデザインにもち込んだ作品ともいえる。

しかし、SWAから独立して以降のハーグレイブスが目指した方向は、より直接的に大地を造形するものであり、同時にコンテクストへの言及を、よりエコロジカルな、あるいは環境的な背景に照らして行なうものだった。

キャンドルスティック・ポイント文化公園（サンフランシスコ、1993、図34）は、岬の付け根にある埋立地に計画された。ハーグレ

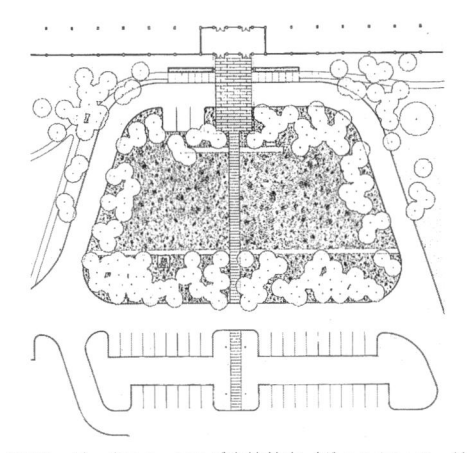

図31 ジェネラル・ミルズ本社前庭（ヴォルケンバーグ、ミネアポリス、1991）　ここには、車の回転半径で合理的に決められた道路の境界線以外、曲線は一切見られない。曲線が自然を表現する唯一の手段とは考えられていないことがわかる

図32 ジェネラル・ミルズ本社前庭（ヴォルケンバーグ、ミネアポリス、1991）　プレーリーの草原で行なわれる伝統的な草地の管理方法が、おそらくこのランドスケープ作品におけるもっとも人工的な側面である。この作業によって、この前庭は均質でありながら多様なテクスチュアを四季折々の風景として提供する

図33 ハーレクイン・プラザ（ハーグレイブス、グリーンウッドヴィレッジ、1983）　チェッカーボードと反射性の壁面の意匠が、中庭の先に見えるロッキー山脈の雪に包まれた地形と呼応している

図34 キャンドルスティック・ポイント文化公園（ハーグレイブス、サンフランシスコ、1993）　2つの切り込みに育つ湿地の植生が、鋭い造形と対比される。強風でできた皺のような地形は風よけの役割を果たしている

★16 このプロジェクトでハーグレイブスは建築家とアーティストとの協働で設計を行なうことが求められていた。協働の課程では、ハーグレイブスは砂箱を用いたスタディを通して3者のイメージ共有をはかった

イブスは、平坦で直線的な護岸をもつ埋立地に2本の切り込みを入れ、その間の部分を芝面とした。その切り込みには潮位の変化で海水が入り込み、埋立てで失われた植生が自然に再生することが目論まれている。また、芝面を挟んでつくられた3対の細長い盛土は、海風から訪問者を守る役割をもち、それ自体が海風のつくった波紋のように見える。一方、芝生の入口にはアーティストのダグラス・ホリスによってデザインされたコンクリート製のエントランス塀が設けられ★16、風が入口を通り抜ける時に音をたてる。土地の造形によって環境の変化を五官に訴えて顕在化する方法は、環境芸術で試みられた方法と明らかに共通している。

ビクスビー・パーク（パロアルト、1991、図35）も、アーティストとの協働で設計された。ハーグレイブスはこの作品でも、土地や周囲の条件を際立てるような人為の痕跡を残すことで、目に見えにくい敷地のコンテクストを顕在化している。敷地は海岸沿いにある廃棄物処理場の跡地で、汚染物質に蓋をするために粘土層が敷かれ、さらに表土が積まれた結果、海へと下る丘状の地形となった。

耐乾性の草に覆われた丘には、2つの人工的な素材を用いた造形がなされている。1つは、頭の高さをそろえて格子状に並べて立てられた一群の木製の電柱であり、もう1つは斜面に沿って等間隔に並べられたプレキャストコンクリートの境界石である。電柱の群は、地表の高さの変位を視覚化する基準線を与え、この斜面に人工的な成立背景があることを感じさせる。一方、境界石の列はすぐ近くにある飛行場で発着する飛行機の航路を暗示している。これらには機能的な位置づけはなく、ただ、敷地と空、そして敷地を取り囲む人工的な周辺環境との関係のなかに、人を再定位しようとするかのようだ。また敷地内には貝塚のような一群の小山が築かれ、先住民族が沿岸で営んだより自然な生活を暗示するように見える。こうしたメタフォリカルなアプローチも、ハーグレイブスがポストモダニズムを引き継ぐデザイナーであることを伝えているといえよう。

形態的にも開かれた造形言語によって大地を造形し、周辺環境との生態学的、象徴的な関係をもたせることでその場所のもつ特性を五官で感じられるようにするハーグレイブスの方法は、ヴァン・ヴォルケンバーグの場合よりも環境芸術の影響を強く受けているように見える。しかしピクチャレスクな美しさを求める視覚的な美の追求から、環境やコンテクストの顕在化による現象的な美学へと視点を転換する点において、2人の作品は軌を一にするものといえるだろう。

図35 ビクスビー・パーク（ハーグレイブス、パロアルト、1991） 海に向かって開かれた丘に、木製の電柱が頭をそろえて並べられ、遠景の送電塔を指しているように見える。工業を背景としたこの土地の人工的な成り立ちを暗示するようだ

column
ピーター・ウォーカーとミニマリズムの美学

情熱的なデザイン理論の探求者

　ピーター・ウォーカーと話した者は誰でも彼の情熱的な話し方、そのランドスケープの造形言語を駆使した煌めくような修辞法に圧倒される。

　わかりやすい言葉で、猛烈な早口で相手の目をまっすぐ見ながらデザインについて彼が語り始めると、小柄な身体からは炎が立ち上がる。

ピーター・ウォーカー（1989 年撮影）

　「我われは、ランドスケープ界のロックンローラーにならなければならない！」と初対面の時に言われた時は驚いた。マンネリズムに陥っていた 1980 年代日本のランドスケープ写真を見ながら彼は拳を堅く握って叫んだのだ。

　「ノー！ ノー！ ノー！ これらのどこにアートがあるのか！ 日本はあれほどすばらしい庭園デザインの蓄積をもちながら、なぜ海外の物まねばかりしている！ なぜ創造性を失ったのだ！ こんなものすべてをロックンローラーのように蹴飛ばすのだ！」若かった私をあえて挑発しながら、眼だけは笑っていた。しかし、この時のピーターの叫びは今でも私の耳から離れない。

　彼と話していると、あらゆる場所で確信的なデザイン論が展開された。特に、個人的に食事をする時は、彼独自のランドスケープデザイン理論の全面展開となり、楽しく刺激的だった。

　会話に出てくる作家は、ドナルド・ジャッド、カール・アンドレ、クリスト、ロバート・スミッソン、ジャクソン・ポロック、マイケル・ハイザーなど、アーティストが中心だった。

　「ミニマル・アートとの出会いはフランク・ステラの初期作品が最初でね。ステラの作品の何が私を感動させたのか当初は判らなかった。しかし、どうしても彼の絵が欲しくてね。考え抜いた末、決心して遂に自分の年間給料の数倍の金をはたいて買って、自分の部屋にかけて毎日見ていたんだ。するとその良さが判ってきた。もっとも、ランドスケープデザインに応用できる思想がその根底にあると気付いたのはもっと後。フランスのヴォー・ル・ヴィコントの庭を見た時だった。ステラがなぜ額縁なしのミニマル・アートの絵のなかに絵画的ではない力強い空間をつくり出せたのか。バロックの古典庭園の本質にミニマル・アートとの共通の視覚理論があったんだよ。これがこれからのランドスケープデザインの方向だ！ と思った」。

3 つの思考と手法

　ランドスケープデザインとは、「壁なしで空間をつくることだ（Space without Wall）」という彼の思想は、ここから確立された。

　庭は壁で囲まれ建築に制限されることが多いが、ステラの作品は額縁なしで制作意図を引き出している。同じくバロック庭園も壁なしで風景が構成されている。庭からも壁を無くすことでその本質を表現できるのではないか。ウォーカーはそれを 3 つの思考によって規定できると考えた。

　それが、①ジェスチャー、②表層のハード化と平面化、③反復的配置、の考え方である。

　「ジェスチャー」（Gesture）とは、古典庭園の樹木配置や視軸などの軸線的要素。クリストのランニング・フェンスのアートと同じで、軸線の周りに風景を構成することによって、その場所がもつ存在性を最も鋭く視覚的に意識させる手法である。

　「表層のハード化と平面化」（Hardening and Flattening of the Surface）は、空間を壁ではなくフロア（床）によって定義する手法。バロック庭園の繊細な花壇パターンと同じく、表層を引き締める平面デザインが周囲の垂直的要素に負けずに力強い領域性を主張する。

　「反復的配置」（Seriality）は、単純なストライプやグリッドの反復によって、囲われた壁から人の視線を引き離し、空間のリアリティに気付かせる手法である。

　これらウォーカーが自らの設計に応用したミニマリストの原理は、その後の世界のランドスケープ界に芸術の機会を導入し、従来の近代的デザイン手法に取って代わる可能性を大きく拡げた。

　こうした手法を、1 人の作家が実作を通じて一貫してやってのけたことは少なくともこれまでになかったことであろう。

（佐々木葉二／京都造形芸術大学）

column
1980年代のウォーターフロント開発

1980年代の都市開発の動向

ピーター・ウォーカーやジョージ・ハーグレイブスなどが、その芸術性・作品性を強くアピールし活躍した1980年代のアメリカでは、その一方でウォーターフロント開発が展開し、より広域的な文脈のなかでランドスケープの職能が活躍するという重要な出来事が押し進められた時期でもある。ウォーターフロント開発とは、過密化する都市の新たな開発区域として荒廃の進む『港湾』がその対象域となり、市民や観光客への開放、賑わいの創出が求められた動向を指す。このような都市開発シーンにおいては、オーリン・パートナーシップや、EDAWなどの功績を大きく称えることができる。

また、同時期のフランスでは19世紀のパリを21世紀へと展開する試みとして、ポンピドーセンターを起点とし、伝統的な都市に新たな公共建築を介入させるグラン・プロジェが実施されていた。本文で紹介されているラ・ヴィレット公園の建設も、この文脈の中で行なわれたものである。一方、イギリスではドッグランズ開発計画がスタートするなど、アーバンデザイン・プロジェクトが求められる時代背景には、都市的でより広角的な視点での環境改善の必要性が認知され出したものと推察される。

バッテリー・パーク・シティの開発

ニューヨークのウォーターフロント開発バッテリー・パーク・シティ計画は、1966年に発案された。しかしそのマスタープランは、周辺の既存市街地との土地利用の乖離から実現の見通しが立たず、10年以上もの間、塩漬けの状態にあった。1979年になってようやく計画の見直しが再開、既存の都市構造を読み込み、自然環境と融和したプランが提示されていった。

公共のオープンスペースの計画にあたっては、オーリン・パートナーシップにより、マスタープランが作成され、各地区、様々なデザイナーが協働するかたちで、プロジェクトが推進されていった。なかでもサウスコーブは、1987年竣工の公園緑地で、ランドスケープアーキテクトのスーザン・チャイルド、アーティストのマリー・ミスが協働で手がけている。新しい居住ゾーンの西端の埋立地の入り江を囲むようにして完成した公園で、人工と自然の対峙が秀逸である。公園は周辺の荘厳なビル群に対して、ヒューマンな環境を生み出すことが目的で、自然に近い入り江として整備された。海岸からの堆積物をイメージした海岸砂丘も隣接するワールド・ファイナンシャル・センターの建設残土でつくられ、海岸独特の植物が植えられている。入り江に並ぶ木杭や円形のウッドデッキなど、水を人々に近づける仕掛けが随所に盛り込まれている。

一方、ワールド・ファイナンシャル・センター広場においても、建築家のシーザ・ペリ、ランドスケープアーキテクトのポール・フリードバーグ、それに環境芸術家のシア・アルマジャーニとスコット・バートンによる協働の動きがとられていた。

異分野の「境界」に潜む可能性

ニューヨークという都市の文脈を読み解きながらも、より自然度の高い憩いの空間を創出し、都市をより魅力的で、かつ多様なものとして変容させていくことが当時強く求められていた。ここでは、異分野の専門家が協働するなかで、1つの専門領域にとどまらない新たなデザインの可能性が見出され、水辺の魅力を最大限に表現した空間創出が行なわれている。ウォーターフロント開発においては、都市計画家や港湾・交通の専門家、建築家、

バッテリー・パーク・シティの水辺に近づくしかけ
左）沈床のウッドデッキ
右）円形に展開したウッドデッキ

ランドスケープアーキテクト、環境芸術家など多岐にわたる専門家の参画が必須である。プロジェクトの推進においては、異分野・境界領域における議論が否応なしに飛び交い、各自が、自らの職能範囲の拡大を迫られたに違いない。

我われランドスケープアーキテクトは、対象地の場所性を十分に吟味し、街のイメージと風格を向上させ、ユーザーを引きつける魅力をその場所に与えることが何より重要であり、土地の不動産価値を高めることにつながっていく。都市開発における緑とオープンスペースの供給が、あらゆる専門家との議論のなかで積極的に取り扱われ、受身ではなく戦略的に事業推進に貢献した時、都市においてランドスケープの骨格がはじめて明確な姿を伴い、息の長い街づくりに役立つことになるであろう。

（根本哲夫／日建設計）

1990—1999

ランドスケープアーバニズム
第10章

都市の近代化に伴う環境問題のグローバル化とデザイン教育の学際化により、「庭」から「都市の骨格形成」にいたるまで、ランドスケープデザインは広範で多様なパースペクティブを描くようになる。
ヨーロッパにおける動きは世界のランドスケープデザインシーンに大きなうねりを生み出した。また、エコロジーを昇華し、新たな都市構造ともなるランドスケープが創出され、アーバニズムを先導するような力強いデザインが発露した。

★1　Rem Koolhaas and Bruce Mau, *S, M, L, XL*, 010 Publishers, 1995. 1300頁以上まとめられた都市・建築に関わるエッセイ、日記の抜粋、写真、建築図面、スケッチ、漫画のコラージュ的著作である。圧倒的な情報量と都市を楽観的にとらえる寓話集なども収録され、1990年代における都市・建築デザインシーンに多大な影響を与えた

★2　アーバニズムは社会学的に理論化された「都市的生活様式」、そして、ル・コルビュジエの『ユルバニスム』の文脈上にある「都市計画全般」という2つの見方がある。本章におけるアーバニズムは後者の意味合いがある。「ユルバニスム」は建築計画における「秩序付け」であるが、都市スケールにおいて、ランドスケープは都市形成の秩序や骨格となり得るという意味で用いている

0 時代背景

1990年代は大規模工業地域の国外への移転による脱工業化社会への転換、都市自体の郊外への拡張、中心市街地の荒廃など、欧米を中心とした都市において共通の課題が浮上した。また、冷戦後の資本や情報の流動化によりアフリカや中国など発展途上国の都市域の急速な成長が促され、都市の拡大と縮小、変異、変容が世界で同時多発的に観察される事態となった。

建築デザイン、ランドスケープデザインにおいては、先進諸国から発展途上国に表層的なデザインの複製が行なわれ、どこの都市においても均質な都市景観が形成されつつあった。レム・コールハース（1944-）による『*S,M,L,XL*』★1では、これらの都市の変異と問題の事態が記録され、個々の建築、ランドスケープデザインの無力化とグローバル化時代におけるアーバニズム★2のあり方を示唆している。また、世界の都市域の拡大とともに国境を越えて波及する地球環境問題についての意識も高まった。

これらを背景とし、ランドスケープデザインにおいて、与えられた敷地内に収束するデザインから、敷地とそれを取り巻く都市・国土にまでデザインの波及効果をねらうプロジェクトが見られるようになった。それは、それまでランドスケープが担って来た建築の受け皿的役割を乗り越えて、都市・国土スケールにおいて強度をもった骨格として都市環境が抱える課題解決に貢献するべきであるという思考の萌芽でもある。汚染され、疲弊しきった状態となった都市・国土において、ランドスケープを構成する生態や大地の変容の特性は、都市再編のための新たな秩序となり得るのではないか。アーバニズムに同調し、環境改善のためのエコロジカルな手だてや都市に住む人間の活動の舞台として、その領域は拡張されつつある。

本章においては各国のデザインの潮流をたどることで、ランドスケープとアーバニズムの関係の萌芽期からその展開を以下の3つの視点から俯瞰したい。

第1に、展開が目覚ましいオランダ、フランス、スイスなどのヨーロッパ発のランドスケープデザインの潮流を見ていくことである。1980年代以降、建築や多様な専門領域とのコラボレーションを通じて培われた各国の特性が開花し、その状況はランドスケープ専門誌の『*TOPOS*』★3を通じてリアルタイムに海外に伝わった。

第2に、都市環境問題の解決を意図して、10年、20年というこれまで以上に長い時間軸を念頭においたエコロジカルな戦略をデザ

★3　1992年よりCALLWAY社より季刊で出版されている現代のランドスケープデザインをレビューするランドスケープ専門誌。2005年の50号までは『Topos European Landscape Magazine』として、ヨーロッパの情報が中心であったが、51号以降は『Topos-The international Review of Landscape Architecture and Urban Design』と誌名が変更され、全世界のランドスケープデザインおよびアーバンデザインのシーンを伝える専門誌となっている

インする試みを見ていくことである。農業活動や工業化など都市化の結果、疲弊した土地の様相そのものがデザインの初期条件とされたことで、従来のアースワークや植栽計画は、積極的に環境へ介入する試みとして考えられるようになった。

そして、最後に庭と都市、そして、エコロジーをデザインとして昇華できる職能として、ランドスケープアーキテクトが関わる領域が、都市を支えるインフラのデザインに拡がり、マスターアーキテクトとして都市スケールの計画を指揮するようになった過程を見ていきたい。

1 ヨーロッパの新しい波

◎ヴェルサイユ発の新しい波

フランスにおいては、1974年のヴェルサイユ国立ランドスケープ高等学校の開校以降、アート、技術、生態学、人間科学の4本柱でランドスケープデザインの教育を展開し、その卒業生が1990年代以降のランドスケープデザインに新たな潮流を生み出した。同校の出身である**イブ・ブリュニエ（1962-1991）**や**キャスリン・ギュフタフソン（1951-）**による作品にはこれまでに見られなかった造形性、素材感、色彩を感じることができる。また、後に触れる**ミシェル・デヴィーニュ（1958-）**は土木技術と生態学をランドスケープデザインとして昇華した独自の空間を創出している。

ブリュニエによるサン・ジェームスホテル

の庭園（ボルドー、1989）は郊外の丘陵地に位置するホテルとレストランの庭園である（図1）。建築はジャン・ヌーベル（1945-）が設計した。コの字型のレストランにより閉じられた庭では、柿、カボチャ、ピラカンサ、池の鯉などの様々な色彩が点描画のように集積している。この中庭を抜けると、丘の上に広がるブドウ畑のストライプがダイナミックな構図として観る者にインパクトを与える。ホテルの複数のコテージ間にはアンティチョークなど食用に供される植物が使用される。個々の要素の色彩の集積や、親密な中庭からダイナミックな畑のランドスケープの構図が重なり合い、滞在者の視覚と味覚に強く訴える。

ブリュニエのルクレール将軍広場（テュール、1992、図2）はパリから1時間ほどのTGV（高速鉄道）のテュール駅に面した広場である。約3700m²の台形の敷地を介して駅舎と会議場が対角線上に向き合っている。また、広場の地下には駐車場がある。これら立体的な3点をどのような動線で結ぶのかがこの広場の設計の課題であった。広場のデザインは駅舎のファサード方向のグリッドが引かれたため、駅舎や地下駐車場から会議場に向かう人々はこのグリッドを斜め方向に横断しなければならないものの、広場の中央部には、この対角

図1　サン・ジェームスホテルの庭園（ブリュニエ、ボルドー、1989）　ブドウ畑による丘の上のストライプの表現

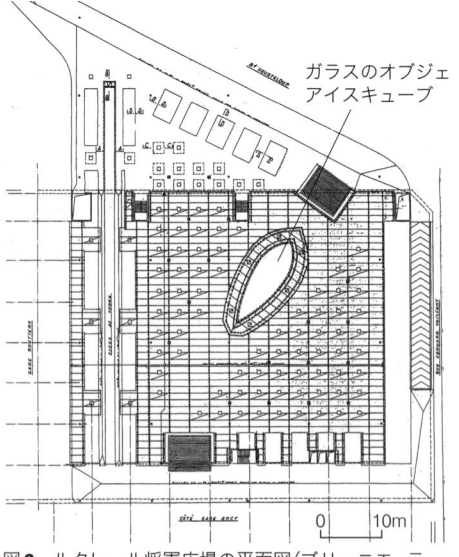

図2　ルクレール将軍広場の平面図（ブリュニエ、テュール、1992）

線上のアーモンド形をした「アイスキューブ」と名付けられたガラスのオブジェがあり、人々を誘導する。「アイスキューブ」の表面にはスプリンクラーにより水の粒子が吹き付けられる。これは地下駐車場のトップライトとしても機能する。地下から見上げると水と光の粒子が降り注ぐように見える。地下階と地上部をつなぐ大階段の周囲には溶融亜鉛メッキの鉄製の囲いとそれらを支えるかのように見えるイチイの固い刈り込みも見られる。動線、舗装パターン、水、ガラス、光、樹木の動きや色彩が互いに重なり合う様子は、都市の要素のコラージュとして場に関わる人々の感性を刺激する。

ブリュニエのドローイングは実空間以上のインパクトでランドスケープデザインにおける新たな視点を提示した。無数に用意されるシーンには植栽や舗装、そして、それに関わる人間がフォトコラージュされ、時には荒々しく塗装される（図3）。これらの「過激」な風景の表現は集積し、さながら点描画のように、視点の変化によって総体の輪郭が変化する。ドローイングのなかには徹底してモダニズムが排除してきた都市がもつ湿度感や醜悪な異物の存在が取り込まれ、現実のランドスケープ空間においてもそれらを表出させようとした。

ギュフタフソンは大地を生地として捉え、折り目、縫い目をアースワークとして表現した。ギュフタフソンにとって大地は日常的に人が触れる布地であり、服飾デザインにインスピレーションを得て、大地の造形を行なっている。これらのアースワークは環境芸術として眺めるだけのものではなく、水系の入り込みや植生が繁茂するきっかけ、あるいは地歴を伝える媒体となり、「体験する大地」として人と風景の交感が意図される。

テラッソン・ラヴィルデュー公園（テラッソン、1995）は歴史的街並みを見下ろす丘の上に実現した約8haの公園である（図4）。公園中央部に近づくと、敷地内斜面を活かしたアースワークによる大地の折り込みがある。折り込みによって生成された襞には草本類と白バラがストライプに植栽されている。来訪者にとって、これらのアースワークと色彩が強調された植栽の積層は遠近感を喪失させる「だまし絵」的なものとして認識され、眼下の街からも印象的なランドマークとなっている。

エッソ本社ビル庭園（パリ、1992）は、セーヌ川の畔に計画され実現した国際的な石油会社の本社ビルの庭園である。彫り込まれた芝生の地形を細長いシャープな運河が糸のように紡ぎ、セーヌ川に連続している。周囲の自然環境からの連続性の表現として地形の襞を造形した。これに都市的、建築的な文脈から紡ぎ出された水の帯である運河が呼応し、ここにしか存在しえないランドスケープの表現を試みた（図5）。

◎ **キーナストの灰色の自然**

スイスのランドスケープアーキテクト、デ

図3　イブ・ブリュニエのドローイング
実現したロッテルダムのミュージアムパークの計画時のドローイング。白砂に幹が白くペイントされた果樹、そして奥にはガラスの反射壁が見える。目眩を引き起こすかのようなハレーションの表現

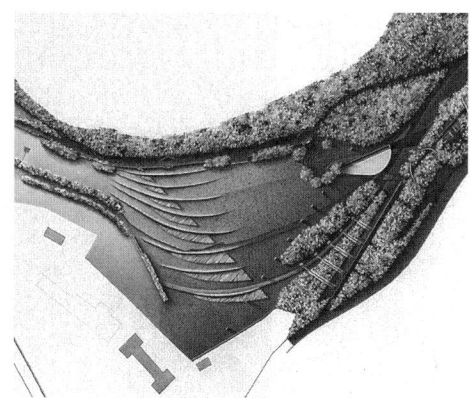

図4　テラッソン・ラヴィルデュー公園平面図（ギュフタフソン、テラッソン、1995） なめらかな生地のような大地を服飾デザインのように折り込み、縫い合わせる

★4 ドイツ語圏スイスでは、ドイツの環境を重視する自然主義的なランドスケープ・デザインの影響が強かった。そのため、1950年代にクラメルが打ち出した造形的デザインも、1960年代から1970年代にかけては、その影に隠れることになった。キーナストが目指したのは、クラメルの造形性を改めて見直し、それをドイツの環境工学的デザインと融合させることであった

ィーター・キーナスト（1945-1998）は1981年、論文『デザインによる専制から、自然による専制へ—もしくは：庭園対人間？（*Vom Gestaltungsdiktat zum Naturdiktat oder: Garten gegen Menschen ?*)』を著し、1960年代以来の環境重視によって芸術的自由の抑圧が行なわれたことを批判している。人間の生活空間としてのランドスケープに関わる形態は造形行為が不可欠であり、それは文化的価値を生み出すものであることを訴えた★4。

しかしキーナスト自身、エコロジーに対して無関心なわけではなかった。「私たちの仕事は、都市の自然を探すことである。色でいえば、それは灰色の場合も、緑色の場合もあるだろう」と言うキーナストとの言葉は、実験的ともいえる新しい植栽の利用法と、コンクリートや鉄、アスファルトといった都市的な素材の組み合わせによる現代的造形との共存を図るキーナストのデザイン思想を、良くあらわしていると言えよう。キーナストは、自然を緑色の植物だけと見なすのではなく、灰色の人工物でさえも自然が発現するきっかけとして見いだした。実作品を通じて「庭」が「都市的」なるものとの対比で描かれるような構図を崩し、自然、あるいは都市との緊張関係のなかでのデザインの方向性を示した。

スイスコム・ビルの22の庭園（ベルン、1998）は建築と庭園が織り込まれるように配置された、面積的には均等な22ヶ所の庭園からなる（図6）。水面に巨大なアルミニウムの睡蓮を浮かべ、その隣の庭ではストライプ状に配置されたレールを移動する鋼製プランター、垂直に配置された金属棒に絡むジャスミンなど、人工物と植物が互いにその存在を際だたせるような関係が生まれている。

エルンスト・バスラー・アンド・パートナー社のビル（チューリッヒ、1996）においては、敷地全体への降雨を風景の変容の動力としている（図7）。それは建築の屋根がロートのように水を受け取り、それがパティオの凝灰岩の壁面に降り注ぎ、コケや地被類が表面に繁殖する。また、地下の集水タンクへ集まった雨水がパティオ内のコンクリート製の円形水盤より湧出、オーバーフローし、水盤の

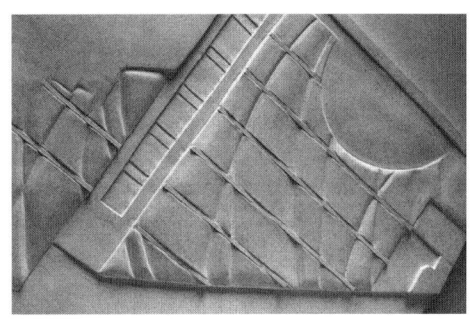

図5 エッソ本社ビル庭園のクレイモデル（ギュフタフソン、パリ、1992）　地形のうねりを縫い合わせるかのように細長い運河が図版下部のセーヌ川に向かって横断する

図6 スイスコム・ビルの22の庭園の1つ（キーナスト、ベルン、1998）　垂直に配置された金属棒にジャスミンが絡み、自然と人工の新たな関係を提示する

図7 エルンスト・バスラー・アンド・パートナー社のビル（キーナスト、チューリッヒ、1996）　雨水は写真奥の凝灰岩の壁面に降りそそぐ。また、中央の水盤からは循環した雨水が湧水する。これらは、コケや地被類の発現を誘発する

★5 エイドリアン・グーゼが1987年にロッテルダムに設立した。組織の名称はオランダに特有の風力8の偏西風からとられたという。ランドスケープアーキテクト、建築家、アーバンデザイナー、エンジニアにより構成される国際的な設計組織である。特に1990年代の作品は世界のランドスケープデザインに大きな影響を与えた

★6 サイトエンジニアリングは造成、整地、排水などのランドスケープデザインにおける敷地に関わる土木技術を基本としている。1990年代以降においては、都市再生プロジェクトなどにおける汚染され荒廃した土地に、自然景観を回復する農業土木、林学の現代的な展開としての土木技術の意味合いが強くなっている。規模の大きなランドスケープデザインには従来から必要とされてきた。オランダの場合は、海抜ゼロメートル地帯における国土の維持管理に必要な灌漑排水などの農学的側面が強い

周囲に植物の成長が促される。雨水が人工的な集水システムによって循環し、結果としての植生の繁茂を期待するという一連のストーリーが自然と人工の関係の上に成立している。

◎ WEST8の都市空間デザイン

オランダにおいては、WEST8★5のエイドリアン・グーゼ（1960-）の設計活動の成果が著しい。治水によって国土が築かれてきたオランダでは、独自の農業土木技術によってサイトエンジニアリング★6が発達した。そこで培われた自然の制御システムを応用することで、都市空間のランドスケープデザインが模索される。グーゼにとってランドスケープは都市と対照的に描かれるロマンティックな存在ではなく、都市活動を誘発する装置であり、人為による自然の制御から生まれるものである。

シャウブルクプレン（ロッテルダム、1997）は、新たな盛土をするにはあまりにも脆弱な地下駐車場の上に計画された、大きな映画館に面した広場である（図8）。そもそも、WEST8はロッテルダムという港湾都市の中心部に文脈として「緑溢れる公園」の創出を求めず、むしろ、変転する風景の特性を都市生活者の自由な振る舞いに委ねた。たとえば、様々な活動を誘発するために縞鋼板やウッドデッキなど数種類の床仕上がモザイク状に施された。鋼板上にはスケートボーディングに興じる者、傍観し散策しているだけの者はデッキ上を主に利用する。また、恐竜のような形をした巨大な街灯のアームはコインを投じることで利用者が照射角度を動かすことができ自由にスポットを広場内に当てることができ、夜間の活動の「舞台」は様々に変化する。

イースト・スケールト防波堤環境計画（オランダ東スケールト地区、1992）では、産業廃棄物である貝殻と埋立に要した砂を利用した防波堤上に人工的な生態系を創出しようとした試みである（図9）。白い表面のザルガイと青黒いムラサキガイが市松、あるいはボーダーパターンにレイアウトされた。海鳥は外敵から逃れるかのように自らの羽の色に近い貝殻が敷設された領域に降り立ち、風景の擬態を演じている。防波堤には高速道路が走っており、これまで無縁であった海鳥とドライバーの見る・見られる関係をこの貝殻のパターンは誘発している。

スキポール空港ランドスケープ計画（アムステルダム、1992）では、空港という土地利用に対してシステマティックな植栽計画により成立する人工的な生態系の構築が目指され

図8 シャウブルクプレン（WEST 8、ロッテルダム、1997） 様々な仕上げの床面上で人々は自由な振る舞いをする。巨大なアームは街灯であると同時に夜間の活動のメインステージを演出する

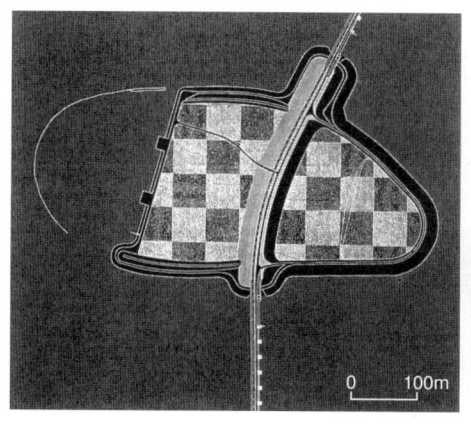

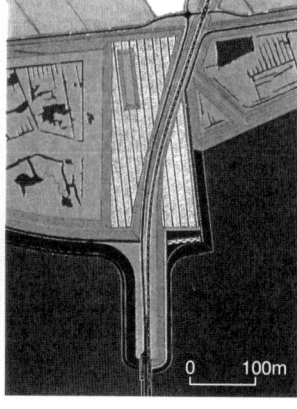

図9 イースト・スケールト防波堤環境計画の平面図（WEST 8、オランダ東スケールト地区、1992） 色の異なる貝殻で構成される海鳥の飛来地は、市松・ストライプ状に描かれ、高速道路と並列している

た（図10）。従来の空港では駐車場やメインアプローチの造園的な植栽計画が主なものであったが、ここでは植栽計画において、空港に必要な機能を持たせたこと、また、新しい生態系の創出に向けた戦略が強く意図されるなど、これまでにない独特な空港のランドスケープが形成された。空港内で滑走路としての利用に支障がない場所は6万本のカバノキで埋め尽くすものである。これらのカバノキは鳥の宿り木として適しており、ジェット機と鳥が接触する危険を減少させる効果がある。また、カバノキの足下にはクローバーが一面に植栽され、窒素固定することにより植栽基盤の質を改善する効果がある。クローバーの花にはミツバチが群がり、そのミツバチは鳥に補食されるとともに、クローバーの受粉を媒介する。これら一連の食物連鎖が空港内の独自の生態系を支えている。

2 エコロジーとデザイン

「アーバニズムとしてのランドスケープ」は都市に新しい風景を創出するため、創造的にエコロジーを応用するランドスケープデザインとも考えられる。これまでの開発か保全かという議論を超え、エコロジーを昇華したデザインへの大きな方向性の転換である。

リチャード・フォアマンらによる「ランドスケープエコロジー（景観生態学）」[7]の研究は都市活動に伴う景観の変容やパターンをデザインの動機にしようとする審美的な視座を提唱している。イアン・マクハーグが『デザイン・ウィズ・ネーチャー』において人の手の加えられていない森林など原初の自然環境の保全を対象にしていることとは対照的である。ランドスケープエコロジーの対象は、開発によって撹乱された自然環境を初期条件としている。パッチ、コリドー型と呼ばれる撹乱形態を景観の形態学としてとらえ、その発生原因や傾向を分析する（図11）。たとえば、森林における牧草地の開拓はもとの環境を破壊するものの、森林の中の隙間となる牧草地の配置や形態はパッチと考えられる。このパッチは極相林のギャップとして豊富な光量を呼び込み、植生の更新を促す。また、牧草地周辺の樹林地の管理が行われることで、周囲の森林生態系の維持に良い効果があることなどの研究がある。

この開発を前提とした生態系の撹乱に伴う景観の形態学的研究はジェイムズ・コーナー（1961-）による「landscape as Urbanism（アーバニズムとしてのランドスケープ）」という概念[8]の提唱とも関連があるといえるだろう。ランドスケープは人間の生産活動や建設行為の結果から生まれるものであり、都市環境への影響を否定的に捉えるのではなく、環境の改善のための契機として利用する視点である。

18～19世紀のピクチャレスクは自然風景を崇高や畏怖の念とともに、都市的事態の対照として描かれる牧歌的な世界を求め「自然象徴」ともいえる風景の審美性の規範としたが、アーバニズムとしてランドスケープを考える場合、開発パターンやそれに伴う風景や生態系の変化が審美性の対象とされる。ランドスケープアーキテクトの宮城俊作はこれを「生態象徴」ともいわれる風景モデルとしている[9]。

---

[7] 景観を研究対象とした生態学で、1938年にドイツの地理学者カール・トロールによって提唱された。フォアマンらはより景観のもつ諸特性を研究し、土地利用計画に応用することを目的とした実学として発展させた。Richard T. T. Forman, *Land Mosaics The ecology of landscape and regions*, Cambridge University Press, 1995 は景観生態学が最も体系的に整理された書籍の1つ

[8] ペンシルバニア大学の「Constructing Landscape Conference」(1993)とロンドンのAAスクールにおける「Recovery of Landscape」(1994)の2つの会議、そして、『*Recovering Landscape*』(1999)の出版を通じて提唱された概念

[9] 八束はじめ・宮城俊作・ペーターラッツ他『再発見される風景 ランドスケープが都市をひらく』TN Probe Vol. 6/1998, pp.69-95

図10 スキポール空港ランドスケープ計画のカバノキの樹林（WEST 8、アムステルダム、1992） 足下にはクローバーが植栽されそこにあつまるミツバチを媒体とした、人工的な生態系が成立する

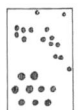

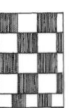

図11 フォアマンによるランドスケープエコロジーのダイアグラム 6タイプに分類される撹乱形態のパターン。左から大パッチ型、小パッチ型、樹形型、直線型、格子縞型、相互嵌合型

コーナーと写真家のアレックス・マクリーン（1947-）による『*Taking measures Across the American Landscape*（アメリカンランドスケープの横断）』に描かれたアメリカの大地の航空写真は広大な土地が近代農業や工業の生産行為によって加工、編集される様子がある種の審美性を伴い強烈なインパクトを与える（図12）。これら生産効率性を重視した活動の軌跡が幾何学パターンとして上空からはじめて認識されるものであり、都市的活動が環境に及ぼす影響を審美的な視点で捉えなおした。

1990年代以降のこれらの傾向をもったプロジェクトを見ていくものとする。

◎「はらたく」ランドスケープ

水利学や植物の浄化作用などを積極的に活用し、ランドスケープデザインに応用し、リアルタイムに人為と土地の関係を現象として体験できるプロジェクトがある。1990年代以降、増加した産業跡地の再生などの自然景観を回復するプロジェクトにおいてはサイトエンジニアリングがその規模と実用性によりランドスケープ空間に存在の理由付けと強度を与える契機となった。機能やシステムによって支えられるこれらの空間に造形性を感じることは少ないものの、広大なスケール感や配列が生み出す、ある種の機能美が見え隠れする。

前述のヴェルサイユ国立ランドスケープ高等学校の出身のミシェル・デヴィーニュ（1958-）によるトムソン工場の敷地計画（グィヤンクール、1992）では駐車場という機能的な屋外空間を特徴づける平行線に沿ってオープンカットの排水溝が設けられ、さらにそこに若木による列植が施された（図13）。舗装面からの排水で生育する植栽された樹木は、現在ではやわらかな緑のスクリーンの反復をつくり出している。なお、植栽された側溝は排水の浄化作用を受けもち、浄化された水は敷地内の調整池に注ぎ込まれる仕組みになっている。

マリオ・シェトナン（1945-）設計のソチミルコ・エコロジカル・パーク（メキシコシティ・ソチミルコ、1993）では、限られた少ない予算内で、水質汚染浄化と持続的な農業活動が課題とされた（図14）。300haの公園内には、水質浄化施設、農業地区、圃場、市場が共存し、ソチミルコ市の環境に対する文化水準を高めた事例として知られる。3000haはある湿地内の小島群は1987年にユネスコ世界遺産に指定された。しかしながら、都市部からの汚染された排水により、湿地内の水系、および、農業活動に大きな影響を与えるようになっていた。公園内において水質を浄化し、その水は農業地区の潅水に利用される。また、公園内の運河護岸付近には在来種の2万5000本のヤナギが植栽され、護岸地盤の安定化が図られた。農業はソチミルコ市の主要な経済活動の基礎となっており、この公園における水質の改善により農業経済活動の活性化が促進された。

ディアナ・バルモリによるプレーリー・ウォーターウェイ（ミネソタ州ファーミントン、1996）では約22haのニュータウン開発におい

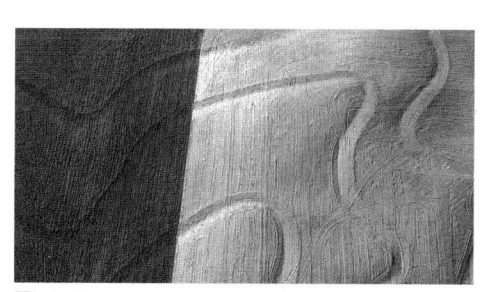

図12 Erosion Berms across Red Soils with Green Field（コーナー＆マクリーン）　浸食作用を防ぐために等高線沿いに蛇行する土塁が赤土と農作物栽培地を横断する様子が航空写真からは幾何学パターンとして浮かび上がる

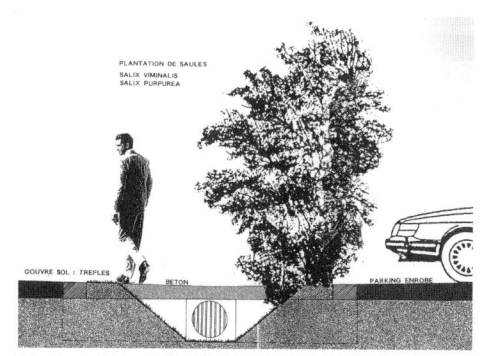

図13 トムソン工場の敷地計画の部分断面図（デヴィーニュ、グィヤンクール、1992）　側溝は開渠化され、植生の入り込む余地が創出された。側溝のピッチに合わせて緑のスクリーンが立ち上がる

★10 ジュリー・バーグマンのスタジオである、「DIRT」のHP（http://www.dirtstudio.com）からPDFが公開されている

て豪雨時における雨水の敷地外への流出抑制が要請されたため、雨水排水を暗渠化（地下化）するのではなく、一時貯留池を設定し、湿地と水辺空間を創出し、地区住民の財産とした。住宅地ブロックの中央は雨水を集水するための凹地となっており、ブロック単位で雨水を地中浸透させる（図15）。豪雨時の道路の排水は、住宅ブロックに隣接する、一時貯留池に流れ込む。下流部の調整池を経由し、レッドリバー、そしてミシシッピ川へ流れていく。雨水排水のプロセスを開渠化（可視化）し、地域の生態系やレクリエーションの基点とする考え方は、インフラへの負担を軽減し、費用対効果の効率は高い。かつ、持続的な都市形成へのモデルともいえるプロジェクトである。

建築家のウィリアム・マクドナーとジュリー・バーグマン（1958-）の協働によりフォード社のルージュ川工場の建て替え計画（ミシガン州ディアボーン、1999-）が行なわれた。「これから、フォード社は車の製造だけではなく、清潔な水、土、空気を生産する」ことをコンセプトに持続可能な自動車生産工場のあり方が模索された。部品組立工場は、雨水貯留施設を備えており、その雨水は約485haの工場敷地内の地域固有の植物の並木の潅水に利用され、余剰水は、処理された工場排水とともにルージュ川に放流される。また、敷地の入口付近には、ファイトレメディエーション・ガーデン（ディアボーン、1999、図16）と称した、植物による土壌浄化方法の実験場が「庭」として設定されている★10。

◎ブラウンフィールドと時間軸──サイトエンジニアリングとオペレーション

欧米の先進諸国では、自国における生産活動を減少させ、中国や東南アジアなどの国外に次々と工場を建設させた結果として工場跡地は廃棄された土地となった。こうした場所では長年にわたる人間の営為により、土地は疲弊し、汚染され、自然環境の基盤は根こそぎ剥ぎ取られている状況にあり、ブラウンフィールドとも呼ばれる。ブラウンフィールドは「浄化」の対象であると同時に「跡地である」ことを土地の文脈として最大限に利用し、

図14 ソチミルコ・エコロジカル・パーク内の鳥瞰（シェトナン、ソチミルコ、1993） 運河沿いに植栽されるヤナギによって護岸地盤の安定化が図られた

図16 ファイトレメディエーション・ガーデン（バーグマン、ディアボーン、1999） フォード社ルージュ川工場の建て替えに伴い「整備」された汚染土壌の植物浄化の実験場

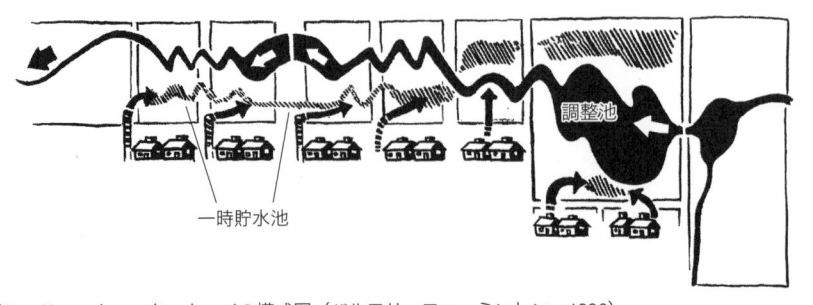

図15 プレーリー・ウォーターウェイの模式図（バルモリ、ファーミントン、1996）
住宅池に近接する広大な集水システムは豪雨時に雨水を一時貯留する。また、コミュニティ活動の中心となる水辺空間ともなる

新たな生態学的、都市的な価値を生み出すことのできる脱工業化時代の象徴的なランドスケープデザインのフィールドである。

都心にあっても求心性はなく、自然地でもないブラウンフィールドのランドスケープデザインは都市的なアクティビティへの期待よりも、そのスケールを活かした土地の生産性がデザインの動機となる。こうした環境においても、人工的に生態系を創出し、都市活動との関係をつくる試みがなされた。ブラウンフィールドではサイトエンジニアリングによる浄化技術と将来的な生態系の発現を誘導するための時間軸に沿った空間変容についてのオペレーション（操作）の過程をより具体的に見ることができる。

ペーター・ラッツ（1939-）はデューズブルク・ノルト景観公園（ノルトライン・ヴェストファーレン、2002-）の計画、実施を通じて、ランドスケープデザインにおける風景モデルのイメージの変革を試みた（図17）。1985年の操業停止以来、ルール工業地帯は汚染土壌が残され、朽ちかけた工場プラントも放置されている状態が続いていた。この土地を生態学的な視点から矯正し、再び都市的なアクティビティが介入する場所として再生する試みであるIBAエムシャーパーク内の公園である。

脱工業化時代の典型的な荒廃した風景を否定的に捉えることなく、近代産業遺構として評価し、鉄を代表とする工業的な物質の浸食作用を、あらたに発現する生態系と並列させた。マンガン工場に野晒しにされ鋳鉄板を切り取り、製鉄工場群に囲まれた広場に方形に敷設した。一つひとつの鋳鉄盤は腐食作用の程度は異なるものの、それらが並列する「ピアッツァ・メタリカ（金属の広場）」として象徴的な場所とした。旧高炉は登山家たちの訓練場所になり、鉱石燃料庫の地下は貯水され、ダイバーに解放される、といったようにアクティビティが誘発された。工業廃水が流されていたエムシャー川は、サイト内の浄化施設を通じて、放流され、地域の水の循環系を再生した。ヒ素で汚染された土壌は焼結され処分されたのち、スラグを利用した植栽基盤の形成を通じ、新たな植生の発現を期待した。旧マンガン貯蔵庫の壁面を打ち抜いた迷路のような庭園群など、既設の工場施設群を浄化し、その構造を活かしながら植生が織り込まれていった。

カナダ、トロントにおけるダウンズビューパークにおけるコンペ（2000）では、約130haという広大な空軍基地跡地を公園にするためのアイデアが求められた。レム・コールハースやベルナール・チュミ、そしてジェームス・コーナーらのチームが参加した。コーナーらの案は、積極的な水系の取り込みによって、森林生態系を再生させる段階的なプログラムを提案している。場の状態は、20年程度の期間で変容し、そこに生息する動植物の種類が変化していく空間の「遷移」がダイアグラムとして表現された（図18）。

フレッシュキルズ公園（ニューヨーク、2001-）は、ニューヨークのスタテン島にあった世界最大の廃棄物処理場フレッシュキルズを、30年の年月をかけて公園に生まれ変わらせる土地再生計画で、2001年の設計競技において、コーナーが率いるフィールド・オペレーションズの提案が実施案に選定された（図19）。

図 17 デューズブルク・ノルト景観公園内の「ピアッツァ・メタリカ（金属の広場）」（ラッツ、ノルトライン・ヴェストファーレン、2002-）　一つ一つ腐食度合いの異なる鋳鉄盤が格子状に配置され「工場跡地」の象徴的な広場となる

"Lifescape"と題されたその提案は、かつて豊かな湿地に恵まれていた890haに及ぶ跡地において、その生態系を再生する過程を主旋律とする公園再生のシナリオであり、2030年頃にはその全体像が完成する計画である。

廃棄物によってつくられた巨大な丘の周縁部には、地表の雨水排水を受け止める溝と盛土によって、有害な土壌流出を抑制すると同時に樹林の再生を促進することが提案されている。そして、この大きな景観の成長を軸としながら、生態系、交通、地表整備、プログラムの4つの角度から段階的に手を加えることで、最終的に多様な生物の生息環境と市民のレジャー活動を受け入れる景観へと向かう長期的な計画が提案されている。

3 ランドスケープアーバニズムへ

オルムステッドによるニューヨークのセントラルパークやボストンのバックベイフェンズは劣悪な都市のなかの公園緑地として、あるいは、一時的な避難地や洪水の際の一時貯留池という都市インフラの一部として機能した。ランドスケープデザインの領域は当初からスケールの大きい、強度のある空間デザインまで達していた。しかしながら、モダニズム建築の展開のなかでの国際会議であるCIAM以後、都市は建築家が先導し形づくられるような職域の構図ができあがり、ランドスケープデザインは、庭や建築外構のデザインというような職域の矮小化の道をたどることになる。しかし1990年代以降は、都市環境の問題が全世界的に露呈し、持続可能な都市形成が求められた。前節までのプロジェクトのように科学技術としてのエコロジーを実空間のデザインまで昇華しつつあったランドスケープアーキテクトは再び、都市インフラやアーバニズムを先導するような役割を得る機会が増えた。

◎都市インフラのデザイン

既存インフラの構造を矯正するような空間から始まり、ランドスケープ空間がインフラとなるような計画が見られるようになった。そこではインフラがもつ「永続性」や「強さ」をランドスケープアーキテクトは希求する、生態学的な根拠にもとづくこれらの空間は、都市の持続可能性を獲得する契機ともなり得るものである。

ジョージ・ハーグレイブス（1952-）によるグァダループ・リバーパーク（カリフォルニア州サンノゼ、1990）はサンノゼの中心を蛇行して走る約5kmの洪水管理施設であり、人々のレクリエーション施設でもある緑地帯である（図20）。また、中心市街地一帯の都市形成のための重要な基盤であり、骨格となる

図18　ダウンズビューパーク（コーナー案）
新たな水系の創出と変遷する動植物の変化をダイアグラムに表現した

図19　フレッシュキルズ公園（コーナー案）全体鳥瞰パース　生態系を再生する過程における最終段階のイメージ

ものである。陸軍技術部の治水対策に対する代替案として実施された。大規模な洪水時には濁流にのみこまれる河川敷に、川の沖積作用をモチーフとした波のようにうねる地形をつくり、それらが水の浸食により形成されたかのような幾つものマウンド間に園路が入り込む。平常時には草木の生い茂る河川敷の広場としての存在であるが、それらが決して周囲から切り離された苑地としてあるのではなく、洪水の潜在的な恐怖をも時に感じさせる場となっている。陸軍技術部の治水対策はコンクリート護岸を形成し、水を効率的に放流させる土木工学的な方法であったが、ハーグレイブスは、複数の土木エンジニアとの協働を行ないながらも生態学的であり、物語性が表現されたインフラとしてこの場所を都市に解放した。

バルモリによるファーミントン運河グリーンウェイ（コネチカット州ニューヘブン、1995）は、時代の役割を終えた運河や鉄道など既設の都市インフラの土地を帯状の公園として整備し、都市活性化のための骨格とした（図21）。オルムステッドが都市公園を新しい都市空間のプロトタイプとしたように、グリーンウェイは既設の都市インフラの連続を活用した新しいタイプの都市公園である。7〜14mの狭い回廊が数kmにわたって連続し、都市を貫通し、分断されていた歩行者ネットワークを接続する。長距離にわたって連続するため、都心部や郊外部といったエリア別に必要性に応じた場所ができる。したがって、1つのシステムで均質な緑地が続くというよりも、部分の集合によって成立するもので、エリアの事情に合わせた柔軟なシステムである。物質循環や生物の移動、都市活動の骨格というような、都市における新たなインフラとして機能する。

マイケル・ヴァン・ヴォルケンバーグ（1951-）によるミルレースパーク（インディアナ州コロンバス、1993）はコロンバス市西部ホワイト川沿いを氾濫原に位置している（図22）。皮革工場や砂利採掘場、そして労働者の住宅が点在する荒廃した土地であり、年間に数回起こる洪水が重要な課題となっていた。もともと、商業地区に隣接する地区は住宅地建設計画が進められていたものの、市民の運動によって、公園用地となった。公園の

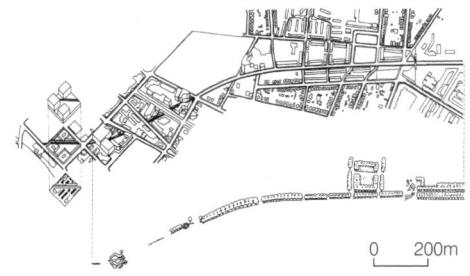

図21 ファーミントン運河グリーンウェイの模式図（バルモリ、ニューヘブン、1995）　延長数kmの既設インフラの配置を活用して創出される新しいタイプの都市公園

図20 グァダループ・リバーパーク鳥瞰（ハーグレイブス、サンノゼ、1990）
河川敷は川の沖積作用を表現したアースワークによって構成される。約5kmにわたって連続するこの空間は都市のインフラでもある

中央の円形の池は、都市全体のなかでも象徴的な形態であると同時に、洪水時には一時貯留池となる。また、池周辺では様々なイベントが開催されコミュニティコアとなっている。市民により運営され、工事予算は非常に少ないため、既存の池畔林の一部を利用する植栽計画とし、主な施設は屋外円形劇場、洪水時の放流水路、ボートハウスである。約35haという公園の規模に対して、シンプルな構成ではあるが、洪水による都市への水害の緩衝という機能とともに、市民による運営が現在も継続している。

同じくヴォルケンバーグによるアレゲニー川河岸公園（ペンシルバニア州ピッツバーグ、2001）は、従前、川の通常の水位より若干高い位置にコンクリートの床が張られ車道として利用されているのみであった。そして、そのコンクリートの塊が、河川の空間をそれに接する都市から、完全に切り離してしまっていた。橋のたもとを起点としてその両側に歩行者用のスロープを設け、既存の水面近くの車道との間に河岸の植生が再生される人工的地盤を設けることによって、人と川、そして植生と川の関係を同時に取り結んだ（図23、24）。2人のアーティストの協働により、スロープの舗装面や手すりに、かつてこの河岸に存在していた湿地の植生をモチーフとした形態やパターンが用いられていることもこの計画に文学的な深みを加えている。

注目すべきなのは、河岸の植生を再生するその方法である。ここでは、新設された歩道の基礎を植栽帯の土壌を抱えるコンクリートの箱から突き出す片持ち梁によって確保することで、歩道を挟んで川と接する植栽帯に、川の水が梁の隙間から届くように設計されている。これによって、変化する水位によって植栽帯には土砂が堆積し、将来的にはこの人工的な河川環境のなかに「自然」の植生が形成される計画となっているのである。片持ち梁の上にある歩道は必然的に植栽帯地表面より高い位置に設定されているが、これは結果として浸水後に表面排水の経路を確保するだけでなく、常時の水位変化によって、植栽帯の浸水は生じても、歩道部分の使用に影響をきたさないための配慮ともなっている。この計画において、結果として生じる現象は、人のための場所の再獲得であり、生態系の再生である。しかし、そこで用いられている技術の中心はより近代土木的なものである。

建築家ジョアン・ロイグ（1954-）とエンリック・バトル（1956-）の設計によるトリニタット・カヴァーリーフパーク（バルセロナ、1993）は1992年のバルセロナオリンピックで都市の外周部に建設された高速道路のインターチェンジ内にある公園である（図25）。周囲から隔絶された緑地ではなく、高速道路というインフラが道路線形と呼応する地形によって、都市という地に縫い込まれた様相を呈している。

図22 ミルレースパーク平面図（ヴォルケンバーグ、コロンバス、1993）
中央の円形の池は、洪水時の一時貯留池であると同時にコミュニティ活動の中心となっている

◎都市を指揮するランドスケープアーキテクト

第2次世界大戦後、世界の都市では建築家による未来都市のイメージが提示され、実行された。オスカー・ニーマイヤーによるブラジリアなどが代表的な事例の1つである。多くの新興都市は自動車を中心とした都市形成であり、1980年代以降において、これらの近代都市の問題が露呈し、中心市街地の荒廃や、貧富の差による棲み分けが行なわれてきた。こうした状況のなかで、ランドスケープアーキテクトが都市の再編を指揮し、実践した計画が見られるようになった。

土地が与えられ、その空間のデザインに終始していた職能像の枠を超え、建築家、都市計画家とも協働し、指揮者として、アーバニズムを誘導した。

アメリカでは、1989年から2000年の11年間で3回に渡ってシンシナティ大学のキャンパスマスタープラン（オハイオ州シンシナティ、2000）が、ハーグレイブスによって考案され、それらが現在でも実践され続けている（図26）。約80haのキャンパスには大学施設、運動施設、学生寮などが林立し、それらを結ぶ動線は混雑していた。施設の老朽化に伴う建て替え、動線の整理、そして、新たなオープンスペースの創出によるキャンパスランドスケープの骨格形成が主な命題としてあった。大学を1つの都市と見立て、4種類の都市軸を設定した。1991年のマスタープランでは、これらの軸間の、「充填と接続（Infill and

図23 アレゲニー川河岸公園（ヴォルケンバーグ、ピッツバーグ、2001）　計画前は切り立った護岸の外側にコンクリート舗装の道路が低く張り出し、川と都市活動は完全に分離していた。ヴォルケンバーグは、橋の付け根から降りるスロープによって人が再び川に接する機会をつくった。そしてスロープと水面上のプロムナードで囲まれた部分に河岸植生が自然に再生するための空間を設けることで、都市と自然との関係を修復しようとしている

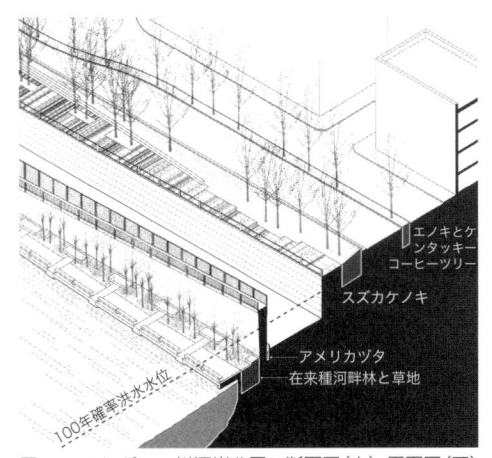

図24 アレゲニー川河岸公園の断面図（上）・平面図（下）
湿地の植生を想起させるパターンがコンクリート舗装面に仕上げとして用いられた。この舗装は人が水面に近づける人工地盤上であり、人と自然、自然と都市をつなぐ媒体である

図25 トリニタット・カヴァーリーフパークの航空写真（ロイグ＆バトル、バルセロナ、1993）　高速道路のインターチェンジの構造から必然的に生まれるヴォイドに道路線形に呼応するランドフォームを創出した

図26 シンシナティ大学の鳥瞰（ハーグレイブス、シンシナティ、2000）　キャンパス内の混雑していた動線を整理した。人の動きを水の流れに見立てることにより、離れては接近するといったあるリズム感を創出している

Connection）」をテーマとし、結合力のあるキャンパスづくりを計画した。1995年には、より深化し、実行性の高い戦略が示された。2000年のマスタープランでは24時間利用可能なキャンパスづくりがめざされ、キャンパスを「通学・通勤のための場所」から「居住性の高い」場所への変換が示された。都市スケールの大学キャンパス計画を誘導するハーグレイブスの活動は、オープンスペースを骨格とした空間形成を先導するマスターアーキテクトという側面を、ランドスケープデザインの職能像に加える役割を果たした。

オランダでWEST8が主導したボルネオ・スポールンブルク島における集合住宅地計画（アムステルダム、2000）は港湾のオープンな場所に各住戸がプライベートな中庭を持つ、ヒューマンスケールで親密な住環境の形成が目指された。それを実現するプロセスは低層で高人口密度という矛盾したスキームから始まった（図27）。

建築面積の50％を中庭のためのヴォイドスペースとして、複数の建築家にオリジナルの住戸のタイポロジーの設計が依頼され、23haの土地に2300戸の住宅が計画された。100戸/haであれば通常であれば5〜6層の建物が必要とされる住戸密度となるが、この計画では全住棟の70％は3層の低層住宅とされた。WEST8はこれらの住戸のボリュームスタディを通じて、計画のマスターアーキテクトとしての役割を果たした。具体的には各住戸のすべてにプライベートな中庭をもたせるようにし、これらを集積させることで、パブリックスペースを極小化させ要求された戸数を満足させた。個別の住環境の集積は港湾の大スケールのランドスケープと対峙する。建築設計は個性的な内部空間に対して、統一感のある外観がつくられた。素材はレンガ、木、鉄の使用を条件とし、内部空間であるヴォイドの配置が建築の形態を特徴づけた。

ブラジルでは、車中心に計画されたブラジリアの事例を反面教師としたパラナ州クリチバで、ジャイメ・レルネル市政時期（1971-1992）に実践された土地利用、緑地、交通、都市デザイン、環境の政策が有名である。その柔軟で迅速な計画遂行システムによって世界でも類を見ない「車ではなく人間が中心」の都市計画の成功をおさめている。主要車道の歩行者専用道化、主要公共交通のバスシステムへの転換など、1970年代から今日に渡って、都市計画専門家集団（イプキ）がこれらの政策を実践してきた。レルネルの都市・環境政策のブレーンとして実践的な部分での補佐をしたのがランドスケープアーキテクトの**ヒトシ・ナカムラ**（1944-）である。

数ある施策のうち、緑地の維持管理についての試みは最も独創的なものである。クリチバ市内の公園・緑地には多くの芝生が植栽されたために、その維持管理費が市の財政を圧迫していた。そこでは、芝生を食べる羊を放牧することで、増大していた管理費を削減する政策がとられた（図28）。800haという広大なイグアス公園内に羊がいることで、子供が喜ぶような副次的効果も得られる。また、羊の糞は肥料ともなる。なによりも、環境都市をめざすクリチバのイメージ形成という面で、経済的にも生態学的にも非常に大きな効果が生まれた。

図27 ボルネオ・スポールンブルク島における集合住宅地計画、模型写真（WEST 8、アムステルダム、2000）
各住戸に内在させるプライベートな中庭の集積およびパブリックスペースの極小化によって地区全体の建築の70％を低層化させた

図28 イグアス公園に放牧される羊（クリチバ）
芝生の維持管理を軽減すると同時に、来園者が喜ぶ副次的効果も高い

column
ペンシルバニア大学ランドスケープアーキテクチャー学科の伝統と進化

ペンシルバニア大学では、1924年にランドスケープアーキテクチャーを教えるプログラムがスタートしたものの、一時中断を挟み、現在の形態で本格的に再開されたのは、1950年代半ばに入ってからである。アメリカで初めてのランドスケープアーキテクチャー学科がハーバード大学に設置されたのが1900年であることを考えると、出遅れた感は否めないが、その再開以降、学問の世界だけでなく実践の場にも大きな影響を与えてきた。そのペンシルバニア大学ランドスケープアーキテクチャー学科の特徴を決定づけたといってもいいのが、プログラム再開時の学科長イアン・マクハーグである。

イアン・マクハーグの時代——生態学を取り入れた鳥瞰的視点

マクハーグの功績は、生態学をランドスケープアーキテクチャーの1つの軸として確立した点にある。もちろん、マクハーグ以前から生態学はランドスケープアーキテクチャーを支える重要な学問の1つであったが、1960年代アメリカにおける環境問題の高まりという波に乗ることで、自然環境の大切さ、そしてそれを保全するためには生態学を取り入れたランドスケープアーキテクチャーが必要であるという主張を訴えることに成功した[1]。この科学重視のランドスケープアーキテクチャーへの方向転換に賛否両論はあるものの、ランドスケープアーキテクトという職能の社会性を高めた意義は非常に大きいのではないであろうか。

そのペンシルバニア大学とマクハーグが主宰するランドスケープアーキテクチャー・ランドスケーププランニング事務所のWMRTで開発された手法が、適合性分析[2]と呼ばれるものである。これは人間の視点に立って眺めているだけではなかなかその全体像を把握できないランドスケープを、「鳥の目」的な視点、つまり俯瞰するという視点から捉えようとする手法である。

アン・スパーンの時代——都市のランドスケープに取り組んだフィールドワークの視点

マクハーグの手法が「鳥の目」からのものであるとすると、マクハーグの教え子であり、1986年にマクハーグの跡を継ぎ学科長に就任したアン・スパーンは、「虫の目」からランドスケープに取り組んだランドスケープアーキテクトとも言える。彼女がペンシルバニア大学で取り組んだフィールドワーク[3]では、地図や平面図はあくまでプロジェクトを遂行する際の補助的な手段であり、現地を自分の目で見て回り、ランドスケープを自分の肌で感じ、地元の人とコミュニケーションをはかるというプロセスが重要視されている。

またマクハーグのプロジェクトが、自然豊かな郊外や農村でいかに開発のインパクトを少なくするかといったものが中心であったのに対し、スパーンは実際に人々が生活をする都市、自然とは対極に位置するものと考えられていた都市をそのフィールドワークの対象に選んだ。都市は自然と対立するものではなく、人々が築き上げて来た都市でこそ人間と自然が調和することができる、そしてその調和とは完成され、静止したランドスケープではなく、動的でプロセスを伴うランドスケープとして現れる、というのが彼女の信念である。

ジェイムズ・コーナーの時代——2人の視点を発展させた理論と実践

スパーンの退任後、庭園史を専門にするジョン・ディクソン・ハントを経て、2000年にジェイムズ・コーナーが学科長に就任する。彼はスパーンの都市に対する姿勢やランドスケープのプロセスに重きを置くコンセプトを引き継ぎ、ランドスケープから都市を捉えようとするランドスケープアーバニズム[4]という理論を推し進めてきた。土壌や植生が織りなす生態系や、そこで営まれる人々の生活といった、時間とともに変化し、プロセスを重視する事象によって支えられているランドスケープを、同様に不確定要素の高い都市のプラットフォームとして扱おうという考えである。

コーナーは前述の2人と異なり、ランドスケープの形態と素材に取り組み、実際の空間をつくり上げる、ある意味本来のランドスケープアーキテクトとして活躍している。マクハーグによって提唱された生態学が、スパーンによって都市へ持ち込まれ、そしてコーナーによって実際の空間として立ち上がる。こんな一連の進化を最近のコーナーの作品に見て取れるといっても過言ではない。そして、「生態学」「都市」「プロセス」といったキーワードを共有しつつ、それぞれが、その時代、その社会の要求にプロフェッショナルとして応えていこうとするペンシルバニア大学ランドスケープアーキテクチャー学科の伝統とその進化をそこに見出すことができるのではないであろうか。

(別所力／ジェイムズ・コーナー・フィールド・オペレーションズ)

---

[1] マクハーグはアカデミックな世界に閉じこもるのではなく、生態学という科学の実証性をひっさげ、TVプログラムなどに積極的に出演することで、時代の要求にランドスケープアーキテクトとして見事に応えてみせた

[2] 適合性分析(Suitability Analysis)とは、対象地を地質、地形、土壌、水文、植生、土地利用といった各要素へ細分化し、その評価をオーバーレイすることで、開発や自然保護に対する土地の適合性を導き出そうとする手法である。『デザイン・ウィズ・ネイチャー』(1969)で紹介され、その後多くのランドスケーププランナーやランドスケープアーキテクトに大きな影響を与えた

[3] ウエストフィラデルフィアで住宅地内の放棄された空き地とその地域のランドスケープとの関係性に取り組んだプロジェクト。以前は小川が流れていたが、それが下水管として埋め立てられ、いわゆる谷底地に多くの空き地が集中することをつきとめ、そういった空き地を再開発するのではなく、オープンスペースとして有効活用しようとした

[4] ランドスケープアーバニズムとは、1997年にチャールズ・ウォルドハイムによって提唱された理論である。コーナーは『The Landscape Urbanism Reader』(2006)に収められた彼自身による"Terra Fluxus"というエッセーのなかで、ランドスケープとアーバニズムの単なる融合というよりむしろ、その両者の違いがもたらすパラドクスこそが重要であると説いている

column
参加のデザイン

*参考文献
- Randlph T. Hester, *Design for Ecological Democracy*, MIT press, 2006, p.244-
- *Giancarlo De Carlo*, Benedict Zucchi Architectural Press, 1992, 第5章
- ランドルフ・ヘスター、土肥真人『まちづくりの方法と技術』現代企画室、1997, p.92
- 清野隆他「ウルビーノ市歴史的都心部における建築規制の変遷と都市像に関する研究」『日本建築学会計画系論文集』No.615、p.99-、2007.5

　2005年シアトルで開催されたコミュニティ・デザイン国際会議「(Re) constructing Communities」で、日本の若い参加のデザイナーたちが、一連の発表に対し「NO！　まちづくり」と批判する場面があった。それは、この会議の主催者の1人であるランディー・ヘスターの「90％以上の発表が、ワークショップを行ない問題が解決したと言う。まるで魔法のようだ。これでは専門家のみによるデザインが人々にとってブラックボックスであったのと変わらないのではないか」という問題提起に呼応したものであった。

　矛盾するようだが、参加のデザインには人々の参加しない場面があり、しかもそれは重要な部分である。デザイナーは人々と話す前に、言葉をもたない様々な事物を参加の舞台へ招待する準備をしなければならない。それが場所を「読む」ことである。自然を、歴史を、社会を、コミュニティを、「読む」こと、これをランディー・ヘスターはゲシュタルトの獲得と呼び、最も重要なデザイナーの仕事だとしている。この「読み」はデザイナーから人々へと提案される。そして人々は場所の「読み」を検討し、深め、共有する。つまり参加のデザインとは、住民や市民の参加であると同時に、場所をめぐる様々な事物を参加の舞台へあげるデザインである。ただ人々の言うことをまとめ、形にするのは参加のデザインではない。デザイナーは明確な「読み」をもって、人々の前に立ち、その読みを人々に問いかけ、そして参加のデザインが始まるのである。

歴史を読み、自然を読み、人々と共にあるデザイン

　イタリアの建築家ジャンカルロ・デ・カルロは、1950年代からイタリア、ウルビーノ市の歴史、風土を読み、ルネッサンス期から残る古い建造物群をその属していた意味の文脈から丁寧に切り離し、現在の人々の新しい文脈へと移植する都市保存計画を立てた。この計画は単に価値のある建築を保存するのではなく、現代のウルビーノ市に必要とされている交通、産業、生活環境などを、古い建物内部の大胆な改造により実現するものであった。デカルロは、使われなくなった幾つもの修道院を大学施設に転用し、伝統的な中庭を再生すると共に、現代的な円柱や円錐形のガラス屋根をデザインし、住民へ提案し続けた。彼は2005年に死去したが、最後に議論となったのがまちの入り口に面する城壁内の旧厩舎のデザインである。ここは文化施設に転用が決定し、デカルロはその屋根に現代的な波型のデザインを提案した。しかし住民の反対は大きく伝統的なデザインに収束した。デカルロは特に「読むこと」の重要性を強調し、デザイナーの読みが凡庸であれば、人々は共にデザインしないという。デザイナーが注意深く読み、行なう提案は、人々により賛同され豊富になり、反対され深化する。50年を経てもデカルロのまちへの読みは未だ斬新で、一方でデカルロを敬愛する住民もこの読みを巡り議論し、自分たちのデザインを対置する。人々はデザイナーの読みを通して、自らのまちを構成している事物を読むことを学び、それらの事物と共にデザインへと参加するのである。

　コミュニティ・デザイナーのマーシャ・マクナリーとランディー・ヘスターは、ロスアンゼルス北部サンタモニカの公園のデザインを委託された。彼らはしかし対象地の周辺に、高速道路建設をめぐる住民の深刻な対立、生態回廊の切断による希少生物の消滅などの問題があることを知る。そこで彼らは住民参加の前にこれらの問題への読みを行なう。交通や生態系の専門家に依頼し、高速道路の是非について科学的な根拠と判断を提示してもらう。そして対象の公園を拡大し、またロスアンゼルス周辺に残る自然と生態回廊で結ぶことを提案したのである。最上位捕食者であるピューマが生きられる自然を取り戻す、ビッグワイルドと名づけられたこの提案は、税金による多くの土地の購入を必要とし、そのためにロスアンゼルス市の住民投票が必要であった。彼らはロスアンゼルス南部のアフリカ系アメリカ人をはじめとする貧困層の人々、特に若者を対象に、ビッグワイルドへの教育的エクスカーションを大規模に行ない、その結果、土地取得のための住民投票はことごとく成立していった。ピューマが棲息できる都市周辺の自然は、都市住民全体の支持がなければ実現できないことを、マーシャは読み、ゲシュタルトを獲得し、人々へ問いかけた。彼女は生態系を構成する生き物たち、山や渓谷、都市全域の人々を、参加のデザインへと招待したのである。

　場所に棲み場所を豊かにする生き物たち、場所を流れ場所を創る川あるいは時間、その時々の場所の風景とその風景を創る人々、これらすべてが参加し、その場所を表せるように、読みゲシュタルトを獲得するのが、参加のデザイナーの仕事である。参加のデザインにより人々が場所へ、都市へ、歴史へ、社会へ、自然へと、参加し始める。自らの場所を読む人々によって、安定し固有性に満ち、美しく公正で楽しい場所が生みだされる。参加のデザインは新しい世界の種を創るデザインなのである。

（土肥真人／東京工業大学）

2000—2009 環境、都市、人

第11章

21世紀に入ってからの先進国におけるランドスケープデザインは、自然地形を造成しなおして新たな風景をつくりだすものよりも、工場跡地や鉄道跡地などすでに存在する空間を良質な空間へと改変するものが主流になった。その際、形態の奇抜さや新しさだけを標榜するのではなく、人間活動を含めた都市の生態的な関係性を意識した空間を生み出すことが多いのが特徴的である。また、単に風景の完成品を提供するだけでなく、植生の遷移や住民の活動など事後の変化を設計プロセスに組み込むために、設計段階からデザインとマネジメントを同時に検討するようになったのも特徴的である。

0 時代背景

1950年代以降のランドスケープデザインにおいて提示されたキーワードを大きく括ると、それらはエコロジー、住民参加、歴史・コンテクスト、芸術性の回復といったものであった。これらのキーワードに共通するのは、いずれもモダニズムの理念に含まれない項目だったということである。工業的な拡大再生産によって美しい世界が成長を続けるというモダニズムの理念に反し、1960年代には大量生産された都市空間が人のための場所としてはあまりに貧困であるということや、その結果もたらされた環境破壊の大きさが明らかになった。そして以後の半世紀には、デザイナーたちはモダニズムが見落としていたと思われることがらを、次代の環境デザインを支えるイズムとなることを期待して、次々と打ち出していったのだということもできる。

しかし、矢継ぎ早に新たなキーワードが生み出されるという状況自体が、工業化と密接な関連をもつ情報化の進行によってもたらされた現象であることも忘れてはならない。19世紀まではごく一部の階級に限られていた環境の設計という仕事は、資本主義社会の成長に伴って資本とチャンスを得れば誰でも行なうことができるようになったし、各国の教育システムの確立によって、若い世代がそれまでの数年間の動向に対して批判するための材料が豊富に提供されることになった。さらにメディアの発達は情報のグローバル化を伴い、新たな試みとして提示されるデザイン潮流とその価値をすぐに消費してしまう状況をつくり出した。現在の潮流に対して批判的であろうとし、新しい指針を発信すればするほどその価値の消費速度は高まり、そのことによって完璧な思想をつくりあげようとする行為そのものの不完全さが露呈してしまう。

たしかに、それぞれの新しい思想が単独で、以後の時代を継続的に支配することはなかった。しかし、それは現代社会が単独の思想で説明するにはあまりに複雑であるということを意味するにすぎず、上述の個々のキーワードの価値を減じるものではない。また同様な視点で見れば、1960年代以降の諸思想が批判の対象としたモダニズム（とりわけそのなかの機能性や合理性というキーワード）自体も、単独支配者の座から引き下ろされたとはいえ、グローバルな価値基準の1つとしての有効性を失ってはいない。

2000年代、つまり現代のランドスケープデザインは、一旦これらすべてのキーワードを引き受けることにそのテーマがあると言っていいだろう。

そもそも風景とは、人と自然環境、そして都

市といった、互いに重なりながらも明らかに異なる役者の共演が生み出す1つの現象である。常に変化する風景に対して、現実社会の多種多様な問題を解決しながら、その時代性を映し出すようなかたちを与えること、それがランドスケープのデザインであるといってもよい。

本章では、環境、都市そして人、という3つの切り口から、2000年以降につくられた作品を中心とし、いくつかは1990年代後半の作品も取り上げる。そしてそれぞれの作品において、前章までにみたキーワードが多様な形で応用されている様子を読者自身に読み取ってもらいたい。

1 環境とランドスケープ

1990年代以降、ラッツによるデュースブルグノルト公園などのような産業跡地の再生プロジェクトは多くみられるようになった。また、そうした計画では、汚染され荒廃した土地に自然景観を回復するための、サイトエンジニアリングともいうべき技術が、ランドスケープアーキテクトによって提供されるようになってきている。総計30haにおよぶ、かつての廃棄物処理場における景観再生計画である、ヴァル・デン・ホアン埋立跡地再生計画（バルセロナ、2003、図1）における、ランドスケープアーキテクト、**テレサ・ガリ・イザルド**（1968-）の関与もそうした事例の1つである。

サイトエンジニアリング自体は、むしろ農業土木や林学の現代的な展開としてみなすべきもので、規模の大きなランドスケープデザインには従来から必要とされてきた。1990年代に見たように、**ジェイムズ・コーナー**らは、ダイアグラムを用いた表現方法によって、ランドスケープの変容を促すサイトエンジニアリング的な操作そのものをデザインとみなすことを目指した。コーナーによるこうした表現方法は、ランドスケープデザインのプレゼンテーションを一新したといっても良いほど大きな影響を与えた。

ニューヨークの旧鉄道高架の公園化計画であるハイライン計画の設計競技ではコーナーの率いるフィールド・オペレーションズの提案が実施案に選定され、2009年にはその第1期（ニューヨーク、2009）がオープンしている。

図1 ヴァル・デン・ホアン埋立跡地再生計画（ガリ・イザルド、バルセロナ、2003）

図2 ハイライン（コーナー、ニューヨーク、2009）
ハイラインの舗装パターンに関するダイアグラムと実際の舗装面。舗装面と植栽部分との割合を連続的に変化させることによって歩行体験を楽しいものにする。左の図は植栽：舗装が0%：100%。中央は50%：50%。右は60%：40%

この計画において、コーナーは、既存の構造体を利用した植栽基盤の計画から舗装にいたるまで、システム的な方法論を多くのダイアグラムを用いて表現している（図2）。そこには、人工的な構造物と自然的な景観要素の入り混じったランドスケープをつくるために行なう既存の環境条件の生かし方や、それに対する手の加え方が描かれている。高度なダイアグラム表現を通して、そうした環境に対する操作やプロセス自体をデザインの表舞台に押しあげたとも言える（p.180、コラム参照）。

このように、デザインの対象を、固定した景観だけでなくその変化の背景にある仕組みにまで拡げることは、逆に景観の美に対する捉え方にも影響を及ぼし始めている。

ミシェル・デヴィーニュ（1958-）によるグリニッジ岬のセントラルパーク（ロンドン、2000、図3）では、49haの新たな緑地に、最低限のオープンスペースを確保したうえで3.5m間隔の格子点上にびっしりとシデの木が植えられている。この計画では、樹木の成長とともに不要な樹木を間引くことによって強い樹木を残していき、「自然」でフレキシブルな風景が作り出されることが期待されている。ここには、固定した景観の姿を愛でる美学は既に見出しにくい。

かつての工業利用で汚染された土壌を浄化するため、この計画では最初に全面的な造成工事が行なわれた。そのように歴史的なコンテクストの希薄な敷地に対して、デヴィーニュは恣意的な造形（風景式庭園様式もその1つであろう）を覆いかぶせるのではなく、樹木を間引くことなどの長期的なランドスケープへの操作のための基盤を提供したのだとも言える。したがって、このアプローチは林業的であると同時に機能主義的でもある。

アリアンツ競技場のランドスケープ（ミュンヘン、2005、図4）は3.5haに及ぶ屋上草原であり、キーナストが没するまでそのパートナーを務めた**ギュンター・フォクト**（1957-）によって設計された。

生態学的な理解によれば、草原は中央ヨーロッパで最も生物多様性の高い景観タイプの1つであり、ミュンヘンの北部では20世紀の後半を通じてその保護と拡大が試みられている。そしてまた、このサッカースタジアムの敷地の西側にも、保護された草原が隣接している。こうした地域的文脈を踏まえ、地上に設けられた欧州最大の立体駐車場では、巨大な草原によってその上部が覆われることになった。

下層の駐車場や駅からは屋上への直接の出入り口がところどころに設けられ、スタジアムへは草原を縫うような、いかにもデザインされた線形の歩道が導いている。しかしアスファルトによる仕上げがそれらの歩道を凡庸な「ただの道」へと格下げする。そのため、それ自体よりも周囲の草原に咲く草花を観賞する舞台を提供しているように見える。ここは平常時には周辺地域から利用される公園として自転車での通り抜けも可能で、植物は郷土種から選定され、一部には隣接する保護地からもち込んだ種子が利用された。ここでは、

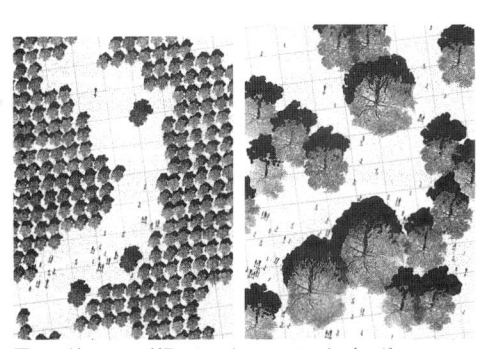

図3 グリニッジ岬のセントラルパーク（デヴィーニュ、ロンドン、2000）　左図のようにびっしりと植えられた樹林が時を経て右図のように、少なく大きな木々による公園的な姿になることを目論んでいる

図4 アリアンツ競技場のランドスケープ（フォクト、ミュンヘン、2005）　駐車場の屋根の上に、周辺地域の景観と呼応する草原がつくられている。シンプルだがエコロジカルな思考によるデザインである。建築の設計は、ヘルツォーク＆ド・ムーロン

「自然」をピクチャレスクな風景としてとらえないエコロジカルなスタンスがランドスケープの決まり切ったイメージを払拭し、新しいハイ・デザインの在り方を標榜しているかのように見える。

一方、GTLランドスケープ・アーキテクツによるモーリス・ローズ空港跡地の景観再生計画（フランクフルトアムマイン、2004、図5）も、既存景観への操作的な介入によって自然景観の再生を行なうという点で、動的な側面を通した「自然」の表現である。ただ、この計画ではその表現にダイアグラムは使われていないようである。ここではむしろ、滑走路のコンクリートスラブの解体を中心とした、既存景観に対する反構築的な操作があからさまに放置されている。そのため、操作そのものがデザインとみなされていることを知るためにダイアグラムなどは不要である。破壊されたコンクリートの破片はその場に敷き詰められ、あるいは積み上げられ、隙間から育つ草花が、そこに新たな植生の遷移が始まっていることを知らせている。敷地全体は自然保護地として管理・運営されつつ、滑走路はその平滑さと強固さを生かして、様々なストリートスポーツに利用されている。

図5 モーリス・ローズ空港跡地の景観再生計画（GTLランドスケープ・アーキテクツ、フランクフルトアムマイン、2004） 破壊されたコンクリートを撤去せず、そのまま新しい植生が育まれる基盤としている。エコロジカルな思考は必ずしも「自然風の」景観に人を導かなくなった

2 都市とランドスケープ

前章までの議論で明らかなように、ランドスケープデザインは20世紀の前半にはモダニズムの実践による近代化を試み、実際に20世紀後半には都市空間へとその活動領域を拡大してきた。そのプロセスにおいては、ランドスケープデザインのDNAにある園芸的、庭園的側面を自ら拒絶する自己否定的な場面もあった。また、近代都市空間への埋没を避けるべくアートとの親近性を高めた際には、生活のための屋外空間という、近代ランドスケープデザインの出発点とは一見無関係のようなアプローチがあったことも事実である。

しかし本章の冒頭でも触れたように、20世紀の後半は、当初のモダニズムが見落としていた様々なキーワードを改めて拾い直していく過程であった。そして、それを通り抜けた現代のランドスケープデザインの作品には、あらためて全人格的なスタンスで都市に関わろうとする姿を見ることもできる。

以下では、都市の物理的な側面と生活的な側面にそれぞれ焦点を当てることとし、外部空間のなかでも根幹的な構築物である、インフラストラクチュアに関わるランドスケープデザインと、継続的な場所への意味づけや記憶の継承を必要とする、都市の更新計画に関わるランドスケープデザインについて、最近の事例を概観することにしよう。

◎インフラストラクチュア

ランドスケープデザインの都市への貢献を考える際に、敷地内の空間造形を重要視する公園デザイン的な計画と、人間的なスケールを逸脱したプランニング的な計画とに分けてしまう傾向がある。しかし、前者では都市に対する貢献の本質を、その敷地が公園であるということ自体に帰着させ、デザインの価値が正当に評価されにくくなる傾向がある。一方後者の位置づけではランドスケープの質が「緑」という定量的な基準で測られてしまうという弊害がある。

それらの中間にある土木的なプロジェクトにおいては、ランドスケープデザインの関与によってはじめて実現される都市景観の豊かさを、より直接的に読み取ることができる。10章で見たヴォルケンバーグによるアレゲニー川の遊歩道などもそうした例の1つであるが、本章ではさらにいくつかの事例を見てみることにしよう。

ベルナール・ラシュス（1929-）によるクラザンヌ採石場跡地（クラザンヌ、2001、図6、7）の計画は、過去200年間にわたって多くの城塞などの建設のために石灰岩を供給した有名な採石場を、A837号高速道路が貫くことになって始まったものである。

ラシュスは採石場のちょうど片側にあるパーキングエリアのデザインを任されていたが、道路建設のための掘削調査のなかで、採石場の複雑な姿と、それを覆う植生の稀少さが明らかになった。そこでラシュスがこの遺産を道路景観のデザインに利用すべきであると南仏高速道路協会に進言した結果、道路際をシンプルな芝生張りにするとともに、洞窟の進行方向が道路と直交していることを利用して切断面を整えるという、一見簡単そうで繊細な工事を伴う土木デザインプロジェクトが受け入れられた。

その結果、既存の景観に手を加えながら現場での方針決定を基本とした複雑な作業を経て、車が通り抜ける際に多様でリズミカルな景観が体験されるようなデザインが完成されている。さらに、パーキングエリアとの組み合わせによって、この場所は道路景観の一部でありながらも、公園とも、稀少な植生の保護地ともつかない、独特な利用価値と魅力をもった場所に変換されている。

仮にラシュスがこの計画に関わらなかった場合にこの場所がどのようになっていたかを想像すれば、ランドスケープデザインという専門分野がこの場所の価値向上にどの程度貢献しているのか、容易に理解できるであろう。

オランダでは、エコロジーと排水に関するエンジニアリング的アプローチを得意とするランドスケープアーキテクト、**ディルク・サイモンズ**（1949-）の率いるランドスケープデザイン組織H＋N＋Sによって、ランドスタット（アムステルダム、ロッテルダム、ユトレヒト、ハーグの4都市）をリング状につなぐ大きな運河の建設という、驚くような地域計画「デルタメトロポール（ランドスタット、2000、図8、9）」が設計競技において提案された。これ自体は実現していないが治水とアーバンデザインの目的を兼ね合わせた領域横断的プロジェクト「ルーム・フォー・ザ・リバー（ライン川下流域、2006-2015）」に一部引き継がれている。

サイモンズのアプローチは明確かつ大胆である。すなわち、多くの干拓地によって成り立っているオランダの国土は、地球規模の気候変動による海面上昇によって近い将来における危機が予測されている。さらに、干拓堰の高さを増し続ける場合に予測され、それが決壊した際のリスクを考えるならば、既存の河川敷の幅を劇的に増大させ、干潟を用意す

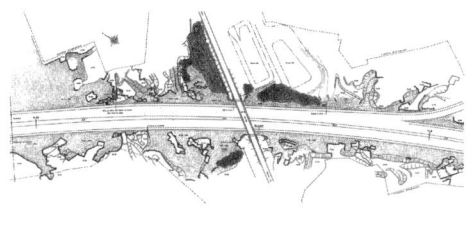

図6　クラザンヌ採石場跡地の平面図（上）とラシュスによるスケッチパース（下）

図7　クラザンヌ採石場跡地（ラシュス、クラザンヌ、2001）　採石場跡地の歴史的な景観は一見ありのままの姿に見えるが、実は丁寧なデザインと施工の成果である

ることによって、水位の変化に耐えられる都市構造に転換すること、それが、低地オランダの将来ビジョンとして最も適切である、というものである。

こうした提案は、1990年代に生じた越堤寸前の高水位を契機とした国家事業「ルーム・フォー・ザ・リバー」に具体的に継承される。サイモンズは国家景観アドバイザーとして、治水、農業、都市デザインを融合する、この分野横断的な取り組みを牽引した。

干拓の国オランダという文脈の特殊性は否定できないが、その特殊性が生み出したものには、複雑で人工的な治水システムだけではなく、それを制御しながらデザインにまで高めていく技術と感性自体も含まれる。また、海面上昇という問題は全世界共通の問題である。それに真剣に取り組むモチベーションが、オランダには存在しているというだけのことであり、それ自体を特殊性として切り捨てるわけにはいかない。

人口減少と都市の縮退という、これまでに経験したことのない状況に直面しようとしているわが国において、風景と自然との関係はどのように変化していくのだろうか。日本においても、ランドスケープデザイナーの果たすべき役割を真剣に再考し、再定義していく必要があるだろう。

なお、サイモンズによる広域ランドスケープ戦略の提案は、その独特な図面表現技法、すなわち景観タイプの相互関係を明確に示すプレゼンテーションの方法にも支えられている。オランダでは、1980年代以来の地方分権の動きのなかで、地方自治体レベルで様々なスケールの景観戦略に関する提案協議が実施され、デザイナーやプランナーの計画能力とともに表現能力を育んできた。サイモンズもそうした提案協議のなかで頭角を現した1人であり、また、ランドスケープデザイン組織VISTAによる休耕農地における自然再生計画（ハーレマーメール、1995、図10）などは、その長期間にわたる景観の変化を表現する卓越したプレゼンテーションが有名である。こうしたオランダのランドスケープデザインシーンは、コーナーなどの用いるダイアグラム表現などに代表される、現代のランドスケー

図8 デルタメトロポールの計画（サイモンズ＋H＋N＋S、ランドスタット、2000） 黒く塗りつぶされた部分は、洪水の被害を低減するために提案された運河。4都市をつなぐ壮大な運河の計画である

図9 ルーム・フォー・ザ・リバー、平常時（上）と洪水時（下）のフォトモンタージュ 洪水を予測した河川の設計によって、洪水時にも安全で活動的な風景をつくろうとしている

プデザインにおける豊富なコミュニケーション方法の素地を提供したことも推測できる。

◎都市の更新とデザイン

次に、都市の文脈が更新されるなかで、継続的な場所への意味づけや記憶の継承を促すランドスケープデザインの作品を見ることにする。

先の節では自然環境の変容をテーマとした作品群を観察したが、人口や産業の構成の変化に伴い、都市環境も自然環境にも増して早い変化を続けている。その結果として起こる土地利用の変化は、都心部のように絶え間ない更新を経済活動の基礎として了解している地域よりも、ある程度の定常的な風景を期待される都市近郊や郊外の風景において、より大きなインパクトを与える場合がある。

このような状況で必要とされているのが、ランドスケープデザインによる都市文脈の更新と再定義である。それは、定常的な利用者たちが日常的なの生活の延長として、その場所の自分との関係を継続的に保つことを、景観の適切な再設定によってサポートすること、とも言えるだろう。もちろんこうした役割は、既に見てきた作品の多くでも目指されていることであるが、以下にみる作品では、特に地域の文脈や歴史を細やかにとらえ直そうとする工夫の見られることが、その特徴となっている。

イスーダンのテオール河岸公園（イスーダン、1994、図11）は、フランスのベリー地方の農村にある小さな公園で、農村人口の減少に伴って放棄されていた川沿いの果樹園や畑の区画を、イスーダン市が公園化したものである。

この公園の設計にあたり、デヴィーニュは、「できるだけそのままにする」アプローチをとったと言う。失われかけていた過去の区画の線を生かした控えめな幾何学を入れ子的に導入して、一部に密実な植栽をし、周辺の街並みに挑むような強い造形を避けている。しかし、地面からわずかに浮かせたデッキを長方形に配置し、その先端が少しだけ川に張り出すようにするという控えめなゼスチャーによって、一見何気ない風景にある多様性を体験する枠組を提供するとともに、計画者による意図的な空間操作の存在を伝えている。

場所の記憶を丁寧に温存しながら、繊細な平面計画とディテールによって、その場所が周囲の景観に埋没しない特別な場所であることを同時に表明していること、その点にこの作品の美しさがある。

このような、入れ子状のスケール分割を積み重ねることによってランドスケープの全体像を作り出すデヴィーニュの手法は、サマーパーク設計競技案（ニューヨーク、2007、図12、13）のような、既存の文脈に頼ることのできない計画条件においても、形を変え展開

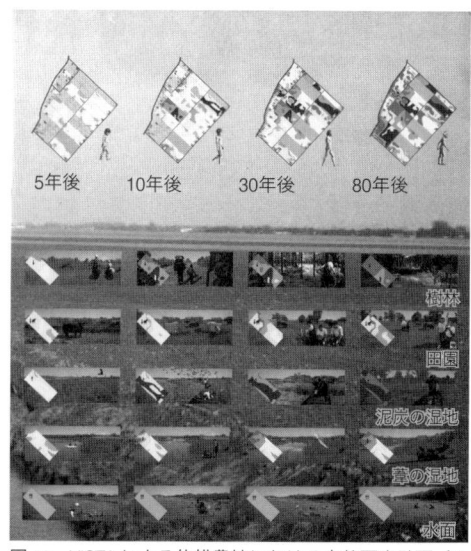

図10 VISTAによる休耕農地における自然再生計画（ハーレマーメール、1995）　水位の調節と土壌条件の設定によって、長期間にわたる景観の変容をコントロールする提案である

図11 イスーダンのテオール河岸公園（デヴィーニュ、イスーダン、1994）　ただの農園と見紛うような素朴さを持ちつつ、デッキ端部のディテールが、特別にデザインされた場所であることを控えめに主張している

されている。敷地は旧イギリス領事館用地という歴史性をもちながらも現代的な都市のコンテクストから完全に切り離されたガバナーズ島という島である。この敷地に対して、デヴィーニュはマンハッタンの格子の隠喩ともとれるグリッド上の土地分割を平面計画のベースとしながら、そこに自然植生から運動場、さらに市民農園までの様々なプログラムに対応したランドスケープを初期条件として設定し、以後は輪作による農業をベースに、手を加えながら管理されていくという未来像を提案している。

ここでは、都市の文脈から切り離された風景に、人と大地との関係を回復させるマネジメントがより重要なものとして提案されているように見える。しかし一方では、運営次第ではいつ消されるかもわからない区画線があえて設計されていることも事実である。このような矛盾のなかに、ランドスケープが移り変わるものであることを前提としながらも、その自発的変化が無責任に称賛されるのではなく、常に責任をもってデザインされ、美しい形を与えられていく必要があるという提案者の信念を読み取ろうとするのは強引であろうか。

中国のランドスケープデザイン組織、チューレンスケープの設計による瀋陽建築大学のキャンパスランドスケープ（瀋陽、2004、図14、15）は、既存の水田と大学キャンパスの空間が重なり合うことで、特異でありながら説得力のある風景をつくっている。

1948年以来の伝統をもつ瀋陽建築大学は、もともと瀋陽の中心部に位置していたが、近年の中国における建築への関心の高まりとともに学生が増加し、2002年にキャンパスを瀋陽の郊外に移転することとなった。移転先の

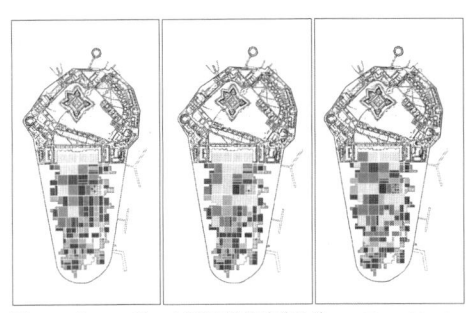

図 12 サマーパーク設計競技案（デヴィーニュ、ニューヨーク、2007 計画）　格子状に区画分けされた土地は様々に利用され、農業を含めた多様な活動の風景が生まれることが想定されている。特に農業は輪作やコンポストを利用した循環的な運営をすることを通して、土壌をゆっくりと豊かにしながら、時間とともに変化する景観をつくり出すように目論まれている。上の図は、その変化する土地利用の様子を表した模式図

図 13 サマーパーク設計競技案、透視図
生産活動を公園の利用形態として捉えたとき、そこにはこれまでの都市公園とは全く異なる公共空間の管理形態と、風景式庭園とはかけ離れた景観の美学が見えてくる

図 14 瀋陽建築大学のキャンパスランドスケープ（チューレンスケープ、瀋陽、2004）　田んぼのなかを学生が歩いているのかと疑うほどに堂々とした田園風景。しかし、通常はメンテナンスに不利なため、このような並木は田んぼには植えない。やはり、キャンパスとしてデザインされているのである

図 15 瀋陽建築大学のキャンパスランドスケープ
稲穂の合間に設けられたベンチで語らう学生たちの様子

★1　ヴァナキュラーとは、土地に根づいた風土的な性質のこと。大衆的でありふれたものでありながら、土地固有の特徴を読みとれるもの。民俗的とも言い換えられる

敷地が「北東米」の産地として有名な稲作地帯の一部であったことと、段階的なキャンパス計画のなかで3haの敷地が建築計画のないままに低コスト、短期間で整備される必要のあったことから、設計者は既存の水田を景観の一部として活用することを選び、その結果他に類例を見ないキャンパス景観をつくり出した。

整備された歩行者動線と組み合わせたパターンは、水田という本来ヴァナキュラー★1な景観を、地域性を象徴する現代的なキャンパス空間として成立させている。現在、キャンパスの水田は学生の参加も含めて管理され、周辺地区に「黄金米」として販売されている。郊外へのキャンパス移転はわが国でも多く起こった出来事だが、その土地の既存景観との対話が取り込まれたこのような計画はあまり見受けない。

設計者はこの設計において、この郊外に4年間滞在して卒業後には都会へと仕事を求めていく学生たちの心に、大地というものに対する意識を育むことを目的の1つとしたという。一見ロマンチックに聞こえるこうした見解も、大学キャンパスの移転という出来事が郊外の都市とその風景にもたらすインパクトの大きさを真摯に考える時、強い真実味を帯びてくるのである。

3　人とランドスケープ

◎風景の主役としての「人」

風景は、それを認識する人がいることと、それが人にとって意味をなすものであることが成立の条件である（一般に人とのかかわりを考慮せずに物理的な環境条件としてランドスケープをみなす場合には、景観という日本語をあてる場合が多い）。さらに都市的な環境においては、野性的な力をもった自然が入り込む余地は小さく、それよりも都市に集まって暮らす人々の活動が、認識主体であると同時に風景の意味を担保する主なファクターとなる場合が多い。そのため、ランドスケープデザインそれ自体が人々の利用や活動を促進することが望まれるが、一方で、あらかじめ特定の活動を想定したお仕着せ的なデザインも、変転する都市風景を支える物理的環境の設定としてはあまりに限定的である。

こうした問題意識は、1930年代のファン・アイクによるプレイグラウンドや、1960年代を中心とするハルプリンによる広場のデザイン、あるいはグルツィメクによるオープンスペースのデザインなどでも認識され反映されてきた。しかし、各国で既存の都市空間の再生および更新が課題とされている今、利用者による主体的な活動を多様なかたちで誘発することが、ランドスケープデザインの果たす役割としてこれまで以上に求められている。

このような現代のニーズに答える皮切り的な作品の1つは、1990年代に見たWest8の設計によるシャウブルグプレンであるが、利用者を風景のメインアクターとすることを、より小さな規模でありながら、よりしなやかな形で試みているのがデンマークのランドスケープアーキテクト、**スティッグ・L・アナセン**（1957-）によるノースンビュの「都市庭園」

図16　ノースンビュの「都市庭園」（アナセン、アールボルグ、2005）　アスファルト、砂利を主として、一見ラフな仕上げとなっているが、簡易な噴水と組み合わされ、味わい深い都市の風景をつくっている

図17　ノースンビュの「都市庭園」
微妙にうねったアスファルトのくぼみにできた水たまりに空が映り込む様子は、まるでフォトコラージュのようである。活動を誘発しながら、その造形によって自然環境を「異化」することに成功している

(アールボルグ、2005、図16）である。古い港にある公園計画用地の一角に、公園の建設に先行して1000㎡にすぎないオープンスペースが設けられた。ここでアナセンは自身の得意とする有機的な曲線によって、地表をアスファルトや貝殻を埋め込んだ舗装面に分割し、ところどころに柳の木を配置している。アスファルト面は僅かな高低差をもった曲面に仕上げられており、ところどころに埋め込まれたノズルからは水が細い柱状に噴き出す仕組みになっている。この仕組みによって、水は不規則な流れをつくり、噴水が止まったあとも不定形な輪郭をもった水たまりとして地表に残る。噴水は当然のように子どもたちの遊びを誘い、黒いアスファルト面にできた水たまりには、切り取られた空が形を変えながら映り込む（図17）。ここでは小さな広場におけるデザインの工夫によって、港の風景における人工と自然の要素が人々の活動で結びあわされるかのように、1つの移ろいゆく風景として可視化されている。

同じように水を利用しながら、より大胆な都市景観の改変を試みているのは、**コラジョー**とJMLウォーター・フィーチャー・デザイナーズによる、ラ・ブルス広場の水鏡（ボルドー、2006、図18）である。

18世紀の古典主義建築とガロンヌ川にはさまれた敷地に設けられた池は、地下の機械室に設けられた大規模な設備（図19）によって深さを最大2cmの範囲で制御されている。巨大な長方形の輪郭をもった水面が、切り取るには大きすぎるほどに広大な周囲の風景をまるごと写しとり、水盤自身の存在感を主張すると同時に無化している。ここでは、歴史的景観に対する現代技術の暴力的とも言える介入を、ランドスケープデザインの力技が成立させているといっていい。1970年代フランスの都市景観に強い形態をもち込むことでランドスケープの職能の存在感を主張したコラジョーの、面目躍如たるものが感じられる作品でもある。機械制御された水盤が誘い出す様々な人の振る舞いは、そこが歴史的景観という過去の資源を単に消費する場所ではなく、訪れた人々が参加する現代的な風景に生まれ変わっており、いわば活動によって場所が再生産されている状況を伝えている（図20）。

◎風景づくりに参加する「人」

もう1つ注目すべきキーワードとして「住民や利用者の参加によるデザイン」を挙げることができる。1960年代から盛んになったデザインにおける住民参加の理論と実践は、同時代的なデザイナーによって幅広く模索された。ランドスケープデザインにおいては、

図18 ラ・ブルス広場の水鏡の鳥瞰パース（CGモンタージュ） 川と歴史的建造物に挟まれた広場に1枚の人工的な水盤を配置することで、その場所のコンテクストを一変している。力強く、かつ穏やかな環境への介入は、コラジョーの得意とする手法である

図19 ラ・ブルス広場の水鏡、地下の機械室にある巨大な送水管 水盤の設置は、歴史都市においても受け容れられる穏やかな景観の変容である。しかしそれは、利用者の想像を絶する規模の地下設備によって実現されている

図20 ラ・ブルス広場の水鏡（コラジョー＆JMLウォーター・フィーチャー・デザイナーズ、ボルドー、2006）水盤の水深は自由に制御できる。ミストや噴水の機能も備えている

ローレンス・ハルプリンによる『集団による創造性の開発』という理論とワークショップによる実践が有名である。建築分野では同じ頃、アレグザンダーによって参加のツールとしての『パタン・ランゲージ』が開発された。都市計画分野ではヘンリー・サノフの『まちづくりゲーム』によって市民参加によるまちづくりの実践方法が示された。こうした動きは、建築家のルシアン・クロールやランドスケープアーキテクトの**ランディー・ヘスター**（1944-）へと受け継がれている。そして現在では、市民参加がデザインの結果を豊かなものにするためだけに利用されるのではなく、できあがる空間をマネジメントする主体の組織化に応用するようになっている。空間のデザインを話し合うワークショップに終始するのではなく、そのプロセスを通じてチームを組織化し、主体意識を醸成し、継続的に空間のマネジメントに関わることのできる仕組みを構築することによって、できあがる風景を活き活きとしたものにするための主体形成ワークショップを行なうことが多くなっている。

市民参加による公共空間のデザインとして最近注目されているのが、先述のハイライン計画である。貨物鉄道が1980年に廃線となった後、放置されていた高架鉄道路線を1999年に設立されたNPO法人フレンズ・オブ・ザ・ハイライン（FHL）が細長い公共空間として活用することを提案した。FHLはニューヨーク市で活動する100以上の市民団体の賛同を得て、高架線路の所有者およびニューヨーク市と交渉した。その結果、将来的に鉄道として再利用する際に復旧できるような状態を保ったまま公共空間として活用するなら、高架線路を細長い公園として整備してもいいことになった。こうした条件に基づいて設計案が募集されているため、実現したコーナーによる設計は将来的に鉄道として復旧できる構造になっている。ハイラインが一部開園した後、FHLはガイドツアーやフィールドワークなどを主催して細長い公園のマネジメントを担っている。

一方、自然環境の再生と近隣住民の参加による景観マネジメントが融合した事例として、サンフランシスコの米軍基地の跡地を公園化したクリッシーフィールド（サンフランシスコ、1994）を挙げることができる（図21）。米軍基地を移転させるにあたっては、米国ミティゲーション法によって新たに基地をつくる際に破壊する自然と同等の自然を古い米軍基地であるクリッシーフィールドに回復させることが条件付けられていた。設計を担当したハーグレイブスが行なったことは、自然回復のために必要な箇所を割り出し、その場所のコンクリートやアスファルトを崩し、それらを基礎とした海岸をつくり出したことである。また、初期設定としての地形をつくり出し、多様な生物が生息する環境の基礎的な条件を整えるに留めている。特徴的なのは公園のマネジメントである。ハーグレイブスの初期設定を受けて、公園の指定管理者となったNPOは様々な自然回復プログラムをつくり出した。海洋植物を学びながら実際に植える実習プログラムや、海岸に漂着するゴミをつかったアート作品をつくるプログラムなど、NPOが行なうプログラムの多くは公園の自然回復に寄与するプログラムである。近隣の小中学校や大学と提携してプログラムを有料で提供するほか、一般の来園者も楽しめるようなプログラムを開発しながら、結果的に参加者が公園の自然を回復するという仕組みになっている。ハードの整備を最低限に留めることとソフトのプログラムを充実させることの両者をうまく組み合わせた事例であると言えよう。

図21 クリッシーフィールド（ハーグレイブス、サンフランシスコ、1994）　ミティゲーションを目的に、新しく「自然」の景観をつくることが求められた。その維持管理はNPOによってなされている

column
「次の自然」のデザインリテラシー

三次自然

20世紀最後の10年間は、この教科書が時間的な視程に入れてきた近代という時代区分の延長線上において、人と自然の関係に、わずかながら、しかしかなり重要な変化の兆しが現れた時期であった。厳密には、人が操作する科学技術と自然の関係、と言い換えたほうがよいかもしれない。先進国における科学技術の飛躍的な発展は、それまでのローテクが適用されたモノづくりの現場やそれを支えたインフラが占拠した土地を、少なからず都市の中の余剰地へとおしやってきた。そして、生産性の向上と経済のグローバル化に伴って空洞化した工業用地や遺棄されたそれらの土地（これらは、近年では一般に「ブラウンフィールド」と呼ばれるようになっている）には、これまで見られなかったような「自然」のカタチが出現しはじめている。

このカッコつきの「自然」を、ここでは三次自然とよぶことにする。人為的な干渉が全くないか、ほとんど無視できる状態に維持されている原生の自然を一次自然、人に都合のよいように馴致され、人為との間に調和的なバランスが維持されている自然、たとえば里山や里地のような場所に現れる自然を二次自然と定義した時に、その次に現れるタイプの自然、という意味をこめて三次自然なのである。この「次の自然」は、それまでに存在してきたタイプの自然との対比においてはっきりした差異がみられる。

具体的には、三次自然が先行する一次、二次の自然を基盤として発生するものではないということ。その意味においては、一次自然が様々な手段をもって手なずけられてできた二次自然とも異なる出自をもつ。臨海部の埋立地にしても、廃棄された重工業生産施設の跡地にしても、さらには高速道路高架下の空地にしても、従前からそこに存在していた自然の基盤は根こそぎはぎとられ、そこの痕跡はかなりのところまでに消去されている。むろん、自然の基盤が全く存在しないというわけではないのだが、あったとしても、それらはあとから人為的にもちこまれたものである。このような三次自然には、よってたつ確固とした基盤がなく、そこに定着したくともできない、もしくは自らが基盤とならざるをえない状態にある。そのような環境条件に適応しなければ、自然を構成する要素は存続しえないし、見方をかえれば、通常は存在しないような特殊な条件下にあるともいえる。

予定調和から緊張関係へ

実は、このような条件をクリアして存続しうる自然の要素、たとえば植生がそれほど多くないことは容易に想像できる。ところが、一旦この条件下で生き残った自然の要素には、かなりの好条件が約束される。競争者が少ないからだ。エコロジカルなニッチ（隙間）が大きいともいえる。一方、三次自然が立地するこのような環境条件については、これまでと比較しようとしても、その具体的な手がかりはないし、これまでの生態学の理論や経験知があてはまらない。そのことと関係しているのであろうと思われるが、私たちが目にする三次自然は、ローテクの技術によってつくりあげられた産業基盤や都市基盤の中に侵入し、ジワリジワリとその勢力範囲を拡大しつつあるように見える。これは、人為と予定調和的に存続してきた二次自然とは相反する関係に位置づけられるであろう。つまり、人の手によって飼い慣らされた二次自然の風景がもたらしてくれる、ある種の安心感のようなものは、三次自然には期待できないのではないかということである。しかし、だからといって、この新しいタイプの自然が、近代以前の人が自然に対して抱いていたような畏敬の念の対象となるかといえば、そうでもない。あるいは、野生の自然がそうであったように、人間の生存にとって危険極まりない存在になることはまず考えられない。

廃棄された工業生産施設に侵入する自然（デュイスブルグ、エムシャーパーク）

それでは、科学技術がつくりあげた人工的な基盤の中に侵入しつつある三次自然との間に、私たちはどのような関係を切り結ぶことができるのであろうか。あるいは、その関係をどのような風景の様態を通じて表象することができるのであろうか。むろん、すぐに結論をみることのできる課題でないことは明らかであるのだが、なんらかの方向性を予測することくらいはできそうである。

　予測されるその関係は、一言でいえば「緊張関係」であろうか。前述のような二次自然との間に期待

三次自然をベースとして整備された鉄道高架の上のプロムナード（ニューヨーク、ハイライン）

されていた安心感のある調和関係でないことはたしかである。三次自然は常に人間の傍らにあり、両者の間には微妙なバランスが維持されているが相互には物質的な関係をもたない、しかしながら、何らかのきっかけでその均衡がシフトしたときには、ダイナミックな風景の変貌をもたらす、そのような自然の様態が想像できそうである。その意味では、三次自然には野生の自然とは異質なミスティシズムが潜んでいるようにも感じられる。

次の自然に向き合う姿勢

　二次自然の次に現れつつある自然を対象とした時に、私たちはどのような姿勢でデザインの行為に臨むべきなのか、これは現時点においてすでにかなり重要な課題になりつつある。まず、現実には、三次自然は時として既存の自然に敵対するものとであるという扱いをうける傾向があることを認識していなければならない。いわずとしれた、生物多様性を脅かす外来生物種のことである。これらが在来の生物種の存続にとって重大な脅威となるのであれば、それらは、脅威の範囲内において排除されてしかるべきものである。

　しかしながら、三次自然を構成する要素がすべからく悪であるというような見方は一方的でしかない。三次自然が跋扈する土地に、近代のランドスケープデザインが理想としてきたような自然を創出し維持することは技術的には可能であっても、その社会経済的コストは、残念ながら受容できる範囲を大きく逸脱するからである。ランドスケープアーキテクトが現実を直視することを求められる社会的職能であるかぎり、この点は銘記しておかなければならない。

　比較的はっきりとしていることは、一次、二次の自然に比較して、三次自然はかなり早く変化する、場合によっては短期間で消滅してしまうことすらある、ということの認識が必要だということ。これに対し、これまでのランドスケープデザインでは、短い時間で移り変わるものに対する方法論はほとんど考えられてこなかったか、意図的に避けられていたようである。しかし、すべてが予定調和的にデザインされ、時間をかけてその調和像にむかって成熟していくというよりも、短期間で変化する自然の動態にまかせるところを部分的にでも確保しておくほうが、特に都市の風景はより豊かなものになるのではないか。二次自然と三次自然がつくる風景が相互に関係しあいながら、一定の広がりをもった範囲の中に共存できる状態が目標になりそうである。

　むろん、現時点では、そのための明確なデザインの方法を明示することは困難である。しかし、次の自然のデザインリテラシーにおいて中心的な位置を占めるキーワードのひとつは、「プロセス」ではなかろうか。近代のランドスケープアーキテクチャーにおいては、目標とする風景の創造のための道程でしかなかった部分が、主題へと躍り出るのである。自然がもたらす動態的なプロセスを、美しい風景として表象するための枠組み（frame of reference）を用意することが、デザインの行為になるような予感がある。

（宮城俊作／設計組織 PLACEMEDIA・奈良女子大学）

概観③：ランドスケープデザインの社会化

1980年以降のランドスケープデザインをとりまく社会情勢の変化は極めてダイナミックだ。バブル経済とその崩壊、産業構造の転換（工業の衰退）と少子高齢化社会の進展、それに伴う行財政の悪化、気候変動や生物多様性の衰退等に代表される環境問題の深刻化、グローバル経済の進展と地域社会の荒廃、人間の欲求の高次化（量的豊かさから生活の質へ）等々、ランドスケープデザインの在りようを強く規定している。

人口減少社会とパラダイムシフト

人口の自然減少★1 に加えて、高齢化社会から超高齢化社会、少子社会への推移にともなって、持続可能な社会の発展が求められている。従来は、人口の増加と都市部への集中がもたらす大規模な開発事業や様々な社会問題に対して、安全で快適な生活空間を標榜して補完しようとする指向性がランドスケープデザインでは強かった。だが、人口減少社会においては、定住人口を維持するために地域固有の魅力を支え、既存資源の効用を最大化する役割が強調される。高度経済成長期に建設された郊外の住宅団地やニュータウンにおける建替事業においては、このような状況が最も先鋭的に現れている。

住宅・都市整備公団★2 は、住宅需要の減少、住宅の量から質への転換という社会状況の変化に応え、都市公園や住棟周りの造園空間の整備、既存樹林の保全等を積極的に進めた。その結果生まれた大規模で高品質な公共空間は、不動産の付加価値を高め、売れるまちづくりに大いに貢献したが、今日では移管先の自治体の財政を圧迫する一因ともなっている。住都公団を前身とする都市再生機構★3 は、住棟の老朽化が進む一方で豊かに成長したランドスケープの資源の管理、建て替えに伴う樹木の移植や緑地の保全、社会のニーズに対応した屋外環境の改善を、居住者との合意形成をはかりながら進めている。

人口減少は、理論的には住宅地の需要の減少もしくは用途転換を促すので、過密な市街地での用地確保に悩む緑地計画にとっては追い風に感じられる。しかし、民有地を緑地化するための財源の確保、低コストのマネージメント等々、乗り越えるべき課題も多い。一方でコンパクトシティ政策は、ある程度の都市の高密化を前提としながら、郊外の田園環境を保全することをめざしている。

また、少子高齢化社会の進展により、ユニバーサルデザイン★4 の理念にもとづき、高齢者や身体障害者の活動に優しい環境のデザイン★5 が求められており、バリアフリー新法（2006）★6 の制定など、制度的な環境が整いつつある。この流れは、健康・福祉の関連分野はもとより、医療分野にも波及して、新たな研究領域、市場規模を形成しつつある。園芸活動をセラピーの手段として用いる園芸療法が注目され、身近な公園や病院、養護施設等の屋外空間における施設デザインの実践例も増えつつある。こうした状況を受けて、園芸療法士の資格を取得できる教育コースを設ける高等教育機関もみられるようになった。

経済動向と職域の拡大

プラザ合意（1985）を契機として緊縮財政から公共事業の拡大に転じ、余剰資本が土地投機に流れ、空前の好景気に沸いたバブル経済は、ランドスケープデザインに数多くの実践の場を提供した。土地利用効率の悪い低層密集市街地や、産業構造の変化で土地利用の転換が求められたインナーシティ及び都市近郊の工場跡地、臨海部では大規模再開発が行なわれ、そこでは不動産の付加価値や CI を高める手段として重用された。また、折からのポストモダンのデザイン思潮とも相まって、芸術的、実験的でありながら地域性や場所性に根ざしたランドスケープデザインが国内外のランドスケープアーキテクトによって生み出された。

その後、バブル経済が崩壊し、民間開発は急速に縮小される一方で、巨額の公共事業が景気を下支えするべく推進されたが、後の地方財政の悪化を招く一因ともなり、今なお多くの地方自治体が財政再建に取り組むなかで、公共事業は減少傾向にある。都市公園の新設件数が減り、既存ストックについても管理水準の低下や施設の老朽化が懸念されている。こうした事態を受け、利用者のニーズに的確に応える管理運営（パークマネージメント）の技術が求められ、利用者ニーズを満足し効率的な公共施設の経営を目指す指定管理者制度（2003）★7 や公園施設長寿命化計画策定補助制度（2009）等が導入された。また、コスト削減のため競争入札制度★8 が導入されたが、価格競争を原則とした入札では生産物の品質保障に限界が認められたため、品確法（2005）★9 が定められた。公共造園においては、できる限りの低コストで一定水準の性能を保障するランドスケープのデザイン及びマネージメントが求められる厳しい状況が続いている。しかし、公共造園に限らず、少子高齢化や産業構造の変化により疲弊した都市及び地方の再生事業★10 において、地域固有の自然や文化を育んできた環境構造を整え、新たな生活様式に相応しい空間を再構築する方策として、ランドスケ

★1 2005年の国勢調査の結果、総人口は前年の1億2779万人から1億2776万8千人に転じ、わが国が人口減少社会に入ったことが明確となった

★2 戦後の住宅供給に主導的な役割を果たしてきた日本住宅公団と宅地開発公団が 1981 年に統合されて設立された

★3 住宅・都市整備公団は 1999 年に都市基盤整備公団に改組され、分譲住宅の供給をやめ、都市基盤整備および賃貸住宅の供給のみを行なうこととなった。その後、2004 年に地域振興整備公団の地方都市開発部門を統合して都市再生機構が設立され、大都市や地方中心都市における市街地の整備改善、賃貸住宅の供給と旧公団住宅の管理などを行なって今日に至る

★4 文化・言語・国籍の違い、年齢や性差、障害の有無や能力を問わず利用できる施設・製品・情報のデザインのこと

★5 例えば、都市公園や公開空地などの施設緑地では、歩道やスロープ、各種ファニチャーやサイン類、その他の施設物・構造物などに細やかな設計上の配慮が求められた

★6 建築物と交通施設の一体的なバリアフリー対策を目的とする。高齢者、障害者等の移動等の円滑化の促進に関する法律

★7 地方自治法の一部改正による

★8 会計法、地方自治法において規定

★9 公共工事の品質確保の促進に関する法律

★10 具体的には、都市再生特別措置法（2002）による都市再生緊急整備地域や地域再生法（2005）による地域再生計画

★11 新住宅市街地開発法（1963）

★12 花の万博（大阪、1990）、淡路花博（兵庫、2000）、浜名湖花博（静岡、2004）など

★13 具体的には森林・農耕地の管理や植生の回復、樹林地の造成や街路樹の整備、そのための土地利用の規制・誘導等々

★14 東京における自然の保護と回復に関する条例による

★15 建築物総合環境性能評価システム。キャスビーと呼称する

★16 社会・環境貢献緑地評価システム。シージェスと呼称する

★17 Leadership in Energy and Environmental Design。リードと呼称する

★18 生物の多様性に関する条約

★19 生物多様性基本法にて策定を規定

★20 国土交通省では、「地球温暖化防止等の地球環境保全を促進する観点から、地域の特性に応じ、エネルギー・資源・廃棄物等の面で適切な配慮がなされるとともに、周辺環境と調和し、健康で快適に生活できるよう工夫された住宅及び住環境」と定義している

★21 生き物の生息環境としての質を向上させること。広く環境負荷を低減する取り組みを総称してこう呼ぶこともある

★22 人間の活動によって発生する環境への影響を緩和、または補償する行為で、回避、最小化、修正・修復、軽減、代償の5段階があるとされる

★23 Quality of Life の略。生活の質を意味する

★24 ヨーロッパ地方自治憲章等で、公的部門が担うべき責務は、原則として、最も市民に身近な公共団体が優先的に執行することとする等の規定

★25 今後の地域経営の機軸となる担い手として、行政が提供していたサービスを行政に代わって提供したり、従来行政が行なってこなかった公共的な仕事や民間の仕事であったものに公共的な意味を与えて提供したりする

★26 景観法、景観法の施行に伴う関係法律の整備等に関する法律、都市緑地保全法等の一部を改正する法律の3つの法律を合わせた呼称

★27 地域における歴史的風致の維持及び向上に関する法律。

ープの計画・デザインの考え方や技術が果たす役割は大きい。

一方で、東アジア地域の経済の興隆は、日本のランドスケープアーキテクトに海外での業務展開の機会をもたらしたが、地域社会や環境の改変に対する配慮、固有のランドスケープを生み出した歴史や文化に対する認識、業務形態の改善など、国際的な協調を進める努力が今後より一層求められる。

気候変動と生物多様性

愛・地球博（愛知、2005）において、新住法★11の適用が問題視され、既存の公園に会場を移して開催されたことは環境の時代を象徴する出来事であった。また、一連の花博★12は、ガーデニング市場を盛り上げ、環境や緑化に対する市民意識を高めた。

また、気候変動、とりわけ地球温暖化の原因となる温室効果ガスの削減目標を定めた京都議定書（議決1997、発効2005）の批准と遵守など、地球規模での問題に対する世界各国の協調した取り組みが顕著となった。ランドスケープの計画・デザインにおいても、水面や森林、土壌等の二酸化炭素の吸収源とその吸収量を増やす取り組み★13が必須となった。東京都では、一定基準以上の敷地における新築・増改築の建物に対して、建築物上を含む敷地内の緑化が義務付けられ（2001）★14、これを機に屋上緑化や壁面緑化が全国的に推進されるようになった。建築物の環境性能を評価するCASBEE（2001）★15や、企業等が積極的に保全・維持・活用に取り組む優良な緑地を認定するSEGES（2005）★16なども制度化された。これらは未だ申請義務やCSR（企業の社会的責任）の一環として運用されているが、米国のLEED（1993）★17のように不動産の市場価値を高める目的も包含しながら一層の普及をみれば、新たなデザイン市場の開拓も期待される。

環境問題における今ひとつのエポックは生物多様性の衰退である。わが国では生物多様性条約（1993）★18の締約を受けて生物多様性国家戦略（1995-）★19が策定され、現在地方自治体レベルの戦略も策定されはじめている。生物多様性に配慮するランドスケープの計画・デザインの実践的取り組みとしては、ビオトープなどの身近な生物生息空間の創出や環境共生住宅★20の建設、緑地のエコアップ★21、広域的なエコロジカルネットワークの形成やミティゲーション★22、自然再生などがあげられる。スペースの限られた都市の緑地においては、人間の利用と生物相の保護、文化遺産の保全等々、トレードオフの関係にある多様な空間要求を複合的に処理していくためのデザイン手法の確立が求められている。

市民参加と職能の展開

人間生活における真の豊かさへの渇望、QOL★23や自己実現など、人間欲求の高次化は、ランドスケープの計画・デザインに高品質の空間の実現を求めてきた。阪神淡路大震災（1995）は、人間の高次の欲求以前に未だ日本の市街地が安全すら満足し得ない脆弱な都市構造にあることを白日の下にさらけ出したが、同時に長い歴史の中で培われてきた住民のつながりや互助の精神に対する信頼を再認識させた。こうした地域社会の力は、市民の視点に立てば、参加やまちづくりを通じて、また、行政の視点に立てば、地方分権や補完性の原理★24、最近ではガバナンスや新たな公★25という概念のもとに強度を高め、展開が期待される。

都市公園の改修や再整備、管理運営では住民参加のプロセスが不可欠となった。公共造園に限らず、ユーザや住民の多様なニーズを収斂させつつ質の高いデザイン・管理を実現し地域社会の強化につなげていくマネージメント能力、コミュニケーション能力がランドスケープアーキテクトに求められている。各地で市民ボランティアやNPOによる環境保全活動が活発化したのもこの時代の特徴で、こうしたセクターを中心に社会全体で環境を管理する仕組み（環境ガバナンス）を構築することが課題である。こうした気運の高まりのなかで景観緑三法（2005）★26が施行された。なかでも景観法は、地域の合意があれば当該景観を法律的保護の対象とできることを定めた基本法で、ステークホルダーの主体性と合意形成に拠るユニークな法制といえる。

また、景観法や歴史まちづくり法（2008）★27は、運用に際して専門分野の垣根を越えた連携を図るボーダレスな取り組みを求める制度設計になっている。これまでも、ランドスケープデザインの実務レベルでは、環境に関心の高い土木や建築、アートなど関連分野とのコラボレーション（協働）により、優れた景観の創出に寄与してきた。近年、ランドスケープデザインにおける環境性能の向上や優れた意匠性に対する認知の高まりを受け、一定の知識と技量からなる能力を認定する民間制度として登録ランドスケープアーキテクト制度（RLA、2002）が創設され、活動領域の拡大と専門性を高める取り組みが進められている。

（木下剛／千葉大学、髙橋靖一郎／LPD）

日本のエコロジカル・ランドスケープ計画

日本 1980―2009

　日本のエコロジカルランドスケープ計画の源流やその変遷を考えるうえでは、まず、「エコロジカル」という形容詞をいかに理解するかが問題となる。「エコロジカル」を、気候や地形、生態系などの自然環境に従い、それらを活かした営みを意味する形容詞とするならば、そもそも、近代以前の社会における人々の営み、特に農業や林業は、あえて意図せずとも、結果としてエコロジカルにならざるを得なかったといえる。例えば、棚田の多くが等高線に沿ったひな壇上の形状をしているのは、地形を尊重することを意図したからと言うよりも、地形改変にかかわる技術や労働力上の制約ゆえに、地形に従わざるを得なかったからと言える。

　一方、「エコロジカル」を、自然環境に従った営みをあえて目的とすることを意味する形容詞とするならば、その歴史はさほど古いものではないだろう。特に公害・環境問題が社会的にクローズアップされ、環境保全を図る土地利用のあり方が問われるようになった、1960年代後半以降に源流を求めるべきと考えられる。

ドイツの景域保全・アメリカのエコロジカルプランニング

　その際、日本にあっては、主に2つの流れがあった。1つは、ドイツを源とする景域保全（Landschaftspflege）の考え方を基礎に、地理学や植物社会学の知見をもとに生態学的な環境評価を行ない、自然立地的な土地利用のあり方を計画しようというものである。旧西ドイツの連邦自然保護・景域保全研究所で学んだ井手久登・武内和彦による『自然立地的土地利用計画』（1985）は、日本における、ドイツ流の計画概念の集大成とも言える著作である。本著では、例えば沖縄県名護市の為又流域を事例に、自然立地単位区分や土地利用単位区分にもとづき、土地利用構想を策定する手法が明らかにされている。

　もう1つの流れは、1960年代後半に、アメリカのマクハーグが提唱したエコロジカルプランニングの手法を源とするものである。マクハーグは1967年に、北米におけるその後のランドスケーププランニングの方向を決定づけた『デザイン・ウィズ・ネーチャー』（1969）を著している。その手法の日本への適用を図ったケーススタディが『建築文化』30巻344号（1975）、同32巻367号（1977）において特集として報告されている。ドイツ流の計画手法が、地理学や生態学の知見をもとに決定論的に計画を導いていく過程であるのに対して、マクハーグが提唱するエコロジカルプランニング手法は、ドイツ流の手法同様、地理学や生態学の知見を基礎としつつも、当時、手法の確立が図られつつあった環境アセスメントの手続きの影響を受け、最終的な意志決定にステークホルダーも関与するという、可能論的プロセスを含む点を特徴とする。建築文化誌における特集は、そうしたエコロジカルプランニングの方法と実践を、主に関西地方における複数の適用例を通じて明らかにしている。

環境保全機能の評価

　その後1980年代に入り、日本のエコロジカルランドスケープ計画は独自の発展をたどることになる。それは、いわゆる環境保全機能の評価にもとづくランドスケープ計画の手法である。『Process Architecture』127号「ランドスケーププランニングの手法」（1995）では、農水省による全国を対象とした農林地の環境保全機能の評価にもとづくランドスケープ計画の手法や、同手法の神奈川県逗子市における環境基本計画への応用例が報告されている。環境保全機能の評価は近年になって、multi functionality や ecological service の名のもと、特に農業・農地を対象とした環境評価の代表的な手法の1つとして、WTO や OECD 等、国際的な交渉の場でも注目されるものとなっている。その先駆が、日本における環境保全機能の評価にもとづくランドスケープ計画手法にあったことは、特記されてよいだろう。

　21世紀に入り、低炭素化をはじめとした地球温暖化対策や生物多様性の保全など、開発と環境保全とをバランスさせた、持続的な社会の形成がグローバルな課題となっている。エコロジカルランドスケープ計画は元来、自然環境に従った土地や環境の利用を目的とする計画手法として、こうした時代の要求に直結した性格を持つ。概念的・技術的に一定の確立を遂げた感のある計画手法として、今後はその積極的な現場への応用と、応用を通じた手法の成熟が望まれよう。

（横張真／東京大学）

日本 1980-2009 市民参加型パークマネジメントの変遷

2004年に東京都が都立公園すべてにパークマネジメントマスタープランを作成したことによって、「公園を運営する」という考え方が急速に広がった。特に公園管理者だけが公園を運営するのではなく、市民と協働して運営する「市民参加型パークマネジメント」が注目されている。そこで本コラムでは、市民参加型パークマネジメントの歴史的な変遷について概説してみたい。

江戸期の公園的空間における運営形態

江戸期には制度的な公園が成立していなかったものの、市民が利用できる「公園的空間」は各地に存在していた。こうした場所では利用に対する制限がほとんどなく、楽器の演奏、着物の見せ会、かわら投げ、歌や踊り、浄瑠璃や俳諧や狂歌の会など市民による多様なプログラムが展開された。また、三味線の師匠と弟子が歌を歌って人々に聞かせるなど即興的なプログラムも各地で見られた。

明治期の公園における運営形態

1873年の太政官布告によって設置された公園は、新たにつくられたものではなく、神社仏閣や火除地など江戸期から庶民が利用していた場所を公園として選定したものである。つまりその場所での市民の利用形態は基本的に江戸期のものを引き継いでいた。一方、公園を運営する側の各府県は、太政官布告によって突然手に入った公園の管理費を調達するのに苦労していた。公園を独立採算型で運営するため、各府県は多様なプログラムを展開する市民に園地の一部を貸すことで地代を手に入れ、それを公園の管理費や新設公園の整備費に充てた。その後、1888年の東京市区改正計画によって、公園緑地計画は都市計画レベルで取り上げられるようになり、衛生上の観点から公園整備の必要性が議論されることが増えた。公園の運営方針としても、騒いだり群れたりする市民の利用は公園利用者として不適格であるとし、飲食も酒を伴うことが多いため許可されなかった。さらに「公園地取扱心得書」による利用規制が進むと、園内における一部の階級のための施設整備の加速などによって、公園は浅草のような盛り場から日比谷公園のような社交の場へと変化した。

大正・昭和戦前期の公園における運営形態

1923年の関東大震災において、公園は防火壁の役目を果たした。これにより、公園は都市民の憩いの場であるという利用価値よりも、防災空間としての存在価値が重要視されることになる。公園運営の財源については、1932年に設置された東京緑地計画協議会で、①特別税や新税源の創設による確保、②受益者負担金の徴収などが決まった。これにより行政は、明治期のように公園の一部を市民に貸して地代を徴収することが少なくなった。また、1917年に「公共用土地物件」の使用に関する明確な規制が制定され、市民の発意による自由な公園利用プログラムの提供はさらにその幅を狭めることになる。一方、大正期には児童公園の重要性が指摘され、日比谷公園などで児童指導者の常駐が始まった。1925年には井下と上原によって「日本児童遊園協会」が設立され、「児童生活」という機関誌が発行された。このことは、「子どもの遊び」というテーマに特化したプログラムの下地をつくったと言えよう。

昭和戦中・戦後期の公園における運営形態

第2次世界大戦が始まると、公園の運営目標は市民の行楽的利用から防空のための利用へと変化した。一方、戦後は小規模な公園が児童公園、運動公園、交通公園などといった利用者別、機能別に整備されることになる。また、1957年に制定された都市公園法は、地方公共団体が個別に定めていた公園の運営方法を一元化した。この都市公園法の制定の背景には、戦後の混乱期に住宅や学校などが公園内へ設けられたことによって、公園としての機能が妨げられた経験がある。したがって同法は公園の管理や規制について細かく制限を加える内容となっている。一方、1962年には建設省が公園愛護団体の結成を促している。1970年代に各地で増加した愛護会だったが、その活動はほとんどが清掃活動に留まった。1979年には日本で初めて公園内に冒険遊び場が誕生する。制度化された公園の利用形態に飽き足らない子どもとその保護者、大学生などが、公園内に自分の責任で自由に遊ぶ空間を獲得したことにより、この動きが全国に広がる。

平成期の公園における運営形態

平成に入ると、公園はこれまでの運営形態と違った方向性を志向する。町内会や自治会など地縁組織が弱体化し、公園愛護会の解散が相次いだ。一方でテーマ型のコミュニティが台頭する。公園内の里山を利用して様々なプログラムを提供するNPOや、来園者に公園を案内するガイドボランティアチームが組織化され、テーマに特化したコミュニティがパークマネジメントの新たな展開を模索している。 (山崎亮／studio-L)

図版出典・参考文献

❖ **1章 1850-1899**

図1　日笠端『都市計画』共立出版、1977、p.31
図2　東京都『近代都市と芸術展 ヨーロッパの近代都市と芸術』東京都、1996、p.60
図3　㈱ブレーントラスト、シナジー㈱『生活と芸術——アーツ＆クラフツ展図録』朝日新聞社、2008-2009、p.111
図4　㈱ブレーントラスト、シナジー㈱『ウィリアム・モリス ステンドグラス・テキスタイル・壁紙・デザイン』ウィリアム・モリス出版委員会、2005、p.66
図5　東京都『近代都市と芸術展 ヨーロッパの近代都市と芸術』東京都、1996、p.85
図6　東京都『近代都市と芸術展 ヨーロッパの近代都市と芸術』東京都、1996、p.54
図7　内山正雄ほか『都市緑地の計画と設計』彰国社、1987、p.170
図8　Geoffrey Alan Jellicoe and Susan Jellicoe, *The Landscape of Man: Shaping the Environment from Prehistory to the Present Day*, Thames & Hudson, 1995, p.270
図9　Geoffrey Alan Jellicoe and Susan Jellicoe, *The Landscape of Man: Shaping the Environment from Prehistory to the Present Day*, Thames & Hudson, 1995, p.256
図10　Erik de Jong, Michel Lafaille, Christian Bertram, *Landschappen van verbeelding Landscapes of the Imagination*, Nai Uitgevers, 2008, p.86
図11　Erik de Jong, Michel Lafaille, Christian Bertram, *Landschappen van verbeelding Landscapes of the Imagination*, Nai Uitgevers, 2008, pp.90-91
図12　ALBERT FEIN, *Frederick Law Olmsted and the American Environmental Tradition*, GEORGE BRAZILLER, 1972, p.72
図13　ALBERT FEIN, *Frederick Law Olmsted and the American Environmental Tradition*, GEORGE BRAZILLER, 1972, p.148
図14　ALBERT FEIN, *Frederick Law Olmsted and the American Environmental Tradition*, GEORGE BRAZILLER, 1972, pp.146-147
図15　CHRISTIAN ZAPATKA, *The American Landscape*, Princeton Architectural Press, 1997, p.58
図16　岡島成行『アメリカの環境保護運動』岩波書店、1990、p.73
図17　岡島成行『アメリカの環境保護運動』岩波書店、1990、p.89
図18　岡島成行『アメリカの環境保護運動』岩波書店、1990、p.94
図19　岡島成行『アメリカの環境保護運動』岩波書店、1990、p.95

column (p.26)
武田史朗 撮影

❖ **2章 1900-1919**

図1　東京都『近代都市と芸術展 ヨーロッパの近代都市と芸術』東京都、1996、p.116
図2　池田祐子監修『クッションから都市計画まで ヘルマン・ムテジウスとドイツ連盟：ドイツ近代デザインの諸相1900-1927』京都国立近代美術館、2002、p.167
図3　池田祐子監修『クッションから都市計画まで ヘルマン・ムテジウスとドイツ連盟：ドイツ近代デザインの諸相1900-1927』京都国立近代美術館、2002、p.152
図4　*Die Kunst in Insustrie und Handel (Johrbuch des deutschen Werkbundes; 1913)*, E.Diederichs, 1913, (Abb.)p.1
図5　池田祐子監修『クッションから都市計画まで ヘルマン・ムテジウスとドイツ連盟：ドイツ近代デザインの諸相1900-1927』京都国立近代美術館、2002、pp.164-165
図6　日笠端『都市計画』共立出版、1977、p.4
図7　New Lanark Trust (www.newlanark.org) 提供
図8　日笠端『都市計画』共立出版、1977、p.5
図9　大川勝敏『新都市』㈶都市計画協会、2001、p.1
図10　大川勝敏『新都市』㈶都市計画協会、2001、p.1
図11　大川勝敏『新都市』㈶都市計画協会、2001、p.2
図12　大川勝敏『新都市』㈶都市計画協会、2001、p.3
図13　大川勝敏『新都市』㈶都市計画協会、2001、p.2
図14　ALBERT FEIN, *Frederick Law Olmsted and the American Environmental Tradition*, GEORGE BRAZILLER, 1972, pp.84-85
図15　Rainer Zerbst, *ANTONI GAUDI*, Taschen, 1999, p.141
図16　Rainer Zerbst, *ANTONI GAUDI*, Taschen, 1999, p.160
図17　Rainer Zerbst, *ANTONI GAUDI*, Taschen, 1999, p.152
図18　David H. Haney, *Leberecht Migge's "Green Manifesto": Envisioning a Revolution of Gardens*, Landscape Journal, 26:2-07, University of Wisconsin Press, 2007, p.168
図19　David H. Haney, *Leberecht Migge's "Green Manifesto": Envisioning a Revolution of Gardens*, Landscape Journal, 26:2-07, University of Wisconsin Press, 2007, p.116
図20　David H. Haney, *Leberecht Migge's "Green Manifesto": Envisioning a Revolution of Gardens*, Landscape Journal, 26:2-07, University of Wisconsin Press, 2007, p.169
図21　David H. Haney, *When Modern Was Green*, Routledge, 2010, p.110
図22　George F. Chadwick, *The Works of Sir Joseph Paxton*, The Architectural Press London, 1961, p.132
図23　Bénédicte Leclerc, *Jean Claude Nicolas Forestier 1861-1930: Du Jardign au Paysage Urbain*, Picard Éditeur, 1994, p.34
図24　Bénédicte Leclerc, *Jean Claude Nicolas Forestier 1861-1930: Du Jardign au Paysage Urbain*, Picard Éditeur, 1994, p.187
図25　Christian Zapatka, *The American Landscape*, Princeton Architectural Press, 1997, p.75
図26　Peter Harrison, *Walter Burley Griffin, landscape architect*, National Library of Australia, 1995, p.36
図27　Bénédicte Leclerc, *Jean Claude Nicolas Forestier 1861-1930: Du Jardin au Paysage Urbain*, Picard Éditeur, 1994, p.160
図28　Bénédicte Leclerc, *Jean Claude Nicolas Forestier 1861-1930: Du Jardin au Paysage Urbain*, Picard Éditeur, 1994, p.232

column (p.39)
上：レッチワース財団 所蔵
下：神戸芸術工科大学図書館 所蔵

column (p.40)
上：Chanceloor, Beresford, *The history of Square of London*, London: Kegan, Paul, Trench, Trubner & co., ltd., 1907
下：坂井文 撮影

❖ **3章 1920-1929**

図1　Beatriz Colomina, *Where Are We?* in Eve Blau and Nancy J. Troy ed., *Architecture and Cubism*, MIT Press, 1997, pp.141-166, p.146
図2　John Nolen, *New Towns for Old*, Routledge / Thoemmes Press, 1998 再版, p.122
図3　Bruce Thomas, *Nature and the city in 1920s America: Sunnyside Gardens, Queens, New York* in Andrew Ballantyne ed., *Rural and Urban: Architecture between Two Cultures*, Routledge, 2010, p.141
図4　Renee Y. Chow, *Suburban Space: The Fabric of Dwelling*, University of California Press, 2002, p.21
図5　Renee Y. Chow, *Suburban Space: The Fabric of Dwelling*, University of California Press, 2002, p.20
図6　Timothy Davis, Todd A. Croteau, and Christopher H. Marston ed., *America's national park roads and parkways : drawings from the Historic American Engineering Record*, Johns Hopkins University Press, 2004, p.341
図7　Sigfried Giedion, *Space, Time and Architecture: The Growth of a New Tradition* (5th edition), Harvard University Press, 1967, p.490
図8　村上修一 作成
図9　Sigfried Giedion, *Space, Time and Architecture: The Growth of a New Tradition* (5th edition), Harvard University Press, 1967, p.491
図10　村上修一 作成
図11　Colin Rowe and Robert Slutzky, *Transparency*, Birkhäuser, Jori Walker, 1997, p.38
図12　村上修一 作成
図13　村上修一 作成
図14　村上修一 作成
図15　Eve Blau and Nancy J. Troy ed., *Architecture and Cubism*, MIT Press, 1997, p.201
図16　Girsberger ed., *Le Corbusier 1910-1965*, Architectural Publishers, Zurich, 1991, p.56
図17　Gilles Néret, *KAZIMIR MALEVICH 1878-1935 and Supureatism*, Taschen, 2003, p.57
図18　El Lissitzky, Translated by Eric Dluhosch, *Russia: An Architecture for World Revolution*, MIT Press, 1989, p.73
図19　Paul Overy, *De Stijl*, Thames and Hudson, 1991, p.83
図20　Paul Overy, *De Stijl*, Thames and Hudson, 1991, p.114
図21　Paul Overy, *De Stijl*, Thames and Hudson, 1991, p.117
図22　Jean-Francois Pinchon ed., *Rob. Mallet-*

Stevens: Architecture, Furniture, Interior Design, MIT Press, 1990, p.64

図23　Dorothée Imbert, *The Modernist Garden in France*, Yale University Press, 1993, p.85

図24　Nikos Stangos ed., *Concepts of Modern Art*, Thames and Hudson, 1981, 図 31

図25　Jean-Francois Pinchon ed., *Rob. Mallet-Stevens: Architecture, Furniture, Interior Design*, MIT Press, 1990, p.34

図26　Dorothée Imbert, *The Modernist Garden in France*, Yale University Press, 1993, p.116

図27　Marc Treib and Dorothée Imbert, *Garrett Eckbo Modern Landscape for Living*, University of California Press, 1993, p.22

図28　Wolschke-Bulmahn, *The Advent and the Destruction of Mondernism in German Garden Design, Master of American Garden Design III: The Modern Garden in Europe and the United States.* Proceedings of the Garden Conservancy Symposium, New York, 1993, pp.17-30

column (p.50)
William Rubin, *Picasso and Braque: Pioneering Cubism*, The Museum of Modern Art, New York, 1989, p.101

column (p.51)
上： 村上修一 作成
中上： Terence Riley and Barry Bergdoll, *Mies in Berlin*, The Museum of Modern Art, New York, 2001, p.236
中下： Terence Riley and Barry Bergdoll, *Mies in Berlin*, The Museum of Modern Art, New York, 2001, p.264
下： Terence Riley and Barry Bergdoll, *Mies in Berlin*, The Museum of Modern Art, New York, 2001, p.117

❖ 4章 1930-1939

図1　Robin Karson, Fletcher Steele, *Landscape Architect: An Account of the Gardenmaker's Life, 1885-1971*, Library of American Landscape History Amherst, 2003, 表紙

図2　Marc Treib ed., *The Architecture of Landscape 1940-1960*, University of Pennsylvania Press, 2002, p.59

図3　Christopher Tunnard, *Gardens in the Modern Landscape*, The Architectural Press, Charles Scriber's Sons, 1938, p.130

図4　Bruce Brooks Pfeiffer, *Frank Lloyd Wright 1867-1959: Building for Democracy*, Taschen Gmbh, 2004, p.30

図5　Julia Sniderman Bachrach, *The City in a Garden: A Photographic History of Chicago's Parks*, The Center for American Places Inc., 2001, p.80

図6　Julia Sniderman Bachrach, *The City in a Garden: A Photographic History of Chicago's Parks*, The Center for American Places Inc., 2001, p.51

図7　Janet Waymark, *Modern Garden Design: Inovation since 1900*, Thames & Hudson, 2003, p.15

図8　Julia Sniderman Bachrach, *The City in a Garden: A Photographic History of Chicago's Parks*, The Center for American Places Inc., 2001, p.52

図9　Julia Sniderman Bachrach, *The City in a Garden: A Photographic History of Chicago's Parks*, The Center for American Places Inc., 2001, p.40

図10　Barbara Lamprecht, *Richard Neutra 1892-1970: Survival through Design*, Taschen Gmbh, 2004, p.16

図11　Barbara Lamprecht, *Richard Neutra 1892-1970: Survival through Design*, Taschen Gmbh, 2004, p.42

図12　Barbara Lamprecht, *Richard Neutra 1892-1970: Survival through Design*, Taschen Gmbh, 2004, p.34

図13　Esther Mc Coy, *Case Study Houses 1945-1962* (2nd Edition), Hennessey & Ingalls, Inc., 1977, p.156

図14　Karen Fiss, *Grand Illusion: The third Reich, the Paris Exposition, and the Cultural Seduction of France*, The University of Chicago Press, 2009, p.2

図15　Marc Treib ed., *The Architecture of Landscape 1940-1960*, University of Pennsylvania Press, 2002, p.96

図16　Stephen V. Ward ed., *The Garden City: Past, present and future*, E & FN Spon, 1992, p.66

図17　Günter Mader, *Gartenkunst des 20. Jahrhunderts: Garten und Landschaftsarchitektur in Deutschland*, DVA, 1999, p.83

図18　Günter Mader, *Gartenkunst des 20. Jahrhunderts: Garten und Landschaftsarchitektur in Deutschland*, DVA, 1999, p.87

図19　Gilbert Lupfer, Paul Sigel, *Walter Gropius 1883-1969: The Promoter of a New Form*, Taschen Gmbh, 2004, p.30

図20　Günter Mader, *Gartenkunst des 20. Jahrhunderts: Garten und Landschaftsarchitektur in Deutschland*, DVA, 1999, p.90

図21　Günter Mader, *Gartenkunst des 20. Jahrhunderts: Garten und Landschaftsarchitektur in Deutschland*, DVA, 1999, p.103

図22　Günter Mader, *Gartenkunst des 20. Jahrhunderts: Garten und Landschaftsarchitektur in Deutschland*, DVA, 1999, p.107

図23　Günter Mader, Gartenkunst des 20. Jahrhunderts: *Garten und Landschaftsarchitektur in Deutschland*, DVA, 1999, p.108

図24　Johannes Stoffler, *Gustav Ammann: Landscaften der Moderne in der Schweiz*, GTA Verlag, 2008, p.43

図25　Johannes Stoffler, *Gustav Ammann: Landscaften der Moderne in der Schweiz*, GTA Verlag, 2008, p.102

日本コラム (p.67)
上： 本多静六博士を顕彰する会 所蔵
下： 公益財団法人東京都公園協会 所蔵

日本コラム (p.68)
上： 高島智晴 撮影
下： 公益財団法人東京都公園協会 所蔵

❖ 5章 1940-1949

図1　Mark Treib ed., *Modern Landscape Architecture: A Critical Review*, MIT Press, 1993, p.51

図2　Marc Treib, *Noguchi in Paris: The UNESCO Garden*, William Stout Publishers, UNESCO, 2003, p.13

図3　Janet Waymark, *Modern Garden Design: Inovation since 1900*, Thames & Hudson, 2003, p.45

図4　Janet Waymark, *Modern Garden Design: Inovation since 1900*, Thames & Hudson, 2003, p.44

図5　James J. Yoch, *Landscaping the American Dream: The Gardens and Film Sets of Florence Yoch : 1890-1972*, Abrams and Sagapress, 1989, p.92

図6　Thomas D. Church, Grace Hall, Michael Laurie, *Gardens Are For People* (3rd edition), University of California Press, 1995, p.173

図7　Thomas D. Church, Grace Hall, Michael Laurie, *Gardens Are For People* (3rd edition), University of California Press, 1995, p. 172

図8　Jane Brown, *The Modern Garden*, Thames & Hudson, 2000, p.91

図9　Thomas D. Church, Grace Hall, Michael Laurie, *Gardens Are For People* (3rd Edition), University of California Press, 1995, p.202

図10　Jane Brown, *The Modern Garden*, Thames & Hudson, 2000, p.91

図11　Gerritjan Deunk, *20th Century Garden and Landsacpe Architecture in the Netherlands*, Nai Publishers, 2002, p.48

図12　Gerritjan Deunk, *20th Century Garden and Landsacpe Architecture in the Netherlands*, Nai Publishers, 2002, p.48

図13　Christopher Tunnard, *Gardens in the Modern Landscape*, The Architectural Press, Charles Scriber's Sons, 1938, p.163

図14　Christopher Tunnard, *Gardens in the Modern Landscape*, The Architectural Press, Charles Scriber's Sons, 1938, p.165

図15　Liane Lefaivre, Ingeborg de Roode ed., *Aldo van Eyck: the Playgrounds and the City*, Stedelijk Museum, Nai Pubilshers, 2002, p.31

図16　Liane Lefaivre, Ingeborg de Roode ed., *Aldo van Eyck: the Playgrounds and the City*, Stedelijk Museum, Nai Pubilshers, 2002, p.33

図17　Gerritjan Deunk, *20th Century Garden and Landsacpe Architecture in the Netherlands*, Nai Publishers, 2002, p.89

図18　Gerritjan Deunk, *20th Century Garden and Landsacpe Architecture in the Netherlands*, Nai Publishers, 2002, p.102

図19　Annemarie Lund, *Guide to Danish Landscape Architecture 1000-2003*, Arkitektens Forlag - The Danish Architectural Press, 2003, p.6

図20　Sven-Ingvar Andersson, Steen Høyer, *C.Th. Sørensen Landscape Modernist*, Arkitektens Forlag - The Danish Architectural Press, 2001, p.78

図21　Janet Waymark, *Modern Garden Design: Inovation since 1900*, Thames & Hudson, 2003, p.195

図22　Janet Waymark, *Modern Garden Design: Inovation since 1900*, Thames & Hudson, 2003, p.193

図23　Janet Waymark, *Modern Garden Design: Inovation since 1900*, Thames & Hudson, 2003, p.199

図24　Janet Waymark, *Modern Garden Design: Inovation since 1900*, Thames & Hudson, 2003, p.200

図25　Nicola Flora, Paolo Giardiello, Gennaro Postiglione ed., *Sigurd Lewerentz 1855-1975*, Electa, 2001, p.30

図26　Elizabeth Barlow rogers, *Landscape Design: A Cultural and Architectural History*, Harry N. Abrams, Inc., 2001, p.445

図27　Marta Iris Montero, *Roberto Burle Marx: The Lyrical Landscape*, University of California Press, 2001, p.127

図28　Marta Iris Montero, *Roberto Burle Marx:*

The Lyrical Landscape, University of California Press, 2001, p.123
図29　Armando Salas Portugal, *Photographs of the Modern architecture of Luis Barragán*, Rizzoli International Publications Inc., 1992, p.115
図30　Armando Salas Portugal, *Photographs of the Modern architecture of Luis Barragán*, Rizzoli International Publications, Inc., 1992, p.99
図31　Keith L. Eggener, *Luis Barragán's Gardens of El Pedregal*, Princeton Architectural Press, 2001, p.vi
図32　Keith L. Eggener, *Luis Barragán's Gardens of El Pedregal*, Princeton Architectural Press, 2001, p.33
図33　Andrew Wilson, *Influential Gardens: The Designers Who Shaped 20th-Century Garden Style*, Clarkson Potter/ Publishers, 2002, p.111
column　(p.83)
左右とも：　　　河合健 撮影
column　(p.84)
Marc Treib ed., *The Architecture of Landscape 1940-1960*, University of Pennsylvania Press, 2002, p.84

❖ 6章 1950-1959

図1　Garrett Eckbo, *Small Gardens in the City*, Pencil Points, Vol.18, No.9, pp.573-586
図2　Nikos Stangos ed., *Concept of Modern Art*, Thames and Hudson, 1989, Plate No. 75
図3　Terence Riley and Barry Bergdoll, *Mies in Berlin*, The Museum of Modern Art, New York, 2001, p.195
図4　Garrett Eckbo, *Landscape for Living*, Duel, Sloan, and Pearce, 1950, Plate No.117-124
図5　Garrett Eckbo, *Landscape for Living*, Duel, Sloan, and Pearce, 1950, Plate No.110
図6　Marc Treib and Dorothée Imbert, *Garrett Eckbo*, University of California Press, 1997, p.63
図7　Francois Le Targat, *KANDINSKY*, Rizzoli, Plate No.82, 1986
図8　村上修一 作成
図9　村上修一 作成
図10　James Rose, *Creative Garden*, Reinhold, 1958, pp.16,17,25
図11　James Rose, *Creative Garden*, Reinhold, 1958, p.24
図12　村上修一 作成
図13　村上修一 撮影
図14　村上修一 作成
図15　村上修一 作成
図16　村上修一 作成
図17　村上修一 作成
図18　John Ormsbee Simonds, *Landscape Architecture: A Manual of Site Planning and Design*, McGraw-Hill, 1998, p.354
図19　Gerritjan Deunk, *20th Century Garden and Landsacpe Architecture in the Netherlands*, Nai Publishers, 2002, p.99
図20　Meto J. Vroom, *Outdoor Space: Environments designed by Dutch landscape architects in the period since 1945*, THOTH, 1995, p.73
図21　Meto J. Vroom, *Outdoor Space: Environments designed by Dutch landscape architects in the period since 1945*, THOTH, 1995, p.72
図22　Leo den Dulk, *Biografie Mien Ruys, Cantua: tuinhistorisch onderzoek, technische en wetenschapsjournalistiek: NIEUWSBRIEF* NR. 3, oktober 2007, Cantua, 2007
http://www.cantua.nl/mienruys_bio_nwsbrf_03.htm
図23　Meto J. Vroom, *Outdoor Space: Environments designed by Dutch landscape architects in the period since 1945*, THOTH, 1995, p.129
図24　Meto J. Vroom, *Outdoor Space: Environments designed by Dutch landscape architects in the period since 1945*, THOTH, 1995, p.128
図25　Udo Weilacher, *Visionary gardens: Modern Landscapes by Ernst Cramer*, Birkhäuser, 2001, p.63
図26　Udo Weilacher, Visionary gardens: *Modern Landscapes by Ernst Cramer*, Birkhäuser, 2001, p.104
図27　Udo Weilacher, Visionary gardens: *Modern Landscapes by Ernst Cramer*, Birkhäuser, 2001, p.109
図28　Annemarie Bucher, *G 59: Manifesto for an Ambivalent Modernism, Landscape Journal* 26:2-07, University of Wisconsin Press, 2007, p.247
図29　Udo Weilacher, Visionary gardens: *Modern Landscapes by Ernst Cramer*, Birkhäuser, 2001, p.159
図30　Annemarie Bucher, *G 59: Manifesto for an Ambivalent Modernism, Landscape Journal* 26:2-07, University of Wisconsin Press, 2007, p.244
column　(p.97)
応地丘子 撮影
column　(p.98)
上：　　三谷徹 撮影
下：　　松本宏海 作図

❖ 7章 1960-1969

図1　〈Peter Walker: Landcsape as Art〉『PROCESS:Architecture』第85号、プロセスアーキテクチュア、1989、p.34、David walker 撮影
図2　〈Peter Walker: Landcsape as Art〉『PROCESS:Architecture』第85号、プロセスアーキテクチュア、1989、p.36
図3　〈Peter Walker: Landcsape as Art〉『PROCESS:Architecture』第85号、プロセスアーキテクチュア、1989、p.42、Ezra Stoller 撮影
図4　Melanie Simo, *Sasaki Associates : Integrated Environments*, Spacemaker Press, 1997, p.103
図5　Peter Walker and Partners, *LANDSCAPE ARCHITECTURE : DEFINING THE CRAFT*, Global PSD, 2005, p.18
図6　〈EDWA: The Integrated World〉『PROCESS: Architecture』第120号、プロセスアーキテクチュア、1994、p.56
図7　〈Garrett Eckbo: Philosophy of Landscape〉『PROCESS: Architecture』第90号、プロセスアーキテクチュア、1990、p.86
図8　〈Garrett Eckbo: Philosophy of Landscape〉『PROCESS: Architecture』第90号、プロセスアーキテクチュア、1990、p.58
図9　〈Garrett Eckbo: Philosophy of Landscape〉『PROCESS: Architecture』第90号、プロセスアーキテクチュア、1990、p.79
図10　Dan Kiley and Jane Amidon, *DAN KILEY THE COMPLETE WORKS OF AMERICA'S MASTER LANDSCAPE ARCHITECT*, BULFINCH, 1999, p.99
図11　Dan Kiley and Jane Amidon, *DAN KILEY THE COMPLETE WORKS OF AMERICA'S MASTER LANDSCAPE ARCHITECT*, BULFINCH, 1999, p.106
図12　〈Robert Zion: A Profile in Landscape Architecture〉『PROCESS: Architecture』第94号、プロセスアーキテクチュア、1991、pp.42-43、Tomio Watanabe 撮影
図13　〈Robert Zion: A Profile in Landscape Architecture〉『PROCESS: Architecture』第94号、プロセスアーキテクチュア、1991、p.40
図14　〈Robert Zion: A Profile in Landscape Architecture〉『PROCESS: Architecture』第94号、プロセスアーキテクチュア、1991、p.40
図15　山崎亮 撮影
図16　〈Robert Zion: A Profile in Landscape Architecture〉『PROCESS: Architecture』第94号、プロセスアーキテクチュア、1991、p.57、james D'Addio 撮影
図17　〈Robert Zion: A Profile in Landscape Architecture〉『PROCESS: Architecture』第94号、プロセスアーキテクチュア、1991、p.54
図18　〈LAWRENCE HALPRIN〉『PROCESS: Architecture』第4号、プロセスアーキテクチュア、1978、p.108
図19　〈LAWRENCE HALPRIN〉『PROCESS: Architecture』第4号、プロセスアーキテクチュア、1978、p.117
図20　山崎亮 撮影
図21　〈LAWRENCE HALPRIN〉『PROCESS: Architecture』第4号、プロセスアーキテクチュア、1978、p.143
図22　山崎亮 撮影
図23　山崎亮 撮影
図24　〈LAWRENCE HALPRIN〉『PROCESS: Architecture』第4号、プロセスアーキテクチュア、1978、p.142
図25　〈LAWRENCE HALPRIN〉『PROCESS: Architecture』第4号、プロセスアーキテクチュア、1978、p.142
図26　Lynne Creighton Neall ed., *Lawrence Halprin- Changing Places*, Balding & Mansell, Greatbritain, 1986, p.18
図27　Lynne Creighton Neall ed., *Lawrence Halprin- Changing Places*, Balding & Mansell, Greatbritain, 1986, p.23
図28　Michael Leccese, *Le Nouveau Paysage Américain - La Côte Ouest*, telleri, 2000, p.23
図29　〈LAWRENCE HALPRIN〉『PROCESS: Architecture』第4号、プロセスアーキテクチュア、1978、p.166
図30　Lynne Creighton Neall ed., *Lawrence Halprin- Changing Places*, Balding & Mansell, Greatbritain, 1986, p.25
図31　Lynne Creighton Neall ed., *Lawrence Halprin- Changing Places*, Balding & Mansell, Greatbritain, 1986, p.24
図32　〈M.PAUL FRIEDBERG: Landscape Design〉『PROCESS:Architecture』第82号、プロセスアーキテクチュア、1989、p.27、David Hirsch 撮影
図33　〈M.PAUL FRIEDBERG: Landscape Design〉『PROCESS:Architecture』第82号、プロセスアーキテクチュア、1989、p.33、David Hirsch 撮影
図34　〈M.PAUL FRIEDBERG: Landscape Design〉『PROCESS:Architecture』第82号、プロセスアーキテクチュア、1989、p.79、Ron Green; Andrew Lautman 撮影
図35　〈M.PAUL FRIEDBERG: Landscape Design〉『PROCESS:Architecture』第82号、プロセスアーキテクチュア、1989、p.76
図36　Bernadette Blanchon, *LES PAYSAGISTES FRANÇAIS DE 1945 À 1975 : L'OUVERTURE DES ESPACES URBAINS, Les Annales de la Recherche Urbaine* n°85, PUCA (Plan-Urbanisme-

Construction-Architecture), 1999, p.25

図37 Thierry DUROUSSEAU, DRAC PACA, PDF: Thierry Durousseau, *assemblies and residencies in Marseilles 1955-1975, wonderful 20 years*, Bik & Book Publishing, 2009
Ensembles & Résidences à Marseille 1955-1975 Notices monographiques 1514 - Parc Maurelette, la direction régionale des affaires culturelles Provence-Alpes-Côte d'Azur (DRACPACA), 2008, p.3
www.paca.culture.gouv.fr/...marseille/monographies/1514_parc_maurelette/
www.paca.culture.gouv.fr

図38 Bernadette Blanchon-Caillot, *Pratiques et compétences paysagistes dans les grands ensembles d'habitation, 1945-1975, Strates. Matériaux pour la recherche en sciences sociales : 13 : Paysage urbain: genèse, représentations, enjeux contemporains*, Laboratoire Dynamiques Sociales et Recomposition des Espaces, 2007, para 49
http://strates.revues.org/5723, ISSN électronique 1777-5442

図39 Bernadette Blanchon-Caillot, *Pratiques et compétences paysagistes dans les grands ensembles d'habitation, 1945-1975, Strates. Matériaux pour la recherche en sciences sociales : 13 : Paysage urbain: genèse, représentations, enjeux contemporains*, Laboratoire Dynamiques Sociales et Recomposition des Espaces, 2007, para 51
http://strates.revues.org/5723, ISSN électronique 1777-5442

図40 Meto J. Vroom, *Outdoor Space: Environments designed by Dutch landscape architects in the period since 1945*, THOTH, 1995, p.174

図41 Meto J. Vroom, *Outdoor Space: Environments designed by Dutch landscape architects in the period since 1945*, THOTH, 1995, p.172

図42 Meto J. Vroom, *Outdoor Space: Environments designed by Dutch landscape architects in the period since 1945*, THOTH, 1995, p.181

図43 Meto J. Vroom, *Outdoor Space: Environments designed by Dutch landscape architects in the period since 1945*, THOTH, 1995, p.180

column (p.115)
上　Lynne Creighton Neall ed., *Lawrence Halprin - Changing Places*, Balding & Mansell, Greatbritain, 1986, p.7
下　Lawrence Halprin, *The RSVP Cycles: Creative Processes in the Human Environment*, George Braziller, 1970, p.193
column (p.116)
図3点とも：Carl Steinitz 提供

❖ 8章 1970-1979

図1　デヴィット・ハーヴェイ『ポストモダニティの条件』青木書店、1999、p.309
図2　ケヴィン・リンチ『都市のイメージ』岩波書店、1968、p.22
図3　Carl Steinitz, Michaerl Flaxman, David Mouat, Hector Arias, Tomas Goode, Richard Peiser, Scott Basset, Thomas Maddock III, Allan Shearer, *Alternative Futures for Changing Landscapes: The Upper San Pedro River Basin Arizona and Sonora*, Island Press, 2003, p.68
図4　C・ロウ、F・コッター『コラージュ・シティ』鹿島出版会、1992、p.105
図5　〈ロバート・ヴェンチューリ作品集〉『a+u』臨時増刊号、エー・アンド・ユー、1981、p.77
図6　Sutherland Lyall, *Designing the New Landscape*, Thames & Hudson, 1991, p.43
図7　武田史朗 撮影
図8　Sutherland Lyall, *Designing the New Landscape*, Thames & Hudson, 1991, p.152
図9　〈ハンス・ホライン作品集〉『a+u』臨時増刊号、エー・アンド・ユー、1985、p.55
図10　〈特集―槇文彦〉『SD』第340号、鹿島出版会、1993、p.121
図11　ヘルマン・ヘルツベルハー『都市と建築のパブリックスペース―ヘルツベルハーの建築講義録』鹿島出版会、1995、p.166
図12　イアン・L・マクハーグ『デザイン・ウィズ・ネーチャー』集文社、1994、p.28
図13　イアン・L・マクハーグ『デザイン・ウィズ・ネーチャー』集文社、1994、p.124
図14　アン・W・スパーン『アーバンエコシステム：自然と共生する都市』環境コミュニケーションズ、1995、p.177
図15　Felice Frankel and Jory Johnson, *Modern Landscape Architecture*, Cross River Press, 1991, p.201
図16　Felice Frankel and Jory Johnson, *Modern Landscape Architecture*, Cross River Press, 1991, p.202
図17　Willam S. Saunders, *Richard Haag Bloedel Reserve and Gas Works Park*, Princeton Architectual Press, 1998, p.29
図18　Felice Frankel and Jory Johnson, *Modern Landscape Architecture*, Cross River Press, 1991, p.56
図19　Willam S. Saunders, *Richard Haag Bloedel Reserve and Gas Works Park*, Princeton Architectual Press, 1998, p.41
図20　Felice Frankel and Jory Johnson, *Modern Landscape Architecture*, Cross River Press, 1991, p.57
図21　Günter Mader, *Gartenkunst des 20. Jahrhunderts: Garten und Landschaftsarchitektur in Deutschland*, DVA, 1999, p.145
図22　Günter Mader, *Gartenkunst des 20. Jahrhunderts: Garten und Landschaftsarchitektur in Deutschland*, DVA, 1999, p.160
図23　Günter Mader, *Gartenkunst des 20. Jahrhunderts: Garten und Landschaftsarchitektur in Deutschland*, DVA, 1999, p.161
図24　Michel Corajoud: Paysagiste の HP:
http://corajoudmichel.nerim.net/les-quatre-parcs/parcdegrenoble/grenobleimagesparc/Corajoud-parc-Grenoble-Villeneuve-06.html
図25　Michel Corajoud: Paysagiste の HP:
http://corajoudmichel.nerim.net/les-quatre-parcs/parcdegrenoble/grenobleimagesparc/Corajoud-parc-Grenoble-Villeneuve-03.html
column (p.129)
宮原克昇 撮影
column (p.130)
武田史朗 撮影
日本コラム (p.131-132)
p.131 上：佐藤昌『日本公園緑地発達史』下巻、㈱都市計画研究所、1977、p.442
p.131 下：都市基盤整備公団『街とみどりの歩み』編集委員会編『街とみどりの歩み団地造園45年史』都市基盤整備公団、2002、p.189
p.132：上野泰編『Landscape Design '62 ⇔ '64 近代造園研究所』近代造園研究所、1964、p.10
日本コラム (p.133)
上：　岩城造園 提供
下：　吉村純一 撮影

❖ 9章 1980-1989

図1　Alan Ward, *American Designed Landscapes*, Spacemaker Press, 1998, p.97
図2　Lawrence Rubin, *Frank Stella: Paintings, 1958-1965*, Stewart, Tabori & Chang, Publishers, 1986, p.75
図3　Nicoras Serota, *Donald Judd*, Distributed Art Pub Inc, 2004, p.105
図4　Jeffry Kanster ed., Brian Wallis (Survey), *Land and Environmental Art*, Phaidon, 1998, p.53
図5　Jeffry Kanster cd., Brian Wallis (Survey), *Land and Environmental Art*, Phaidon, 1998, p.59
図6　Philip Johnson and Mark Wigley, *Deconstructivist Architecture*, The Museum of Modern Art, New York, 1988, p.93
図7　Marianne Barzilay, Catherine Hayward, Lucette Lombard-Valentino, *L'Invention Du Parc: Parc De La Villette. Paris: Concours International*, Graphite Editions/ Establishment Public Du Parc La Villette, 1984, p.44
図8　Michel Racine, *Allan Provost Landstape Architect: Invented Landscapes*, Stichting Kunstboek, 2004, p.135
図9　Michel Racine, *Allan Provost Landstape Architect: Invented Landscapes*, Stichting Kunstboek, 2004, p.107
図10　Alessandro Rocca ed., *Planetary Gardens: The Landcape Architecture of Gilles Clément*, Birkhäuser, 2007, p.175
図11　Sutherland Lyall, *Designing the New Landscape*, Thames & Hudson, 1991, p.118
図12　武田史朗 撮影
図13　Sutherland Lyall, *Designing the New Landscape*, Thames & Hudson, 1991, p.186
図14　長濱伸貴 撮影
図15　Kynaston McShine Lynne Cooke, *Richard Serra: Sculpture: Forty Years*, The Museum of Modern Art, 2007, p.186
図16　Elizabeth Barlow Rogers, *Landscape Design: A Cultural and Architectural History*, Harry N. Abrams, Inc., 2001, p.170
図17　〈Peter Walker: Landscape as Art〉『PROCESS:Architecture』第85号、プロセスアーキテクチュア、1989、p.89
図18　〈Peter Walker: Landscape as Art〉『PROCESS:Architecture』第85号、プロセスアーキテクチュア、1989、p.95
図19　武田史朗 撮影
図20　John Beardsley, *Earthworks and beyond: Contemporary art in the Landscape*, 4th Ed., Abbeville Press, 2006, p.104
図21　〈Peter Walker William Johnson and Partners: Art and Nature〉『PROCESS: Architecture』第118号、プロセスアーキテクチュア、1994、p.33
図22　Alan Ward, *American Designed Landscapes*, Spacemaker Press, 1998, p.118
図23　Sutherland Lyall, *Designing the New Landscape*, Thames & Hudson, 1991, p.103
図24　Tim. Richardson ed., *The Vanguard Landscapes and Gardens of Martha Schwartz*, Thames & Hudson, 2004, p.173
図25　John Beardsley, *Art and Landscape: In Charleston and the Low country: Spoleto Festival USA*, Spacemaker Press, 1998, p.149
図26　Ken Smith, *Ken Smith Landscape Architect*, The Monacell Press, 2009, p.16
図27　Ken Smith, *Ken Smith Landscape Archi-*

図28　Ken Smith, *Ken Smith Landscape Architect*, The Monacell Press, 2009, p.30
図28　Ken Smith, *Ken Smith Landscape Architect*, The Monacell Press, 2009, p.56
図29　Michael Van Valkenburgh, *Design with the Land: Landscape Architecture of Michael Van Valkenburgh*, Princeton Architectural Press, 1994, p.52
図30　Sutherland Lyall, *Designing the New Landscape*, Thames & Hudson, 1991, p.190
図31　Michael Van Valkenburgh, *Design with the Land: Landscape Architecture of Michael Van Valkenburgh*, Princeton Architectural Press, 1994, p.46
図32　Michael Van Valkenburgh, *Design with the Land: Landscape Architecture of Michael Van Valkenburgh*, Princeton Architectural Press, 1994, p.46
図33　Sutherland Lyall, *Designing the New Landscape*, Thames & Hudson, 1991, p.47
図34　〈Hargreaves: Landscape Works〉『PROCESS: Architecture』第128号、プロセスアーキテクチュア、1996、p.76
図35　〈Hargreaves: Landscape Works〉『PROCESS: Architecture』第128号、プロセスアーキテクチュア、1996、p.109
column (p.151)
佐々木葉二 撮影
column (p.152)
左右とも：宮原克昇 撮影

❖ 10章 1990-1999

図1　吉澤眞太郎 撮影
図2　Michel Jacques ed., *Yves Brunier Landscape architect*, Birkhäuser, 1996, p.113
図3　Michel Jacques ed., *Yves Brunier Landscape architect*, Birkhäuser, 1996, p.51
図4　Jane Amidon, *Moving Horizons The Landscape Architecture of Kathryn Gustafson and Partners*, Birkhäuser, 2005, p.144
図5　Jane Amidon, *Moving Horizons The Landscape Architecture of Kathryn Gustafson and Partners*, Birkhäuser, 2005, p.68
図6　Kienast Vogt, *Aussenräum, open space*, Birkhäuser, 2000, p.95
図7　Kienast Vogt, *Aussenräum, open space*, Birkhäuser, 2000, p.147
図8　Luca Moliani ed., *WEST 8*, Skira Architecture Library, 2000, p.75
図9　Adriaan Geuze, *Adriaan Geuze/West8*, 010 Publishers, 1995, p.22
図10　Adriaan Geuze, *Adriaan Geuze/West8*, 010 Publishers, 1995, p.25
図11　Richard T. T. Forman, *Land Mosaics The ecology of landscape and regions*, Cambridge University Press, 1995, p.309
図12　James Corner, Alex Maclean, *Taking Measures Across the American Landscape*, Yale University Press, 1996, p. VIII
図13　Desvigne & Dalnoky, *The Return of the Landscape*, Whitney Library of Design, 1997, p.73
図14　James Grayson Trulove ed., *Ten Landscapes Mario Schjettnan*, Rockport Publishers, 2002, p.10
図15　〈Diana Balmori: Landscape Works〉『PROCESSArchitecture』第133号、プロセスアーキテクチュア、1997、p.82
図16　http://www.dirtstudio.com/files/project_files/project_71412.pdf
図17　Udo Weilacher, *Syntax of Landscape The Landscape Architecture of Peter Latz and Partners*, Birkhäuser, 2008, p.127
図18　Julia Czerniak, *Downsview Park Toronto*, Harvard Design School/PRESTEL, 2001, p.61
図19　*PRAXIS: a journal of wrinting + building*, issue 4, *Landscapes*, 2002, p.21
図20　George Hargreaves, Julia Czerniak, Anita Berrizbeitia, Liz Campbell Kelly, *Hargreaves: The Alchemy of Landscape Architecture*, Thames & Hudson, 2009, p.19
図21　〈Diana Balmori: Landscape Works〉『PROCESS:Architecture』第133号、プロセスアーキテクチュア、1997、p.82
図22　（左図）Brooke Hodge ed., *Design with the land Landscape Architecture of Michael van Valkenburgh*, Princeton Architectural Press, 1994, p.30
（右図）Anita Berrizbeitia, Paul Goldberger, Peter Fergusson, Jane Amidon, et al., *Michael Van Valkenburgh Associates: Reconstructing Urban Landscapes*, Yale University Press, 2009, p.46
図23　Michael Van Valkenburgh/Allegheny Riverfront Park: Source Books in Jane Amidon, *Landscape Architecture*, Princeton Architectural Press, 2005, p.55
図24　Michael Van Valkenburgh/Allegheny Riverfront Park: Source Books in Jane Amidon, *Landscape Architecture*, Princeton Architectural Press, 2005, p.64
図25　Charles Waldheim, ed., *The Landscape Urbanism Reader*, Princeton Architectural Press, 2006, p.44
図26　George Hargreaves, Julia Czerniak, Anita Berrizbeitia, Liz Campbell Kelly, *Hargreaves: The Alchemy of Landscape Architecture*, Thames & Hudson, 2009, p. 78
図27　Luca Moliani ed., *WEST 8*, Skira Architecture Library, 2000, p.25
図28　服部圭朗『人間都市クリチバ』学芸出版社、2004、p.76

●参考文献
・「風景創出の現在：ランドスケープアーキテクトの挑戦」『SD』vol. 405、1998.06、pp.35-38
・Dieter Kienast, *Vom Gestaltungsdiktat zum Naturdiktat oder: Gärten gegen Menschen?, die Poetik des Gartens: Ueber Chaos und Ordnung in der Landschaftsarchitektur*, Birkhäuser, 2002, pp.33-46
・Kienast Vogt,*Aussenraum, open space*, Birkhäuser, 2000
・「環境共生の現在」『SD』vol. 312、1999.01
・花田和幸「デューズブルク・ノルト景観公園」『建築文化』vol. 55、no. 649、2000、p.68
・〈Hargreaves: Landscape Works〉『PROCESS: Architecture』第128号、プロセスアーキテクチュア、1996
・「ダッチモデル　建築・都市・ランドスケープ」『SD』vol. 413、1999.02、pp.33-35

❖ 11章 2000-2009

図1　Jacob Krauel, *The Art of Landscape, AZUR Corpotation*, 2006, 11
図2　（左）Friends of the High Line, *DESIGNING THE HIGH LINE*, Finlay Printing, LLC, 2008, pp.32-33
（右）山崎亮 撮影
図3　Peter Reed, *Groundswell: Constructing the Contemporary Landsacpe*, The Museum of Modern Art, New York, 2005, p.150
図4　Günther Vogt, *Miniature and Panorama: Vogt Landscape Architects, Projects 2000-06*, Lars Muller Publishers, 2006, p.72
図5　BDLA Hd./Ed., *Changing Places: Contemporary German Landscape Architecture*, Birkhäuser, 2005, p.93
図6　*The Crazannes Quarries By Bernard Lassus*, Spacemaker Press, 2004, pp.74（上）, 36（下）
図7　Michel Conan,Dumbarton Oaks, *The Crazannes Quarries by Barnard Lassus: An Essay Analyzing the Creation of a Landscape*, Spacemaker Press, 2004, 表紙
図8　Fransje Hooimeijer, Han Meyer, Arjan Nienhuis ed., *Atlas of Dutch Water Cities,* SUN Publishers and Authors, 2005, p.190
図9　Fransje Hooimeijer, Han Meyer, Arjan Nienhuis ed., *Atlas of Dutch water Cities,* SUN Publishers and Authors, 2005, p.190
図10　Henk van Blerck, Jörg Dettmar, *9+1 Young Dutch Landscape Architects*, Nai Publishers, 1999, p.113
図11　Watson-Guptill, *Desvigne and Dalnoky*, Whitney Library of Design, 1997, p.46
図12　James Corner, Gilles A. Tiberghien, *Intermediate Natures: The Landscapes of Michel Desvigne*, Birkhäuser, 2008, p.98
図13　James Corner, Gilles A. Tiberghien, *Intermediate Natures: The Landscapes of Michel Desvigne*, Birkhäuser, 2008, p.98
図14　Jacob Krauel, *The Art of Landscape, AZUR Corpotation*, 2006, p.29
図15　Jacobo Krauel, *The Art of Landscape*, Carles Broto i Comerma, 2006, p.32
図16　Dimitris Kottas, *Urban Spaces: Squares & Plazas*, AZUR Corpotation, 2007, p.131
図17　Dimitris Kottas, *Urban Spaces: Squares & Plazas*, AZUR Corpotation, 2007, p.133
図18　Dimitris Kottas, *Urban Spaces: Squares & Plazas*, AZUR Corpotation, 2007, p.38
図19　Dimitris Kottas, *Urban Spaces: Squares & Plazas*, AZUR Corpotation, 2007, p.43
図20　Dimitris Kottas, *Urban Spaces: Squares & Plazas*, AZUR Corpotation, 2007, p.40
図21　Peter Reed, *Groundswell: Constructing the Contemporary Landsacpe*, The Museum of Modern Art, New York, 2005, p.137
column (p.180-181)
p.180　宮城俊作 撮影
p.181　宮城俊作 撮影

Ⅰ部扉　山崎亮 撮影
Ⅱ部扉　武田史朗 撮影
Ⅲ部扉　武田史朗 撮影

ランドスケープデザイン
重要人物事典

【ア】

アラン・プロヴォ（Allain Provost、仏、1938-）……p.140
フランスのランドスケープアーキテクト。整形式庭園の特徴を現代的な空間言語として読み直し、公園や都市空間のデザインに応用した。代表作にG・クレモンらとの協働によるアンドレ・シトロアン公園（1992）やテムズ・バリア公園（2000）など。他にも多くの大規模な公園や開発のマスタープランを手がけている。ヴェルサイユ国立園芸学校の卒業生であり、同ランドスケープ高等学校の設立に尽力した。

アルド・ファン・アイク（Aldo Van Eyck、オランダ、1918-1999）……p.76
CIAMの内部批判勢力として1953年に結成され、人間的な環境の形成を目指した建築家のグループ、チーム・テンのメンバーの1人。数学的な規則による建築空間の構成を用いながら、子どもや高齢者の施設で利用者の居場所や活動場所を生み出すデザインを得意とした。代表作には、アムステルダムのプレイグラウンド（1947-1978）、建築作品のアムステルダムの孤児院（1960）などがある。

アルヴィン・ザイフェルト（Alwin Seifelt、独、1890-1972）……p.61
ナチス政権下の「帝国景観弁護士」としてドイツの景観のあるべき姿を提唱し実践した人物。ドイツのアウトバーンは、ザイフェルトの指導下で風景式庭園様式をベースとしながら「潜在自然植生」の概念を導入してドイツの郷土景観を象徴するようにデザインされた。マテルンも参加して実現された帝国主義的な作品であるが、その美しさは現在も名高い。

アレクサンドル・シュメトフ（Alexander Chemetov、仏、1950-）……p.141
フランスのランドスケープアーキテクト、建築家、都市計画家。ヴェルサイユ国立ランドスケープ学校を卒業後、1983年にランドスケープデザインの事務所を開設、1998年以降は建築家の資格を得て、都市デザインにまで活動領域を広げている。代表作には、ラ・ヴィレット公園内の「竹の庭」（1987）、ラ・ダルネーズ地区再生計画（1988-95）などがある。

アン・ウィストン・スパーン（Anne Whiston Spirn、米、1947-）……p.124, 167
マクハーグの影響を受け、都市は自然から孤立したものでもなく対立するものでもなく、その一部であると提唱。2000年-、マサチューセッツ工科大学アーバンプランニング教授。著書に『アーバン・エコシステム』など。

アントニ・ガウディ（Antoni Gaudí、スペイン、1852-1926）……p.32
建築家。19世紀末のバルセロナでパトロンのグエル氏に支えられながら建築の実務に携わる。グエル邸、コロニア・グエル教会、グエル公園、カサ・バトリョ、カサ・ミラなどが有名。晩年はサグラダファミリア教会の設計と施工に専念した。

アンドリュー・ジャクソン・ダウニング（Andrew Jackson Downing、米、1815-1852）……p.19
建築家、造園家。「自然と一体化したデザインで、労働からの逃避の場であり、家族の教会となる」ような住宅の案を提示し、後の郊外住宅のあり方に影響を与えた。1850年、35歳のときに雑誌『園芸家』に現在のセントラルパークの位置や規模を示し、市民の憩いの場を創出すべきだと提案した。ところが2年後、ハドソン川の船火事によって不慮の死を遂げることになる。

アンドレ・リオーズ（André Riousse、仏、1895-1952）……p.58
ランドスケープアーキテクト。建築の教育を受けたが、父親の造園業を引き継ぎ、1925年のパリ博では、出品した庭園作品に対して受賞している。1931年に開始されたビュット・ルージュ田園都市の計画では初期の段階から参画しており、ランドスケープアーキテクトが万博型の再開発でない近代的都市開発に参加する第一歩を踏み出した。

アンドレ・ル・ノートル（André Le Nôtre、仏、1613-1700）……p.144
フランスを代表するランドスケープアーキテクト。17世紀にヴェルサイユ宮殿、ヴォー・ル・ヴィコントといった大規模な宮殿や邸宅の庭園を設計し、フランス整形式庭園を完成したことで知られる。広大で平坦な敷地の造成には、後にP・ウォーカーがミニマリズム美術との共通性を見出し、現代的なランドスケープデザインを構想する際の歴史的立脚点となった。

イアン・マクハーグ（Ian L. McHarg、米、1920-2001）……p.116, 117, 122, 167
人類を取り巻く環境を自然と社会の総和として捉えたエコロジカル・プランニングの方法論（オーバーレイシステム）を確立した。ペンシルバニア大学ランドスケープアーキテクチャー／地域計画学科の創設者。著書に『デザイン・ウィズ・ネーチャー』（1969）など。

イサム・ノグチ（Isamu Noguchi、米、1904-1988）……p.70, 142
アメリカ（晩年は日本）の彫刻家、環境芸術家。C・ブランクーシに師事し、初期の作品は石による彫刻作品に限られていたが、舞台美術に関わったことをきっかけに空間造形に関心を広げ、地形の造形による公園の計画なども行なった。なめらかな曲線を用いたシュルレアリスティックな形態と、それを用いた空間のデザインで世界的な注目を集めた。遺作に日本のモエレ沼公園がある。

イブ・ブリュニエ（Yves Brunier、仏、1962-1991）p.154
ヴェルサイユ国立高等ランドスケープ学校卒業後にOMAやジャン・ヌーベルと協働した。死去までの短期の活動で、ロマン主義的なランドスケープ感を否定し、人間活動を強く意識したコラージュされたドローイングを数多く残し、建築・都市デザイン領域においても注目された。作品にサン・ジェームスホテルの庭園計画（1989）、ルクレール将軍広場（1992）、ミュージアムパーク（1993）など。

ウィム・ベル（Wim Beer、オランダ、1922-1999）……p.93
アムステルダムのバウテンフェルダート公園で1等を獲得し、設計したほか、農村計画ナジェール（1948-1954）ではM・ルイスとともにランドスケープの設計をするなど、C・V・エーステレン指揮下の都市開発におけるランドスケープの設計で活躍した。バウテンフェルダート公園（1962）では、モダニズムの建築プランと似通ったボリューム配置を植栽計画によって行なった。

ウィリ・ニューコム（Willi Neukom、スイス、1917-1983）……p.95
スイスのランドスケープアーキテクト。E・クラメルとともに、当時のスイスで支配的であった自然主義的ランドスケープに対して工業的な材料を用いた幾何学的な庭園の作品を発表した。1959年のスイス園芸展覧会（G59）では、E・バウマンとともに、G・ゲヴレキアンの「水と光の庭」にも似る、透明な球体をおいた「愛の庭」（1959）を発表した。

ウォーレン・マニング（Warren Manning、米、1860-1938）……p.22, 52
ランドスケープアーキテクト。オルムステッドに影響を受け、50年間の実務期間に1700以上のプロジェクトに関わった。ASLAの創設メンバー。後年、イアン・マクハーグが採用する敷地解析の手法を最初に開発したといわれている。ミネアポリス、シンシナティ、ペンシルバニアなどのパークシステムを提案した。

ウォルター・バーリー・グリフィン（Walter Burley Griffin、米、1876-1937）……p.37
建築家、ランドスケープアーキテクト。イリノイ大学で建築を学んだ後、フランク・ロイド・ライトの事務所で働く。1906年に独立。1912年にオーストラリアの首都キャンベラのデザインコンペに参加。都市美運動に影響を受けた首都計画案を提案して1等になる。

エイドリアン・グーゼ（Adriaan Geuze、オランダ、1960-）……p.157
ワーニンゲン農業大学にてランドスケープ・アーキテクチャーを専攻後、「WEST8」を設立した。自然の制御システムを応用するようなデザインや、都市計画的なスケールのプロジェクトに関わり、1990年代の世界のランドスケープデザインシーンに大きな影響を与えた。代表作に、シャウブルクプレン（1997）、イーストスケール防波堤環境計画（1992）、ボルネオ・スポーレンブルク島における集合住宅地計画（2000）など。

エベネザー・ハワード（Ebenezer Howard、英、1850-1928）……p.15, 31, 39
都市改良家。ロンドン生まれ。アメリカやイギリスで速記者の仕事をしつつ、田園都市の構想をまとめた『明日：真の改革にいたる平和な道』を出版。その後、田園都市協会を立ち上げ、最初の田園都市であるレッチワースの建設に尽力した。

エリック・グレンム（Erick Glemme、スウェーデン、1905-1959）……p.79
スウェーデンの自然主義的ランドスケープデザインの代表的作家。ストックホルムのパークシステムの一部である北メーラレン湖遊歩道（1943）など、敷地やその周辺の自然環境を生かしたデザインは、後にストックホルム派のデザインと呼ばれた。

エリック・グンナール・アスプルンド（Erik Gunnar Asplund、スウェーデン、1885-1940）
....p.79
スウェーデンの近代を代表する建築家。新古典主義とコルビュジエ的モダニズムとを融合させた優美なデザインによって、それ以後の北欧の建築家に多大な影響を与えた。代表作に、ストックホルム市立図書館（1928）、など。S・レヴェレンツとの協働によるストックホルムの森林墓地は、ランドスケープデザインの名作である。

エルンスト・クラメル（Ernst Cramer、スイス、1898-1980）
....p.62, 95
スイス工作連盟との交流から現代的な造形を学び、地形の造形を主な道具立てとする人工的な造形による庭園デザインのスタイルを、1959年のスイスガーデショウにおける「詩人の庭」で打ち出した。その後自然主義的な傾向に注目が途絶えたが、1980年代のD・キーナストによる再評価を経て、スイスの現代ランドスケープデザインにも大きな影響を及ぼしている。G・アマンに師事。

オクタヴィア・ヒル（Octavia Hill、英、1838-1912）
....p.17, 38
社会改良家。公営住宅を含む福祉住宅の発展に力を注ぎ、貧しい人々のためのオープンスペース運動を推進した。その延長として、歴史的名勝地と自然的景勝地のための「ナショナルトラスト」を設立。姉とともに生涯オープンスペースの保全に力を尽くした。

【カ】

カール・テオドール・M・ソーレンセン（Carl Theodor Marius Sørensen、デンマーク、1893-1979）
....................p.77
明快な幾何学曲線を用いた造形でデンマークのモダンランドスケープデザインを主導した。幾何学曲線による空間の囲い込みはヴァイキングの城壁に範をとったものと言われる。また、ガラクタを自由に工作したり地面を掘削したり出来る「冒険遊び場」の創始者としても有名。1940年から1961年まで、デンマーク国立芸術学校で教鞭を執った。代表作にヘアニン美術館（1965-1983）、オーフス大学の円形劇場（1947）など。

カール・フェルスター（Karl Foerster、独、1874-1970）
....p.59
園芸家。ドイツの環境に適した耐寒性の花卉植物を研究し出版することを通して、ドイツランドスケープにおける植物素材のパレットをつくったとも言える。ポツダムの自邸庭園は文化財として保存されている。H・マテルンらとともにランドスケープデザインの実務にも関わり、ポツダム様式と呼ばれる自然主義的なデザインを行なった。

カルロ・スカルパ（Carlo Scarpa、イタリア、1906-1978）
....p.98
イタリアの建築家、家具作家、ガラス工芸家。素材と素材の接合部に最新の注意を払ったディテールと、幾何学的な形態の繊細な組合せによってつくられる空間が特徴的である。古い建築の改修を得意としたが、つくり出された空間は現代的な魅力を持ち、ランドスケープに相当する外部空間の作品も多い。ヴェネト州に多くの作品を残した。代表作にクエリーニ・スタンパリア（1963）、ブリオン・ベガ墓地（1972）など。

ガートルード・ジーキル（Gertrude Jekyll、英、1843-1932）
....p.53, 59
アーツ・アンド・クラフト運動に属したイギリスの庭園作家。当初は画家を目指したが、視力の低下により造園に転校。色ごとに植物を使い分けた「ハーディ・ボーダー」（耐寒性の植物による縁取り庭園）による庭園デザインを実践し、現代にも続く園芸的なイングリッシュ・ガーデンの基礎を築いた。

ガレット・エクボ（Garrett Eckbo、米、1910-2001）
....p.86, 102
1930年代後半以降、ランドスケープデザインにおけるモダニズムを展開した中心人物。非対称の幾何学形を特徴とする庭園から地域プランニングまで作品の幅が広い。1963-69年、カリフォルニア大学バークレー校のランドスケープ学科長。1964年にEDAW事務所を創設。代表作にアルコア・フォーキャスト庭園（1952）、フルトンモール（1966）など。

キャスリン・ギュフタフソン（Kathryn Gustafson、米、1951-）
....p.129, 154
服飾デザイナーから転身し、ヴェルサイユ国立高等ランドスケープ学校卒業後ランドスケープアーキテクトとなった。折り込まれ、襞をつくるようなアースワークにデザインの特徴がある。アメリカ、ヨーロッパにおいて数多くの作品がある。代表作に、テラッソン・ラヴィルデュー公園（1995）、エッソ社本社ビル（1992）、ルーリーガーデン（2004）、ダイアナ妃記念ファウンテン（2004）など。

ギュンター・グルツィメック（Günther Grzimek、独、1915-1996）
....p.126
利用者主体の緑地計画を追求したランドスケープアーキテクト。大学の研究室を拠点とした異分野の専門家との協働を通して、環境行動学的な視点も踏まえたエンジニアリングの視点からランドスケープデザインの仕事に関わった。代表作には、建築家G・ベニッシュ、F・オットーと協働したミュンヘンオリンピック公園（1972）などがある。

ギュンター・フォクト（Günther Vogt、スイス、1957-）
....p.171
ベルンで庭園の教育を受けた後、Interkantonalen Technikum Rapperswil, Switzerlandでランドスケープアーキテクチュアを学んだ。1987年よりディーター・キーナストと共同の事務所をチューリッヒで運営し、キーナストの死後は、フォクトが単独で引き継いでいる。2005年からETHチューリヒ校のランドスケープデザインの教授。作品に、アリアンズ競技場のランドスケープ（1957）など。

クリストファー・タナード（Christopher Tunnard、カナダ/英/米、1910-1979）
....p.53
イギリスにおける近代建築運動に参加し、ランドスケープデザインに建築的なモダニズムの考え方を導入した。その思想は『現代ランドスケープにおける庭園（Gardens In Modern Lanscape）』（1938）にまとめられ、ランドスケープのモダニズムに関する最初の理論書となった。1930年代以降はハーバード大学で教鞭を執り、都市計画を教えた。代表作はベントレー・ウッド（1928）など。

グスタフ・アマン（Gustav Ammann、スイス、1885-1955）
....p.62
20世紀前半に、スイス工作連盟との協働関係をもってスイスのランドスケープにモダニズムを導入しようとしたランドスケープアーキテクト。「色彩の庭」（1933）などで新しい風を吹き込んだものの当時の園芸的な潮流を変えることは出来なかった。しかしIFLA（国際造園連盟）の事務長を務めるなど造園会の近代化に貢献するとともに、R・ノイトラに造園を指南し、またE・クラメルなどのスイスの前衛的庭園作家が育つ素地をつくった。

ケイト・セッションズ（Katherine Olivia Sessions、米、1857-1940）
....p.71
カリフォルニア大学バークレー校を卒業後、植木生産販売業社に勤務し、巧みな経営と実行力でサン・ディエゴ市の緑化にほぼ単身で取り組んだ女性園芸家。住民を巻き込んだ緑化運動を展開し、1910年にはその土地がバルボア公園と呼ばれる市営公園となった。サン・ディエゴの「シティ・ガーデナー」「バルボア公園の母」と呼ばれ、バルボア公園には現在も彫像が置かれている。

ケン・スミス（Ken Smith、米、1953-）..........p.147
M・シュワルツとともに、P・ウォーカーによるミニマリズムのランドスケープスタイルの構築をスタッフとして貢献した。シュワルツと事務所を共催時に設計競技で獲得した計画「ヨークヴィルパーク村」（1994）は初期の代表作。ファッション、インテリアなど多様な分野に関心を持ち、ランドスケープでは仮設的な素材を用いるなど、独自の試みを多く行なう。

コーネリス・ファン・エーステレン（Cornelis van Eesteren、オランダ、1897-1988）
....p.75
CIAMのオランダにおける中心的な人物。建築と都市計画を専門とし、アムステルダムを中心とした都市計画を指揮し、アテネ憲章にうたわれる機能主義の都市計画を実践した。その過程で若い世代の建築家やランドスケープアーキテクトを多く起用し、他分野の協働による都市空間デザインの場をつくり出した。アムステルダム・ボス公園（1931-1937）や、アムステルダムのプレイグラウンド（1947-1978）、農村ナジェール（1948-1954）などはそうした例。

【サ】

ジェイムズ・コーナー（James Corner、米、1961-）
....p.158, 167, 170
ペンシルバニア大学のランドスケープアーキテクチャーの教授である、フィールド・オペレーションズの設立者。「ランドスケープ・アーバニズム」の概念をデザインコンペティションやプロジェクトにおいて提唱してきた。代表的なコンペ案に、フレッシュキルズ公園（2001）、ダウンズビューパーク（2000）、実作はハイライン（2009）など。

J・T・P・バイフウェル（J.T.P.Bijhouwer、オランダ、1893-1974）
....p.77
植栽計画を得意としたオランダのランドスケープアーキテクト。クレーラー・ミューラー美術館の彫刻庭園（1938）の植栽デザインから、新干拓地ノールトオーストポルダーにおける広域の植栽計画（1944）まで、20世紀半ばの都市や農村の開発計画における多様なスケールの植栽計画を行なった。1946年から1966年までワーゲニンゲン農業大学で、1957年からはデルフト工科大学で教鞭を取った。

ジェームズ・ローズ（James C. Rose、米、1913-1991）
....p.88
1930年代後半から1940年代にかけて、ランドスケープデザインの既存様式に対する批判と、新たな空間像を最も鮮烈に表明したモダニスト。庭園の即興デザインに専念して、実践における創造の姿勢を生涯貫いた。代表作にローズ邸（1953）、著作に『Creative Gardens（創造の庭）』（1958）、『Gardens Make Me Laugh（微笑みの庭）』（1965）など。

ジェンス・ジェンセン (Jens Jensen、デンマーク／米、1860-1951) p.55
デンマーク出身のアメリカのランドスケープアーキテクト。イリノイ州の草原（プレーリー）をモデルとして地域の景観を生かしたランドスケープのプレーリー・スタイルをつくった。シカゴのパークシステムの総監督として、公園緑地のデザインに多大な貢献を果たした。ハンボルト公園、コロンブス公園など、代表作多数。

ジグルド・レヴェレンツ (Sigurd Lewerentz、スウェーデン、1885-1975) p.79
スウェーデンの建築家。E・G・アスプルンドとともに、ランドスケープデザインの歴史的作品であるストックホルムの森林墓地（スコーグスシルコゴーデン）を設計した。この他にも墓地の設計を複数手掛けている。他の代表作に、第1回スウェーデン建築賞を受賞したセント・マークス教会（1963）などがある。

ジャック・グレベル (Jacques Gréber、仏、1882-1962)
造園家、都市計画家。ボザール流の造園と都市計画の技術に熟練し、1937年のパリ万博のマスタープランの他、ケルエマン公園（1937）などの公園を設計した。国外でも多くの活動を行ない、都市美運動の流れのなかで起こったアメリカやカナダの都心再整備計画での活躍は多大である。

ジャック・シモン (Jacques Simon、仏、1941-) p.113, 128
ランドスケープアーキテクト、写真家。AUAの一員として、シャテイヨンZUPにおける建設残土を利用した美しい街路景観（1967）をつくりだした仕事が歴史的には重要であるが、個人としては、むしろ草原や農地に幾何学的なパターンを刈り込んで空撮する環境芸術のような作品が多い。

ジャック・スガール (Jacques Sgard、仏、1929-) ...p.112
ヴェルサイユ国立園芸高等学校を卒業後、オランダのJ・T・P・バイフェルの事務所で実務を学んだ。造形的な作品もあるが、B・ラシュスとともに関わったモールレット団地（1962）のランドスケープ計画は、フランスのランドスケープアーキテクトが都市空間に果たす役割を明確にした。広域を対象とするランドスケーププランニングをフランスのランドスケープ教育に導入し、現代的な教育体系の礎を築いた。

シャルル・フーリエ (F. M. Charles Fourier、仏、1772-1837) p.28
社会改良家。『四運動の理論』を出版し、人と人とを結びつける「情念引力の法則」を主張。また、この法則にしたがってつくられる理想の協同村（ファランステール）を提案。カール・マルクスによって「空想的社会主義者」と揶揄されるが、後年になってロラン・バルト、ヴァルター・ベンヤミン、ジル・ドゥルーズなどに再評価される。

ジャン・クロード・ニコラ・フォレスティエ (Jean-Claude Nicolas Forestier、仏、1861-1930) p.37
フランスの造園家、都市計画家。アメリカのオルムステッドやエリオットのパークシステムに強い感銘を受け、パリの広域パークシステムを提案した。ハバナやブエノスアイレスなど、中南米の植民都市の都市計画にも関わり、スペインなどでも公園を設計した。都市的なデザインのアプローチは近代フランスのランドスケープアーキテクト達に大きな影響を与えた。

ジャン＝シャルル・アルファン (Jean-Charles A. Alphand、仏、1817-1891) p.18
造園家。フランス王立科学技術学校を経て、構造技術学校で土木技術を修める。卒業後はジロンド県のボルドーへ赴任、当時県知事だったオスマンと知り合う。その後、セーヌ県知事となったオスマンに呼ばれてパリの大改造に関わる。ブーローニュの森、ビュットショーモン公園、モンソー公園などの設計に携わる。

ジュリー・バーグマン (Julie Bargmann、米、1958-) p.160
ランドスケープアーキテクトとして、脱工業化社会における廃棄された鉱山やブラウンフィールドの再生事業に数多く携わってきた。「再生」のプロセスに審美的な視座を組み込むデザインが特徴的である。代表作に、フォード社ルージュ川工場建て替え計画（1999-）など。

ジョージ・ハーグレイブス (George Hargreaves、米、1952-) p.149, 162
地形の大胆な造形と自然環境の変化との重ね合わせによって、敷地やその文脈がもつ個性をダイナミックに表現するデザインで知られる。1996-2003年、ハーバード大学ランドスケープのチェア。代表作にキャンドルスティック岬文化公園（1993）、シンシナティ大学キャンパスマスタープラン（1991）など。

ジョセフ・パクストン (Johseph Paxton、英、1803-1865) p.17
建築家。チャッツワースの領地を幾何学的な整形式庭園からピクチャレスク理論に基づいた風景式庭園へと改変した。また、珍しい植物を育てるための温室をいくつも設計した。代表作はバーケンヘッド公園、クリスタルパレス。晩年は国会議員として都市計画に関する数々の提案を行なう。

ジル・クレモン (Gilles Clément、仏、1943-) p.140
植物に対する深い見識から、植物景観の自発的な変化の過程（植生遷移）と、経年変化を経た景観の味わいなどを考慮に入れたランドスケープデザインを追求している。代表作にはA・プロヴォらとの協働によるアンドレ・シトロアン公園（1992）や、グラン・ダルシュの庭園（ラ・デファンス、1994）などがある。

スタンレー・ホワイト (Stanley White、米、1891-1979) p.101
ランドスケープアーキテクト。教育者。コーネル大学にて農学、ハーバード大学大学院でランドスケープデザインを学ぶ。フレッチャー・スティール、オルムステッドブラザーズなどの設計事務所で働いた後、1922年から1959年までイリノイ大学でランドスケープデザインを教える。教え子には、ヒデオ・ササキ、リチャード・ハーグ、スチュアート・ドーソン、ピーター・ウォーカーなどがいる。

スティグ・L・アナセン (Stig L. Andersson、デンマーク、1957-) p.77
1986年、デンマーク王立芸術アカデミー建築学科を卒業後、1994年、ランドスケープ設計事務所SLAを設立。都市計画も含め、領域横断的に活動している。卒業から事務所設立までの間に日本を旅行し、変化を受容する日本文化の特性に強く影響を受け、以後の実作に現れていることを表明している。作品にノースビュの「都市庭園」（2005）など。

スヴェン・イングヴァル・アナセン (Sven-Ingvar Andersson、スウェーデン、1927-2007) p.78
植物学と芸術を学んだ後にスウェーデン農業大学でランドスケープデザインを学んだ。C・T・M・ソーレンセンに師事した後に独立し、デンマークとスウェーデンの両方で設計実務を展開した。ヘアニン美術館（1965-1983）はC・T・ソーレンセンから引き継ぎ、アナセンが完成した。

スヴェン・エルミン (Sven Hermelim、スウェーデン、1900-1984) p.78
スウェーデンで最初の専業ランドスケープアーキテクトと言われる人物。1926年に事務所を開設して以来多くの庭園や公園を設計し、その事務所は現在も残っている。あたかも公園のような景観を持つマラボウチョコレート工場（1945）の社屋庭園は代表作の1つ。

【タ】

ダニエル・アーバン・カイリー (Daniel Urban Kiley、米、1912-2004) p.90, 104
50年以上のキャリアのなかで、近代ランドスケープを代表する作品を数多く手がけた。それらは幾何学形の空間構成を特徴とする。特にグリッド配置による場の形成手法は、後世のデザイナーたちによく用いられている。代表作にミラー邸庭園（1958）、オークランド美術館（1962）、ファウンテン・プレイス（1987）、ノース・カロライナ・ナショナル・バンク・プラザ（1988）など。

ディーター・キーナスト (Dieter Kienast、スイス、1945-1998) p.156
もともと庭師であったが、カッセル大学で植物社会学を専攻後、広くランドスケープデザインに関わるようになった。ミニマルな構成と植物の圧倒的な存在感がデザインの特徴であり、「パラダイスはまさに今、ここにある」というテーゼを立てるに至る。代表作に、エンスト・バスラー・アンド・パートナー社のビル（1996）、スイス・コムの22の庭園（1998）、スイス・レ社のオープンスペース計画（1997）など。

ディアナ・バルモリ (Diana Balmori、米) p.159
都市の公共空間のランドスケープデザインを通じて、形態から自然への新しい認識を興起させるような空間を創出しようとした。アジア各国でのプロジェクトも数多く手がけている1990年代の代表作は、NTT本社ビル（1995）、プレーリーウォーターウェイ（1996）、ファーミントン運河グリーンウェイ（1995）など。

ディルク・サイモンズ (Dirk Sijmons、オランダ、1949-) p.173
デルフト工科大学で建築とプランニングを学び、1990年に2人のパートナーとともにランドスケープ設計事務所H＋N＋Sを開設する。事務所のなかでは主に地域計画を担当し、2004年から2008年まで、オランダ政府の景観アドヴァイザーを務めた。2008年より、デルフト工科大学で環境デザインの教授。デルタメトロプール（2000計画）をはじめ、実績多数。

テレサ・ガリ・イザルド (Teresa Gali-Izard、スペイン、1968-) p.170
農業技術者、ランドスケープアーキテクト。1989年より、庭園や公園、自然再生、さらに都市計画や都市マネジメントに至る幅広い活動を行なっている。エスクエラ工業高等学校（マドリッド）のランドスケープアーキテクチュアと環境学の教授。

アバロス&ヘレロス、エドゥアルド・アロヨ、FOAなどの建築設計事務所と多くの協働を行なっている。作品に、ヴァン・デル・ホアン埋立跡地再生計画（2003）など。

トーマス・アダムス（Thomas Adams、英、1871-1940）
……p.31
都市計画家。スコットランド生まれ。農業に従事した後、ジャーナリストとして活動し、エベネザー・ハワードらが設立した田園都市協会の事務局長としてレッチワース田園都市の運営に携わる。その後、都市計画コンサルタント会社を設立。また、イギリス都市計画学会やカナダ都市計画学会を設立し、それぞれ初代会長となる。晩年はハーバード大学やマサチューセッツ工科大学などで教鞭をとる。

トーマス・ドリヴァー・チャーチ（Thomas Dolliver Church、米、1902-1978）……p.72, 83
カリフォルニアの気候を生かした生活のための屋外空間を土地の規模と予算に合わせて近代的な造形言語で機能的にデザインすることを得意とし、20世紀前半に中産階級を含めたクライアントを対象に多くの住宅庭園を設計した。アメリカのランドスケープデザインの職能的な基礎を築いた人物とされ、エクボやハルプリンが師事したことでも知られる。ドネル邸庭園（1948）など代表作多数。

【ナ】

ニコ・デ・ヨンヘ（Nico de Jonge、オランダ、1920-1997）
……p.113
森林局で干拓地の景観設計を行なった。ワルヘレン干拓地の再整備（1962）をはじめ、機能性と景観の美化を両立させる設計方法は、「リアリズムのランドスケープデザイン」と呼ばれ、人工的な大地の上になりたつオランダのランドスケープデザインの本質を伝えている。

【ハ】

ヒデオ・ササキ（Hideo Sasaki、米、1919-2000）
……p.97, 100
歴史、文化、環境、社会といった様々な条件を分析し、それらを総合的にとらえて計画に反映させる手法を確立した。また、1950-68年にハーバード大学ランドスケープ学科長。1953年にササキ・アソシエイツを創設。代表作にコロラド大学キャンパス計画など。

ヒトシ・ナカムラ（日本→ブラジル、1944-）……p.166
千葉県出身で大阪府立大学農学部修了後、パラナ州に移住した。レイネル市長任期中に環境局長となりクリチバ市の環境施策、公園整備に大きく貢献した。

ピーター・ウォーカー（Peter Walker、米、1932-）
……p.100, 143, 151
ヒデオ・ササキとともにSWAを創設したが、1980年代以降、現代美術のミニマリズムにヒントを得た独自のデザインを展開し、独立。建築に範をとるそれまでのランドスケープモダニズムが重視していた敷地計画や環境計画という合理主義的な側面に対して、直感的で芸術的な側面のランドスケープデザインにおける重要性を主張した。グラフィカルで斬新なデザインは、自立した芸術領域としてランドスケープデザインの社会的認識を回復することに貢献した。タナー・ファウンテン（1985）、バーネット・パーク（1983）など作品多数。

フレッチャー・スティール（Fletcher Steele、米、1855-1971）……p.52
古典様式に近代的な素材や形態を組み合わせたデザインで、アメリカにモダンランドスケープアーキテクチュアの源流をつくった。1925年のパリ博における実験的な庭園を誌上の論説でいち早く紹介し、エクボやローズなどのモダニストに大きな影響を与えたことで知られている。代表作にナウムキーグの庭園（1926-1956）がある。

フレデリック・ロウ・オルムステッド（Frederick Law Olmsted、米、1822-1903）……p.17, 25
造園家。都市計画家。「ランドスケープアーキテクト」を最初に公式に名乗った人物とされる。農業、貿易、航海士、ジャーナリストなど様々な仕事を経て、セントラルパークの主任設計者となる。公園だけでなく大学のキャンパスやニュータウン、国立公園の制定などにも関わる。イギリスの造園設計手法である風景式庭園をアメリカの公園設計手法に位置づけさせ、曲線を多く用いる自然らしさを強調したスタイルを推し進めた。

フローレンス・ヨック（Florence Yoch、米、1890-1972）……p.71
南カリフォルニアの裕福な家庭に生まれた女性のランドスケープアーキテクト。カリフォルニア大学バークレー校、コーネル大学、イリノイ大学アーバナ・シャンペーン校でランドスケープデザインを学ぶ。1918年以降、独自の折衷的なデザイン方法で邸宅の庭園から公園や植物園、『風と共に去りぬ』（1939）の映画のセットなどに至るまで250以上の幻想的なランドスケープ作品を設計した。

ヘルマン・マテルン（Hermann Mattern、独、1902-1971）
……p.60
ドイツのランドスケープアーキテクト。グロピウスの指導したバウハウスの聴講生で、フェルスターとの協働事務所で多くのランドスケープデザインを行なう。フェルスターの園芸的知識にマテルンの造形技術が融合したデザインは事務所の所在地からボルニム様式と呼ばれ、ドイツに大きな影響力をもった。ナチス政権下では「帝国景観弁護士」としてアウトバーンの計画にも参加している。1939年のシュトゥットガルト・ガーテンショウのマスタープランを担当した。

ベルナール・ラシュス（Bernard Lassus、仏、1929-）
……p.112, 173
フェルナン・レジェに師事した画家であったが、モールレット団地（1962）の色彩計画に関わったことをきっかけに、ランドスケープアーキテクトとなり、ヴェルサイユの教育者となる。色彩や造形を重んじるとともに、場所の特徴を生かす大胆なデザインが特徴的である。近年の代表作には、クラザンヌ採石場跡地（2001）の修景計画などがある。

ペーター・ラッツ（Peter Latz、独、1939-）……p.161
1968年からランドスケープアーキテクトとして独立し、建築家、社会学者、経済学者などとチームを組み、公園緑地計画、工業跡地、都市再生プロジェクトなど幅広く携わってきた。代表作に、デューズブルク・ノルト景観公園（2002）、キルヒベルク高原都市再生計画（1993）など。

ホレース・クリーブランド（Horace Cleveland、米、1814-1900）……p.21
造園家。ボストン市のパークシステムを提案。コープランドとともにボストンのエメラルド・ネックレスの中央部に広幅員の街路を計画した。ボストンのパークシステムはその後、オルムステッドが再度提案して実現されることになる。一方、ミネアポリス市のパークシステムはクリーブランドがまとめている。

ポール・フリードバーグ（Paul Friedberg、米、1931-）
……p.110
ランドスケープアーキテクト。ニューヨーク生まれ。コーネル大学にて農学を学び、1958年に独立。ランドスケープデザインの正式な教育は受けていない。都市の公共空間には密度の高さが必要であるとの考え方から、子どもの遊び場や大人の憩いの場はいずれも人々が高密度に集まることのできるような入り組んだ形態の空間を設計した。代表作はパーシングパーク、リースパークプラザなど。

【マ】

マーサ・シュワルツ（Martha Schwartz、米、1950-）
……p.146
アートのバックグラウンドを持ち、P・ウォーカーとの協働の中でその能力を発揮した。独立後もアーティスティックな方法を用いたランドスケープ作品を多く手がけるとともに、環境インスタレーションとも言うべきアート作品も手がけている。代表作にジェイコブ・ジャビッツ・プラザ（1997）がある。

マイケル・ヴァン・ヴォルケンバーグ（Michael van Valkenburgh、米、1951-）……p.148, 163
自然をコントロールしながらも、その現象的な側面を都市空間に顕在化させるデザインが特徴である。また、要素のディテールに徹底的にこだわる姿勢は空間に文学的な深みを与えている。代表作は、ミルレースパーク（1993）、アレゲニー川河岸公園（2001）、ゼネラルミル社エントリーガーデン（1991）など。ハーバード大学ランドスケープの教授。

マリオ・シェトナン（Mario Schjetnan、メキシコ、1945-）
……p.159
カルフォルニア大学バークレー校においてローレンス・ハルプリンの影響を受けた。敷地の歴史的文脈を尊重しながらも、都市問題を解決するための一助としての公園緑地のデザインを行なってきた。メキシコを代表するランドスケープアーキテクト。代表作に、テゾゾモック公園（1982）、ソチミルコ・エコロジカルパーク（1993）。

ミシェル・コラジョー（Michel Corajoud、仏、1937-）
……p.113, 127, 128, 178
グルノーブルニュータウンの拡張計画（1972）で、開発残土を利用した造形的なランドスケープデザインを手がけ、ヴォイドを扱うランドスケープデザインが都市空間のデザインにおいて果たす役割を強く主張し、ヴェルサイユ国立ランドスケープ高等学校では、多くの次世代のランドスケープアーキテクトの教育に関わった。ラ・ブルス広場の水鏡（2006）など、現在も力強い作品をつくり続けている。

ミシェル・デヴィーニュ（Michel Desvigne、仏、1958-）
……p.154, 159, 171
植物学と地質学の学位取得後にヴェルサイユ国立高等ランドスケープ学校を卒業し、ランドスケープアーキテクトとなった。クリスティーヌ・ダルノキーとともに設計事務所を設立。地理的な場所の特性を読み解き、植物の生長による場の変化を

デザインの主題としている。代表作は、トムソン工場の敷地計画 (1992)、グリニッジ岬のセントラルパーク (2000)、ウォーカー・アートセンター (2005) など。

ミン・ルイス（Mien Ruys、オランダ、1904-1999）……p.93
オランダのランドスケープアーキテクト。ドイツのフェルスターマテルン派のデザインの影響を受けながら工業的な素材も積極的に用い、個人庭園だけでなく農村計画ナジェール (1948-1954) などオランダの近代都市計画におけるランドスケープデザインを設計した。バウテンフェルダート団地の共同庭園 (1960年代) では、A・V・アイクとの協働も行なった。

【ヤ】

ヤコバ・ムルデル（Jacoba Mulder、オランダ、1900-1988）
……p.76
アムステルダム市の造園職として、エーステレンの下でアムステルダム・ボス公園 (1931-1937) などの計画に関わったランドスケープアーキテクト。アムステルダムのプレイグラウンド (1947-1978) では建築家のファン・アイクと協働した。

【ラ】

ランディー・ヘスター（Randolph Hester Jr.、米、1944-）
……p.168, 179
地域コミュニティと地域の資源を生かした市民参加型まちづくりの実績を多く持つ。地域のコミュニティーを壊す巨大な再開発計画などに対して、代替プランを住民とともに作る活動を多数行なった。ノースカロライナ大学ランドスケープ学部、同大学社会学部社会心理学科、ハーバード大学大学院デザイン・スクールを主席で卒業し、現在はカリフォルニア大学バークレイ校の社会学教授。

リチャード・ノイトラ（Richard Joseph Neutra、米、1892-1970）……p.56
カリフォルニアモダニズムとよばれる建築スタイルを確立したオーストリア出身のアメリカの建築家。工業的な材料を用いた軽快な建築と、周辺景観や屋外空間との融合が特徴的。青年期にスイスのグスタフ・アマンのもとで造園の実務を経験し、自らが設計した邸宅では樹種の選定を含め庭園のデザインも手がけた。代表作はミラー邸 (1937)、コロナ小学校 (1935) など。

リチャード・ハーグ（Richard Haag、米、1923-）…p.125
ホワイトとササキが教えた学生のなかで傑出した才能に恵まれたデザイナー。ワシントン大学ランドスケープアーキテクチュア学科の創設者、リチャード・ハーグ・アソシエイツ代表。作品にガスワークスパーク (1970-1978)、ブローデル・リザーブ (1978-1985) など。

リチャード・フォアマン（Richard T. T. Forman、米、）
……p.158
ハーヴァード大学のランドスケープエコロジー研究の教授。パッチ・コリドー・マトリクスという開発に伴う自然の攪乱を景観の形態学として考えた。アーバンデザイン、建築分野にも影響を与えた。主な著作に『*Landscape Ecology*』(1986)、『*Land Mosaics*』(1995) など。

ルイス・バラガン（Luis Barragán、メキシコ、1902-1988）
……p.80
建築家・ランドスケープアーキテクト。ヨーロッパの旅行を通してコルビュジエの建築の影響を受けたが、1940年代に始まる「エル・ペドレガルの庭」を契機に、メキシコの気候や地質を生かし、鮮やかに彩られた石造りの壁を多用する地域主義的な近代建築とランドスケープの独自のスタイルをつくり出した。他に、ラス・アルボレダス (1961)、クアドラ・サン・クリストバル (1968) など。

レイモンド・アンウィン（Raymond Unwin、英、1863-1940）……p.28, 30
都市計画家。アーノルド・トインビー、ジョン・ラスキン、ウィリアム・モリスの影響を受けて都市改善運動に目覚める。田園都市の設計コンペで一等を取り、レッチワースの設計に携わる。その後、ハムステッド田園郊外やウェルウィン田園都市を設計する。晩年はアメリカのコロンビア大学にて教鞭をとる。

レベレヒト・ミッゲ（Leberecht Migge、独、1881-1935）
……p.33
農業コミュニティをベースとした自給自足の田園都市をデッサウに計画 (1929) することで、建築的なモダニズムとは異なる、独自の近代的ランドスケープデザインのビジョンを示した。環境のエネルギー循環を考慮に入れたその視点は現代的とさえいえる。ミッゲの事務所からは、同じドイツのH・マテルンや、スイスのG・アマンなど、次代に活躍するモダニストのランドスケープアーキテクト達が輩出された。

ローレンス・ハルプリン（Lawrence Halprin、米、1916-2009）……p.107, 115, 167
ランドスケープアーキテクト。ニューヨーク生まれ。高校卒業後の3年間をイスラエルのキブツで過ごし、地域コミュニティの重要性を体感する。コーネル大学にて植物学を、ウィスコンシン大学大学院で園芸学を、ハーバード大学大学院でランドスケープデザインを学んだ後、チャーチの事務所で働く。独立後はサンフランシスコで設計活動を展開。モーテーション理論、RSVPサイクル、ワークショップなど様々な理論や手法を発表しながら多くの公共空間を設計した。代表作はラブジョイプラザ、リーバイスプラザ、ギラデリスクエア、シーランチ、ルーズベルトメモリアル広場など。

ロバート・オウエン（Robert Owen、英、1771-1858）
……p.29
社会改良家。ウェールズ生まれ。幼少期から商店に住み込みで働き、紡績業で成功を収める。その後、ニューラナークの紡績工場を買取る。人間の性格は周囲環境によって決定されることを主張し、工場内に設置した学校や幼稚園で独自の教育を展開する。また、貧困者をつくらない協同村を構想し、アメリカにニューハーモニー協同村を、イギリスにクイーンウッドコミュニティを、私財を投じて建設する。「協同組合運動の父」と呼ばれる。

ロバート・ザイオン（Robert L.Zion、米、1921-2000）
……p.105
ランドスケープアーキテクト。ニューヨーク生まれ。ハーバード大学大学院にてランドスケープデザインを学ぶ。IMペイの事務所で働いた後、ニューヨークにて独立。1963年に展覧会でポケットパークを発表。これがペイリーパークの設計につながる。1968年からはニュージャージーの田舎に事務所を移転し、週休三日制で仕事を続ける。

ロバート・モリス・コープランド（Robert M. Copeland、米、1830-1874）……p.21
ランドスケープアーキテクト。農業研究者。著作や実務を通じて、近代農業、都市計画、緑地計画に多大な影響を与えた。同時代を生きたオルムステッドやクリーブランドと同様に、近代農業やランドスケープデザインの基本的な考え方を構築した。アメリカ東海岸の墓地や郊外住宅地や公園を設計している。1859年に『田舎の生活 (Country Life)』出版し、農業の近代化に寄与した。

ロベルト・ブール・マルクス（Roberto Burle Marx、ブラジル、1909-1994）……p.79
ブラジルのランドスケープアーキテクト。ジャン・アルプの近代絵画のような自由曲線を用いた平面計画と色彩豊かな植栽計画で有名。オスカー・ニーマイヤーなどのブラジル近代建築の代表的作家と多く協働し、多数の公共建築や公園において、それまで軽視されていた郷土種の植物を用いながら、近代的な造形のランドスケープを設計した。ブラジル外務省舎庭園 (1965)、同陸軍省舎庭園 (1970) など作品多数。

索引

【英数】
Architectural Record ……………………86
AUA（Atelier d'Urbanisme et d'Architecture）…113
CIAM ……………………………………52
DIATOM シリーズ ………………………56
EDAW ……………………………………102
Gardens are for people …………………73
GIS ………………………………………118
GTL ランドスケープ・アーキテクツ …172
G59 ………………………………………95
H＋N＋S …………………………………173
HOK ………………………………………99
IBM 本部ビルアトリウム ………………106
JML ウォーター・フィーチャー・デザイナーズ …178
MARS ……………………………………53
MBT ………………………………………100
NCNB プラザ ……………………………105
OMA ………………………………………139
RSVP サイクル …………………………107
SOM ………………………………………99
SWA ………………………………………100
TAC ………………………………………99
VISTA ……………………………………174
WEST8 ……………………………………157
WMRT ……………………………………123
『20 世紀の庭園文化』……………………33
3 次元性 …………………………………86

【あ】
アースマウンド …………………………96
アースワーク ………………………138, 155
アーツ・アンド・クラフツ ………14, 28
アーバニズム ……………………………153
『アーバン・エコシステム』……………124
アーバン・エコロジー …………………124
『アーバン・ランドスケープ・デザイン』…86
アール・デコ …………………………42, 47
アールヌーヴォー ……………………28, 42
アイス・ウォール ………………………148
愛の庭 ……………………………………95
アヴァン・ギャルド ……………………50
赤い立方体 ………………………………142
『明日の田園都市』…………………15, 27
アップジョン本社庭園 …………………101
アテネ憲章 ………………………………52
雨水を地中浸透 …………………………160
アムステルダム・ボス公園 ……………75
アムステルダム拡張計画 ……………76, 92
アムステルダムにおける一連の「プレイグラウンド」…76
アリアンツ競技場のランドスケープ …171
アルコア社モデル庭園 …………………87
アルド・レオポルド ……………………24
アルド・ロッシ …………………………119
アレゲニー川河岸公園 …………………164

アンドレ・ヴェラ ………………………47
アンドレ・シトロアン公園 ……………140
アンリ・ヴァン・デ・ヴェルデ ………28

【い】
イースト・スケールト防波堤環境計画 …157
イエール大学ベイネック稀覯本図書館の沈床園 …142
イエローストーン国立公園 ……………23
異化 ………………………………………138
イギリスの建築基準法 ……………15, 27
石の場 ……………………………………145
イスーダンのテオール河岸公園 ………175
磯崎新 ……………………………………121
イタリア広場 ……………………………120
イメージマップ …………………………118
インターナショナルスタイル …………34
インフラ …………………………………162
インフラストラクチュア ………………172

【う】
ヴァイキングによる城壁 ………………77
ヴァナキュラー …………………………177
ヴァル・デン・ホアン埋立跡地再生計画 …170
ウィリアム・カレン・ブライト ………19
ウィリアム・ジェニー …………………32
ウィリアム・モリス ……………………14
ウェアハウザー本社庭園 ………………102
ウエスト・フィラデルフィア・ランドスケープ・プロジェクト 124
ウェルウィン田園都市 …………………28
ヴェルサイユ国立園芸高等学校 ………112
ヴェルサイユ国立ランドスケープ高等学校 …128, 154
ウォーターウェイ ………………………159
ヴォリューム ……………………………89
ヴォルプスヴェーデのアーティスト村 …34

【え】
エグバート・ヴィール …………………19
エコスコア ………………………………108
エコロジー ………………………………154
エコロジカル・プランニング …………124
エッソ本社ビル庭園 ……………………155
エッフェル塔 ……………………………35
エデンホテル ……………………………147
エドワード・ウィリアムズ ……………102
エメラルド・ネックレス ………………21
エル・ペドレガルの庭 …………………82
エルンスト・バスラー・アンド・パートナー社 …156
エルンスト・マイ ………………………34
演劇性 ……………………………………138
エンドラップのアドヴェンチャー・プレイグラウンド …78

【お】
王室公園 …………………………………16
オーガニックモダニズム ………………70
オーダーメイドのランドスケープ ……72
オーデュボン協会 ………………………16
オーバーレイシステム …………………123
オーフス大学の円形劇場 ………………78
オープンスペース運動 …………………38
屋内外の連続性 …………………………86
オスカー・ニーマイヤー ………………79
オスマン …………………………16, 18
汚染土壌 …………………………………161
オタワの都市計画 ………………………58
オデッテ・モンテイロ邸庭園 …………80
オルフィスム ……………………………47

【か】
カール・アンドレ ………………137, 145
カール・シュミット ……………………29
海面上昇 …………………………………173
カウフマン邸 ……………………………57
『輝く都市』………………………………32
攪乱 ……………………………126, 158

囲い込み（エンクロージャー）………14
カシミール・マレーヴィチ ……………46
ガスワークスパーク ……………………125
傾いた弧 …………………………………143
カップ一揆の慰霊碑 ……………………60
カナワプラザ ……………………………106
ガブリエル・ゲヴレキアン …………48
カミロ・ジッテ …………………………19
カルヴァート・ヴォー …………………20
環境影響評価（環境アセスメント）…122
環境デザイン ……………………………86
環境都市 …………………………………166
環境分析の手法 …………………………92
干拓地 ……………………………………173

【き】
気候変動 …………………………………173
ギフォード・ピンショー ………………23
キャンドルスティック・ポイント文化公園 …149
キャンベラ ………………………………37
休耕農地における自然再生計画 ………174
ギュスターヴ・エッフェル ……………35
キュビスム ………………………………45
共有地公園 ………………………………17
共用庭園 …………………………………40
ギラデリスクエア ………………………108
ギルモア・クラルケ ……………………44
近代産業遺構 ……………………………161
近隣住区論 ………………………………42

【く】
グアダループ・リバーパーク …………162
空間分割 …………………………………91
空港 ………………………………………157
グエル公園 ………………………………32
グエルの理想郷 …………………………32
グッド・デザイン ………………………86
グッド・デザイン賞 ……………………94
クラインガルテン ………………………33
クラザンヌ採石場跡地 …………………173
グラスゴー派 ……………………………15
クラレンス・スタイン …………………43
グランドツアー …………………………26
グラン・プロジェ ………………………138
クリアリング ……………………………56
グリーン・マニフェスト ………………33
クリスタルパレス ………………………35
クリストファー・アレグザンダー ……121
クリッシーフィールド …………………179
グリッド …………………………………90
グリニッジ岬のセントラルパーク ……171
クルドサック ……………………………43
グルノーブル・ニュータウン ……113, 128
クレーラー・ミューラー美術館の彫刻展示庭園 …77
クレメント・グリーンバーグ …………137
クローケーガーデンの公営集合住宅の中庭 …78
グロピウス ………………………………60

【け】
『景観論』…………………………………86
形式主義（フォルマリズム）…………144
啓蒙主義 …………………………………22
ケヴィン・リンチ ………………………118
ケーススタディハウス …………………57
ケレルマン公園 …………………………58
現象的な美学 ……………………………150
現代的な生活の庭 ………………………47
『現代ランドスケープにおける庭園』…53
『建築と都市のパブリックスペース』…122
『建築の多様性と対立性』………………119
ケンブリッジセンター屋上庭園 ………144

196

【こ】
広域ランドスケープ戦略 ……………………174
公園 ……………………………………16, 18, 159
公共空間 ……………………………………65
工業都市 ………………………………27, 32
公衆衛生 ……………………………………16
公衆衛生協会 ………………………………16
公衆衛生法 ……………………………………15
洪水 …………………………………………163
洪水管理施設 ………………………………162
荒廃した土地 ………………………………163
コーネル学派 ………………………………118
コーリン・ロウ ……………………………118
国立公園 ……………………………………23
コパカバーナ・プロムナード …………80
ゴミの木 ……………………………………34
コモン ………………………………………17
コモン保存協会 ……………………………17
コロナ学校 …………………………………57
コロンビア博覧会 …………………………35
コロンブス公園 ……………………………56
コンクリート・アート ……………………96
コンスタンチン・ブランクーシ ………142
コンスタンチン・メーリニコフ ………42
コンテクスチャリズム ……………………118
【さ】
サージ・シャマイエフ ……………………54
再生 …………………………………………162
サイト・スペシフィック …………………143
サイトエンジニアリング …………157, 170
ザクセン一般建築法 ………………………27
ササキアソシエイツ ………………………100
サテリテ・シティ・タワー ………………81
サニーサイドガーデン ……………………43
サマーパーク設計競技案 …………………175
サルテア ……………………………………30
サン・ジェームスホテル …………………154
産業跡地の再生 ……………………………159
産業革命 ……………………………………14
【し】
シーランチ …………………………………108
ジーン・タシャール邸庭園 ………………48
ジェイ・ダウナー …………………………44
ジェイコブ・ジャビッツ・プラザ …143, 146
ジェームズ・マクミラン …………………36
ジェネラル・ミルズ本社前庭 ……………148
シエラクラブ ……………………………16, 23
色彩の庭 ……………………………………62
自給自足 ……………………………………29
自給自足型集合住宅 ………………………33
自給自足型都市 ……………………………33
市区改正 ……………………………………65
詩人の庭 ……………………………………95
自然環境 ……………………………………158
自然環境の再生 ……………………………179
自然公園運動 ………………………………22
自然主義 ……………………………………59
自然保護 ……………………………………22
自治体公園 …………………………………17
実践的な教育 ………………………………92
シティ・ガーデナー ………………………71
自動車を中心とした都市形成 ……………165
自発的変化 …………………………………176
シビックアート ……………………………36
市民参加 ……………………………………179
市民のための庭園 …………………………73
シャーマン・ブース邸 ……………………56
シャウブルクプレン ………………………157
シャティヨン ZUP …………………………113

ジャン＝バチスタ・ゴダン ………………29
ジャンバチスタ・ノリの地図 ……………120
『住宅の造園技術』 …………………………86
集団による創造性の開発 ……………107, 179
主体の組織化 ………………………………179
シュタイン邸 ………………………………46
シュトゥットガルト・ガーデン・ショウのマスタープラン …61
樹木の囲い …………………………………87
シュルレアリスム …………………………52
シュレーダー邸 ……………………………46
ジョルジュ・ブラック ……………………45
ジョン・スチュワート・ミル ……………17
ジョン・ディーア本社庭園 ………………101
ジョン・ノーレン …………………………42
ジョン・ミューア …………………………23
ジョン・ラスキン …………………………14
人口減少 ……………………………………174
人工的な生態系 ……………………………157
瀋陽建築大学のキャンパスランドスケープ …176
森林生態系 …………………………………161
【す】
スイス工作連盟 …………………28, 61, 94
スイスコム・ビル ……………………………156
水田 …………………………………………176
スキポール空港ランドスケープ計画 ……157
スクエアー ……………………………………40
スコア …………………………………………107
ストックホルム改造計画 …………………19
ストックホルムの森林墓地「スコーグスシルコ・ゴーデン」 …79
【せ】
生態学決定主義 ………………………124, 126
『成長の限界』 ………………………………120
生物多様性 …………………………………171
遷移 ……………………………………161, 172
セント・アンズ・ヒル ……………………54
セントラルパーク ……………………………17
【そ】
ゾーニング …………………………………27
組織設計事務所 ……………………………99
ソチミルコ・エコロジカル・パーク ……159
ソラナ計画 …………………………………145
【た】
第1回スイス園芸展覧会 (1959) ……………95
第3回ドイツ工芸展 ………………………28
ダイアグラム …………………………139, 170
代官山ヒルサイドテラス …………………121
『大都市とパークシステム』 ………………37
ダイナミック・バランス ……………49, 86
タウンスケープ ……………………………118
ダウンズビューパーク ……………………161
多義性 …………………………………………45
ダグラス・ホリス …………………………150
竹の庭 …………………………………………141
タシャール邸庭園 …………………………74
ダダ ……………………………………………52
タナーファウンテン ………………………144
ダニエル・バーナム ………………………35
多様性 ………………………………………175
「タラ」のランドスケープ …………………71
【ち】
地域の固有性 ………………………………79
チェース・マンハッタン銀行ビルの沈床園 …142
チャールズ・ジェンクス ……………………119
チャールズ・ムーア …………………108, 109, 120
チャールズ・ロビンソン ……………………36
抽象芸術 ………………………………………45
抽象表現主義 …………………………………85
チューリッヒ博覧会 (通称 "ZUKA" (1947)) …94

チューリッヒ園芸博覧会 (1933) ……………62
チューレンスケープ ………………………176
超越主義 ………………………………………22
超越主義思想 …………………………………54
地理情報システム …………………………118
『沈黙の春』 …………………………………120
【つ】
通過交通 ……………………………………21
つくばセンタービル ………………………121
集いの輪 ……………………………………56
【て】
デ・アハト & オブパウ …………………76, 92
デ・スティル ……………………………46, 75
ディープ・エコロジー ……………………23
庭園の中の機械 ……………………………57
帝国景観弁護士 ……………………………61
テオ・ファン・ドゥースブルフ …………75
テオドール・ルヴォー ……………………37
『デザイン・ウィズ・ネーチャー』 …122, 158
デッサウのジードルンク …………………34
デューズブルク・ノルト景観公園 ………161
テラッソン・ラヴィルデュー公園 ………155
デルタメトロポール ………………………173
田園都市 ……………………………………15, 30
田園都市運動 ………………………………27
【と】
ドイツ館の庭園 ……………………………126
ドイツ工作連盟 ……………………………28
ドイツ田園都市協会 ………………………28
トーマス・ジェファーソン ………………36
都市公園 ……………………………………163
都市のイメージ ……………………………118
『都市の建築』 ………………………………119
都市の更新 …………………………………175
都市の縮退 …………………………………174
『都市はツリーではない』 …………………122
都市美運動 …………………………………35
トニー・ガルニエ ………………………27, 31
ドネル邸庭園 ………………………………74, 83
土木 …………………………………………173
トムソン工場の敷地計画 …………………159
ドラフテンの庭 ……………………………75
トリニタット・カヴァーリーフパーク …164
トリメイン邸 ………………………………57
ドン・オースティン ………………………102
【な】
ナイアガラ瀑布修復計画 …………………103
ナウムキーグの庭園 ………………………53
ナジェール …………………………………92
ナショナルトラスト ……………………18, 37
ナポレオン3世 ……………………………16, 18
ナンシー・ホルト …………………………138
【に】
ニューヨーク市のゾーニング条例 ………27
【の】
ノアイユ邸庭園 ……………………………48
農業革命 ……………………………………14
ノースビュの「都市庭園」 ………………177
ノールトオーストポルダー …………77, 92
【は】
パークウェイ ……………………………21, 44
パークシステム ……………………………21
バーケンヘッドパーク ……………………17
パーシングパーク …………………………111
バーデン街路整備および建築線等法 ……16
バーネットパーク …………………………144
ハーレクイン・プラザ ……………………149
ハイライン計画 ………………………170, 179
バウテンフェルダート公園 ………………93

バウハウス……28, 42, 45, 60	ブロンクス川パークウェイ……44	モーリス・ローズ空港跡地の景観再生計画…172
パウル・クレー……42	噴水広場……82	モール……21
パサティエンポ・ゴルフ・コミュニティ……73	分離派……15	モールレット団地……112
『パタン・ランゲージ』……122, 179	【へ】	モジュラー・ガーデン……90
パトリック・ゲデス……19	ヘアニン美術館とその展示庭園……78	モダニズム……136
パブリックアート……136, 142	平面性……137, 144	モダンデザイン……28
パブロ・ピカソ……45	ペイリーパーク……105	モホリ＝ナジ……42
ハムステッド田園郊外……27, 28	ペーター・ベーレンス……28	『森の生活』……22
パリの都市改造……18	ヘッチ・ヘッチィ渓谷……24	【ゆ】
パリ博覧会……47	ベッドタウン……32	ユーゲントシュティール……15
パリ万博（1937）……58	ベリー・パーカー……31	ユードクシア……148
バルセロナの拡張計画……19	ヘリット・リートフェルト……46	ユニオンバンクスクエア……104
バルボア公園の母……71	ベルギウス邸庭園……61	ユニテ・ダビタシオン……30
反構築的……172	ヘルタ・ハマーバハ……60	【よ】
ハンス・ホライン……121	ベルナール・チュミ……139	様式の否定……88
ハンネス・マイヤー……42	ヘルマン・ヘルツベルハー……121	ヨークヴィル・パーク村……147
反復性……144	ヘルマン・ムテジウス……28	ヨセミテ国立公園……23
ハンフリー・レプトン……40	ヘレラウ田園都市……29	【ら】
ハンボルト公園……55	ベントレー・ウッド……54	ラ・ヴィレット公園……137, 138
【ひ】	ヘンリー・サノフ……179	ラス・アルボレダス……81
ピエール・ランファン……36	ヘンリー・デヴィッド・ソロー……15, 22	『ラスベガス』……119
ピエール＝エミール・ルグラン……48	ヘンリー・ライト……43	ラドバーン……43
ビクスビー・パーク……150	【ほ】	ラブジョイプラザ……109
ピクチャレスク……16, 26, 158, 172	冒険遊び場……78	ラルフ・ウォルドー・エマソン……15, 22
ビクトリアパーク……17	ポートサンライト……30	ランスロット・ブラウン……26
羊……166	歩車分離……21	ランドスケープアーバニズム……140
ビュット・ルージュ田園都市……58	ポケットパーク……105	ランドスケープエコロジー（景観生態学）…158
ビュットショーモン公園……18, 19	ボザール流……53	ランドスタット……173
広場……157	ポストモダン……119	【り】
『広場の造形』……19, 120	『ポストモダンの建築言語』……119	リアリズムのランドスケープ……114
【ふ】	保全……23	リージェンツパーク……16
ファーミントン運河グリーンウェイ……163	保存……23	リースパークプラザ……110
ファイトレメディエーション……126	ポップ・アート……85	リオ・ショッピングセンターの中庭……146
ファウンテンプレイス……105	ホテル・ノアイユの庭……47	理想工業村……29
ファミリステール……30	ボルニムの自邸庭園……59	理想都市……27
ファランステール……29	ボルニム様式……61	理想都市運動……29
フアン・オゴールマン……81	ボルネオ・スポールンブルク島の集合住宅地計画 166	リチャード・セラ……143
フィールド・オペレーションズ……170	本多静六……67	リバーサイド……32
フィールドワーク……146	【ま】	リバーフロント……107
『風景のデザイン』……86	マーサ・グレアム……142	緑地の維持管理……166
風景式庭園……16, 40	マーチン邸庭園……74	リンクシュトラーセ……19
フェルスター・マテルン様式……61	マイケル・ハイザー……138	【る】
フォアコートプラザ……110	マイケル・フリード……138	ル・コルビュジエ……42
フォルケラク川の水門……114	マイケル・ローリー……122	ルイス・マンフォード……123
フォルマリズム……137	槇文彦……122	ルクレール将軍広場……154
フットヒルカレッジ……101	マサオ・キノシタ……101	ルシアン・クロール……179
ブラウンフィールド……160	マジョリ・コートレー……43	ルチオ・コスタ……79
ブラジル外務省舎庭園……80	マスターアーキテクト……166	【れ】
ブラジル陸軍省舎庭園……80	まちづくりゲーム……179	レッチワース……16, 27, 28, 31
フラミンゴ公園……80	マラボウ・チョコレート工場の庭園……78	レム・コールハース……139
フランクリン・コート……121	マリーモント……42	【ろ】
フランシス・ディーン……102	マルテル兄弟……47	ロケーションスコア……108
フランス建築法……27	【み】	ロバート・ヴェンチューリ……119
フリーウェイ・パーク……110	ミース・ファン・デル・ローエ……42, 51	ロバート・スミッソン……138
プリエト・ロペス邸……82	『見えがくれする都市』……122	ロバート・モーゼズ……44
ブリュッセル世界博覧会……126	ミッションベイパーク……102	ロバート・モリス……138
ブルーノ・タウト……28, 34	ミニマリズム……137, 143	ロビー邸……55
ブルバード（ブールバール）……21, 66	ミネアポリスのパークシステム……22	ロベール・マリ＝ステヴァン……47
プレイマウンテン……142	ミュンヘン・オリンピック公園……127	ロマン主義……15, 22
プレーリー・ウォーターウェイ……159	ミラー邸……57	【わ】
プレーリー・スクール……54	ミラー邸庭園……91	ワークショップ……179
フレズノダウンタウンモール……103	ミルレースパーク……163	ワシリー・カンディンスキー……42
プレゼンテーション……170, 174	民藝運動……15	ワシントン DC の都市計画……36
フレッシュキルズ公園……161	【め】	ワルター・グロピウス……28
フレンズ・オブ・ザ・ハイライン……179	メキシコ壁画運動……81	ワルター・デ・マリア……138
ブローデル・リザーブにおける一連の庭園群……126	メディア・ライン……121	ワルヘレン……114
ブロード・エーカー・シティ……55	【も】	
ブローニュの森……18	モエレ沼公園……142	
プロテクティブ・ウォール……34	モーテーション理論……107	

執筆者
(執筆順)

*略歴は第1版第1刷発行時のものです

廣瀬俊介（ひろせ　しゅんすけ）――――コラム（p.25）
1967年市川市生まれ。ランドスケープアーキテクト。東北芸術工科大学建築・環境デザイン学科准教授。1989年、東京造形大学デザイン学科II類環境計画卒、GK設計入社。2001年、風土形成事務所設立及びドイツ遊学。2003年より現職。

長谷川浩己（はせがわ　ひろき）――――コラム（p.26）
1958年千葉県生まれ。ランドスケープアーキテクト。千葉大学及びオレゴン大学修士課程修了。オンサイト計画設計事務所パートナー。武蔵野美術大学建築学科特任教授。主な作品に東雲キャナルコート、星のや軽井沢など。

齊木崇人（さいき　たかひと）――――コラム（p.39）
1948年広島生まれ。建築家・環境デザイン。神戸芸術工科大学教授・学長、神戸市統括監。広島工業大学卒業、工学博士（東京大学）。筑波大学専任講師、スイス連邦工科大学研究員、ウエストミンスター大学客員教授。

坂井　文（さかい　あや）――――コラム（p.40）
東京生まれ。北海道大学建築都市コース准教授。横浜国立大学建築学科卒業、ハーバード大学デザイン大学院ランドスケープアーキテクチャー修士、ササキアソシエイツ勤務を経てロンドン大学PhD。一級建築士。

村上修一（むらかみ　しゅういち）　3・6章、コラム（p.50,51）
1964年北九州市生まれ。滋賀県立大学環境科学部環境建築デザイン学科准教授。ハーバード大学大学院デザイン研究科修了。㈱長谷工コーポレーション、京都大学農学部助手を経て現職。共著に『ランドスケープデザイン』『環境デザイン学』。

倉方俊輔（くらかた　しゅんすけ）――――コラム（p.63-64）
1971年東京都生まれ。建築史家。西日本工業大学デザイン学部建築学科准教授。博士（工学）。建築系ラジオ共同主宰。著書に『吉阪隆正とル・コルビュジエ』、共著に『伊東忠太を知っていますか』『東京建築ガイドマップ』など。

増田　昇（ますだ　のぼる）――――コラム（p.65-66）
1952年大阪生まれ。大阪府立大学大学院生命環境科学研究科緑地環境科学専攻教授。専門はランドスケープアーキテクチャー。市浦都市開発建築コンサルタンツ勤務後、1985年から大阪府立大学に勤務。

粟野　隆（あわの　たかし）――――コラム（p.67）
1976年兵庫県丹波篠山生まれ。東京農業大学造園科学科助教。2004年、東京農業大学大学院農学専攻博士後期課程修了。博士（造園学）。国立文化財機構奈良文化財研究所研究員を経て現職。ランドスケープ現代史研究会代表。

馬場菜生（ばば　なお）――――コラム（p.67）
1981年東京都世田谷区生まれ。「旧新橋停車場」マネージャーおよび学芸員。2006年、東京農業大学大学院造園学専攻修士課程修了、公益財団法人東日本鉄道文化財団勤務。ランドスケープ現代史研究会メンバー。

神藤正人（じんどう　まさと）――――コラム（p.68）
1971年東京都東久留米市生まれ。東京農業大学短期大学部環境緑地学科助教。2005年、東京農業大学大学院造園学専攻博士課程修了、博士（造園学）。ランドスケープ現代史研究会メンバー。

高島智晴（たかしま　ともはる）――――コラム（p.68）
1981年川越市生まれ。ランドスケープアーキテクト。2007年、東京農業大学大学院造園学専攻修士課程修了、公益財団法人東京都公園協会入社。ランドスケープ現代史研究会メンバー。

河合　健（かわい　けん）――――コラム（p.83）
京都造形芸術大学環境デザイン学科教授。ニューヨーク・アカデミー・オブ・アート卒業。1993-1999年、ピーターウォーカー・ウィリアムジョンソン・アンド・パートナーズ勤務。

杉浦　榮（すぎうら　さかえ）――――コラム（p.84,130）
S2 Design and Planning代表。関西大学、早稲田大学非常勤講師。ハーバード大学建築学大学院アーバンプランニング修士課程及び同大学院ランドスケープアーキテクチュア修士課程修了。主な作品に前沢ガーデン桜公園、長野市街地再開発Toi Goなど。

応地丘子（おおじ　たかこ）――――コラム（p.97）
福岡市生まれ。Registered Landscape Architect, LEED AP。九州芸術工科大学環境設計学科卒業。ハーバード大学デザイン大学院ランドスケープアーキテクチャー修士。ササキアソシエイツ入社。2010年、ロビニアヒル設立。

三谷　徹（みたに　とおる）――――コラム（p.98）
ランドスケープアーキテクト。千葉大学園芸学研究科教授。現在オンサイト計画設計事務所とともに設計活動。主な作品に風の丘、品川セントラルガーデン、奥多摩町森林セラピー登計の道など。

村上暁信（むらかみ　あきのぶ）――――コラム（p.116）
1971年大阪生まれ。筑波大学大学院システム情報工学研究科講師。1994年東京大学農学部緑地学専修卒業、1999年同博士課程修了。東京大学助手、ハーバード大学客員研究員、東京工業大学講師を経て現職。

宮原克昇（みやはら　かつのり）――――コラム（p.129）
1975年大阪生まれ。ランドスケープアーキテクト。日建設計ランドスケープ設計室所属。ペンシルバニア大学大学院ランドスケープ学科修了。StoSS LU, Gunn Landscapes, Gustafson Guthrie Nicholを経て現職。

小林邦隆（こばやし　くにたか）――――コラム（p.131-132）
1977年群馬県桐生市生まれ。ランドスケーププランナー。2003年、東京農業大学大学院造園学専攻修士課程修了、㈱タム地域環境研究所入社。ランドスケープ現代史研究会メンバー。

武田重昭（たけだ　しげあき）――――コラム（p.131-132）
1975年神戸市生まれ。兵庫県立人と自然の博物館研究員。2000年、大阪府立大学大学院修了。UR都市機構を経て現職。共著に『シビックプライド』。NPO法人パブリックスタイル研究所、ランドスケープ現代史研究会メンバー。

吉村純一（よしむら　じゅんいち）――――コラム（p.133）
1956年松江市生まれ。ランドスケープアーキテクト。多摩美術大学美術学部環境デザイン学科教授。1980年、千葉大学園芸学部造園学科卒業、鈴木昌道造園研究所入所。1990年、PLACEMEDIA設立。宮城俊作、山根喜明、吉田新とのパートナーシップ。

篠沢健太（しのざわ　けんた）――――コラム（p.134）
1967年神奈川県生まれ。ランドスケープアーキテクト。大阪芸術大学環境デザイン学科准教授。1995年、東京大学大学院農学系研究科博士課程修了。博士（農学）。共著に『環境デザインの視野』。

佐々木葉二（ささき　ようじ）――――コラム（p.151）
ランドスケープアーキテクト。京都造形芸術大学環境デザイン学科教授。鳳コンサルタント顧問。カリフォルニア大学、ハーバード大学客員研究員を経て現職。主な作品に六本木ヒルズ、さいたま新都心けやき広場など。

根本哲夫（ねもと　てつお）――――コラム（p.152）
1968年福島県生まれ。ランドスケープアーキテクト。博士（学術）。日建設計ランドスケープ設計室長。1995年、千葉大学大学院園芸学研究科修了。主な作品にエクシブ京都八瀬離宮、やまぐちフラワーランドなど。

霜田亮祐（しもだ　りょうすけ）――――10章
1974年生まれ。設計組織PLACEMEDIAアソシエイト。ランドスケープアーキテクト。ハーバード大学GSD修了後、Hargreaves Associates、Tom Leader Studioを経て現職。共著に『ランドスケープ批評宣言』。1999年よりランドスケープ・アーバニズムに関わるデザインワークショップの企画・運営に携わる。ランドスケープ現代史研究会メンバー。

別所　力（べっしょ　つとむ）――――コラム（p.167）
1978年東京都生まれ。ランドスケープアーキテクト、アソシエイトとしてジェイムズ・コーナー・フィールド・オペレイションズに勤務。2001年、東京大学農学部緑地環境学専修卒業、2006年、ペンシルバニア大学大学院デザイン学部ランドスケープアーキテクチャー学科修了。

土肥真人（どひ　まさと）――――コラム（p.168）
1961年東京生まれ。コミュニティ・デザイナー、ランドスケープアーキテクト。東京工業大学社会工学専攻准教授。1993年、京都大学農学研究科修了、博士（農学）。共著に『まちづくりの方法と技術』『環境と都市のデザイン』など。

宮城俊作（みやぎ　しゅんさく）――――コラム（p.180-181）
1957年京都府宇治市生まれ。ランドスケープアーキテクト。設計組織PLACEMEDIA・パートナー、奈良女子大学住環境学科教授。ハーバード大学デザイン学部大学院修了。

木下　剛（きのした　たけし）――――コラム（p.182-183）
1967年静岡県生まれ。千葉大学大学院園芸学研究科准教授。専門は緑地デザイン学。博士（学術）。2001年エディンバラ芸術大学で在外研究員。東アジアランドスケープ研究会。日本荒地学会。共著に『ランドスケープ批評宣言』『緑資産と環境デザイン論』など。

高橋靖一郎（たかはし　せいいちろう）――コラム（p.182-183）
1967年宮城県生まれ。ランドスケープアーキテクト。㈱LPD取締役。多摩美術大学、東京農業大学、千葉大学非常勤講師。千葉大学院園芸学研究科造園学専攻修士課程修了。共編者に『ランドスケープ批評宣言』『ランドスケープアーキテクトになる本』。

横張　真（よこはり　まこと）――――コラム（p.184）
東京生まれ。東京大学大学院新領域創成科学研究科教授。1986年、農林水産省農業環境技術研究所研究員、1998年、筑波大学助教授、2004年、同教授、2006年より現職。

● 編集執筆

武田史朗（たけだ　しろう）
─────────── 2・4・5・6・7・8・9・11章
1972年東京都生まれ。千葉大学大学院園芸学研究院教授。武田計画室 ランドスケープ・建築代表。一級建築士。著書に『イギリス自然葬地とランドスケープ』『自然と対話する都市へ─オランダの河川改修に学ぶ』『テキスト文化遺産防災学』など。作品に福良港津波防災ステーション・ランドスケープ、立命館大学大阪いばらきキャンパスなど。

山崎　亮（やまざき　りょう）
─────────── 1・2・7・11章、コラム（p.115,185）
1973年愛知県生まれ。コミュニティデザイナー。社会福祉士。studio-L 代表。関西学院大学建築学部教授。地域の課題を地域に住む人たちが解決するためのコミュニティデザインに携わる。まちづくりのワークショップ、住民参加型の総合計画づくり、市民参加型のパークマネジメントなどに関するプロジェクトが多い。著書に『コミュニティデザイン』『ソーシャルデザイン・アトラス』『ふるさとを元気にする仕事』『コミュニティデザインの源流』『縮充する日本』『地域ごはん日記』『ケアするまちのデザイン』など。

長濱伸貴（ながはま　のぶたか）─── 8章
1967年大阪市生まれ。ランドスケープアーキテクト。神戸芸術工科大学環境デザイン学科教授。株式会社E-DESIGN代表取締役。作品になんばパークス屋上公園、気仙沼市鹿折復興住宅、釜石祈りのパーク、瑞華院納骨堂「了聞」など。著書に『復興の風景像』『図解 パブリックスペースのつくり方』など。

● 編集協力

宮城俊作
忽那裕樹
武田重昭
上出竜司・三橋渉／大阪府立大学大学院増田研究室（年表作成協力）

テキスト ランドスケープデザインの歴史

2010年10月30日　第1版第1刷発行
2022年 8月20日　第1版第5刷発行

編著者　武田史朗・山崎亮・長濱伸貴
発行者　井口夏実
発行所　株式会社学芸出版社
　　　　京都市下京区木津屋橋通西洞院東入
　　　　〒600-8216　tel 075-343-0811
　　　　http://www.gakugei-pub.jp/
　　　　E-mail info@gakugei-pub.jp

印　刷　創栄図書印刷／製本　新生製本
装　丁　KOTO DESIGN Inc.

© Shiro TAKEDA, Ryo YAMAZAKI, Nobutaka NAGAHAMA, 2010
ISBN978-4-7615-3187-4　　　　Printed in Japan

JCOPY 〈(社)出版者著作権管理機構委託出版物〉
本書の無断複写（電子化を含む）は著作権法上での例外を除き禁じられています。複写される場合は、そのつど事前に、(社)出版者著作権管理機構（電話03-5244-5088、FAX 03-5244-5089、e-mail: info@jcopy.or.jp）の許諾を得てください。
また本書を代行業者等の第三者に依頼してスキャンやデジタル化することは、たとえ個人や家庭内での利用でも著作権法違反です。